中国实现碳减排目标的途径与政策研究

张跃军 著

科 学 出 版 社
北 京

内 容 简 介

当今世界正经历百年未有之大变局，国际政治、经济、科技、环境深刻复杂变化，国内经济发展面临较大考验压力，但中国政府在积极防控新型冠状病毒肺炎疫情、推动经济复苏的同时，积极应对气候变化，坚持全社会实现绿色低碳循环发展的战略定力。本书结合中国碳减排的丰富实践，特别是考虑到工业部门、交通运输部门和居民部门是中国碳排放的重点部门，从碳减排的政策背景、规划与目标出发，系统梳理了全球和世界主要国家在碳减排方面作出的努力，然后聚焦中国问题，从国家、省际、行业等多个层面，围绕碳减排效应分解、碳减排潜力评估、碳拥挤效应评估、直接和间接碳排放量测算、碳排放回弹效应研究等关键科学问题开展了系统深入的理论分析，构建了计量经济、投入产出、数学规划等跨学科理论模型并开展了扎实规范的实证研究。最后总结国际碳减排政策经验，并为中国碳减排政策优化设计提供了思路和保障措施建议。

本书适合能源经济、环境管理、气候政策、管理科学等领域的专业人员，高等学校相关专业的高年级本科生、硕士生、博士生和教师阅读，也适合从事经济管理工作的政府部门领导和企业中高层领导参考。

图书在版编目（CIP）数据

中国实现碳减排目标的途径与政策研究 / 张跃军著. —北京：科学出版社，2021.12

ISBN 978-7-03-070746-8

Ⅰ. ①中… Ⅱ. ①张… Ⅲ. ①二氧化碳-排气-研究-中国 Ⅳ. ①X511

中国版本图书馆 CIP 数据核字（2021）第 246465 号

责任编辑：陈会迎 / 责任校对：贾娜娜
责任印制：张 伟 / 封面设计：无极书装

科学出版社 出版
北京东黄城根北街 16 号
邮政编码：100717
http://www.sciencep.com
北京捷迅佳彩印刷有限公司 印刷
科学出版社发行 各地新华书店经销
*
2021 年 12 月第 一 版 开本：720 × 1000 B5
2021 年 12 月第一次印刷 印张：18
字数：360 000
定价：198.00 元
（如有印装质量问题，我社负责调换）

作者简介

张跃军，男，1980年生，湖南大学二级教授、博士生导师，主要从事能源环境经济复杂系统建模领域的研究工作。主持国家社会科学基金重大项目、国家自然科学基金委员会优秀青年科学基金项目等10余项纵向科研任务，以第一作者或通讯作者在国内外学术期刊发表论文140余篇，其中国际顶级或权威SSCI/SCI学术期刊论文100余篇。论文累计被引6000余次，23篇论文入选ESI热点论文或高被引论文。多次入选科睿唯安“全球高被引科学家”、爱思唯尔“中国高被引学者”、美国斯坦福大学“全球前2%顶尖科学家”。在科学出版社出版著作3部。主笔多份政策报告得到党和国家领导人重要批示。

牵头的研究成果获得湖南省社会科学优秀成果奖一等奖、教育部高等学校科学研究优秀成果奖（科学技术）自然科学奖二等奖、教育部高等学校科学研究优秀成果奖（人文社会科学）二等奖等。兼任SCI/SSCI一区期刊*Sustainable Production and Consumption*领域主编、*Journal of Cleaner Production*副主编及国内知名期刊《中国人口·资源与环境》学术编辑。

2013年获得国家自然科学基金委员会优秀青年科学基金，2014年入选国家“万人计划”青年拔尖人才，2016年入选教育部“长江学者奖励计划”青年学者，2020年入选教育部“长江学者奖励计划”特聘教授。

前　言

岁月不居，时节如流。笔者自 2006 年 3 月进入中国科学院攻读博士学位开始关注碳排放问题，至今已有 15 个年头。作为能源经济与环境管理领域的研究人员，很幸运一直见证着我国作为一个负责任大国着力应对气候变化、推进绿色低碳循环发展的决心和行动力度，感受着我国积极参加全球气候治理、协调气候行动与国内经济社会可持续发展的责任担当，也一直响应国家需求，围绕我国一系列很有魄力的碳减排行动和目标开展科学研究，提供决策支持。

2006 年，中国超过美国成为全球最大的碳排放国。2009 年 12 月，在丹麦哥本哈根世界气候大会上，中国政府承诺 2020 年单位国内生产总值二氧化碳排放将比 2005 年下降 40%~45%。这是中国政府向国际社会作出的郑重承诺，也是对全球应对气候变化的重大贡献，彰显了中国参与国际气候行动的积极性和责任感。

2014 年 11 月，习近平主席与美国总统奥巴马在北京共同发表了《中美气候变化联合声明》，宣布了各自 2020 年后的行动目标，中国首次正式提出 2030 年左右二氧化碳排放达到峰值且将努力早日达峰。2015 年 9 月，中美双方在华盛顿再次发表《中美元首气候变化联合声明》，中国承诺到 2030 年单位国内生产总值二氧化碳排放将比 2005 年下降 60%~65%，并坚定决心推进落实国内气候政策，加强双边协调与合作，以及推动可持续发展和向绿色、低碳、气候适应型经济转型。

2016 年 9 月，全国人民代表大会常务委员会批准中国加入《巴黎协定》，《巴黎协定》是继 1992 年《联合国气候变化框架公约》和 1997 年《京都议定书》之后，人类历史上应对气候变化的第三个里程碑式的国际法律文本，将形成 2020 年后的全球气候治理格局。

2020 年 9 月 22 日，习近平主席在第七十五届联合国大会上提出，中国将提高国家自主贡献力度，采取更加有力的政策和措施，二氧化碳排放力争于 2030 年前达到峰值，努力争取 2060 年前实现碳中和[①]，并呼吁世界各国汇聚起可持续发展的强大合力。

---

① http://www.gov.cn/xinwen/2020-09/22/content_5546168.htm[2020-11-12]。

应该说，近年来中国始终高度重视应对气候变化，党和国家领导人多次对气候变化问题作出重要指示批示，并亲自参与国际进程，为推动全球气候治理注入强大政治推动力。习近平主席多次强调，应对气候变化不是别人要我们做，而是我们自己要做，是中国可持续发展的内在需要，也是推动构建人类命运共同体的责任担当。在全国生态环境保护大会上，他明确提出，要实施积极应对气候变化国家战略，推动和引导建立公平合理、合作共赢的全球气候治理体系。[①]气候变化成为中国迄今为止展现出最强国际领导力的领域。

同时，中国把应对气候变化作为促进国内经济社会高质量、可持续发展的重要战略举措，把生态环境保护、绿色低碳发展等相关指标作为国民经济和社会发展五年规划纲要的约束性指标，把生态文明写入了《宪法》，把“绿水青山就是金山银山”理念写入了党的十九大报告和《中国共产党章程》，作为平衡经济发展和环境保护关系的思想指引和行动指南，走出了一条兼顾经济与生态的新路子，也为其他发展中国家提供了有益借鉴。通过不断强化减排努力，中国已成为全球温室气体排放增速放缓的重要贡献力量。

当今世界正经历百年未有之大变局，国际政治经济科技环境深刻复杂变化，新型冠状病毒肺炎疫情仍然是全球面临的严峻公共健康危机，国内经济发展面临较大压力，但中国政府在积极防控新型冠状病毒肺炎疫情、推动经济复苏的同时，积极应对气候变化，坚持全社会实现绿色低碳循环发展的战略定力。目前，中国“十三五”碳减排目标已经实现，初步扭转了碳排放快速增长的局面，同时，“十四五”生态文明建设实现新进步的努力目标已经明确。“十四五”规划建议提出，加快推动绿色低碳发展，降低碳排放强度，支持有条件的地方率先达到碳排放峰值，制订 2030 年前碳排放达峰行动方案。

实际上，为了实现经济社会发展与碳排放的脱钩，争取发展中国家合理合法的发展权益，世界各国的专家学者近些年围绕碳排放演变规律和减排机制开展了大量探索性工作，归结起来主要包括三个方面：①碳排放变化趋势与驱动因素分解；②主要经济部门的碳排放特征与减排机制；③全球、国家、省际和行业等多个层面的碳排放核算。

站在前人的肩上，结合中国碳减排的丰富实践，特别是考虑到工业部门、交通运输部门和居民部门是中国碳排放的重点部门，本书从碳减排的政策背景、规划与目标出发，系统梳理了全球和世界主要国家在碳减排方面的努力，然后聚焦中国问题，从国家、省际、行业等多个层面，围绕碳减排效应分解、碳减排潜力评估、碳拥挤效应评估、直接和间接碳排放量测算、碳排放回弹效应研究等关键科学问题开展了系统深入的理论分析，构建了计量经济、投入产出、数学规划等

① http://www.gov.cn/xinwen/2019-11/27/content_5456146.htm[2020-10-30]。

跨学科定量模型并开展了扎实规范的实证研究，最后总结国际碳减排政策经验，并为中国碳减排政策优化设计提供了出路和保障措施建议。全书研究工作注重需求导向和问题导向，注重学术前沿和政策急需，注重科研探索与政策建议，注重国际比较与中国特色，注重国家整体与部门差异，旨在以创新性学术研究服务国家碳减排决策，为推进国家环境治理体系和治理能力现代化提供有力的智力支持。

一直铭记我国系统工程领域一位先驱告诫自己弟子的话：要在好的学术期刊上发表好的论文，不要轻易追求所谓“著作等身”的虚名。所以，我们始终对学术专著心怀敬畏，始终想着先把一个问题接着一个问题的研究做好，把相关理论和政策动态了解清楚。庆幸的是，本书核心章节的大部分研究内容已经发表于能源经济与环境管理领域国际顶级或权威学术期刊 *Energy Economics*、*Energy Policy*、*Applied Energy*、*Renewable and Sustainable Energy Reviews* 等，得到了国内外科研机构和国际组织专家学者的广泛认可，特别是有多篇论文入选基本科学指标数据库（Essential Science Indicators，ESI）的热点论文或高被引论文。

本书研究工作得到了我主持的国家社会科学基金重大项目“完善我国碳排放交易制度研究”（18ZDA106），国家自然科学基金委员会优秀青年科学基金项目“石油金融与碳金融系统建模”（71322103）、面上项目“碳排放配额交易的市场机制与政策研究”（71273028）、面上项目“中国碳排放配额交易对碳减排的影响机制建模及优化策略研究”（71774051），国家“万人计划”青年拔尖人才项目，教育部“长江学者奖励计划”青年学者和特聘教授项目，湖南省“湖湘青年英才”和“科技创新领军人才”项目，以及湖南大学“岳麓学者”等重要科研和人才项目的资助。

特别是，我们的研究工作也得到了中国科学院科技政策与管理科学研究所徐伟宣研究员和李建平研究员、中国科学院大学经济与管理学院汪寿阳教授、中国科学院数学与系统科学研究院杨晓光研究员、北京理工大学王兆华教授和廖华教授、北京师范大学陈彬教授、安徽大学陈诗一教授、上海交通大学耿涌教授、华中科技大学王红卫教授、南开大学李勇建教授、厦门大学林伯强教授、湖南大学陈收教授和马超群教授、南京航空航天大学周德群教授和王群伟教授、中国石油大学（华东）周鹏教授、南京师范大学田立新教授、清华大学能源环境经济研究所欧训民副教授和张达副教授、美国劳伦斯伯克利国家实验室沈波研究员、美国堪萨斯大学蔡宗武教授、瑞典皇家工学院和梅拉达伦大学严晋跃教授、新加坡国立大学能源研究所 ANG Beng Wah 教授和苏斌研究员、英国伦敦大学学院米志付副教授、交通运输部科学研究院欧阳斌研究员和郭杰研究员，以及国家自然科学基金委员会管理科学部刘作仪研究员等国内外专家学者的指点与帮助。特别感谢恩师——北京理工大学魏一鸣教授的引路、教导和一路提携。在此对各位前辈、专家的热心帮助和悉心指导一并表示衷心感谢！

另外，本书得以顺利出版，非常感谢我们研究团队的博士生孙亚方、刘景月、王伟、石威、靳雁淋、梁婷、杜孟凡、彭华荣，硕士生程浩森、蒋林、王霞、边晓娟等的大力协助，也很感谢科学出版社编辑李莉老师对本书初稿的细心审核和修改。

十几年波澜壮阔，新征程催人奋进。中国要实现碳达峰目标与碳中和愿景，二氧化碳排放必须大幅下降，这将有力倒逼能源结构、产业结构不断调整优化，带动绿色产业强劲增长，引导资金技术投向绿色低碳循环发展，推动高碳行业和产品逐步退出历史舞台。到那时，神州大地绿色生产生活方式广泛形成，生态环境根本好转，美丽中国建设目标基本实现。为此，我们科研工作者理应自觉肩负起人类应对气候变化的责任，仰望星空，脚踏实地，成为建设美丽中国的重要力量。

张跃军

2021 年 10 月

目　　录

第1章　全球碳减排的政策背景、规划与目标

1.1　碳减排的政策背景

1.1.1　二氧化碳排放形势严峻，主要发展中国家碳排放仍在加速

全球经济发展伴随的化石能源消耗带动着全球二氧化碳排放量的持续增长。2020年，全球二氧化碳排放总量达323亿吨，比上年下降约6.0%，1990~2020年全球二氧化碳年均增长1.4%。受新型冠状病毒肺炎疫情的影响，2020年全球人均二氧化碳排放量为4.16吨，比上年降低6.98%。[①]图1.1为全球二氧化碳排放趋势情况。从总体趋势来看，全球二氧化碳排放总量仍在增加，且未达峰，2013年以来，增加趋势有所放缓。21世纪初，全球化石能源燃烧产生的二氧化碳排放量每年增加超过3%。人均二氧化碳排放呈现倒"U"形趋势，2013年达到峰值约4.61吨，目前处于下降态势。总体上，排除新型冠状病毒肺炎疫情影响后，虽然全球人均二氧化碳排放量趋于稳定，但碳排放总量依然处于增长趋势，且达峰时间存在较大不确定性，全球二氧化碳减排形势依然较为严峻。

从国家和地区来看，中国和印度二氧化碳排放增速较快，占全球比重呈上升趋势，如图1.2所示。2020年，最大的碳排放经济体为中国（31%），其次是美国（14%）、欧盟（8%）、印度（7%）及日本（3%）。中国碳排放总量已相当于美国、欧盟和日本的总和。由于人口、经济总量、经济增速及工业化进程和化石能源消费高度相关，全球二氧化碳排放主要集中在美国、欧盟、日本等发达经济体及中国、印度等人口大国，这些地区也是当前全球二氧化碳控排的主要战场。

---

① 碳排放总量数据来源于2021年英国石油公司世界能源统计年鉴（https://www.bp.com/en/global/corporate/energy-economics/statistical-review-of-world-energy.html）；人均碳排放数据根据世界银行人口数计算得出。

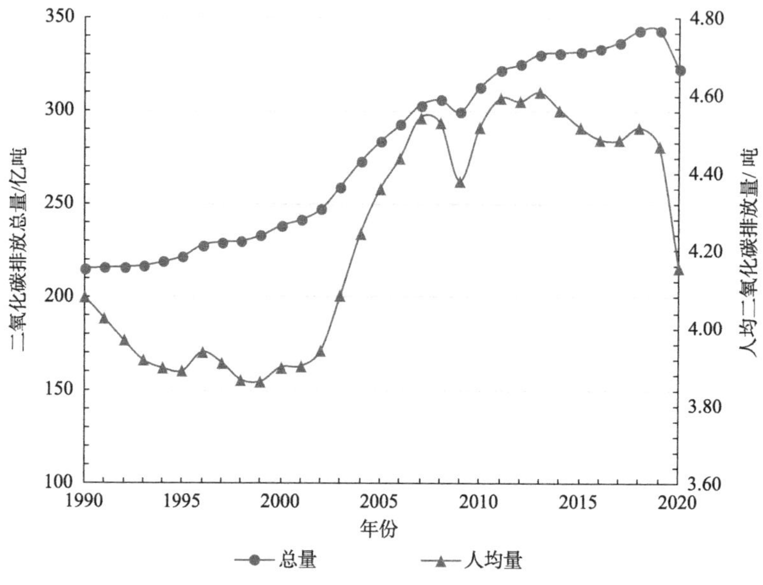

图 1.1　全球二氧化碳排放趋势

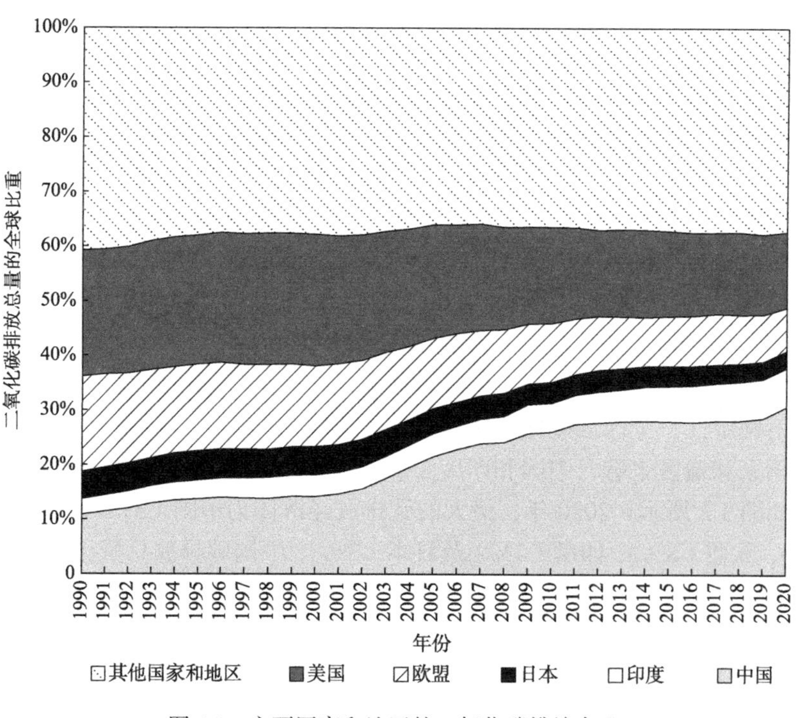

图 1.2　主要国家和地区的二氧化碳排放占比

从主要国家和地区人均二氧化碳排放量来看，2020 年世界人均二氧化碳排放量为 4.16 吨，而美国高达 13.53 吨，约为世界平均水平的 3.4 倍。尽管中国的碳排放总量最多，但人均排放量仅为 7.02 吨，虽然超过了世界人均排放水平，但与美国等发达国家相比还相去甚远。印度人均二氧化碳排放量目前还低于世界平均水平，随着印度工业化进程的加速，其人均二氧化碳排放水平将持续提升，印度碳排放还有较大的增长空间。具体对比如图 1.3 所示。

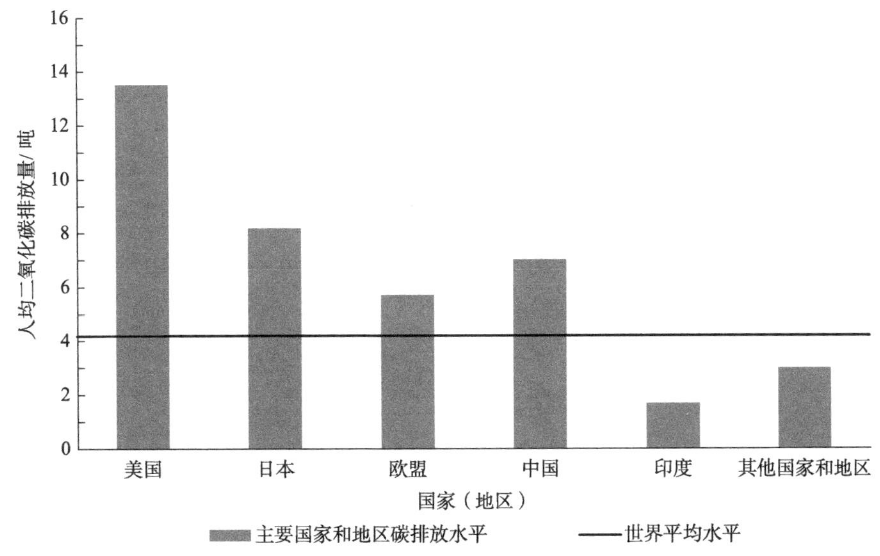

图 1.3　主要国家和地区的人均二氧化碳排放与世界平均水平的对比

从主要国家和地区化石燃料导致二氧化碳排放增量来看，排除新型冠状病毒肺炎疫情的影响，1990~2019 年全球碳排放增量主要来自中国和印度，如图 1.4 所示。其中中国增量最高，为 74.86 亿吨，贡献率达 58.45%；印度增量其次，为 18.58 亿吨，贡献率达 14.51%；日本增量较小，为 0.31 亿吨，贡献率仅 0.24%；欧美均已完成工业化进程，采取了较为先进的技术措施，完成了产业升级，碳排放效率较高，碳排放量增速放缓，有些国家甚至出现了负增长。近年来，中国碳排放增速放缓，2015~2019 年中国碳排放增量为 5.31 亿吨，贡献率达 46.13%，贡献率有所下降。与此同时，印度碳排放增量为 3.20 亿吨，贡献率达 27.82%。这表明，近年来中国碳减排的成果较为显著，对全世界减排贡献巨大，全球碳排放格局正在发生新的变化，特别是在 2030 年中国碳排放达峰后，印度、南非等发展中国家将逐渐主导全球碳排放格局。

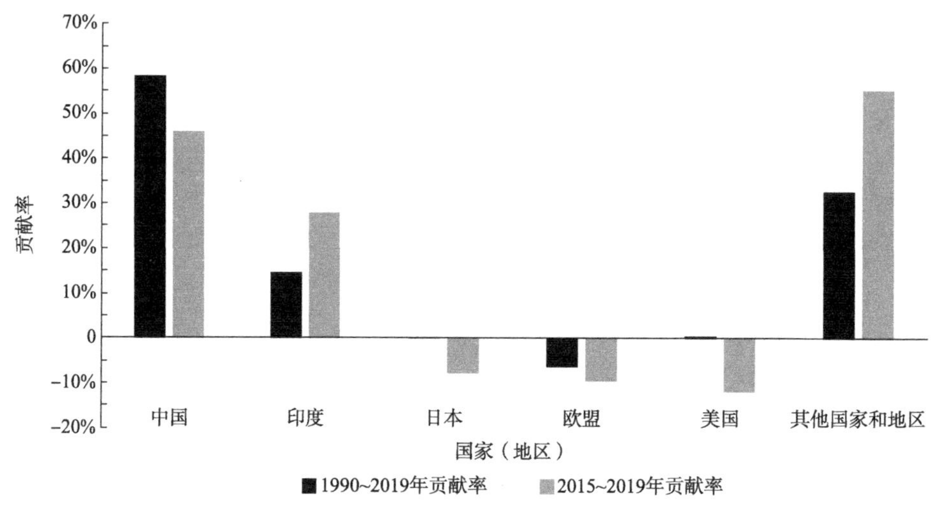

图 1.4　主要国家和地区的二氧化碳排放贡献率

从行业来看，化石能源消费主要集中在工业、电力和交通运输部门，所以碳排放也主要集中在这些行业①。如图 1.5 所示，2019 年，电力和热力部门、交通部门、制造业和建筑业碳排放约占世界碳排放总量的 85%，这一比例在发展中国家更高，中国达到了 90%，印度达到了 89%。目前工业化国家正在积极促进能源清洁化发展，发展中国家在提高电气化水平和经济水平的同时，也在努力优化能源结构，但电力和热力部门、交通部门、制造业和建筑业作为能源密集型行业，仍是未来主要的二氧化碳排放行业。

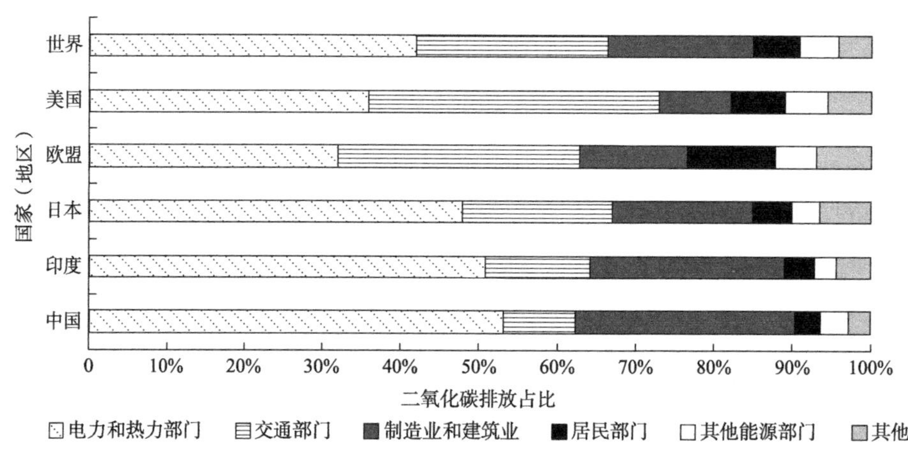

图 1.5　2019 年主要国家和地区的行业二氧化碳排放占比

① 主要国家和地区行业二氧化碳排放数据根据 IEA 数据整理。

1.1.2 全球气候变化加剧，生态系统与人类社会面临严重破坏

过去由于温室气体排放，全球变暖已经是不争的事实。2017 年，世界气象组织在第二十三届联合国气候变化大会上指出，全球气温比工业化之前水平升高了 1.1 摄氏度。诸多科学证据表明，这已经对生态系统和人类造成了较为严重的后果。

第一，气候变化对海洋和冰冻圈产生不利影响。海洋和冰冻圈（地球的冰冻部分）对地球上的生命起着关键作用。高山地区的 6.7 亿人口和低洼沿海地区的 6.8 亿人口与海洋和冰冻圈息息相关。全球气温每升高 1 摄氏度，每年河冰覆盖率将减少 6 天（Yang et al.，2020a）。2019 年，联合国政府间气候变化专门委员会（Intergovernmental Panel on Climate Change，IPCC）发布了《气候变化中的海洋和冰冻圈特别报告》[①]。报告中指出，20 世纪全球海平面上升了约 15 厘米，而当前上升速度是其两倍多，达到每年约 3.6 毫米，而且还在不断加速。海平面上升将增加涨潮和强风暴等期间产生的极端海平面事件的发生频率。同时，升温已经在干扰整个海洋食物网中的物种，对海洋生态系统和赖以生存的人类产生了影响。此外，北极海冰量呈现下降趋势，出现多年冻土融化的情况。保有大量有机碳的北极和北方多年冻土一旦解冻，很有可能加剧温室效应。

第二，气候变化加重了土地的压力。土地是人类赖以生存的源泉和基础。土地提供了食物、饲料、纤维、燃料、淡水等重要生态系统资源和服务。土地提供的这些资源与服务构成了人类经济社会存在的基础。多个领域都在共同使用土地，人口增长和经济发展已经对土地产生了很大压力，气候变化在已有压力的基础上加重了对各种类型土地的压力。根据 IPCC 2019 年发布的《气候变化与土地特别报告》，气候变化与土地存在相互作用[②]。一方面，气候变化会以各种形式加剧土地退化和荒漠化，加速全球生物多样性丧失，给全球粮食安全带来挑战。例如，2019 年，气候变化使得印度洋海水升温并影响气旋活动，给非洲带来了罕见的降雨。连续数月的高温与异常降雨，不仅为沙漠蝗虫产卵提供了湿软的土壤环境，同时雨水灌溉促进了植被生长，又为蝗虫提供了所需食物，最终导致了 2020 年的世界级蝗灾，严重威胁了全球粮食安全。另一方面，土地退化和荒漠化会损害陆地生态系统的碳储藏能力，又会进一步加剧气候变化，引发更强的气候风险。

第三，气候变化给全球经济社会发展带来了严重危害。国际知名的发展和救援组织联盟——乐施会研究认为，若全球应对气候不利，未能实施更加严厉的控排措施，到 2050 年，发展中国家因气候变暖而遭受的经济损失将达 1.7 万亿美元/

① https://www.ipcc.ch/srocc/[2021-01-27]。

② https://www.ipcc.ch/srccl/[2021-01-30]。

年[①]。根据世界银行（World Bank）2020年的研究，如果人类不及时采取积极有效的措施遏制全球变暖，到2030年，气候变化可能将会使全球1.32亿人陷入极度贫困，而到2050年，这个数字还会持续增加。贫困人口更易受到气候变化带来的不利因素的影响。联合国的《2020年世界社会报告》再次重申，气候变化是加剧不平等的重要因素[②]。

第四，气候变化威胁人类健康。气候变化威胁人类健康是个复杂的过程，其影响路径大致包括：首先，通过改变气温影响健康。高温热浪是气候变化对人类健康最为直接的影响，高温使得人体自身的温度调节系统处于超负荷状态，诱发热相关疾病并导致死亡。权威研究表明，温度在阈值水平上每升高1摄氏度，死亡率会上升约2%~5%。其次，通过极端天气事件影响健康。气候变化引发的极端天气事件，如洪涝、台风等，不仅对人类生命造成巨大威胁，也会对幸存者造成精神压力和心理伤害。最后，气候变化还会通过自然生态系统间接影响人类健康。例如，蚊虫传播媒介和病原体地理分布范围扩大造成胃肠道疾病增多，城市中空气污染物活性增加导致呼吸系统疾病。此外，脆弱人群面临更大的健康风险。儿童和老年人发生相关疾病和意外伤害的概率高于一般人群。根据国际知名医学期刊《柳叶刀》发表的《柳叶刀倒计时》2019年度报告，气候变化已经对当今全球儿童的健康造成损害，若不采取行动，按照目前的趋势发展，现在出生的孩子将面临气温上升对健康的终身影响[③]。

1.1.3 我国二氧化碳减排形势严峻，经济社会发展面临危害

中国经济总量从2010年起超越日本并一直稳居世界第二，仅次于美国，2020年中国经济总量约14.6万亿美元，占当年世界经济总量的17.9%[④]。同时，中国从2006年起超越美国成为世界最大的碳排放国。2020年中国二氧化碳排放量约为98.99亿吨，占当年全球二氧化碳排放总量的30.7%，且依然未实现达峰，仍保持着年均约2.4%的缓慢增长。2018年12月，气候行动追踪组织（Climate Action Tracker，CAT）根据各国减排承诺和政策，评估各国对《巴黎协定》1.5摄氏度温升目标的贡献是否尽力和公平。结果表明，俄罗斯、沙特阿拉伯王国、土耳其、美国、乌克兰属于“彻底不足”（导致温升4摄氏度以上），而中国与日本、韩国、加拿大被评估为“严重不足”（导致温升4摄氏度），反映了当前中国乃至

① https://finance.huanqiu.com/article/9CaKrnJRM2c[2021-01-21]。
② https://www.un.org/en/desa/world-social-report-2020[2021-01-21]。
③ https://www.sciencedirect.com/science/article/abs/pii/S0140673619325966[2021-10-01]。
④ https://data.worldbank.org.cn/indicator/NY.GDP.MKTP.KD?locations=CN[2021-10-01]。

全球较为严峻的碳减排形势。二氧化碳等温室气体排放，是引起极端气候变化的重要原因之一。中国是受气候变化不利影响最为严重的国家之一。

气候变化直接影响了我国的自然环境，这种直接影响也将带来重大工程风险、气象灾害等间接影响，威胁能源安全乃至经济安全。主要体现在以下方面：一是中国地表温度持续上升，增温速率区域差异明显。中国气象局气候变化中心发布的《中国气候变化蓝皮书 2020》显示，1951~2019 年，中国地表温度升温速率为 0.24 摄氏度/10 年，高于同期全球平均水平。其中，青藏地区和西北地区增温速率较大。二是极端天气的频率和强度明显增加，造成巨大经济损失。1961~2019 年，我国出现极端高温事件和极端强降水事件的频次呈增加趋势。20 世纪 90 年代后期以来登陆中国的台风的平均强度明显增强，高温热浪、低温冷冻、干旱、强降水、洪涝、台风、沙尘暴等各类极端天气气候事件普遍存在且影响广泛。三是中国沿海海平面波动上升，致灾风暴潮次数呈增加趋势，对沿海经济社会发展带来较大影响。《中国气候变化海洋蓝皮书（2019）》显示，1980~2018 年，中国沿海海平面呈波动上升趋势，上升速率为 3.3 毫米/年，高于同期全球平均水平。2000~2018 年，中国沿海致灾风暴潮次数呈增加趋势。2018 年中国沿海共发生风暴潮过程 16 次，其中致灾风暴潮 9 次。四是冰川和冻土持续消融，对生态系统和重大工程构成严峻挑战。根据《中国气候变化蓝皮书（2020）》，1981~2019 年，青藏公路沿线多年冻土活动层厚度呈显著增加趋势，对青藏公路的安全造成了威胁。

1.2　全球应对气候变化的共同行动与历程

为了应对全球气候变化和控制二氧化碳排放量，自 20 世纪 80 年代以来，全球各国进行了多次的协商和谈判，共同应对全球气候变化，实施全球碳减排战略与规划。本书借鉴 McLaren 和 Markusson（2020）两位学者的做法，将全球应对气候变化共同行动划分为稳定阶段、减排百分比阶段、限制大气浓度阶段、累计碳排放空间阶段和温升控制阶段，整理的各阶段具体内容与主要历程如下。

1.2.1　稳定阶段：《联合国气候变化框架公约》

1992 年 6 月，《联合国气候变化框架公约》（United Nations Framework Convention on Climate Change，UNFCCC，以下简称《框架公约》）在巴西里约热内卢举行的联合国环境与发展会议（United Nations Conference on Environment and Development，

UNCED）期间正式开放签署。该公约是世界上第一部为全面控制温室气体排放、应对气候变化的具有法律约束力的国际公约，也是国际社会在应对全球气候变化问题上进行国家合作的基本框架。稳定大气中的温室气体浓度是《框架公约》的目标。《框架公约》第二条规定，“本公约及缔约方会议可能通过的任何相关法律文书的最终目标是：根据本公约的各项有关规定，将大气中温室气体的浓度稳定在防止气候系统受到危险的人为干扰的水平上。这一水平应当在足以使生态系统能够自然地适应气候变化、确保粮食生产免受威胁并使经济发展能够可持续地进行的时间范围内实现”。

为实现上述目标，《框架公约》将世界各国分为两组：对人为产生的温室气体排放负主要责任的发达国家（通常称附录 I 国家）和未来将在人为排放中增加比重的发展中国家（通常称非附录 I 国家）。所有缔约方都有义务编定国家温室气体排放源和汇的清单，承诺制订适应和减缓气候变化的国家战略，在社会、经济和环境政策中考虑到气候变化。发达国家向发展中国家提供新的和额外的资金及技术援助，帮助发展中国家提高应对气候变化的能力建设。发展中国家采取或合作采取有利于保护气候的政策和行动。同时，《框架公约》确立了五个基本原则：①“共同但有区别的责任”原则，要求发达国家应率先采取措施，应对气候变化；②充分考虑发展中国家的具体需要和国情原则；③预防原则，各缔约方应当采取必要措施，预测、防止和减少引起气候变化的因素；④可持续发展原则，尊重各缔约方的可持续发展权；⑤开放经济体系原则，各缔约方应加强国际合作，应对气候变化的措施不能成为国际贸易的壁垒。

这一目标是在气候政策相当早期的阶段制定的，未明确将大气中的温室气体稳定在什么浓度水平上。在这个阶段，人们很少提出各种可能的应对措施，也很少区分缓解和适应等应对策略，将稳定的目标转化为明确、可操作的目标的工作留给了随后的协商和谈判，最终在 1997 年制定了《京都议定书》。

1.2.2 减排百分比阶段：《京都议定书》

1997 年 12 月，《京都议定书》（*Kyoto Protocol*）在日本京都召开的《框架公约》第 3 次缔约方大会上通过。《京都议定书》规定，只有不少于 55 个缔约方，且其温室气体的排放量达到附件中规定国家在 1990 年总排放量的 55%。满足以上要求的第 90 天后《京都议定书》才能生效。由于排放量较大的美国一直拒绝加入《京都议定书》，《京都议定书》最终由于俄罗斯（排放份额占 17.4%）的加入，使缔约方合计排放量达到了 1990 年全球总排放量的 61.6%。《京都议定书》于 2005 年 2 月 16 日正式生效，自此确立了“自上而下”的全球减排机制。值得注意的是，

《京都议定书》及之后的目标以特定时间（如 2005 年、2020 年或 2050 年）的减排百分比表示。《京都议定书》是《框架公约》第四条“承诺”的一项补充，具有法律约束力。《京都议定书》规定发达国家和地区从 2005 年开始承担减少碳排放量的义务，而发展中国家则从 2012 年开始承担减排义务。在承诺期（2008~2012 年）内，发达国家和地区的全部温室气候排放量与 1990 年相比至少减少 5%。其中，欧盟至少减少 8%，美国至少减少 7%，日本和加拿大至少减少 6%。

为了促进各国完成温室气体减排目标，同时考虑到减排成本问题，《京都议定书》建立了三种灵活的履约机制。①清洁发展机制（clean development mechanism，CDM）：发达国家通过提供资金和技术的方式，与发展中国家开展项目级的合作，获得一部分减排额度，这个减排额度经核实认证，成为核证减排量（certified emission reduction，CER），可用于发达国家完成其履约。与此同时，发展中国家也可以受益于这种项目。②联合履行机制（joint implementation，JI）：发达国家以技术和资金投入的方式，与另外一个发达国家合作实施具有温室气体减排或吸收的项目，其所实现的温室气体减排或吸收量转让给投入技术和资金的发达国家缔约方用于履行其在《京都议定书》中的义务，同时从转让这些温室气体减排或吸收量的发达国家的配额中扣减相应的数量。③排放贸易机制（emission trading，ET）：发达国家可将其超额完成减排义务的指标，以贸易的方式转让给另外一个未能完成减排义务的发达国家，并同时从转让方的允许排放限额上扣减相应的转让额度。在这一阶段，能源效率、燃料转换及碳捕获与封存（carbon capture and storage，CCS）等低碳技术得到了发展。同时，允许发达国家通过境外减排履行义务的减排机制，也促进了国际温室气体排放权交易体系的建立与繁荣。《京都议定书》是气候变化国际公约的里程碑。

1.2.3　限制大气浓度阶段：哥本哈根世界气候大会

2009 年 12 月，哥本哈根世界气候大会，即《框架公约》第 15 次缔约方会议暨《京都议定书》第 5 次缔约方会议在丹麦首都哥本哈根召开。本次会议主要商讨《京都议定书》第一承诺期到期后的后续方案，即 2013~2020 年的全球减排协议。

哥本哈根世界气候大会谈判的目标进一步细化至了大气浓度：以 1990 年为基准，发达国家提出全球温升不超过 2 摄氏度，大气中温室气体浓度限制在 450 ppm[①] CO_2 当量，到 2050 年全球温室气体减排 50%，发达国家减排 80%的全球长期减排目标。小岛屿国家联盟提出全球温升不超过 1.5 摄氏度，大气中温室

① ppm 为 parts per million 的缩写，意为百万分之一。

气体浓度限制在 350 ppmCO_2 当量的目标。

经过艰难的谈判，最终与会各方签署了《哥本哈根协议》，在“共同但有区别的责任”原则下，最大范围地将各国纳入应对气候变化的合作行动中，在发达国家实行强制减排和发展中国家采取自主减缓行动方面迈出了新的步伐。发达国家承诺，2010~2012 年，发达国家将向发展中国家提供 300 亿美元应对气候变化，到 2020 年应实现每年向发展中国家提供 1000 亿美元的长期资金，以满足发展中国家应对气候变化的需要。同时，将建立具有发达国家和发展中国家公平代表性管理机构的多边基金。这些基金中的适应资金将优先提供给最易受气候变化影响的国家。

但是，这样的结果并不尽如人意。各方妥协形成的《哥本哈根协议》不具有法律效应，对发达国家的中期减排义务也没有进一步明确，对于到 2050 年的长期减排义务也只是作出了一个 2 摄氏度的上限认同。各国领导人对 2050 年全球减排 50%的长远目标没有达成共识，也未通过 2015~2020 年温室气体排放量达到顶峰的提案。

1.2.4　累计碳排放空间阶段：德班气候大会和多哈会议

2011~2012 年德班气候大会和多哈会议相继召开。期间，累计碳排放空间这个新的概念重塑了气候目标和气候行动。一些学者认为基于累计碳排放空间的气候政策目标相较于排放速率和温室气体浓度目标更加稳健。在此阶段，“负排放技术”的概念被提出，并作为调整碳排放空间上限的工具。德班气候大会上，中国、印度、巴西和南非组成的基础四国发布了《公平获取可持续发展：平衡的碳空间和碳金融预算》的技术报告。报告中以碳预算额度方式计算和分配各国份额。报告指出，针对 2050 年前全球温升控制在 2 摄氏度以内这个目标，假设实现该目标的概率为 50%，全球碳预算仅约有 1.44 万亿吨，这份报告匡算了此项预算的分配方案，提出了在现有趋势下如何进行减排行动才算公平。

累计碳排放空间这一目标虽然在两次大会和一些气候报告中被提及，但并没有起到主导性的作用。两次气候大会的主要成果在于：①启动并建立了绿色气候基金；②设立了长期合作行动计划，在坎昆协议的基础上进一步明确和细化了减缓适应、技术、能力建设和透明度等机制安排；③确定《京都议定书》第二承诺期于 2013 年 1 月 1 日起实施，到 2020 年 12 月 31 日截止。但是，会议没有就发达国家减排指标作出具体规定，日本、俄罗斯、新西兰拒绝加入第二承诺期，美国、加拿大则游离于《京都议定书》之外。

1.2.5 温升控制阶段：《巴黎协定》

2015 年 12 月，第 21 次《框架公约》缔约方会议在法国巴黎召开。全球 195 个缔约方通过了历史上首个关于气候变化的全球性协定——《巴黎协定》。

《巴黎协定》的主要价值与意义是制定温控目标。《巴黎协定》的目标是加强各方对气候变化威胁的重视与全球共同应对，制定目标把全球平均气温较工业化前水平升高程度控制在 2 摄氏度之内，并努力控制在 1.5 摄氏度之内。2018 年，IPCC 发布了《全球升温 1.5℃特别报告》。该报告指出，全球温升 2 摄氏度的真实影响将比预测中的更为严重，将温升控制在 2 摄氏度以内的目标并不能有效避免气候变化带来的最坏影响。若将目标调整为 1.5 摄氏度，人类将能避免大量因气候变化带来的损失与风险[①]。《巴黎协定》同时规定发达国家向发展中国家提供减排的资金支持。然而，《巴黎协定》所设定的气候资金规模较小（2025 年前发达国家每年向发展中国家提供 1000 亿美元），远不能满足发展中国家的需要。为了实现温控目标，《巴黎协定》设置了以下机制。①自主贡献：缔约方自主制定国家自主贡献（intended nationally determined contributions，INDCs），按照缔约方大会确定的方法自行统计结果并公布。②修订评审：缔约方不断提高自我减排目标，缔约方会议对各国自主贡献进行盘点总结，期间成立专家委员会监督各国“国家自主贡献”的执行情况，但并未约定评审后的处理结果。相比《京都议定书》达成的“自上而下”的强制减排机制，《巴黎协定》是一种“自下而上”的自愿减排机制。这种机制充分考量了各方共同的利益，强调了参与的广泛性、贡献的自主性和方案的可调整性，但也因为没有任何惩罚机制，减排效果在很大程度上依赖于缔约方的配合意愿，温控目标是否能够实现存在较大不确定性。

2017 年 6 月，美国总统特朗普宣布将退出《巴黎协定》，并于 2019 年 11 月正式通知联合国启动退出程序。根据《巴黎协定》，该协定生效 3 年后（即 2019 年 11 月 4 日），缔约方才能正式要求退出，退出过程需要一年时间。这意味着，美国自 2020 年 11 月 4 日起“准时”退出《巴黎协定》。美国作为全球第二大碳排放国，退出《巴黎协定》对全球碳减排产生了非常不利的影响，给全球温控目标的实现带来了巨大挑战。2021 年 1 月 20 日，美国新任总统拜登就职，签署了重返《巴黎协定》的行政令，并于 2021 年 2 月 19 日正式再度成为《巴黎协定》缔约方。目前，《巴黎协定》碳减排承诺与实际执行之间差距巨大。要想实现温升控制在 1.5 摄氏度之内的目标，各国必须高度重视，共同付出更大的努力。

---

① https://www.ipcc.ch/sr15/[2021-01-30]。

1.3　主要国家和地区碳减排的规划与目标

1.3.1　欧盟立法制定2050年实现气候中和的目标

欧盟是国际气候领域的倡导者和先行者，是国际气候规则的主要制定者之一。欧盟应对气体变化政策的基本模式是协同运用各类经济政策手段，利用市场机制，构建最低成本的温室气体减排体系，实现已确定的各项减排目标。欧盟的碳减排目标及工作大致可以分为3个阶段，如表1.1所示，具体目标内容如下。

表1.1　欧盟碳减排政策的三个阶段

阶段	主要政策或措施	主要内容
第一阶段（2000~2007年）	《欧洲气候变化计划》	2008~2012年，欧盟总体排放量在1990年基础上减少8%
第二阶段（2008~2013年）	《气候和能源一揽子计划》	2020年欧盟总体排放量在1990年基础上减少20%以上
第三阶段（2014~2019年）	《气候和能源政策新目标白皮书》	2030年欧盟总体排放量在1990年基础上减少40%

第一阶段：欧盟旨在完成《京都议定书》规定的减排目标。2000年，欧盟启动《欧洲气候变化计划》（European Climate Change Program，ECCP），该计划包括两个时期，即ECCP Ⅰ（2000~2004年）和ECCP Ⅱ（2005~2007年）。ECCP Ⅰ时期，欧盟制定了促进碳减排的具体举措，包括建立欧盟排放交易体系（European Union Emission Trading Scheme，EU ETS）。通过总结ECCP Ⅰ的经验，ECCP Ⅱ重点关注碳捕集、利用与封存（carbon capture，use and storage，CCUS），运输部门纳入排放交易体系及适应政策。

第二阶段：在第一阶段的基础上，欧盟进一步推出了一项具有里程碑意义的碳减排规划——《气候和能源一揽子计划》。该计划详细规划了欧盟的各项减排目标。①减排量方面：2020年欧盟总体排放量在1990年的基础上减少20%以上。其中，能源企业和能源密集型企业2020年的排放量比2005年降低21%。EU ETS未覆盖的部分（如交通、农业、废弃物和家用），2020年的排放量比2005年降低10%。此外，欧盟根据各成员国发展程度灵活分配了任务（−20%~20%）。②能源消耗方面：2020年欧盟实现能源消耗下降20%，可再生清洁能源的消费占比提高到20%，其中生物燃料的使用率在2020年占矿物燃料的10%。此外，欧盟还对EU ETS作出了调整，为CCUS技术制定了欧盟指令，以使这两项政策在实现减排目标上发挥更好的作用。

第三阶段：欧盟主要推出了《气候和能源政策新目标白皮书》，提出了具有约束力的长期减排目标，包括计划到 2030 年将欧盟总体排放量在 1990 年基础上减少 40%，可再生清洁能源的消费比重提高到 27%，能源利用效率提高 27%以上。

2020 年，欧盟发布首部《欧洲气候法》（European Climate Law），将 2050 年实现气候中和的目标纳入法律之中，主要通过减少碳排放、投资绿色技术和保护自然环境，实现整个欧盟的温室气体净零排放。该法律旨在确保所有欧盟政策都为实现这一目标作出贡献，并确保所有经济和社会部门发挥作用。

1.3.2　美国的碳减排目标政策变化较大

美国为应对全球气候变化所制定的碳减排中长期目标与规划可以分为联邦和地方两个层面。

在联邦层面，美国碳减排规划与目标及相关政策在不同总统的任期内经历了较大的变化，民主党和共和党政府在对待气候变化问题上存在差异，如表 1.2 所示。总体而言，民主党政府的碳减排政策相对积极。克林顿政府时期提出了以自愿性倡议为主的《气候变化行动计划》，并制定了 2000 年的碳排放量回归到 1990 年水平的目标。此外，克林顿政府促成了《日内瓦部长宣言》的达成，也签署了《京都议定书》。但是，受到美国国会的限制，《京都议定书》并没有被批准，这就意味着对美国没有任何约束力。奥巴马政府也对气候变化问题十分重视。奥巴马政府上台之初就确定了美国碳减排目标。此后，奥巴马政府发布了《气候变化行动计划》并签署了《中美气候变化联合声明》，细化了美国碳减排规划。为了避开国会的阻挠，奥巴马行使总统搁置否定权推出了《清洁电力计划》，详细规划了美国发电厂的碳减排路线。相比之下，共和党政府的碳减排政策逐渐消极。老布什政府时期的碳减排政策并不消极。1992 年，老布什政府批准了《框架公约》，碳减排政策由“研究为重”逐渐转变为“研究与行动并重”。小布什政府时期的碳减排政策相对消极。小布什政府执政后，当即以气候变化危害证据不足和损害了美国国家利益为由退出《京都议定书》。但是，迫于国内外的压力，小布什政府于 2002 年推出了《全球气候变化计划》，对美国 2012 年的碳减排目标作出了规划。然而，实际上这一目标无须采取什么特别政策措施便可自动实现。特朗普政府时期的碳减排政策更加消极。特朗普政府对奥巴马政府的气候政策进行了“急刹车式”的暂停、搁置甚至废弃处理，取消了奥巴马政府的清洁能源计划，持续放松化石能源行业发展相关环境约束，废止美国行政部门相关气候变化政策举措，退出了《巴黎协定》；气候承诺落实不彰，绿色气候基金捐资拒不兑现，完全只顾眼前利益，基本改变了前任政府参与全球气候治理的政策趋势与策略，执政以来的联邦气候政策出现了大幅倒退。作为全球碳排放大国，碳减排政策的放松或不确定性将给全球气候变化带来巨大风险。

表 1.2　美国历任政府碳减排主要政策或措施

政府	时间	主要政策或措施	主要内容
老布什政府时期（1988~1992 年）	1992 年	批准《框架公约》	
克林顿政府时期（1993~2000 年）	1993 年	《气候变化行动计划》	2000 年将碳排放量减少到 1990 年水平
	1997 年	《伯瑞德-海格尔决议》	对美国签署《框架公约》有关的协定或《京都议定书》作出了明确限制
	1998 年	签署《京都议定书》	
小布什政府时期（2001~2008 年）	2001 年	退出《京都议定书》	
	2002 年	《全球气候变化计划》	2012 年将温室气体排放强度降低 18%
奥巴马政府时期（2009~2016 年）	2009 年	《美国清洁能源与安全法案》	2020 年时的温室气体排放量在 2005 年基础上减少 17%，到 2050 年减少 83%
	2013 年	《气候变化行动计划》	重申到 2020 年温室气体排放量比 2005 年减少 17%的承诺
	2014 年	签署《中美气候变化联合声明》	2025 年在 2005 年基础上实现温室气体减排 26%~28%的目标
	2015 年	《清洁电力计划》	发电厂 2030 年二氧化碳排放将在 2005 年基础上减少 32%；可再生能源发电将再增长 30%以上
	2015 年	签署《巴黎协定》	
特朗普政府时期（2017~2020 年）	2017 年	《美国优先能源计划》	要求环保署立即审查《清洁电力计划》，并尽快提出新法规以暂停、修订甚至废除原法规
	2017 年	废除《清洁电力计划》	
	2017 年	退出《巴黎协定》	

从地方层面看，美国地方政府独立自治性较强，一些州政府热衷探索、制订相应的碳减排规划与目标，如 2003 年由纽约州州长发起的区域温室气体减排行动（regional greenhouse gas initiative，RGGI）、2007 年的西部气候倡议（western climate initiative，WCI），以及中西部温室气体减排协议（midwestern greenhouse gas accord，MGGA）。这三个行动计划共包括美国 23 个州，人口和地区生产总值均占到美国总人口和国内生产总值（gross domestic product，GDP）的 1/2，温室气体排放量占到总排放量的 1/3。此外，2006 年，美国加利福尼亚州通过了《加利福尼亚全球变暖解决法案》，这是美国州层面第一个具有法律效力的温室气体减排行动方案，目标是 2020 年维持在 1990 年水平或比预测情景减排 25%。2019 年，洛杉矶宣布了零排放 2028 路线图 2.0，目标是在 2028 年实现温室气体和空气污染

总量减少 25%。同年，美国纽约州立法机构通过了《气候和社区保护法》，要求到 2050 年“净温室气体”排放为零——温室气体总排放量从 1990 年的水平削减 85%，剩下的 15%由造林、恢复湿地、碳捕获或其他绿色项目抵消。

然而，由于联邦政府减排政策的不确定性，地方政府减排政策缺乏支持与协调，收效甚微，达不到美国国家减排目标所需要的规模。Woodruff 和 Stults（2016）评估了美国 44 个地方独立运行的减排规划，指出美国地方性减排规划虽然数量众多，但缺乏实操性，因而减排效果有限。2018 年，美国甚至出现了碳排放量增加 3.4%的情况，减排形势不容乐观。

1.3.3　英国计划 2050 年实现温室气体净零排放

英国作为第一次工业革命的先驱，进入 21 世纪之后，又成为全球应对气候变化、发展低碳经济的积极倡导者和先行者。英国率先提出低碳经济的概念，一直将应对气候变化、发展清洁能源经济作为政策重点。

2003 年，英国就已发布能源白皮书——《我们能源的未来：创建低碳经济》，并确立发展低碳经济的国家战略。同时，2003 年版能源白皮书也提出了具体的碳减排目标：2050 年之前全国碳排放量减少 60%，并在 2020 年之前取得实质性进展。此外，2003 年版能源白皮书还指出，通过综合运用市场机制（如碳交易制度）、提高能源效率、促进低碳技术发展，以及提高清洁能源比例等手段确保这一目标的实现。

2007 年，英国发布新版能源白皮书——《应对能源挑战：能源白皮书》，重申英国要在 2020 年之前取得碳减排的实质性成果。相较于 2003 年版能源白皮书，2007 年版能源白皮书承诺到 2020 年英国可再生能源发电量份额达到 20%，并在 2009 年实施改进后的可再生能源义务（renewable obligation，RO）。

2008 年，英国颁布《气候变化法案》，成为第一个对碳排放作出法律规定的国家。法案提出了具有法律约束力的碳排放量控制的 2050 年目标：以 1990 年碳排放量为基准，2050 年的碳排放量减少 80%，2020 年碳排放量至少减少 34%。法案还建立了每五年为一时段的碳预算体系，一次制定三个时段的碳排放预算，从而规划出迈向 2050 年的整体行动轨迹。首次制定的三期碳排放预算时段分别为 2008~2012 年、2013~2017 年和 2018~2022 年。其中，英国 2018~2022 年碳排放量至少要比 1990 年减少 34%。为此，英国专门成立了气候变化委员会，负责对温室气体减排方面的政策、投入等问题向政府提出切实有效的政策建议。

在《气候变化法案》的框架下，英国制定了各项配套政策。2009 年，英国颁布《英国低碳转型发展规划》，明确了其近期的减排目标：总量上，2020 年以前要比 1990 年减少 34%。行业层面，电力行业计划减排约 50%，40%的电力来自清洁能源，其中 30%来自可再生能源、10%来自核能及清洁煤；交通行业计划减排约 20%；农业计划减排约 5%。

2019 年，英国接受联合国气候变化委员会建议，正式将 2050 年减排目标修改为净零排放，并将此目标写入新修订的《气候变化法案》。英国成为全球首个将实现净零排放目标写入法律的国家。

1.3.4　日本碳减排目标任重而道远

日本是《京都议定书》的诞生地，在碳减排的规划上，日本政府一方面制定降低碳排放的政策，另一方面积极引导公众低碳生活。在此过程中，日本政府的态度经历了由积极到相对消极的转变。

早在 1990 年，日本政府就制订了《防止全球变暖的行动计划》，要求通过构建低碳交通体系、提高能源效率、推进核能开发、倡导低碳生活等手段实现 2000 年日本碳排放量稳定在 1990 年水平的目标。

2002 年，日本批准《京都议定书》，承诺在 2008~2012 年碳排放量比 1990 年减少 6%。此后，日本相继颁布了《日本电力事业者新能源利用特别措施法》《能源政策基本法》等法律法规，大力支持清洁能源发展，推进节能减排。同时，日本还制定了《日本环境教育法》，提高公众低碳意识，促进公众参与环保活动。

2008 年，日本首相福田康夫发表了题为《低碳社会与日本》的低碳革命宣言，即“福田蓝图”，提出 2020 年日本碳排放量要比 1990 年减少 25%，2050 年日本的温室气体排放量比 2008 年减少 60%~80%。根据“福田蓝图”，日本内阁审议通过了《建设低碳社会行动计划》，对日本碳减排作出了全面规划。其中，电力行业方面，到 2020 年，日本“零排放电源”的比例达到 50%，太阳能发电量到 2020 年扩大 10 倍、2030 年达到 40 倍；政府部门方面，2010~2012 年政府的碳排放量比 2001 年减少 8%；公众引导方面，加强学校教育，同时利用影视、照片、音乐等方式对公众进行低碳教育。

2009 年，日本在哥本哈根世界气候大会上作出《京都议定书》第二承诺期的承诺——2020 年日本碳排放量要比 1990 年减少 25%，然而在 2010 年的坎昆气候大会上，日本代表团公开否认《京都议定书》，认为现有机制不利于日本推销本国技术，希望利用自身的资金、技术优势加强双边减排合作，开展低碳技术的输出，从而增加外汇收入。福岛核事故发生后，日本核电受到严重影响，减排目标设定更加放松。2012 年，多哈会议上日本拒绝加入第二承诺期，并称通过“促进自主减排努力”吸引更多国家参加新的碳减排框架。

2016 年，日本批准《巴黎协定》，承诺 2030 年在 2013 年基础上减排 26%。2018 年，日本发布《第五次能源基本计划》，计划要求逐步压缩低效煤电设备，提升煤炭热效能。到 2030 年，碳排放量要削减至 9.3 亿吨，清洁能源利用率达到 44%。2020 年，日本政府再次宣布逐步削减国内老旧煤发电机组，争取到 2030 年削减煤炭发电量 90%。实际上，日本煤电仍然占据 32%，如果不进一步采取措施，能源结构将不会出现较大转变，2030 年减排目标将难以实现，2050 年减排目标更是任重道远（苏海河，2020）。

1.4　中国碳减排的规划与目标

行政体制等方面的原因，使中国的气候政策制度具有较强的稳定性与阶段延续性。中国政府一直深刻认识到二氧化碳排放加剧会引起全球气候变化的严重后果，高度重视碳减排及应对气候变化工作，并制订了较为严格的碳减排规划与目标，积极采取了各种应对措施。中国的气候政策是中国实现高质量发展的内在要求，也体现了深度参与全球治理、打造人类命运共同体、推动全人类共同发展的责任担当。

1.4.1　立足国内：2030 年前碳达峰和 2060 年前碳中和

中国宏观的减排规划与目标大概经历了三个阶段。

1. 减缓阶段（1992~2006 年）

1992 年，中国签署联合国《框架公约》。1994 年，中国响应《框架公约》的要求，组织制定了《中国 21 世纪议程——中国 21 世纪人口、环境与发展白皮书》，提出了社会经济的发展不能以牺牲资源环境为代价，要坚持可持续发展，并从国情出发采取了一系列政策措施。中国 1998 年 5 月签署《京都议定书》，并于 2002 年 8 月核准。通过参与清洁发展机制项目，中国积极推进技术进步，提高能源利用效率，也成为清洁发展机制中最大的核证减排量提供者，为减缓全球气候变化作出了积极贡献。

2. 能源强度阶段（2007~2008 年）

2007 年，中国颁布了《中国应对气候变化国家方案》，提出了中国气候政策的主要目标，即到 2010 年，实现单位 GDP 能源消费量比 2005 年降低 20%左右；

力争使可再生能源开发利用总量（包括大水电）在一次能源消费结构中的比例提高到 10%左右；努力实现森林覆盖率达到 20%，力争实现年碳汇数量比 2005 年增加约 0.5 亿吨二氧化碳。同时，将此目标写入了“十一五”规划。自 2008 年开始，中国政府连续发布《中国应对气候变化的政策与行动》年度报告，对国家在应对气候变化领域所采取的行动措施、所取得的成绩进行总结报告，并颁布相关数据信息。

3. 碳强度阶段（2009 年至今）

2009 年哥本哈根世界气候大会上，中国政府承诺到 2020 年单位 GDP 二氧化碳排放量比 2005 年下降 40%~45%。这是中国向国际社会作出的郑重承诺，也是中国对全球应对气候变化的重大贡献，彰显了中国参与国际气候行动的积极性和责任感。中国政府已于 2017 年底提前完成该减排目标。

2015 年，中国向《框架公约》秘书处提交了《强化应对气候变化行动——中国国家自主贡献》。该文件确定了我国 2030 年的自主行动目标：二氧化碳排放量在 2030 年左右达到峰值并争取尽早达峰；单位 GDP 二氧化碳排放量比 2005 年下降 60%~65%，非化石能源占一次能源消费比例达到 20%左右，森林蓄积量比 2005 年增加 45 亿立方米左右。

2016 年，全国人民代表大会常务委员会批准中国加入《巴黎协定》，中国成为第 23 个签署协定的缔约方。同年，中国发布《“十三五”控制温室气体排放工作方案》，指出到 2020 年，单位 GDP 二氧化碳排放量比 2015 年下降 18%，单位工业增加值二氧化碳排放量比 2015 年下降 22%，能源消费总量控制在 50 亿吨标准煤以内，煤炭消费量控制在 42 亿吨左右。力争常规水电、风电、光伏和核电装机分别达到 3.4 亿千瓦、2 亿千瓦、1 亿千瓦和 5800 万千瓦。非化石能源消费比重达到 15%。大型发电集团单位供电二氧化碳排放量控制在 550 克二氧化碳/千瓦时以内。森林覆盖率达到 23.04%，森林蓄积量达到 165 亿立方米。中国碳减排目标与规划阶段性稳步推进。

通过中国政府不懈努力，截至 2019 年底，中国碳强度较 2005 年降低约 48.1%，非化石能源占一次能源消费比重达 15.3%，提前完成中国对外承诺的 2020 年减排目标。2020 年 9 月 22 日，习近平主席在第七十五届联合国大会一般性辩论上表示：“中国将提高国家自主贡献力度，采取更加有力的政策和措施，二氧化碳排放力争于 2030 年前达到峰值，努力争取 2060 年前实现碳中和。”①新的目标、新的征程，中国政府展现大国担当与责任，通过切实行动为全球气候环境治理持续作出积极有效的贡献。

① http://www.xinhuanet.com/2020-09/22/c_1126527652.htm[2021-01-30]。

1.4.2　统筹国际：致力于推进全球可持续发展

1. 推进“一带一路”绿色发展

2013 年，习近平主席在外交访问中提出了建设“丝绸之路经济带”和“21 世纪海上丝绸之路”的合作倡议[①]。“一带一路”倡议覆盖全球 65 个国家，这些国家大多为尚不发达的发展中国家和新兴经济体，经济发展方式比较粗放，单位 GDP 二氧化碳排放量高出世界平均水平的一半以上，生态环境脆弱，面临气候变化压力突出。同时，值得注意的是，“一带一路”地区有丰富的太阳能资源，太阳能发电潜力巨大。太阳能总装机潜力为 265.9 万亿瓦，是 2017 年全球太阳能光伏装机容量的 600 余倍，开发利用 3.7%的最优光伏发电潜力即可满足整个地区 2030 年的电力需求。

随着对沿线国家合作与发展需求认识的不断深入，“一带一路”倡议不仅是促进政策沟通、设施联通、贸易畅通、资金融通、民心相通的重要纽带，更是弘扬生态文明理念、践行绿色低碳发展理念、参与区域和全球环境治理，打造沿线国家利益共同体、命运共同体、责任共同体的重要依托。

2015 年，国家发展和改革委员会等三部委联合发布《推动共建丝绸之路经济带和 21 世纪海上丝绸之路的愿景与行动》，提出“加强生态环境、生物多样性和应对气候变化合作，共建绿色丝绸之路”，并强调“强化基础设施绿色低碳化建设和运营管理，在建设中充分考虑气候变化影响”，突出了“低碳”建设“一带一路”的重要理念和重点内容。

2017 年，环境保护部等四部委联合发布《关于推进绿色“一带一路”建设的指导意见》，在绿色基础设施建设、绿色贸易与投资、环保合作机制和平台建设、生态环保标准与科技创新合作等领域对“一带一路”沿线国家间的低碳发展与合作提出了要求与建议。

2019 年，“一带一路”绿色发展国际联盟在北京成立，以促进“一带一路”沿线国家开展生态环境保护和应对气候变化，实现绿色可持续发展；进一步提升亚洲基础设施投资银行在应对气候变化、促进绿色发展中的作用，通过资金动员、能力建设、促进技术转让等方式，帮助“一带一路”沿线国家增强应对气候变化的能力。

---

① https://www.ndrc.gov.cn/xwdt/xwfb/201503/t20150328_956036.html[2021-01-30]。

2. 深化应对气候变化南南合作

南南合作指的是发展中国家之间的合作，是全球发展中国家间就知识、经验、政策、技术和资源等发展方案进行分享交流的合作机制。近年来，中国坚持“平等互利、注重实效、长期合作、共同发展”的原则，积极在应对气候变化领域推进南南合作，支持其他发展中国家提高应对气候变化的能力和开展应对气候变化的行动。

2011 年，中国启动气候变化南南合作能力建设培训项目，旨在帮助其他发展中国家提高应对气候变化的能力。

2014 年，中国发布《国家应对气候变化规划（2014—2020 年）》，提出大力开展气候变化南南合作，支持发展中国家能力建设，拓展培训领域，创新培训方式，帮助有关发展中国家培训气候变化领域各类人才。

2015 年，在国家主席习近平访美期间，中美两国发表《中美元首气候变化联合声明》，中方宣布出资 200 亿元人民币建立“中国气候变化南南合作基金”，支援其他发展中国家应对气候变化的能力建设。在同期举行的联合国发展峰会上，中方提出将设立“南南合作援助基金”，首期提供 20 亿美元，支持发展中国家落实 2015 年后发展议程。在巴黎大会上，中国提出启动在发展中国家开展 10 个低碳示范区、100 个减缓和适应气候变化项目及 1000 个应对气候变化培训名额的合作项目（简称应对气候变化南南合作“十百千”项目）。

截至 2019 年，中国已与其他发展中国家签署了 30 多份气候变化南南合作谅解备忘录，合作建设低碳示范区、开展减缓和适应气候变化项目、举办应对气候变化南南合作培训班。2019 年联合国秘书长古特雷斯曾坦言：南南合作是“确保面对气候变化严重后果的发展中国家和社区之间能够相互支持、分享最佳实践、提升适应和抵御能力的重要手段”，同时也有利于“实施注重可持续发展和环境保护的全新战略，推动经济转型，减轻对化石燃料的依赖”。

1.4.3 任重道远：共同构建人类命运共同体

1. 中国实现碳减排目标是中国经济高质量发展的必然要求

经济高质量发展是体现新发展理念的发展，是创新成为第一动力、协调成为内生特点、绿色成为普遍形态、开放成为必由之路、共享成为根本目的的发展。目前，中国经济已由高速增长阶段转向高质量发展阶段，正处在转变发展方式、优化经济结构、转换增长动力的攻关期。开展碳减排能够通过创新驱动增强经济高质量发展的内生动能；能够倒逼能源结构调整，加快能源清洁化进程，实现能源高质量发展；能够推进供给侧改革，促进产业结构优化，推动经济绿色低碳发展；能够基于减排成本的差异，促进资源在东中西部地区优化配置，推动区域协同发展，同时降低全社会的减排成本，提高全社会的经济福利；能够推进绿色补偿机制，加强对生态环境的修复与保护。碳减排的驱动机制符合中央提出的“探索以生态优先、绿色发展为导向的高质量发展新路子”的目标取向，充分体现了经济高质量发展倡导的创新驱动、提质增效、绿色低碳、协调共享理念，与经济高质量发展的内涵具有一致性。推进绿色发展，落实碳减排规划，实现碳减排目标是经济高质量发展的必然要求。

2. 中国实现碳减排目标为发展中国家后续发展提供示范和借鉴

据历史数据分析，美国等发达国家大体是在人均 GDP 达到 2.0 万~2.5 万美元时达到的人均二氧化碳排放峰值，其人均二氧化碳峰值在 10~22 吨。按照中国碳减排规划与目标，以及相关权威机构测算，中国可望在人均 GDP 达到 1.4 万美元时就实现人均二氧化碳排放达峰，且人均二氧化碳峰值可望保持在 8 吨左右的较低水平上。这将是中国作为发展中大国创新低碳发展路径的重大实践与成就。作为世界上最大的发展中国家，中国的绿色低碳发展模式被较多发展中国家视为发展样板。中国通过不断创新发展思路，探索出了一条低碳可持续绿色发展示范路径，为后发的其他发展中国家提供了可借鉴的示范经验，并支持这些发展中国家规避传统高碳路径依赖和锁定效应，尽早走上“低污染、低排放”的高效创新发展道路。同时，作为世界上最大的发展中国家和第二大经济体，中国通过自身转型取得低碳发展，就是在直接促进全球转型，为重塑全球发展路径作出最直接的贡献。

3. 中国实现碳减排目标有利于共同构建人类命运共同体

全球气候治理是冷战以后全球环境与发展、国际政治及经济或者说是非传统安全领域出现的少数最受全球瞩目、影响极为深远及人类共同面对的、容易达成全球共识的议题之一。中国作为全球二氧化碳最大排放国家，积极参与全球气候治理，是责任，是义务，也是大国担当。中国以问题为导向，建设性参与全球应对气候变化行动各领域工作，贡献了“中国智慧”，提出了“中国方案”，作出了中国作为全球应对气候变化事业积极参与者和推动者的贡献，证明了中国愿为应对气候变化作出新贡献的坚定决心。中国全面参与全球气候治理，在此进程中，中国高举应对气候变化国际合作大旗，既维护国家发展利益，提升在国际气候事务中的规则制定权和话语权，又树立负责任大国形象，推动构建人类命运共同体，保护地球家园，为全球生态安全作出新贡献。面对全球性气候变化挑战，各国应该加强对话、交流与学习最佳实践，在制度安排上促使各国同舟共济、共同努力，取长补短，形成合力，实现共同发展，惠及整个人类发展。

第2章　基于PDA方法的中国碳减排效应分解

2.1　中国碳排放控制目标及主要研究问题

近年来，中国的温室气体排放及其对气候变化的贡献日益受到全世界关注（Cai et al.，2019）。为了成为更具“责任心”的全球利益相关者，中国政府提出了严格的量化节能减排目标，实现降低能源消耗和碳排放增长率的目标。在“十二五”时期中国政府提出全国单位 GDP 能耗比 2010 年降低 16%的目标[①]。从完成效果来看，“十二五”时期全国单位 GDP 能耗降低 18.4%，超额完成“十二五”规划纲要确定的目标。而且，中国政府在《强化应对气候变化行动——中国国家自主贡献》中承诺 2030 年碳强度（单位 GDP 的二氧化碳排放量）比 2005 年降低 60%~65%[②]。2017 年底，中国在降低碳强度方面取得一定成效，碳强度比 2005 年下降了 46%，提前实现了 2020 年的 40%~45%的目标。

“十三五”时期，中国经济发展进入新常态，产业结构优化明显加快，能源消费增速放缓，资源性、高耗能、高排放产业发展逐渐衰减。但随着工业化、城镇化进程加快和消费结构持续升级，中国能源需求刚性增长，资源环境问题仍然是制约中国经济社会发展的关键，节能减排依然形势严峻、任务艰巨。在“十三五”规划纲要中，中国提出单位 GDP 能源消费量比 2015 年降低 15%、能源消费总量控制在 50 亿吨标准煤以内、单位 GDP 二氧化碳排放量比 2005 年降低 40%~45%作为约束性指标。在这种情况下，我们需要了解哪些因素对碳排放的影响更大，哪些关键途径可以有效抑制碳排放，哪些有效方法可以使二氧化碳排放、能源消耗与经济增长脱钩。

---

① http://www.gov.cn/zwgk/2011-09/07/content_1941731.htm[2021-01-30]。

② http://www.gov.cn/xinwen/2015-06/30/content_2887330.htm[2021-01-30]。

上述问题可以通过影响因素分解分析方法来解决。常见的分解分析方法包括结构分解分析方法和指数分解分析方法，但是两种分解方法仅给出了碳排放强度、能耗结构、能源强度等因素的分解效应，而缺乏对碳排放的生产技术及其效率变化机理分析与贡献测度。生产理论分解分析（production decomposition analysis，PDA）方法正好可以弥补这方面的缺陷，它结合距离理论和生产理论分解二氧化碳排放变化，不仅可以获取碳排放强度等因素的分解效应，还可以获取技术变化与效率因素对碳排放的作用信息。同时，PDA 方法所需要的数据相当易得，并且在对能源利用技术、碳排放技术等进行测度时，分解为技术效率和技术变化的作用。因此，本章采用 PDA 方法分解 2011~2017 年中国与能源有关的二氧化碳排放变化，并探索二氧化碳排放的驱动因素及遏制二氧化碳排放的有效途径，然后为中国政府“十四五”节能减排政策的制定提供一些建议。

2.2　国内外研究现状

随着全球升温等气候变化问题日益突出，关于温室气体排放的研究也越来越多，而影响气候变化的温室气体主要是二氧化碳（Paul and Bhattacharya，2004）。近些年来，涌现出大量文献讨论碳排放的影响因素及影响机理，分解碳排放及其变化。从碳排放影响因素来说主要有经济发展、能源强度、能源消费结构、经济结构、人口等（Mousavi et al.，2017；Du et al.，2017；Li et al.，2017；Román-Collado and Colinet，2018；Liu et al.，2019a）。现有研究往往表明经济增长是二氧化碳排放的主要促进因素，而能源强度下降、清洁能源及可再生能源利用是二氧化碳排放的主要抑制因素。

从分解方法上来说，主要有结构分解分析（structural decomposition analysis，SDA）方法和指数分解分析（index decomposition analysis，IDA）方法。SDA 方法基于计量经济学中的投入产出模型，利用特定年份的投入产出表，对碳排放进行分解，数据要求比较高（Zhou and Ang，2008）。基于 SDA 方法进行碳排放分解的研究可见 Cansino 等（2016）、Zeng 等（2014）、Magacho 等（2018）。相对于 SDA 的局限性，IDA 的应用更加广泛，较早的有拉氏（Laspeyres）指数分解和迪氏（Divisia）指数分解。拉氏分解方法比较容易理解，但分解结果有很大的残差项，容易造成结果失真（Ang and Zhang，2000；Ang，2004）。后来，Sun（1998）在拉氏分解方法的基础上提出“完全分解方法”，又称为改进的拉氏分解方法，可以实现分解无残差，但当分解项超过三个以后就变得非常复杂（Ang，2004）。相比拉氏分解方法，迪氏分解方法主要有算术平均迪氏指数（arithmetic mean Divisia index，AMDI）法与对数平均迪氏指数（log mean Divisia index，LMDI）法。其中，AMDI 分解方法基于算术平均权重，而 LMDI 法基于对数平均权重。AMDI 法在某些情况下分解的残差项会非常大，而且无法处理零值问题。但 LMDI 法不存在这种弊端，符合 Ang（2004）提出的完美分解方法条件，关于指数分解方法的发展历程详细可见 Ang 和 Zhang（2000）、Ang 等（2003）、Ang（2004）。综合考虑优缺点可以发现，指数分解方法更胜一筹。IDA 方法与 SDA 方法的详细比较可见 Hoekstra 和 van den Bergh（2003）。

除了 IDA 方法与 SDA 方法，随着对生产理论中非期望产出处理方法的改进（Färe and Grosskopf，2003；Färe et al.，2004），以及距离函数、环境数据包络分析（data envelopment analysis，DEA）方法技术的应用，生产理论越来越多地运用到能源与环境领域。比如，Wang 和 Zhou（2018）在生产理论框架的基础上提出了空间 PDA 模型，量化了碳技术性能、潜在碳因子和经济结构对碳排放强度区域差异的影响，结果发现 14 个经济体与参考区域之间碳排放强度区域差异的决定因素相当不同。Wang 等（2019）提出了一种基于非径向方向距离函数和全局 Malmquist-Luenberger 生产率指数的改进 PDA 方法，研究了 2005~2010 年中国碳排放驱动因素，发现规模效应是导致 2005~2010 年中国碳排放增加的主要因素，而技术变化效应在限制碳排放方面发挥了重要作用。

从碳排放影响因素的区域差异来说，Yu 等（2019）使用灰色关联分析方法探索碳排放与经济、能源与人口效应之间的关联度，并使用 LMDI 法定量分析了各驱动因素的贡献率，结果表明，人均 GDP 和单位 GDP 能耗量是导致碳排放变化的关键因素。Li 等（2017）采用 PDA 和 IDA 相结合的方法，并增加 GDP 技术效率和 GDP 技术变化两个重要的预设因子，研究了中国各省二氧化碳排放的潜在驱动力，发现经济活动是二氧化碳排放量大幅增加的主要原因，而在大多数省份，GDP 技术变化和潜在能源强度变化对二氧化碳排放有相当大的影响。

综上所述，我们发现目前环境 DEA、距离函数、生产理论等方法仍然主要应用于环境效率的分析与测评，对碳排放分解的研究并不多，而通过 PDA 方法来讨论中国地区间碳排放差异性的就更少了。本章基于 Zhou 和 Ang（2008）的 PDA 方法，利用中国 2011~2017 年的面板数据，将各个省份的二氧化碳排放变化分解成七个影响因素，探寻其中的主要影响因素，并将全国分成八个区域，通过 PDA 方法分解区域碳排放变化，研究碳排放影响因素的区域差异。

2.3　数据说明与研究方法

2.3.1　数据说明

本章主要以 2011 年和 2017 年为时间节点，结合中国 30 个省份面板数据，对碳排放变化进行分解（西藏数据缺失，没有纳入考虑），需要用到各省份能源消费、GDP 及二氧化碳排放量。各省份能源消费数据来源于《中国能源统计年鉴 2012》和《中国统计年鉴 2018》，单位为万吨标准煤。各省份 GDP 来源于《中国统计年鉴 2012》和《中国统计年鉴 2018》，采用 2005 年不变价，单位为亿元。

我们采用 IPCC 国家温室气体排放清单中的计算方法，结合中国能源统计年鉴中各省份能源平衡表中的煤炭、石油、天然气及非化石能源等四种主要能源消费量，估算各省份二氧化碳排放值，单位为万吨。

$$C_j = \sum_{\iota=1}^{4} E_{\iota j} \times F_\iota \times \frac{44}{12} \tag{2.1}$$

其中，C_j 表示省份 j 能源消费导致的二氧化碳排放量；$E_{\iota j}$ 表示省份 j 第 ι 种能源消费量；F_ι 表示第 ι 种能源的碳排放系数，我们采用国家发展和改革委员会能源研究所"中国可持续发展能源暨碳排放情景分析"中提出的四种一次能源碳排放系数，即煤炭、石油、天然气、非化石能源的碳排放系数分别为 0.7476、0.5825、0.4435、0，单位为吨碳/吨标准煤；44/12 表示碳与二氧化碳的转换系数。

2.3.2　研究方法

1. 分解方法

在进行碳排放分解之前，我们对本章所应用的生产理论做几点说明：①本章的投入仅考虑能源消费（E），未考虑资本、人力等。②GDP 和二氧化碳排放（C）分别作为期望产出和非期望产出。③能源消费和 GDP 具有强可处置性，而非期望产出，即碳排放是弱可处置的，且与期望产出具有零结合性（null-joint）。④本章的生产技术考虑规模报酬不变的情况。

我们首先定义两个基于能源消费（E）和非期望产出二氧化碳排放（C）的距离函数，分别表示 E 与 C 的实际值与理论值的比值，它们的倒数可以理解为效率值。

$$\mathrm{DF}_e\left(E,\mathrm{GDP},C\right)=\sup\left\{\lambda:\left(E/\lambda,\mathrm{GDP},C\right)\in T\right\} \tag{2.2}$$

$$\mathrm{DF}_c\left(E,\mathrm{GDP},C\right)=\sup\left\{\theta:\left(E,\mathrm{GDP},C/\theta\right)\in T\right\} \tag{2.3}$$

其中，方程（2.2）表示在给定产出和生产技术的情况下，尽可能地降低能源消费，由于是实际值与理论值的比值，结果应该等于1或大于1。等于1说明生产过程最优，大于1则说明生产过程非最优。方程（2.3）表示在给定投入、期望产出及生产技术的情况下，尽可能地降低碳排放。与方程（2.2）一样，其结果存在等于1或大于1两种情况，分别对应生产过程最优和生产过程非最优。

现在假设有 $j\left(j=1,2,3,\cdots,J\right)$ 个实体，对于特定实体 j 来说，它的碳排放量从初期的 C_j^0 变化到 T 期的 C_j^T，可有如下分解形式：

$$\mathrm{DF}_j=\frac{C_j^T}{C_j^0}=\left(\frac{C_j^T/E_j^T}{C_j^0/E_j^0}\right)\cdot\left(\frac{E_j^T/\mathrm{GDP}_j^T}{E_j^0/\mathrm{GDP}_j^0}\right)\cdot\left(\frac{\mathrm{GDP}_j^T}{\mathrm{GDP}_j^0}\right) \tag{2.4}$$

在此基础上，以基期技术水平为参考，引入距离函数可得如下分解方程：

$$\mathrm{DF}_j=\left(\frac{\left[C_j^T/D_c^0\left(E_j^T,\mathrm{GDP}_j^T,C_j^T\right)\right]/E_j^T}{\left[C_j^0/D_c^0\left(E_j^0,\mathrm{GDP}_j^0,C_j^0\right)\right]/E_j^0}\right)\times\left(\frac{\left[E_j^T/D_e^0\left(E_j^T,\mathrm{GDP}_j^T,C_j^T\right)\right]/\mathrm{GDP}_j^T}{\left[E_j^0/D_e^0\left(E_j^0,\mathrm{GDP}_j^0,C_j^0\right)\right]/\mathrm{GDP}_j^0}\right)$$
$$\times\left(\frac{\mathrm{GDP}_j^T}{\mathrm{GDP}_j^0}\right)\times\left(\frac{D_c^0\left(E_j^T,\mathrm{GDP}_j^T,C_j^T\right)}{D_c^0\left(E_j^0,\mathrm{GDP}_j^0,C_j^0\right)}\right)\times\left(\frac{D_e^0\left(E_j^T,\mathrm{GDP}_j^T,C_j^T\right)}{D_e^0\left(E_j^0,\mathrm{GDP}_j^0,C_j^0\right)}\right) \tag{2.5}$$

其中，方程（2.5）中等式右侧第一部分代表 T 期与基期单位能源消费导致碳排放量的比值，即潜在能源排放强度变化，用 PEECH_j^0 表示；第二部分代表 T 期与基期单位国内生产总值所需要消费的能源量的比值，即潜在能源强度变化，用 PEICH_j^0 表示；第三部分是 T 期与基期期望产出GDP的比值，代表经济发展对碳排放的影响，用 GDPCH_j^0 表示；第四部分和第五部分实际上是两个基于基期的马氏效率指数（Malmquist index），分别表示碳排放绩效变化和能源利用绩效变化，分别用 CEPCH_j^0 和 EUPCH_j^0 来表示。为此，我们可以把方程（2.5）写成如下形式：

$$\mathrm{DF}_j=\mathrm{PEECH}_j^0\times\mathrm{PEICH}_j^0\times\mathrm{GDPCH}_j^0\times\mathrm{CEPCH}_j^0\times\mathrm{EUPCH}_j^0 \tag{2.6}$$

值得注意的是，方程（2.5）和方程（2.6）均以基期生产技术为参考来分解碳排放变化。为了避免分解结果的武断性，我们采用基于基期和 T 期的距离函数的几何平均值作为参考，分解碳排放如方程（2.7）所示：

$$\mathrm{DF}_j=\left(\frac{\mathrm{GDP}_j^T}{\mathrm{GDP}_j^0}\right)\times\left(\left[\frac{\mathrm{DF}_c^0\left(E_j^T,\mathrm{GDP}_j^T,C_j^T\right)}{\mathrm{DF}_c^0\left(E_j^0,\mathrm{GDP}_j^0,C_j^0\right)}\cdot\frac{\mathrm{DF}_c^T\left(E_j^T,\mathrm{GDP}_j^T,C_j^T\right)}{\mathrm{DF}_c^T\left(E_j^0,\mathrm{GDP}_j^0,C_j^0\right)}\right]^{1/2}\right)$$
$$\times\left(\left[\frac{\mathrm{DF}_e^0\left(E_j^T,\mathrm{GDP}_j^T,C_j^T\right)}{\mathrm{DF}_e^0\left(E_j^0,\mathrm{GDP}_j^0,C_j^0\right)}\cdot\frac{\mathrm{DF}_e^T\left(E_j^T,\mathrm{GDP}_j^T,C_j^T\right)}{\mathrm{DF}_e^T\left(E_j^0,\mathrm{GDP}_j^0,C_j^0\right)}\right]^{1/2}\right)$$
$$\times\left(\frac{\left\{C_j^T/\left[\mathrm{DF}_c^0\left(E_j^T,\mathrm{GDP}_j^T,C_j^T\right)D_c^T\left(E_j^T,\mathrm{GDP}_j^T,C_j^T\right)\right]^{1/2}\right\}/E_j^T}{\left\{C_j^0/\left[\mathrm{DF}_c^0\left(E_j^0,\mathrm{GDP}_j^0,C_j^0\right)\mathrm{DF}_c^T\left(E_j^0,\mathrm{GDP}_j^0,C_j^0\right)\right]^{1/2}\right\}/E_j^0}\right) \tag{2.7}$$
$$\times\left(\frac{\left\{E_j^T/\left[\mathrm{DF}_e^0\left(E_j^T,\mathrm{GDP}_j^T,C_j^T\right)D_e^T\left(E_j^T,\mathrm{GDP}_j^T,C_j^T\right)\right]^{1/2}\right\}/\mathrm{GDP}_j^T}{\left\{E_j^0/\left[\mathrm{DF}_e^0\left(E_j^0,\mathrm{GDP}_j^0,C_j^0\right)\mathrm{DF}_e^T\left(E_j^0,\mathrm{GDP}_j^0,C_j^0\right)\right]^{1/2}\right\}/\mathrm{GDP}_j^0}\right)$$

可进一步表示为

$$\mathrm{DF}_j=\mathrm{PEECH}_j\times\mathrm{PEICH}_j\times\mathrm{GDPCH}_j\times\mathrm{CEPCH}_j\times\mathrm{EUPCH}_j \tag{2.8}$$

另外，方程（2.8）中的 CEPCH_j 和 EUPCH_j 利用马氏效率指数进一步分解出如下方程：

$$\mathrm{CEPCH}_j=\left(\frac{\mathrm{DF}_c^T\left(E_j^T,\mathrm{GDP}_j^T,C_j^T\right)}{\mathrm{DF}_c^0\left(E_j^0,\mathrm{GDP}_j^0,C_j^0\right)}\right)\times\left(\left[\frac{\mathrm{DF}_c^0\left(E_j^0,\mathrm{GDP}_j^0,C_j^0\right)\mathrm{DF}_c^0\left(E_j^T,\mathrm{GDP}_j^T,C_j^T\right)}{\mathrm{DF}_c^T\left(E_j^T,\mathrm{GDP}_j^T,C_j^T\right)\mathrm{DF}_c^T\left(E_j^0,\mathrm{GDP}_j^0,C_j^0\right)}\right]^{1/2}\right) \tag{2.9}$$

$$\mathrm{EUPCH}_j=\left(\frac{\mathrm{DF}_e^T\left(E_j^T,\mathrm{GDP}_j^T,C_j^T\right)}{\mathrm{DF}_e^0\left(E_j^0,\mathrm{GDP}_j^0,C_j^0\right)}\right)\times\left(\left[\frac{\mathrm{DF}_e^0\left(E_j^0,\mathrm{GDP}_j^0,C_j^0\right)\mathrm{DF}_e^0\left(E_j^T,\mathrm{GDP}_j^T,C_j^T\right)}{\mathrm{DF}_e^T\left(E_j^T,\mathrm{GDP}_j^T,C_j^T\right)\mathrm{DF}_e^T\left(E_j^0,\mathrm{GDP}_j^0,C_j^0\right)}\right]^{1/2}\right) \tag{2.10}$$

其中，方程（2.9）中等式右侧第一项表示碳减排技术效率变化，用 CATECH_j 表示；第二项表示碳减排技术变化，用 CATCH_j 表示。同理，方程（2.10）中等式右侧第一项表示能源利用技术效率变化，用 EUTECH_j 表示；第二项表示能源利用技术变化，用 EUTCH_j 表示。所以，方程（2.8）可以写成如下形式：

$$\mathrm{DF}_j=\mathrm{PEECH}_j\times\mathrm{PEICH}_j\times\mathrm{GDPCH}_j\times\mathrm{CATECH}_j\times\mathrm{CATCH}_j\times\mathrm{EUTECH}_j\times\mathrm{EUTCH}_j \tag{2.11}$$

其中，对于等式右侧每个部分来说，若其值大于 1，说明它对应的影响因素对碳排放有促进作用，值越大促进作用越显著；反之对碳排放有抑制作用，值越小抑制作用越明显。而且，对于后四个涉及效率或技术的影响因素来说，若分解结果大于 1，说明效率或技术下降，未起到抑制碳排放的作用；反之，则说明效率或技术提高，从而抑制了碳排放。

2. 环境 DEA 模型

在分解方法中我们引入了投入距离函数与非期望产出距离函数，结合距离函数定义，利用环境 DEA 技术求解这些距离函数。为此，我们构造以下环境 DEA 模型：

$$\begin{aligned} &\min \theta = \left[\mathrm{DF}_c^s \left(E_j^t, \mathrm{GDP}_j^t, C_j^t \right) \right]^{-1} \\ &\text{s.t.} \sum_{j=1}^{J} z_j E_j^s \leqslant E_j^t \\ &\quad \sum_{j=1}^{J} z_j \mathrm{GDP}_j^s \geqslant \mathrm{GDP}_j^t \\ &\quad \sum_{j=1}^{J} z_j C_j^s = \theta C_j^t \\ &\quad z_j \geqslant 0, j = 1, \cdots, J \end{aligned} \tag{2.12}$$

$$\begin{aligned} &\min \lambda = \left[\mathrm{DF}_e^s \left(E_j^t, \mathrm{GDP}_j^t, C_j^t \right) \right]^{-1} \\ &\text{s.t.} \sum_{j=1}^{J} z_j E_j^s \leqslant \lambda E_j^t \\ &\quad \sum_{j=1}^{J} z_j \mathrm{GDP}_j^s \geqslant \mathrm{GDP}_j^t \\ &\quad \sum_{j=1}^{J} z_j C_j^s = C_j^t \\ &\quad z_j \geqslant 0, j = 1, \cdots, J \end{aligned} \tag{2.13}$$

其中，模型（2.12）表示求解基于 s 期的 t 期投入距离函数，模型（2.13）表示求解基于 s 期的 t 期非期望产出距离函数，$s,t \in \{0,T\}$。

2.4 基于 PDA 方法的碳减排效应分解及分析

本章主要做了两个实证分析，一个是对各省份 2011~2017 年碳排放变化进行分解，另一个是把全国各省份按照国家信息中心的标准划分为八个区域，针对这八个区域 2011~2017 年碳排放变化进行分解，0 期和 T 期分别为 2011 年和 2017 年。

2.4.1　各个省份碳排放变化分解结果

根据方程（2.10），各个省份 2011~2017 年碳排放变化 PDA 分解结果如表 2.1 所示。我们得到以下几点发现。

表 2.1　中国各省份 2011~2017 年碳排放变化 PDA 分解结果

项目	C^T/C^0	PEECH	PEICH	GDPCH	CATECH	CATCH	EUTECH	EUTCH
北京	0.845	0.719	0.814	1.205	1.000	1.152	1.000	1.038
天津	0.920	0.828	0.947	1.146	0.952	1.106	0.951	1.018
河北	0.921	1.043	1.186	0.970	0.717	1.194	0.881	1.015
山西	1.290	1.701	1.053	0.966	0.629	1.100	1.031	1.042
内蒙古	1.099	1.457	1.433	0.783	0.632	1.122	0.926	1.020
辽宁	0.997	1.895	1.429	0.736	0.455	1.217	0.884	1.018
吉林	0.866	0.937	0.867	0.988	0.959	1.093	1.012	1.014
黑龙江	1.058	1.283	1.239	0.883	0.717	1.110	0.927	1.018
上海	0.941	0.857	0.970	1.115	0.825	1.265	0.940	1.032
江苏	1.046	0.817	0.926	1.222	1.023	1.097	1.000	1.005
浙江	1.018	0.845	1.162	1.119	0.895	1.140	0.892	1.015
安徽	1.177	1.131	1.040	1.234	0.735	1.146	0.942	1.020
福建	0.956	0.625	1.016	1.281	1.046	1.206	0.900	1.031
江西	1.173	1.070	1.223	1.195	0.758	1.112	0.869	1.021
山东	0.988	0.892	0.930	1.119	0.963	1.103	1.000	1.000
河南	0.855	0.676	0.884	1.156	1.084	1.171	0.958	1.014
湖北	0.834	0.525	0.824	1.263	1.203	1.276	0.973	1.020
湖南	1.010	0.871	0.755	1.205	0.908	1.275	1.073	1.024
广东	1.028	0.829	0.939	1.178	1.000	1.092	1.000	1.024
广西	1.008	0.878	1.293	1.104	0.849	1.110	0.835	1.018
海南	1.160	0.931	1.126	1.236	1.000	0.948	1.000	0.943
重庆	0.898	0.696	0.795	1.356	1.082	1.097	0.990	1.015
四川	0.891	0.619	0.861	1.229	1.090	1.245	0.978	1.022
贵州	1.152	0.969	0.651	1.660	0.991	1.036	1.051	1.016
云南	0.808	0.537	1.072	1.287	1.195	1.081	0.830	1.013
陕西	1.446	1.632	1.019	1.223	0.615	1.121	1.006	1.022

续表

项目	C^T/C^0	PEECH	PEICH	GDPCH	CATECH	CATCH	EUTECH	EUTCH
甘肃	1.064	0.973	1.226	1.038	0.935	1.008	0.913	0.996
青海	1.247	1.096	1.283	1.098	0.930	0.928	1.022	0.913
宁夏	1.366	1.152	1.458	1.145	0.849	0.928	0.931	0.966
新疆	1.983	2.212	1.569	1.151	0.491	1.042	0.954	1.015
几何平均	1.068	1.023	1.066	1.143	0.884	1.117	0.956	1.011

注：PEECH 表示能源碳排放强度变化；PEICH 表示能源强度变化；GDPCH 表示 GDP 变化；CATECH 表示碳减排技术效率变化；CATCH 表示碳减排技术变化；EUTECH 表示能源利用技术效率变化；EUTCH 表示能源利用技术变化

首先，从 2011 年与 2017 年各个省份的碳排放比值可以看到，不同地区的碳排放量两极分化严重。例如，新疆、陕西、宁夏等省区在 2011~2017 年的碳排放量增幅较大，分别增加了 98.3%、44.6%与 36.6%；而云南、湖北、北京等省市在 2011~2017 年的碳排放量却分别降低了 19.2%、16.6%和 15.5%；总体而言，2011~2017 年全国碳排放量平均增加了 6.8%。

其次，经济发展是推动碳排放增长的主要因素。这与之前很多文献的分解结果吻合（Kang et al.，2014；Wang and Yang，2015；Ma et al.，2016）。经济发展的促进作用比较显著，全国 GDPCH 的平均值为 1.143，贵州更是达到了 1.660 的高位。同时，能源碳排放强度与能源强度对碳排放的促进作用也不容忽视，这在新疆、山西、内蒙古等煤炭消耗大省区更加明显，全国 PEECH 与 PEICH 分别达到 1.023 与 1.066。在相对发达的一些东部省市，如北京、上海、广东、江苏等省市的 PEECH 与 PEICH 均低于全国平均水平。这些地区的碳排放增长差异不仅体现在能源消费结构方面，而且体现在能源利用效率、减排技术手段等多个方面。为了实现新疆、山西、内蒙古等省区在“十三五”规划中规定的单位 GDP 二氧化碳排放下降的目标，必须调整经济发展方式，改善能源消费结构，降低能源强度。

再次，碳减排技术效率与能源利用技术效率提升都对二氧化碳排放有显著抑制作用。在碳减排技术效率方面，全国 CATECH 平均值为 0.884，但是在湖北、云南、四川、河南、福建、江苏和重庆七个省市的碳排放分解中，代表碳减排技术效率变化的 CATECH 均大于 1，说明在 2011~2017 年七省市的碳减排技术效率并没有提高，也就没有对碳排放起到应有的抑制作用。相反，辽宁、新疆的 CATECH 均低于 0.5，在 30 个地区中最为突出，说明其在 2011~2017 年碳减排技术效率提升比较明显，碳减排技术得到充分发展与利用。在能源利用技术效率变化方面，全国 EUTECH 平均值为 0.956，而在湖南、贵州、山西、青海、吉林和陕西六个省份的碳排放分解中，代表技术效率变化的 EUTECH 均大于 1，说明在 2011~2017

年他们的技术效率没有提高，没能有效抑制碳排放。而其他 24 个省份的技术效率平均为 0.936，虽然不突出，但是在一定程度上抑制了碳排放。

最后，碳减排技术和能源利用技术是促进碳排放增长的重要因素。代表碳减排技术变化的 CATCH 全国平均值为 1.117，除了青海、宁夏与海南低于 1 以外，其他地区的该值均大于 1，湖北、湖南、四川等省份甚至超过了 1.200，一跃成为促进碳排放的重要因素。这说明在 2011~2017 年，全国大部分省份的碳减排技术变化并没有显著抑制碳排放，甚至成为促进了碳排放增长的重要因素。而代表能源利用技术的 EUTCH 全国平均值为 1.011，除了海南、甘肃、青海和宁夏的该值比较突出，平均为 0.955 外，其余省份基本略大于 1，说明在 2011~2017 年，能源利用技术变化并没有显著抑制碳排放，能源利用技术进步并不明显。

2.4.2　八大区域碳排放变化分解结果

根据国家信息中心的分类方法（附录 A），我们把全国各省份划分成八个区域，并根据方程（2.10），考察各区域的碳排放变化分解情况，结果如表 2.2 所示。从表 2.2 中我们可以看到与表 2.1 类似的分解结果，但区域差异更加明显。

表 2.2　八大区域“十二五”期间碳排放变化 PDA 分解结果

区域	C^T/C^0	PEECH	PEICH	GDPCH	CATECH	CATCH	EUTECH	EUTCH
东北地区	0.984	1.469	1.153	0.835	0.614	1.137	1.006	0.987
京津地区	0.890	0.858	0.878	1.181	1.000	1.000	1.000	1.000
北部沿海地区	0.960	0.913	1.005	1.067	0.914	1.108	0.972	0.992
东部沿海地区	1.020	0.805	0.970	1.161	1.000	1.116	1.000	1.000
南部沿海地区	1.014	0.788	0.949	1.205	1.000	1.106	1.000	1.015
中部地区	1.057	0.635	0.900	1.181	1.000	1.548	1.000	1.009
西北地区	1.321	1.475	1.258	1.032	0.602	1.144	1.000	1.000
西南地区	0.953	0.675	0.913	1.278	1.124	1.119	0.971	0.989
几何平均	1.025	0.952	1.003	1.118	0.907	1.160	0.993	0.999

注：PEECH 表示能源碳排放强度变化；PEICH 表示能源强度变化；GDPCH 表示 GDP 变化；CATECH 表示碳减排技术效率变化；CATCH 表示碳减排技术变化；EUTECH 表示能源利用技术效率变化；EUTCH 表示能源利用技术变化

首先，经济发展是促进碳排放的主要因素，而能源强度在一定程度上促进了碳排放。在经济发展方面，除了东北地区的 GDPCH 为 0.835，其余各地区的该值均大于 1。东北地区产生这种状况的原因可能是东北地区经济发展疲软，对碳排放的刺激作用较小，经济发展对碳排放具有一定抑制作用。但中国作为世界第二大经济体，目前仍然处于快速发展阶段，经济发展成为促进碳排放的主要因素，尤其在包含福建、广东、海南的南部沿海地区，以四川、重庆、贵州为代表的西南地区表现得比较明显，这两个地区的 GDPCH 分别为 1.205 和 1.278。在能源强度方面，代表能源强度变化的 PEICH 平均值略大于 1，为 1.003，但各地区能源强度对碳排放的影响差异较大，如东北地区、北部沿海地区与西北地区，其 PEICH 均大于 1，尤其是以内蒙古、陕西等为代表的西北地区，其 PEICH 达到 1.258。京津地区、东部沿海地区、南部沿海地区等的 PEICH 均小于 1，说明在这些地区，能源强度变化抑制了碳排放，可能是由这些地区经济发达、能源强度低与能源利用率高。

其次，能源碳排放强度对二氧化碳排放具有显著抑制作用。可以看到，代表能源碳排放强度变化的 PEECH 平均值为 0.952，除较为落后的东北地区与西北地区外，其余各个区域的 PEECH 均小于 1，尤其中部地区最为突出。这说明在 2011~2017 年，我国能源碳排放强度整体降低了，能源利用效率获得了提高，很好地抑制了碳排放。值得注意的是，东北地区与西北地区的 PEECH 分别为 1.469 与 1.475，分别比八大区域平均水平高 0.517 和 0.523，其能源碳排放强度对其地区碳排放具有较强的促进作用。众所周知，东北地区与西北地区经济相对落后，技术水平相对低下，对能源的利用率不高，从而导致这两个地区能源碳排放强度较低。在中部地区，其 PEECH 比八大区域平均水平低 0.317，对碳排放的抑制效应较为明显，这可能是由于我国在 2011~2017 年实施碳交易试点工作，以湖北为代表的中部地区在面临逐步增加的碳减排压力后，通过提高能源利用效率等措施，在一定程度上抑制了碳排放。

最后，碳减排技术效率 CATECH 除了西南地区大于 1 以外，其他地区均小于或等于 1，在 2011~2017 年抑制了碳排放增长。碳减排技术 CATCH 除了在较发达的京津地区等于 1 外，在其他地区均大于 1，这表明碳减排技术发展较为缓慢，对碳排放没有产生显著的抑制作用。技术效率 EUTECH 平均值为 0.993，除了东北地区略大于 1，为 1.006 外，其余地区均小于或等于 1，这表明技术效率的提升整体上抑制了全国的碳排放增加。能源利用技术 EUTCH 平均值为 0.999，只有南部沿海地区和中部地区 EUTCH 略微大于 1，其余地区全部等于或略微小于 1，这表明能源利用技术的提升虽然在一定程度上抑制了全国碳排放的增加，但是效果并不显著。我们发现北部沿海地区不论是碳减排技术水平、能源利用技术效率还是能源利用技术水平在 2011~2017 年都获得了提升，发挥了对碳排放的抑制作用。这与中央政府在以河北为代表的北部沿海地区实施较强的环境治理政策是分不开的。

综合上述分析，我们发现经济发展是我国 2011~2017 年碳排放的主要促进因素，尤其在经济发展较快的南部沿海地区和西南地区体现更加明显；而能源碳排放强度降低与碳减排技术效率提高是抑制碳排放的主要因素，而且碳减排技术效率提高的抑制作用更加明显。由于北方城市空气污染相对严重，以及国家对空气环境治理的压力加大，经济相对不发达的东北地区、北部沿海地区和西北地区的碳减排技术效率在 2011~2017 年反而取得了显著进步，对碳排放有较大抑制作用。对全部地区而言，碳减排技术在 2011~2017 年没有显著提升，甚至对碳排放有相当的促进作用。

2.5　主要结论与建议

本章基于生产理论分解方法，结合环境 DEA 方法技术与距离函数，利用中国 2011~ 2017 年的省际面板数据，将碳排放变化分解成七个影响因素，并将全国分成八大区域，通过分解区域碳排放变化，讨论影响因素的区域差异性。通过实证研究分析，主要得出以下几点结论。

（1）经济增长是碳排放的主要促进因素，中国作为世界第二大经济体，目前仍然处于快速发展阶段，尤其在包含福建、广东、海南的南部沿海地区和以四川、重庆、贵州为代表的西南地区表现更为明显。

（2）碳减排技术效率和能源利用技术效率提高显著抑制碳排放增长，而且前者的减排效应更加显著。由于国家节能减排政策的影响，一些煤炭消费大省（如新疆等）的碳减排技术效率在 2011~2017 年显著提高，对碳排放的抑制作用处于全国领先水平。

（3）碳减排技术和能源利用技术提高并未抑制碳排放增加，在某些省份甚至对碳排放的促进作用较为明显。这为我国寻求新的碳减排方法提供了新启示。

基于这些碳排放变化分解结果，为了实现中国政府对国际社会承诺的在 2030 年之前达到二氧化碳排放峰值的目标，也为“十四五”时期控制温室气体排放工作方案的制订提供了科学依据，综合考虑各省份碳减排指标以及地区差异，我们提出如下建议。

（1）针对经济发展对碳排放的促进作用，建议政府按照高质量发展的要求继续加快转变经济发展方式，调整产业结构；利用高新技术进行产业升级的同时，降低高能耗、高排放产业在国民经济中的比重，大力发展低碳经济。

（2）针对能源消费对碳排放的抑制作用及能源强度对碳排放的促进作用，建议政府加强实施节能减排政策，合理控制能源消费总量，积极发展煤炭清洁利用机制。调整能源消费结构，提高风能、太阳能等非化石能源在能源消费中的比重；进一步提高能源利用效率，发展能源循环利用机制，使单位能源消费创造出更多的产能。

（3）针对碳减排技术进步对碳排放的抑制作用，建议政府出台有关规章制度，以科学技术引领节能减排行动，进一步提高技术的碳减排效应。同时，在“十四五”时期充分发挥碳减排技术效率、能源利用技术效率及能源利用技术水平的减排潜力，这是我国未来实现碳减排的关键突破口。

第3章　中国碳排放分解及其与经济发展的脱钩关系

3.1　中国碳排放与经济发展的关系及主要问题

目前，碳排放的增加导致严重的环境问题（Yang et al.，2020b）。全球变暖导致极端天气（如暴雨）、海平面上升、飓风，以及温室效应（Liu et al.，2019b）。气候变化与人类活动密切相关，人类的社会和经济活动对化石燃料的需求不断增加（de Stefano et al.，2016），已经破坏了生态环境。为了遏制全球变暖和实现可持续发展，世界各国正在共同努力，积极探索低碳发展的道路（Xuan et al.，2020）。改革开放以来，中国经济实现了腾飞式发展，但是高速的经济增长在使中国成为世界第二大经济体的同时，也导致中国的碳排放量跃居世界前列。2006年中国超越美国成为世界最大二氧化碳排放国（Gao et al.，2020）。2020年中国二氧化碳排放量达到98.99亿吨，占全球总量的30.7%。

中国共产党第十九次全国代表大会的报告指出："坚定走生产发展、生活富裕、生态良好的文明发展道路，建设美丽中国，为人民创造良好生产生活环境，为全球生态安全作出贡献。"[①]习近平曾指出："坚持绿色低碳，建设一个清洁美丽的世界。"[②]受该新发展理念的启发，各种低碳减排政策陆续出台，如实施碳交易政策（Zhou et al.，2019；Zhang et al.，2020c）、建立低碳城市（Song et al.，2020）等。作为一个负责任的大国，中国在减排道路上付出了巨大努力，根据《中国应对气候变化的政策与行动2019年度报告》，2017年全国碳排放强度比2005年下降45.8%，保持持续下降，提前实现2020年碳排放强度比2005年下降40%~45%的承诺，基本扭转了温室气体排放快速增长的局面。此外，在2009年哥本哈根世

① http://jhsjk.people.cn/article/29613458[2021-01-31]。

② http://cpc.people.com.cn/xuexi/n1/2018/0307/c385476-29852988.html[2021-01-31]。

界气候大会上，中国向国际社会承诺，2030 年单位 GDP 二氧化碳排放比 2005 年下降 60%~65%，并且正式在国家自主贡献中宣布 2030 年左右尽早达到碳排放峰值①。“十三五”时期，中国提出到 2020 年单位 GDP 二氧化碳排放比 2015 年下降 15%。

为了在经济稳定增长的背景下顺利实现这些目标，我们需要评估中国碳排放与经济发展之间的脱钩关系，找到有效控制碳排放的途径，协调碳排放与经济增长的关系，确保碳排放强度持续下降。因此，本章利用 LMDI 方法，对我国能源相关的二氧化碳排放量和碳排放强度变化进行了分解，时间跨度为 1996~2017 年，即“九五”至“十三五”时期②。同时，在分解基础上，引入脱钩指数分析我国碳排放与经济增长的脱钩关系，为中国政府制定“十四五”时期及未来的碳减排政策提供证据支持。

3.2 国内外研究现状

二氧化碳作为主要的温室气体，贡献了超过 60%的温室效应（Tunc et al., 2009）。自 20 世纪 80 年代以来，大气中温室气体显著增加导致的诸如气候变化等环境问题，持续受到人们的关注。越来越多的专家和学者开始对碳排放变化进行分解，探寻其影响因素。

碳排放变化分解方法主要有 SDA 方法、IDA 方法及 PDA 方法。SDA 方法主要有拉氏分解法和迪氏分解法两种。其中，迪氏分解法主要有 AMDI 法和 LMDI 法两种。AMDI 法基于算术平均权重，而 LMDI 法基于对数平均权重。AMDI 法不仅存在残差项，而且无法解决数据中的“零值”问题（Ang and Zhang, 2000）。

Ang 和 Choi（1997）提出了一种基于对数平均权函数的改进除数指数法，它可以很好地解决残差和“零值”问题，同时满足“完全分解法”的其他条件。我们认为这种方法是 LMDI 法的早期分解形式。然后 Ang 等（1998）对上述基于综合指数分解的方法进行了扩展，并提出了另一种基于对数平均权函数和不同数量分解的改进除数指数法。

Ang 和 Choi（1997）、Ang 等（1998）提出了一种基于对数平均权重函数的迪氏分解方法（LMDI Ⅰ），它虽然能够很好地解决残差和“零值”问题，也满足“完美分解方法”的其他条件，但却不满足“整合的一致性”（Ang and Liu, 2001）。

① http://www.crnews.net/74/11709_20151202070642.html[2021-12-22]。

② 终端能源消费统计数据截至 2017 年。

在此基础上，Ang 和 Liu（2001）又提出了另一种基于对数平均权重函数和不同数量分解的迪氏分解方法（LMDI Ⅱ）。但在满足所有约束条件的前提下，LMDI Ⅰ成为目前应用最广泛的碳排放变化分解方法之一（Tunc et al.，2009；de Freitas and Kaneko，2011；Akbostanci et al.，2011；Hammond and Norman，2012；Jeong and Kim，2013）。

中国作为一个碳排放大国，引起了许多学者的关注，其中大量学者利用 LMDI 方法分解中国的碳排放变化。Du 等（2018）基于 LMDI 方法研究了中国高耗能产业能源相关二氧化碳排放变化的驱动因素，发现能源强度是推动二氧化碳排放下降的主要因素，由于研究期间能源结构和产业结构相对稳定，它们对二氧化碳排放变化的影响相对较小。Wang Q 和 Wang S S（2019）结合 Tapio 解耦模型和 LMDI 方法，建立了脱钩努力模型，量化分析了经济产出与碳排放之间的脱钩状态，并对中国六省交通运输部门的脱钩努力进行了评价，研究发现，各地区交通运输碳排放的驱动因素格局相似，经济规模效应是碳排放的主要贡献者，而能源强度效应是主要抑制因素。Jiang 等（2017）将 LMDI 分解方法与 *Q* 型层次聚类相结合，系统评价了中国 30 个省份相关驱动因素对碳排放增长的贡献，结果表明，各省对全国二氧化碳排放量增长的贡献及其驱动机制存在较大差异，并随时间动态变化；而且，经济活动、能源强度和能源结构变化对碳排放的驱动作用及其演变趋势因省而异。Lin 和 Moubarak（2013）以 1986~2010 年为研究区间，利用 LMDI 分解方法研究了中国纺织行业碳排放变化的影响因素，并将研究区间分成五个子区间，比较了各影响因素在各个子区间内的变化。结果发现，产出作为纺织业碳排放主要促进因素保持不变，能源强度作为主要抑制因素，在不同时段内对碳排放的抑制效应有很大不同。Zhang 等（2013a）分析了 1991~2009 年中国电力行业碳排放变化，并利用 LMDI 分解方法探寻其主要影响因素，结果发现，煤炭消耗是电力行业碳排放的主要原因，其碳排放量占发电总排放量的 90%以上，经济发展是电力行业碳排放量增加的主要促进因素，而电力行业生产效率提高是主要抑制因素。

中国近些年碳排放急剧增加，引起了人们对经济可持续发展问题的重视，由此引发了大量研究关注碳排放或环境压力与经济发展的关系，提出了碳排放与经济发展的脱钩关系理论和脱钩指数。2000 年，脱钩指数被引入资源环境领域（Zhang，2000）。OECD[①]（2002）充分发展了脱钩理论，将资源环境领域的脱钩视为打破经济发展与环境压力之间的联系，同时将脱钩状态分为绝对脱钩和相对脱钩。后来，Juknys（2003）提出了一次脱钩（将经济增长与资源消耗脱钩）和二次脱钩（将环境污染与资源消耗脱钩）的概念。Tapio（2005）在对欧盟进行脱钩

① OECD 即 Organisation for Economic Co-operation and Development，经济合作与发展组织。

分析时，通过引入弹性概念重新定义了脱钩指数，并将脱钩分成八种状态，由此形成了 Tapio 脱钩分析理论框架。这些理论方法广泛应用于实证研究中，如 de Freitas 和 Kaneko（2011）利用 OECD 的脱钩分析方法，分析了巴西 2004~2009 年经济发展与碳排放的脱钩关系，结果发现二者在 2009 年达到绝对脱钩状态。Lu 等（2007）利用 OECD 的脱钩分析方法，对德国、日本、韩国和中国台湾四个国家或地区的能源消费与经济发展、碳排放与经济发展及能源消费与碳排放开展脱钩分析。Wang 和 Jiang（2019）使用 Tapio 解耦模型量化中国经济与二氧化碳之间的脱钩关系，并利用结构分解技术量化中国经济结构对脱钩弹性的贡献，研究发现整个时期的脱钩弹性均呈下降趋势，且脱钩状态具有两种类型——扩张型负脱钩（2002~2005 年）和相对脱钩（2000~2002 年和 2005~2014 年），还发现工业部门对 2013~2014 年脱钩过程产生了最大的负面影响。Wang 等（2017）借助 Tapio 解耦模型对江苏省经济增长与交通运输碳排放之间的脱钩关系进行了研究，发现电力行业产生的碳排放量很大，但这对整体脱钩状态没有影响。1996~2017 年是中国具有最高经济增长率的时期，根据前人的研究，无论是采用 LMDI 方法还是其他分解方法，对中国碳排放强度变化分解的研究似乎还不够。现有研究不足以为中国政府在持续发展模式下制定科学、现实的减碳政策提供良好的参考。

因此，本章在前人研究的基础上，利用 LMDI 分解方法对中国 1996~2017 年终端能源消费碳排放变化进行分解，探寻其影响因素。同时，通过分解方式的变换，从能源品种和经济结构两种不同角度审视终端能源消费结构对碳排放变化的影响。而且，探讨不同影响因素在各个产业内部的影响效应。此外，本章在全国整体层面上综合利用分解方法与脱钩指数，分析终端能源消耗碳排放和经济发展的脱钩关系，审视不同影响因素对二者脱钩的贡献。

3.3　数据说明与研究方法

3.3.1　数据说明

本章以 1996~2017 年为研究区间，这也是中国的“九五”至“十三五”规划时期[①]。经济发展方面的数据，本章用到 GDP 及第一产业、第二产业、第三产业增加值，以 1978 年不变价进行计算，单位为亿元，数据来源为中国统计年鉴（1997~

① 终端能源消费统计数据截至 2017 年。

2018 年)；能源消耗方面的数据，本章用到第一产业、第二产业、第三产业的煤炭、石油、天然气终端消费量及终端能源消费总量，单位为万吨标准煤，数据来源是中国能源统计年鉴(1997~2018 年)。这里的第一产业主要包括农、林、牧、渔业；第二产业主要包括工业和建筑业；第三产业主要包括交通运输、仓储和邮政业，以及批发和零售业、住宿和餐饮业及其他产业。

3.3.2　研究方法

1. 碳排放的估算

如方程(3.1)所示，我们采用 IPCC 国家温室气体排放清单中的计算方法(政府间气候变化专门委员会，2006)，结合中国能源平衡表中的煤炭、石油、天然气三种化石能源终端消费量，对中国二氧化碳排放量进行估算，单位为万吨。

$$C^t = \sum_{\mu,\iota} C^t_{\mu\iota} = \sum_{\mu,\iota} E^t_{\mu\iota} \times F_\iota \times \frac{44}{12} \tag{3.1}$$

其中，C^t 表示 t 年二氧化碳排放量；$C^t_{\mu\iota}$ 表示第 μ 产业能源 ι 的消耗所产生的碳排放量，其中 $\mu = 1,2,3$ 分别代表第一产业、第二产业、第三产业，$\iota = 1,2,3$ 分别代表煤炭、石油、天然气三种化石能源；$E^t_{\mu\iota}$ 表示第 μ 产业的能源 ι 终端消费量；F_ι 表示能源 ι 的碳排放系数，在此我们采用国家发展和改革委员会能源研究所“中国可持续发展能源暨碳排放情景分析”中提出的三种能源碳排放系数，即煤炭、石油、天然气的系数分别为 0.7476、0.5825、0.4435，44/12 表示碳与二氧化碳的转换系数。

2. 碳排放的 LMDI 分解方法

我们将方程(3.1)写成如下形式：

$$C^t = \sum_{\mu,\iota} C^t_{\mu\iota} = \sum_{\mu,\iota} \frac{E^t_{\mu\iota}}{E^t_\mu} \times \frac{E^t_\mu}{\mathrm{GDP}^t_\mu} \times \frac{\mathrm{GDP}^t_\mu}{\mathrm{GDP}^t} \times \mathrm{GDP}^t \times F_\iota \times \frac{44}{12} \tag{3.2}$$

其中，E^t_μ 表示 t 年 μ 产业的终端能源消耗总量；GDP^t_μ 表示 t 年 μ 产业的增加值；GDP^t 表示 t 年的国内生产总值。设 $\mathrm{CS}^t_\mu = \frac{E^t_{\mu\iota}}{E^t_\mu}$，表示 μ 产业的终端能源消费结构，类似的定义出现在 Zhang 等(2013a)及 Zhang 和 Da(2015)的研究中；$\mathrm{EI}^t_\mu = \frac{E^t_\mu}{\mathrm{GDP}^t_\mu}$ 表示 μ 产业的能源强度；$\mathrm{ES}^t_\mu = \frac{\mathrm{GDP}^t_\mu}{\mathrm{GDP}^t}$ 表示 t 年的经济结构。因此方程(3.2)可简

化为

$$C^t = \sum_{\mu,\iota} \mathrm{CS}_{\mu}^t \times \mathrm{EI}_{\mu}^t \times \mathrm{ES}_{\mu}^t \times \mathrm{GDP}^t \times F_{\iota} \times \frac{44}{12} \tag{3.3}$$

可以看到，通过这种方式分解得到的终端能源消费结构CS_{μ}^t是以第一产业、第二产业、第三产业为出发点的，也可以对模型进行变形，得到以三大能源为出发点的终端能源消费结构。我们将方程（3.2）分成E^t与C^t两部分来表示：

$$E^t = \sum_{\mu} \frac{E_{\mu}^t}{\mathrm{GDP}_{\mu}^t} \times \frac{\mathrm{GDP}_{\mu}^t}{\mathrm{GDP}^t} \times \mathrm{GDP}^t \tag{3.4}$$

$$C^t = \sum_{\iota} \frac{E_{\iota}^t}{E^t} \times E^t \times F_{\iota} \times \frac{44}{12} \tag{3.5}$$

方程（3.4）中E^t表示t年终端能源消耗总量；方程（3.5）中E_{ι}^t表示t年能源ι的终端消费总量。合并方程（3.4）和方程（3.5）可得：

$$C^t = \sum_{\mu,\iota} \mathrm{CS}_{\iota}^t \times \mathrm{EI}_{\mu}^t \times \mathrm{ES}_{\mu}^t \times \mathrm{GDP}^t \times F_{\iota} \times \frac{44}{12} \tag{3.6}$$

其中，$\mathrm{CS}_{\iota}^t = \frac{E_{\iota}^t}{E^t}$表示以三大能源为出发点的中国终端能源消费结构。不论是哪种分解方式，二氧化碳排放的变化都可以分解成经济发展、能源强度、经济结构、终端能源消费结构等因素引起的变化。由于研究区间跨度不长，我们认为三种能源的碳排放系数基本稳定。假设碳排放量由基年的C^0变化到t年的C^t，根据 Ang 和 Choi（1997）提出的 LMDI 计算方法，结合方程（3.3）和方程（3.6）的分解方式，可以得到：

$$\begin{aligned}
&\Delta C^t = \Delta C_{\mathrm{GDP}}^t + \Delta C_{\mathrm{EI}}^t + \Delta C_{\mathrm{ES}}^t + \Delta C_{\mathrm{CS}}^t \\
&\Delta C_{\mathrm{GDP}}^t = \sum_{\mu,\iota} w\left(C_{\mu\iota}^t, C_{\mu\iota}^0\right) \ln\left(\frac{\mathrm{GDP}^t}{\mathrm{GDP}^0}\right) \\
&\Delta C_{\mathrm{EI}}^t = \sum_{\mu,\iota} w\left(C_{\mu\iota}^t, C_{\mu\iota}^0\right) \ln\left(\frac{\mathrm{EI}_{\mu}^t}{\mathrm{EI}_{\mu}^0}\right) \\
&\Delta C_{\mathrm{ES}}^t = \sum_{\mu,\iota} w\left(C_{\mu\iota}^t, C_{\mu\iota}^0\right) \ln\left(\frac{\mathrm{ES}_{\mu}^t}{\mathrm{ES}_{\mu}^0}\right) \\
&\Delta C_{\mathrm{CS}}^t = \sum_{\mu,\iota} w\left(C_{\mu\iota}^t, C_{\mu\iota}^0\right) \ln\left(\frac{\mathrm{CS}_{\mu,\iota}^t}{\mathrm{CS}_{\mu,\iota}^0}\right) \\
&w\left(C_{\mu\iota}^t, C_{\mu\iota}^0\right) = \frac{C_{\mu\iota}^t - C_{\mu\iota}^0}{\ln C_{\mu\iota}^t - \ln C_{\mu\iota}^0}
\end{aligned} \tag{3.7}$$

其中，ΔC^t 、$\Delta C^t_{\mathrm{GDP}}$ 、ΔC^t_{EI} 、ΔC^t_{ES} 和 ΔC^t_{CS} 分别表示碳排放量变化，以及经济发展、能源强度、经济结构和终端能源消费结构变化对碳排放的影响。

3. *碳排放与经济发展脱钩关系*

本章在对终端能源消费碳排放变化实施 LMDI 分解的基础上，采用 Diakoulaki 和 Mandaraka（2007）提到的分解方法与脱钩指数相结合，分析中国碳排放与经济发展的脱钩关系。在研究区间（1996~2017 年）内，中国经济高速发展，由此对碳排放的促进效应 $\Delta C^t_{\mathrm{gdp}}$ 是毋庸置疑的。能源强度的降低、经济结构的转型和终端能源消费结构的清洁化可以直接或间接地抑制碳排放，我们用 ΔF^t 表示这种抑制效应的总和，则有

$$\Delta F^t = \Delta C^t - \Delta C^t_{\mathrm{GDP}} = \Delta C^t_{\mathrm{EI}} + \Delta C^t_{\mathrm{ES}} + \Delta C^t_{\mathrm{CS}} \tag{3.8}$$

然后，我们通过如下形式构造脱钩指数：

$$D^t = -\frac{\Delta F^t}{\Delta C^t_{\mathrm{GDP}}} = -\frac{\Delta C^t_{\mathrm{EI}}}{\Delta C^t_{\mathrm{GDP}}} - \frac{\Delta C^t_{\mathrm{ES}}}{\Delta C^t_{\mathrm{GDP}}} - \frac{\Delta C^t_{\mathrm{CS}}}{\Delta C^t_{\mathrm{GDP}}} = -D^t_{\mathrm{EI}} - D^t_{\mathrm{ES}} - D^t_{\mathrm{CS}} \tag{3.9}$$

其中，D^t 表示总脱钩指数，D^t_{EI} 、D^t_{ES} 、D^t_{CS} 分别表示能源强度、经济结构、终端能源消费结构变化对碳排放与经济发展脱钩的影响效应。当 $D^t \geqslant 1$ 时，说明碳排放与经济发展是绝对脱钩的，此时相关因素对碳排放的抑制作用大于经济发展的促进作用，在经济发展的同时，碳排放量下降；当 $1 > D^t > 0$ 时，说明碳排放与经济发展是相对脱钩的，此时相关因素的抑制作用小于经济发展的促进作用，碳排放量增加；当 $D^t \leqslant 0$ 时，说明碳排放与经济发展之间不存在脱钩关系，此时碳排放抑制因素并没有像预想的那样起到抑制作用，反而与经济发展一起推动了碳排放增长。

3.4　实证结果分析

3.4.1　碳排放 LMDI 分解结果

中国碳排放 LMDI 分解结果如表 3.1 所示，我们有几点发现：第一，除了 1996~1997 年、1997~1998 年、1998~1999 年、2000~2001 年、2005~2006 年、2013~2014 年、2015~2016 年及 2016~2017 年这八个时间段碳排放量下降外，其他时间段碳排放量都是增加的。1996~2017 年，碳排放量增加了 17.013 01 亿吨，年均增加 4.76%。其中，2004~2005 年碳排放量同比增加了 69.38%，是碳排放增

速最快的年份。

表 3.1　中国碳排放 LMDI 分解结果（单位：万吨）

时间	ΔC_{TOT}	ΔC_{GDP}	ΔC_{EI}	ΔC_{ES}	ΔC_{CS}
1996~1997 年	−16 204.1	1 968.5	−16 177.5	384.9	−2 380.0
1997~1998 年	−4 160.0	−595.6	−361.6	−2 011.8	−1 190.9
1998~1999 年	−6 156.7	−2 146.1	−1 948.4	−413.0	−1 649.0
1999~2000 年	13 107.2	2 700.2	9 127.9	808.4	470.6
2000~2001 年	−24 234.8	3 024.9	−22 881.9	−771.1	−3 606.7
2001~2002 年	6 239.1	225.0	6 687.6	−317.5	−355.9
2002~2003 年	22 776.9	3 060.5	16 844.3	1 785.0	1 086.8
2003~2004 年	90 744.0	12 258.2	70 636.9	344.1	7 504.7
2004~2005 年	22 808.0	10 846.3	6 939.0	3 959.5	1 063.1
2005~2006 年	−9 973.5	8 567.6	−23 857.6	2 007.3	3 309.0
2006~2007 年	41 278.2	19 312.4	29 229.5	−2 378.4	−4 885.2
2007~2008 年	12 531.3	21 670.0	−9 430.5	261.6	30.2
2008~2009 年	6 914.7	2 045.7	8 668.7	−3 376.0	−423.7
2009~2010 年	4 522.5	22 216.9	−16 874.0	2 018.1	−2 838.6
2010~2011 年	33 521.5	28 176.6	4 476.3	92.9	775.6
2011~2012 年	4 405.1	5 934.5	4 333.1	−4 271.5	−1 591.0
2012~2013 年	29 794.3	10 318.1	31 621.1	−4 792.4	−7 352.4
2013~2014 年	−37 436.2	−414.0	−35 522.1	−3 517.0	2 017.0
2014~2015 年	2 014.5	2 136.4	9 252.3	−8 189.3	−1 184.8
2015~2016 年	−22 571.9	3 929.3	−19 467.8	−3 752.0	−3 281.3
2016~2017 年	−2 814.2	12 995.5	−15 828.3	2 392.7	−2 374.2
1996~2017 年	170 130.1	137 829.6	54 355.1	−11 139.8	−10 914.9

注：ΔC_{TOT} 表示碳排放总变化；ΔC_{GDP} 表示经济发展对碳排放变化的影响；ΔC_{EI} 表示能源强度变化对碳排放的影响；ΔC_{ES} 表示经济结构变化对碳排放的影响；ΔC_{CS} 表示终端能源消费结构变化对碳排放的影响。表中数据均由原始数据计算得出

第二，经济发展一直是碳排放的主要促进因素。由分解结果可知，1996~2017 年经济发展因素（ΔC_{GDP}）累计贡献了 13.782 96 亿吨二氧化碳排放量，约占碳排放总变化量的 81.01%。其中，在 2007~2008 年、2009~2010 年、2011~2012 年、2014~2015 年及 2016~2017 年，由经济发展所增加的碳排放量是当年碳排放变化量的 1.73 倍、4.91 倍、1.35 倍、1.06 倍和 4.62 倍。中国在经济腾飞的同时，对碳排放产生了巨大的刺激作用，不容忽视。目前中国工业化、城镇化进程加快和消

费结构持续升级，经济发展仍然是中国的重中之重。在未来相当长的一段时期内，经济发展作为碳排放最主要拉动因素的事实不会改变。

第三，能源强度是碳排放的重要促进因素。作为能源消耗量与 GDP 的比值，能源强度的降低一般被认为代表了能源利用效率的提高。1996~2017 年，能源强度因素（ ΔC_{EI} ）累计增加了 5.435 51 亿吨二氧化碳排放量，占到二氧化碳总变化量的 31.95%。在碳排放增长最迅速的 2003~2004 年，能源强度对碳排放的促进效应大大高于经济发展的促进效应，增加了 7.063 69 亿吨二氧化碳排放量。但是，2015~2016 年与 2016~2017 年能源强度逆转成为抑制碳排放的重要因素，两年分别减少了 1.946 78 亿吨和 1.582 83 亿吨二氧化碳排放量。在“十三五”前期，能源强度对二氧化碳排放的抑制效应得到显现，这可能与国务院在《“十三五”控制温室气体排放工作方案》中提出的硬性目标有关，即到 2020 年，单位 GDP 二氧化碳排放比 2015 年下降 18%，这一目标促使中国能源利用效率提升，能源强度降低。

第四，经济结构变化与终端能源消费结构变化对碳排放有微弱抑制作用。1996~2017 年，经济结构变化和终端能源消费结构变化两个因素（ ΔC_{ES} 和 ΔC_{CS} ）分别累计减少了 1.113 98 亿吨和 1.091 49 亿吨二氧化碳排放量，但分别只占二氧化碳总变化量的 6.55% 和 6.42%，只占经济发展对碳排放促进作用的 8.08% 和 7.92%。研究区间内，高耗能、高排放的第二产业在国民经济中的比重有下降趋势，由 1996 年的 47.11%下降到 2017 年的 40.46%，而耗能低、排放少、产出高的第三产业在国民经济中的比重逐步上升，由 1995~1996 年的 33.56%增加到 2016~2017 年的 51.63%。此外，终端能源消费结构也在发生变化，煤炭在终端能源消费中的比重由 1995~1996 年的 64.81%下降到 2016~2017 年的 42.16%。相对清洁的天然气在终端能源消费中的比重也由 1995~1996 年的 3.18%提高到 2016~2017 年的 8.07%，煤炭和天然气在终端能源消费结构中的变化，在一定程度上抑制了中国的碳排放，但抑制程度依然有限。

我们进一步采用 LMDI 方法探究能源强度和经济结构变化对碳排放的影响机制，结果如表 3.2 所示。可以看到以下几点。

表 3.2　能源强度与经济结构变化对碳排放的影响（单位：万吨）

时间	ΔC_{EITOT}	ΔC_{EI}			ΔC_{ESTOT}	ΔC_{ES}		
		ΔC_{EI1}	ΔC_{EI2}	ΔC_{EI3}		ΔC_{ES1}	ΔC_{ES2}	ΔC_{ES3}
1996~1997 年	−16 177.5	258.9	−15 622.5	−813.9	384.9	−589.7	−13.0	987.8
1997~1998 年	−361.6	402.5	−1 188.1	423.9	−2 011.8	−316.9	−3 078.2	1 383.2
1998~1999 年	−1 948.4	673.3	−4 649.6	2 027.8	−413.0	−496.1	−989.1	1 072.2
1999~2000 年	9 127.9	−2 531.8	7 738.2	3 921.5	808.4	−538.5	403.5	943.4

续表

时间	ΔC_{EITOT}	ΔC_{EI}			ΔC_{ESTOT}	ΔC_{ES}		
		ΔC_{EI1}	ΔC_{EI2}	ΔC_{EI3}		ΔC_{ES1}	ΔC_{ES2}	ΔC_{ES3}
2000~2001 年	−22 881.9	3 234.9	−21 163.0	−4 953.8	−771.1	−288.2	−1 597.5	1 114.5
2001~2002 年	6 687.6	919.8	4 703.5	1 064.2	−317.5	−392.0	−678.1	752.5
2002~2003 年	16 844.3	820.0	12 834.3	3 189.9	1 785.0	−619.2	2 578.6	−174.3
2003~2004 年	70 636.9	−1 940.2	57 998.5	14 578.6	344.1	363.9	857.1	−877.0
2004~2005 年	6 939.0	1 557.1	4 096.0	1 285.8	3 959.5	−854.1	4 611.2	202.5
2005~2006 年	−23 857.6	836.2	2 380.2	−27 074.1	2 007.3	−810.6	2 322.7	495.2
2006~2007 年	29 229.5	−813.1	1 450.8	28 591.8	−2 378.4	−288.9	−3 212.4	1 122.9
2007~2008 年	−9 430.5	−933.7	−7 688.3	−808.4	261.6	−26.4	348.6	−60.5
2008~2009 年	8 668.7	326.7	10 589.2	−2 247.2	−3 376.0	−384.8	−5 348.7	2 357.5
2009~2010 年	−16 874.0	172.7	−18 546.8	1 500.1	2 018.1	−226.3	2 655.5	−411.0
2010~2011 年	4 476.3	48.4	2 986.3	1 441.5	92.9	−92.7	24.9	160.7
2011~2012 年	4 333.1	116.0	162.4	3 942.5	−4 271.5	−15.0	−6 445.0	2 188.5
2012~2013 年	31 621.1	39 768.4	−7 621.4	−525.8	−4 792.4	−309.7	−7 254.2	2 771.5
2013~2014 年	−35 522.1	−38 946.9	3 496.0	−71.2	−3 517.0	−615.0	−5 187.0	2 285.1
2014~2015 年	9 252.3	357.7	8 109.0	785.4	−8 189.3	−272.6	−12 732.4	4 815.6
2015~2016 年	−19 467.8	543.7	−17 449.8	−2 561.6	−3 752.0	−341.1	−6 056.2	2 645.3
2016~2017 年	−15 828.3	748.1	−15 272.6	−1 303.9	2 392.7	−891.4	3 138.9	145.2
1996~2017 年	54 355.1	6 450.4	20 376.3	27 528.3	−11 139.8	−8 508.4	−25 450.4	22 819.1

注：表中的 ΔC_{EITOT} 和 ΔC_{ESTOT} 分别表示能源强度和经济结构变化对碳排放的总影响；ΔC_{EI1} 、ΔC_{EI2} 、ΔC_{EI3} 分别表示第一产业、第二产业、第三产业能源强度变化对碳排放的影响；ΔC_{ES1} 、ΔC_{ES2} 、ΔC_{ES3} 分别表示第一产业、第二产业、第三产业在国民经济中所占比重变化对碳排放的影响。表中数据均由原始数据计算得出

（1）能源强度变化对碳排放的促进作用主要来自在国民经济中占据最大比重的第三产业，其促进效应占到能源强度总促进效应的 50% 以上。1996~2017 年累计增加了 2.752 83 亿吨二氧化碳排放量。与第二产业相比，第三产业对电力和热力等能源的消耗比较大，能源强度本身偏低，减排潜力也不及第二产业。虽然第三产业一般是耗能低、排放少、产出高的行业，但是在中国经济快速增长的阶段，第三产业更注重经济的发展，其能源强度并没有降低（高奥蕾等，2020），也就是说第三产业的能源利用率并没有提高，相关减排技术并没有显现出对碳排放明显的抑制作用。

（2）经济结构变化对碳排放的抑制效应主要来自在国民经济中占据最大比重的第二产业，其抑制效应达到经济结构总抑制效应的 2 倍以上。第二产业主要包

括工业和建筑业，其本身能源强度较高，减排潜力较大。随着第二产业能源利用效率的提高，相关减排技术的进步，第二产业的减排潜力得到释放，对抑制碳排放起着至关重要的作用。此外，占国内生产总值 7.91%（2017 年）的第一产业一直对碳排放有微弱的抑制作用，1996~2017 年减少了 0.850 84 亿吨二氧化碳排放量。

（3）经济结构变化对碳排放的促进作用主要来自在国民经济中占据最大比重的第三产业，1996~2017 年累计增加了 2.281 91 亿吨二氧化碳。第三产业在国民经济中比重逐步增加，但对碳排放的促进作用不容忽视，虽然其清洁、高效的能源消费结构相比于第二产业更具优势，但是其发展速度较快，能源利用量快速增加，尤其是第三产业中的交通运输业，产生的二氧化碳急剧膨胀。

此外，我们还采用 LMDI 方法考虑了终端能源消费结构变化对碳排放的影响机制，结果如表 3.3 所示。可以看到以下几点。

表 3.3　终端能源消费结构变化对碳排放的影响（单位：万吨）

时间	ΔC_{CSTOT}	ΔC_{CSE}			ΔC_{CSI}		
		ΔC_{CSE1}	ΔC_{CSE2}	ΔC_{CSE3}	ΔC_{CSI1}	ΔC_{CSI2}	ΔC_{CSI3}
1996~1997 年	−2 380.0	−10 843.4	8 579.1	−115.8	391.5	−4 731.0	1 959.4
1997~1998 年	−1 190.9	−4 762.2	3 129.9	441.3	171.3	−3 445.1	2 082.8
1998~1999 年	−1 649.0	−7 015.7	5 058.2	308.4	180.1	−5 069.4	3 240.1
1999~2000 年	470.6	2 042.6	−1 571.9	0.02	−3 411.1	844.2	3 037.5
2000~2001 年	−3 606.7	−14 539.2	9 941.8	990.6	3 820.2	−8 346.8	919.8
2001~2002 年	−355.9	−1 575.3	11 92.5	26.7	137.4	−757.7	264.3
2002~2003 年	1 086.8	5 110.2	−4 183.8	160.4	−828.9	3 258.8	−1 343.0
2003~2004 年	7 504.7	29 056.4	−19 868.7	−1 683.0	−4 309.8	12 882.4	−1 067.8
2004~2005 年	1 063.1	5 130.9	−4 305.1	237.3	310.2	1 628.6	−875.8
2005~2006 年	3 309.0	18 081.4	−16 597.6	1 825.1	848.1	23 726.3	−21 265.5
2006~2007 年	−4 885.2	−24 176.8	19 510.8	−219.3	−2 017.8	−26 111.4	23 244.0
2007~2008 年	30.2	1 771.5	−2 898.9	1 157.6	−638.4	−200.0	868.7
2008~2009 年	−423.7	−1 887.5	1 439.4	24.3	−232.2	1 128.9	−1 320.4
2009~2010 年	−2 838.6	−14 079.0	12 086.1	−845.7	330.4	−7 269.1	4 100.0
2010~2011 年	775.6	6 044.9	−7 084.4	1 815.1	−145.9	296.5	625.0
2011~2012 年	−1 591.0	−5 593.6	2 864.0	1 138.6	175.1	−7 582.7	5 816.5
2012~2013 年	−7 352.4	−37 057.3	29 871.1	−166.2	37 990.8	−39 178.4	−6 164.9
2013~2014 年	2 017.0	17 635.6	−19 236.2	3 617.5	−37 105.8	26 373.3	12 749.4

续表

时间	ΔC_{CSTOT}	ΔC_{CSE}			ΔC_{CSI}		
		ΔC_{CSE1}	ΔC_{CSE2}	ΔC_{CSE3}	ΔC_{CSI1}	ΔC_{CSI2}	ΔC_{CSI3}
2014~2015 年	−1 184.8	−6 574.5	6 239.6	−849.9	36.4	−6 064.7	4 843.5
2015~2016 年	−3 281.3	−14 383.4	10 798.4	303.5	957.7	−10 678.9	6 439.7
2016~2017 年	−2 374.2	−8 979.5	5 357.0	1 248.2	290.3	−5 008.1	2 343.5
1996~2017 年	−10 914.9	−58 727.4	38 968.7	8 843.7	−3 981.9	−45 465.5	38 532.5

注：ΔC_{CSTOT} 表示终端能源消费结构变化对碳排放总的影响；ΔC_{CSE} 列以能源品种为视角，其中 ΔC_{CSE1}、ΔC_{CSE2}、ΔC_{CSE3} 分别为煤炭、石油、天然气三种能源消费变化对碳排放的影响；ΔC_{CSI} 列以经济结构为视角，其中 ΔC_{CSI1}、ΔC_{CSI2}、ΔC_{CSI3} 分别为第一产业、第二产业、第三产业终端能源消费结构变化对碳排放的影响。表中数据均由原始数据计算得出

（1）在大部分年份，终端能源消费结构是仅次于经济结构的主要碳排放抑制因素。1996~2017 年，由于终端能源消费结构清洁化等因素，ΔC_{CSTOT} 累计减少了 1.091 49 亿吨二氧化碳排放，占到二氧化碳总变化量的 6.42%。在一些年份（如 2006~2007 年与 2012~2013 年），终端能源消费结构的抑制作用甚至高于经济结构的抑制作用。

（2）从能源品种的视角看，终端能源消费结构对碳排放的抑制作用主要来自煤炭。1996~2017 年，由于煤炭在终端能源消费中的比重逐年减少，以及煤炭利用效率、煤炭清洁技术水平等的提高，累计减少了 5.872 74 亿吨二氧化碳排放量。另外，由于石油、天然气在终端能源消费中的增加，二者在研究区间内均促进了二氧化碳排放，合计只增加了 4.781 24 亿吨碳排放量。可以看到，终端能源消费结构中煤炭的减排潜力巨大，因此要进一步调整终端能源消费结构，减少煤炭消费量，加大对电力、风能和太阳能等清洁能源的利用，适当控制油气等能源的消费，与此同时还要继续提高煤炭利用效率和煤炭清洁技术水平。

（3）从经济结构视角看，终端能源消费结构的减排效应主要来自包含工业和建筑业的第二产业。第二产业在作为碳排放主要促进产业的同时，也是减排效应的主要来源产业。1996~2017 年，由于第二产业终端能源消费结构的清洁化，累计减少了 4.546 55 亿吨二氧化碳排放量，达到终端能源消费结构减排总效应的 4 倍以上。相似的现象出现在经济结构变化对碳排放的影响分析中，经济结构变化的减排效应同样主要来自第二产业，其减排效应达到经济结构变化减排总效应的 2 倍以上。在研究期间内，第一产业终端能源消费结构的清洁化对碳排放也发挥了微弱的抑制作用，累计减少了 0.398 19 亿吨二氧化碳排放量。

综合上述分析结果，可以发现经济发展仍然是碳排放的主要促进因素，经济结构变化和终端能源消费结构的清洁化是碳排放的主要抑制因素。同时，第二产

业是实现碳减排目标的关键产业，第二产业在经济结构中占比的降低和终端能源消费结构的清洁化对碳减排发挥了事半功倍的关键效果。同时，我们要进一步减少煤炭在终端能源消费中的比重，继续提高煤炭利用效率，发展煤炭清洁生产与使用机制。

3.4.2　碳排放与经济发展的脱钩关系分析

根据方程（3.9）得到碳排放与经济发展的总脱钩指数，以及能源强度、经济结构和终端能源消费结构变化对脱钩的影响，如表 3.4 所示，我们发现以下几点。

表 3.4　总脱钩指数以及分指数

时间	D	D_{EI}	D_{ES}	D_{CS}	脱钩状态
1996~1997 年	9.231	8.217	−0.195	1.209	绝对脱钩
1997~1998 年	−5.984	−0.607	−3.377	−1.999	未脱钩
1998~1999 年	−1.868	−0.907	−0.192	−0.768	未脱钩
1999~2000 年	−3.854	−3.380	−0.299	−0.174	未脱钩
2000~2001 年	9.011	7.564	0.254	1.192	绝对脱钩
2001~2002 年	−26.725	−29.719	1.411	1.581	未脱钩
2002~2003 年	−6.441	−5.503	−0.583	−0.355	未脱钩
2003~2004 年	−6.402	−5.762	−0.028	−0.612	未脱钩
2004~2005 年	−1.102	−0.639	−0.365	−0.098	未脱钩
2005~2006 年	2.164	2.784	−0.234	−0.386	绝对脱钩
2006~2007 年	−1.137	−1.513	0.123	0.252	未脱钩
2007~2008 年	0.421	0.435	−0.012	−0.001	相对脱钩
2008~2009 年	−2.380	−4.237	1.650	0.207	未脱钩
2009~2010 年	0.796	0.759	−0.090	0.127	相对脱钩
2010~2011 年	−0.189	−0.158	−0.003	−0.027	未脱钩
2011~2012 年	0.257	−0.730	0.719	0.268	相对脱钩
2012~2013 年	−1.887	−3.064	0.464	0.712	未脱钩
2013~2014 年	−89.417	−85.794	−8.494	4.871	未脱钩
2014~2015 年	0.057	−4.330	3.833	0.554	相对脱钩
2015~2016 年	6.744	4.954	0.954	0.835	绝对脱钩
2016~2017 年	1.216	1.217	−0.184	0.182	绝对脱钩
1996~2017 年	−0.234	−0.394	0.080	0.079	未脱钩

注：D 表示碳排放与经济发展的总脱钩指数；D_{EI}、D_{ES}、D_{CS} 分别表示能源强度、经济结构、终端能源消费结构变化对脱钩的影响效应

第一，研究区间内，大部分年份的总脱钩指数 D 小于 1，说明碳排放与经济发展并未脱钩，经济发展的同时，碳排放抑制因素并没有像想象的那样起到抑制作用，反而与经济发展一起推动了碳排放量的增加。在 1996~1997 年、2000~2001 年、2005~2006 年、2015~2016 年、2016~2017 年五个时间段，总脱钩指数 D 大于 1，分别为 9.231、9.011、2.164、6.744 和 1.216，说明碳排放与经济发展是绝对脱钩关系，即在经济发展的同时，碳排放量是下降的。经济结构与终端能源消费结构等因素的抑制作用高于经济发展的促进作用。在 2007~2008 年、2009~2010 年、2011~2012 年和 2014~2015 年，总脱钩指数 D 介于 0 到 1 之间，分别是 0.421、0.796、0.257 和 0.057，表明碳排放与经济发展之间存在相对脱钩关系，即经济发展的同时，碳排放量是增长的，尽管此时相关因素对碳排放有抑制效应，但是抑制效应的总和小于经济发展的促进效应。

第二，代表能源强度变化对脱钩影响效应的 D_{EI} 在研究区间内大部分年份小于 0，说明能源强度变化对碳排放与经济发展的脱钩未起到抑制作用。能源强度变化对脱钩的影响不容忽视，1996~2017 年为−0.394，其绝对值达到总脱钩指数绝对值的 1.5 倍以上。

第三，代表经济结构变化对脱钩影响效应的 D_{ES} 在 1996~2017 年处于 0 到 1 之间（0.080），说明经济结构变化对碳排放与经济发展脱钩起到抑制作用。1996~2017 年，经济结构变化贡献了总脱钩指数的 14.47%。在某些年份，经济结构变化对碳排放与经济增长脱钩的抑制效应却很明显，如在 2015~2016 年，经济结构变化对碳排放的抑制作用超过了经济发展对碳排放的促进作用，D_{ES} 为 0.954。但是，在碳排放高速增长的 2003~2004 年，D_{ES} 为−0.028，此时经济结构变化由抑制因素逆转为促进因素。

第四，代表终端能源消费结构变化对脱钩影响效应的 D_{CS} 在一半以上的年份都表现为正值（1996~2017 年为 0.079），可见终端能源消费结构是碳排放与经济发展脱钩的重要促进因素。在某些年份，终端能源消费结构对脱钩的促进效应逼近甚至超过了经济结构变化。比如，在绝对脱钩的 2016~2017 年，代表经济结构变化对脱钩促进效应的 D_{ES} 为−0.184，而终端能源消费结构清洁化对脱钩的促进效应 D_{CS} 为 0.182。再比如，在相对脱钩的 2009~2010 年，D_{ES} 为−0.090，而 D_{CS} 为 0.127。终端能源消费结构清洁化对碳排放与经济发展脱钩的促进作用不容忽视。

第五，可以看到 1996~2017 年的大部分年份，中国终端能源消费导致碳排放与经济发展都呈现未脱钩关系，在经济发展的同时，碳排放量得以下降的绝对脱钩关系并不多见，大部分都表现为未脱钩关系。尽管经济结构变化和终端能源消费结构清洁化对碳排放与经济发展脱钩有一定的促进作用，但在很多时候两者对碳排放的抑制效应仍然远不及经济发展的促进效应，这也是大部分年份碳排放与经济发展呈现未脱钩关系的原因所在。

3.5　主要结论与建议

本章利用 LMDI 方法对中国 1996~2017 年终端能源消费碳排放变化进行分解，探究其影响因素；同时，通过分解方法与脱钩指数相结合，分析了碳排放与经济发展的脱钩关系。主要有如下结论。

（1）经济发展是碳排放的主要促进因素，1996~2017 年累计增加了 13.782 96 亿吨二氧化碳排放量，约占总变化量的 81.01%。在它的影响下，中国二氧化碳排放量呈现升高趋势。

（2）经济结构变化和终端能源消费结构变化是碳排放的重要抑制因素。1996~2017 年，由于经济结构变化和终端能源消费结构清洁化，碳排放下降了将近 2.21 亿吨。第二产业是它们抑制效应的主要来源，蕴含着巨大的减排潜力。在终端能源消费结构中，煤炭消费量减少、煤炭利用效率和煤炭清洁技术水平提高等减排途径不容忽视。

（3）1996~1997 年、2000~2001 年、2005~2006 年、2015~2016 年、2016~2017 年，中国终端能源消费碳排放与经济发展表现出绝对脱钩关系，在经济发展的同时，碳排放量实现下降。在 2007~2008 年、2009~2010 年、2011~2012 年、2014~2015 年，二者表现出相对脱钩关系，相关因素抑制效应低于经济发展的促进效应。其他年份二者均处于未脱钩状态，经济发展的同时碳排放量高速增长。经济结构调整和终端能源消费结构清洁化对碳排放与经济发展的脱钩有一定的促进作用。

基于以上实证结果，为了实现中国政府在国际社会承诺的碳排放 2030 年达峰目标，同时为实现“十四五”时期制定控制温室气体排放工作方案提供理论依据，我们提出如下减排建议。

（1）针对经济发展和经济结构对碳排放的促进作用，建议政府加快经济发展方式的转型，注重经济高质量发展。同时，采取一些有效的政策（如税收、补贴等），降低高能耗、高碳排放产业的比重，大力发展低碳产业。政府也可以设立适当的节能减排补贴，加快现代服务业等低碳产业的发展。

（2）针对能源强度对碳排放的促进作用，建议政府要大力提高能源利用效率，充分发挥第二产业能源强度降低的减排潜力，淘汰第二产业中的落后产能，着重提高第二产业煤炭利用效率以及煤炭清洁技术水平，同时与产业结构优化升级结合，在大力发展第三产业的同时，也要考虑第三产业发展的质量。

（3）针对经济发展结构与终端能源消费结构对碳排放的抑制作用，着重调整第二产业终端能源消费结构，逐步降低煤炭消费量，提高煤炭利用效率，加大对清洁能源的利用。继续发挥煤炭消费量下降、煤炭利用效率和煤炭清洁技术水平提高等带来的减排效应。

第4章　中国工业行业碳减排潜力评估

4.1　中国工业行业碳排放效率和减排潜力的研究诉求

气候变化是人类面临的严峻挑战之一。自工业革命以来，发达国家密集的化石燃料消费导致温室气体浓度显著增加，加剧了以全球变暖为特征的气候变化。目前，中国是世界上能源消费和二氧化碳排放最多的国家，在国际社会面临节能减排和应对全球变暖的巨大压力。为了解决这一困境并建立资源节约型和环境友好型社会，近年来中央政府提出了一系列战略目标。而且，在“十三五”规划时期，为了建设清洁、安全、高效的现代能源体系，中国继续控制碳排放，特别是在能源密集型部门，致力于推动低碳循环发展，推进能源革命，加快能源技术创新[①]。

1978 年改革开放以来，中国经济社会发展取得了巨大进步。但是，中国经济增长主要依靠能源密集的重工业和基础设施制造业的推动，造成了大量的能源消费和碳排放（Zhang and Da，2015；Zhang et al.，2020b）。特别地，工业行业（即第二产业除了建筑业）在能源消费中占据重要地位。2000~2017 年，中国工业能源消费年均增长率达到 6.74%，高于国际能源消费平均增长率 5.97%，同时中国工业行业能源消费增长了 191.23%，由 2000 年的 10.38 亿吨标准煤增长到 2017 年的 30.23 亿吨标准煤[②]。上述事实表明工业行业在中国碳减排中，尤其是在建立全国碳交易市场、实现中国长期节能减排目标中扮演了重要角色。基于以上原因，本章从区域层面研究工业行业的碳减排潜力。

近年来，特别是从中国共产党第十八次全国代表大会以来，中央政府高度重视节能减排，大力推动生态文明建设，这也引起了学者的广泛关注[③]，其中，如何

---

① http://www.gov.cn/xinwen/2015-11/03/content_2959432.htm[2021-01-30]。

② 数据来源于国家统计局。

③ http://www.0733.gov.cn/jrgz/xwjj/2015-10-10/201510106005.html[2021-01-30]。

探索有效的节能减排途径是重点问题。目前，大量学者已经意识到了能源效率在节能减排领域的重要性，探究了能源效率对中国或中国工业行业节能减排产生的影响（Xiong et al.，2019；Zhang et al.，2015a）。但是，很少有文献研究工业行业碳排放效率和碳减排潜力之间的关系，更别说碳减排可能带来的潜在经济收益，而且，很少有文献考虑中国各区域工业行业碳排放效率的空间分布特点。

在这种情况下，本章基于 2005~2016 年中国 30 个省份的工业数据，并利用 DEA 模型、窗口分析法和莫兰指数法拟回答以下问题：中国工业行业的碳排放效率如何？各省工业行业的碳减排潜力有多大？各省的工业行业碳减排活动能带来多大的经济收益？各省的工业行业碳排放效率之间是否存在空间依赖性？

4.2　国内外研究现状

控制二氧化碳排放是应对全球气候变化的关键，当前国内外已有大量文献关注碳减排问题，研究内容主要集中在区域和特定行业的碳排放及影响碳排放的关键因素。

首先，一些研究从区域层面探索碳排放及减排潜力问题。例如，Du 等（2014）利用非参数共同边界法估计了 2006~2010 年中国 30 个省份的碳减排潜力。Sethi（2015）分析了印度城镇化的历史趋势、热量产生和温室气体排放，结果表明我们不应该低估城市在碳减排中的作用。Li 等（2020）基于中国省级数据，测算了中国燃煤发电行业的碳排放，并估计出整个行业的碳减排潜力为 2.7 亿吨。丁斐等（2020）研究发现环境规制可以显著降低中国地级市的碳排放强度。

值得注意的是，现有研究将考虑的区域都视为相互独立的，忽略了区域之间的空间交互作用。实际上，一个区域的特点可能会依赖它周围的区域，因此，考虑区域之间的相关性和差异性具有重要现实意义（LeSage，2008；Auffhammer and Carson，2008）。例如，Auffhammer 和 Carson（2008）建立了空间计量模型，并基于省级数据预测中国的碳排放，发现将空间相关性加入回归模型中会提高预测和分析的可靠性。Dong 和 Liang（2014）分析了中国区域空气污染物和碳排放情况，并指出区域差异性是有效实现减排目标的关键。因此，空间的相关性与差异性对碳减排政策在公平和效率原则下的实施具有重要意义，不应该被忽略。

同时，大量学者对中国区域碳减排问题有浓厚的兴趣，他们利用多种多样的方法进行了研究。例如，Guo 等（2011）基于 DEA 模型评价了中国 29 个省份的碳排放绩效，结果表明发展节能技术和调整能源结构能够有效减少碳排放。Wang 等（2013b）从生产流程的角度出发，提出了一种新的全要素绩效指数，并依据碳减排潜力将中国的省份分成 4 种类型。由于各省份具有不同的减排潜力，他们强调在分配碳减排任务时应当遵循“共同但有区别”的原则。Fan 等（2015）通过应用中国能源环境政策分析体系，模拟了在不同情境下取消出口退税政策对中国碳排放的影响，研究指出取消关键部门的出口退税可以减少碳排放且节约大量的经济成本，但这种方式的可持续性较低。此外，考虑到 2017 年启动的全国碳交易市场，一些文献从微观层面对碳减排展开研究。例如，Wei 等（2015）使用 2004~2008 年浙江人口普查数据构建了非参数前沿模型，评价了中国煤炭发电企业的节能减排空间。Zhang 等（2015b）构建多阶段利润模型分析了不同分配准则下中国七个碳交易试点的交易机制，包括企业的产品定价和碳减排行为。结果表明，在祖父法分配准则、自行申报和拍卖机制下，当决定最优产品价格和最优碳减排量时，参与碳市场的企业可能会关注当前阶段的利润最大化。综上所述，这些研究为碳减排潜力评估提供了不同的方法，然而，很少有文献测算碳减排可能给中国带来的收益。

其次，大量文献评价了特定工业部门的碳减排绩效，研究与碳减排相关的能源效率和减排技术。例如，Karali 等（2014）利用自上而下优化模型框架，分析了美国钢铁行业的能源效率措施、钢铁产品和国际碳交易市场在 2010~2050 年实现特定碳减排目标中所扮演的角色。Fais 等（2016）在一个完整的能源体系模型中构建了一个新的工业建模方法，并指出与 2010 年相比，2050 年英国工业的减排目标可以达到 77%，且工业部门是实现整体能效承诺的关键。关于中国工业行业碳减排的研究也有许多。例如，Wang 和 Wei（2014）用新建的 DEA 模型评价 2006~2010 年中国 30 个城市工业部门的碳排放效率与节能减排潜力。Wu 等（2012）基于与碳排放相关的环境 DEA 模型，构建了静态和动态的能源效率绩效指数，发现技术进步对工业行业的节能降碳至关重要。Zhang 等（2020b）利用中国省级数据测算了中国工业的碳拥挤问题，发现中国工业的碳减排潜力为 7.2 亿吨。考虑到中国的碳减排目标以强度为基础，也有一些文献聚焦碳强度减排问题。例如，Liu 等（2015）用 LMDI 分解方法将碳强度分解为三个影响因素，即排放系数效应、能源强度效应和结构效应，结果表明能源强度是中国降低碳强度的主导因素。总而言之，我们发现已有文献虽然评估了中国工业行业的碳减排潜力，但是很少将碳减排潜力和碳排放效率直接联系起来。

实际上，碳排放效率和减排潜力密切相关，一些研究已经考虑了它们之间的关系（Du et al.，2014；Lu et al.，2013；张慧等，2018）。例如，Du 等（2014）用非径向共同边界法评价了碳排放效率，并基于碳排放效率计算了中国 30 个省份的碳减排潜力。Lu 等（2013）测算了 OECD 国家 2005~2007 年的碳排放效率，指出在随后的几年中所有 OECD 国家都需要减少 6.66%~7.49%的碳排放量。张慧等（2018）研究发现资源型城市减排的重点在于提升碳排放效率。因此，探究节能减排潜力巨大的工业行业的碳排放效率和碳减排潜力之间的关系，对实现中国的碳减排目标具有重要现实意义。

最后，大量研究探讨了碳减排的影响因素。大部分研究发现提高能源效率和推广可再生能源是控制碳排放必不可少的解决方案（Özbuğday and Erbas，2015；Li et al.，2014；张慧等，2018）。例如，Özbuğday 和 Erbas（2015）区分了经济活动、能源效率、经济结构和可再生能源使用对碳减排的影响，发现从长远来看，能源效率对碳减排有显著的正向影响。Li 等（2014）强调，可再生能源的全面发展和利用是解决中国农村地区碳排放问题的关键。同时，技术进步和经济发展对控制碳排放意义重大（Du et al.，2014；Liou and Wu，2011；孙振清等，2020）。孙振清等（2020）研究表明，产业结构的高级化和技术创新是实现碳减排的重要影响因素。

总而言之，尽管碳排放效率和减排潜力密切相关，但现有相关文献往往忽略它们之间的关系，即低碳排放效率常常伴随高减排潜力（Bian et al.，2017）。同时，鲜有文献测算碳减排可能带来的收益。而且，现有文献对中国区域碳排放效率空间特点的研究很少，这在评估碳排放需求和潜力时可能会导致结果有偏差。为此，本章研究可以概括为三个方面。首先，基于碳排放效率而非大多数以往研究所采用的能源效率测算了工业碳减排潜力，这有利于区分中国不同地区的减排责任，为全国统一碳交易市场的碳配额分配提供科学依据。其次，评估了中国碳减排可能带来的潜在收益，这是碳减排行为的一个重要视角，研究结果量化了碳减排与经济发展之间的关系，有助于政府鼓励工业行业控制碳排放。最后，运用莫兰指数探索中国 30 个省份工业碳排放效率的空间聚集情况，从空间的角度对现有相关研究进行了重要拓展。

4.3 数据说明与研究方法

4.3.1 数据说明

鉴于数据的可得性，这里我们考虑除西藏、香港、澳门、台湾以外的中国 30 个省份。根据这些省份的经济发展和地理特点，国务院发展研究中心将中国大陆分为八大综合经济区，即东北地区、北部沿海地区、东部沿海地区、南部沿海地区、黄河中游地区、长江中游地区、西南地区和西北地区（表 4.1）。在本章中，我们选取中国工业行业 2005~2016 年的年度数据。基于工业行业的生产过程，我们采用劳动力、资本存量和能源消费量表示投入，采用工业增加值作为期望产出，二氧化碳排放量作为非期望产出（Wang and Wei，2014；Leleu，2013；Zhang et al.，2020a）。劳动力用《中国工业统计年鉴》中公布的平均用工人数表示，资本存量和工业增加值均按 2010 年不变价格计算，其中资本存量的计算基于永续盘存法（Chen，2011；Meng et al.，2016）。最后，能源消费量和二氧化碳排放量来自中国碳核算数据库[①]。所有的数据均来自中华人民共和国国家统计局、中国能源统计年鉴、中国工业经济统计年鉴、国民经济与社会发展统计公报和各个省份的统计年鉴。

表 4.1　中国八大综合经济区

区域	所属省份名称
东北地区	黑龙江、吉林、辽宁
北部沿海地区	北京、天津、河北、山东
东部沿海地区	上海、江苏、浙江
南部沿海地区	福建、广东、海南
黄河中游地区	陕西、山西、河南、内蒙古
长江中游地区	湖北、湖南、江西、安徽
西南地区	云南、贵州、四川、重庆、广西
西北地区	甘肃、青海、宁夏、新疆

4.3.2　研究方法

1. DEA 模型

DEA 模型最早由 Charnes 等（1978）提出，广泛应用于能源和环境效率评价（Zhou et al.，2008）。我们选取由 Leleu（2013）提出的改进的 DEA 模型评价中国 30 个省份工业部门的碳排放效率和减排潜力。该模型和设置非期望产出为弱可处置性的 DEA 模型略有不同（Färe and Grosskopf，2003），改进的 DEA 模型既可以像 Färe 和 Grosskopf（2003）的模型一样确保期望产出和非期望产出的结合具有经济意义，又能确保非期望产出的影子价格为正。具体来说，DEA 模型如方程（4.1）所示（Ang et al.，2011；Leleu，2013）：

① http://www.ceads.net.cn[2021-01-31]。

$$\begin{aligned}
&\max \delta \\
&\text{s.t. } \sum_{j=1}^{30} \lambda_j (g_j - g_J) \geqslant \nu g_J + \delta d^g \\
&\sum_{j=1}^{30} \lambda_j (b_j - b_J) \leqslant \nu b_J - \delta d^b \\
&\sum_{j=1}^{30} \lambda_j (x_{ij} - x_{iJ}) \leqslant 0,\ i = 1,2,3 \\
&\sum_{j=1}^{30} \lambda_j + \nu = 1 \\
&\lambda_j \geqslant 0 \\
&\nu \geqslant 0
\end{aligned} \tag{4.1}$$

其中，$j=1,\cdots,30$ 表示中国 30 个省份；x_{ij} 表示省份 j 的第 i 种投入；g_j 和 b_j 分别表示省份 j 的期望产出和非期望产出，而 g_J 和 b_J 表示被评价省份 J 的期望和非期望产出；$d=(d^g,d^b)$ 表示方向向量；λ_j 是省份 j 连接投入和产出的强度变量；δ 代表和方向向量相关的期望产出和非期望产出的效率度量；ν 和模型（4.1）中的第四个约束表示规模报酬可变假设。

当优化目标 $\delta^*=0$ 且 $\nu^*=1$ 时，我们认为被评价的决策单元是有效的，否则无效。效率可以通过减少投入、增加期望产出和降低非期望产出来提高。根据模型（4.1），我们可以得到中国 30 个省份工业行业的潜在经济收益和碳减排潜力，分别用 $\delta^* d^g$ 和 $\delta^* d^b$ 表示。因此，我们将碳排放效率定义为如方程（4.2）所示：

$$C = \frac{b_J - \delta^* d^b}{b_J} \tag{4.2}$$

2. DEA 窗口分析法

DEA 窗口分析法由 Charnes 和 Cooper（1984）提出，它是传统 DEA 方法的变形，可以处理横截面和随时间变化的数据，测量动态影响（Wang et al.，2013a）。因此，本章采用 DEA 窗口分析法测算中国 30 个省份 2005~2016 年而非某一年的工业碳排放效率，这相当于一个动态评价过程。

该方法的具体思路如下。一个有 $n \times m$ 个观察对象的窗口表示从时间 t（$1<t<T$）开始，窗口宽度为 m（$1 \leqslant m \leqslant T-t$）。因此，本章共有 30 个省份，时间序列长度为 12 年（2005~2016），即 $n=30$、$T=12$。根据已有研究（Halkos and Tzeremes，2009；Wang et al.，2013a），本章设置窗口宽度为 $m=3$。具体而言，第一个窗口涉及 2005 年、2006 年和 2007 年，后续窗口每次向前移动一年，所以，接下来的三年（2006 年、2007 年和 2008 年）构成了第二个窗口。最后，我们可以得到 10 个包含 30×3 个决策单元的窗口，通过方程（4.1）得到碳排放效率。由于几乎每一个决策单元在每一年都有三个相关的效率值（除了 2005 年和 2016 年

只有一个效率值，2006 年和 2015 年有两个效率值），我们计算各个年份每个决策单元的平均效率作为最终效率。

3. 秩和比法

首先，分别将 8 个区域 2005~2016 年每一年的工业碳排放效率按升序排列。

其次，计算每一个区域的RSR，$\mathrm{RSR}_N=\dfrac{\sum_{Y=1}^{12}R_{\mathrm{NY}}}{\mathrm{TN}\times\mathrm{TY}}, N=1,\cdots,8$，其中，TN 代表区域的总数量（即 $\mathrm{TN}=8$），TY 表示 2005~2016 年的年数（即 $\mathrm{TY}=12$），$N(N=1,\cdots,8)$ 和 $Y(Y=1,\cdots,12)$ 分别表示区域和年份，R_{NY} 表示区域 N 在 Y 年的秩。

再次，计算每个区域的单位概率（即 Probit）。我们将 8 个区域的 RSR 值按照升序排列，把 RSR 值相同的区域分为一组，然后计算 RSR 值的频率分布表。具体而言，我们列出每一组的频率（fr）和秩（R），计算每一组 RSR 值的平均秩，即 $\bar{R}=\dfrac{\sum R}{\mathrm{fr}}$，其中，$\sum R$ 表示每一组秩的和。然后，我们可以得到每一组的百分比 $p=\dfrac{\bar{R}}{\mathrm{TN}}\times100\%$，但是最后一组的百分比为 $p=\left(1-\dfrac{1}{4\times\mathrm{TN}}\right)\times100\%$（田凤调，1996）。在得到各组的百分比基础上，通过查找百分数和概率单位对照表，将每一组的百分比转化成概率单位。

最后，根据这 8 个区域的概率单位值分档（田凤调，1993）。以累计频率对应的概率单位值 Probit 为自变量，以 RSR 值为因变量计算如下方程 $\mathrm{RSR}=a+b\times\mathrm{Probit}$，其中，$a$ 和 b 是待估计的参数，接着依据 Probit 值和 RSR 的估计值对 8 个区域进行排序。实际上，根据田凤调（1993）提出的分类标准，我们可以灵活地调整分档的级数。通常，3~5 档是合适的。

4. 莫兰指数法

莫兰指数法由 Moran（1948）提出，是检测空间相关性经常使用的方法，本章 30 个省份工业碳排放效率的全局指数如方程（4.3）所示：

$$\mathrm{MO}=\frac{\sum_{J=1}^{30}\sum_{j\neq J}^{30}w_{jJ}(C_J-\bar{C})(C_j-\bar{C})}{S^2\sum_{J=1}^{30}\sum_{j=1}^{30}w_{jJ}} \tag{4.3}$$

其中，w_{jJ} 表示省份 j 和 J 空间权重，参考 Junior 等（2009），我们将 w_{jJ} 定义为空间距离权重，即省份 j 和 J 之间距离的倒数，即 $w_{jJ}=\dfrac{1}{\mathrm{dis}_{jJ}}$，称为 K 最近邻算法（Berry and Marble，1968）；C_J 和 C_j 分别表示省份 J 和 j 的工业碳排放效率；

$\bar{C}=\frac{1}{30}\sum_{J=1}^{30}C_J$，表示 30 个省份的 C_J 平均值；$S^2=\frac{1}{30}\sum_{J=1}^{30}(C_J-\bar{C})$，表示方差。

通常，莫兰指数的原假设是存在空间独立，备择假设则意味着存在正的或者负的空间自相关（Zhang and Lin，2007）。我们用标准统计量 $Z=\frac{I-E(I)}{\sqrt{\mathrm{VAR}(I)}}$ 检验是否显著，其中，$E(I)$ 和 $\mathrm{VAR}(I)$ 分别是莫兰指数 I 的理论期望和方差。在 5%（10%）的显著水平下，如果 $|Z|>1.96$（$|Z|>1.64$），我们就说碳排放效率存在显著的空间自相关。并且，如果 Z 统计量显著为正，我们就认为碳排放效率在空间上存在正的自相关，即"高—高"或者"低—低"聚集类型；如果 Z 统计量显著为负，即为"低—高"或者"高—低"聚集类型。莫兰指数的数值在−1 到 1 之间，两端取值分别表示完全负的或者正的空间自相关（Shimada，2002）。正的空间自相关表示相似空间值占主导地位（即"高—高"或者"低—低"聚集），而负的空间自相关表示相邻区域差异的主导性。"高—高"聚集类型代表高碳排放效率的省份被同样为高碳排放效率的省份所包围；"低—高"聚集类型代表低碳排放效率的省份被高碳排放效率的省份所包围；"低—低"聚集类型代表低碳排放效率的省份被同样被低碳排放效率的省份所包围；最后，"高—低"聚集类型代表高碳排放效率的省份被低碳排放效率的省份所包围。

值得注意的是，全局莫兰指数值能检验空间聚集的存在，但是没有办法确定空间聚集的具体结构。因此，我们也引入局部莫兰指数（Anselin，1995）（如莫兰指数散点图）反映具体的结构及观察对象与其相邻区域的自相关情况。省份 J 的局部莫兰指数如方程（4.4）所示：

$$\mathrm{MO}_J=\frac{(C_J-\bar{C})}{S^2}\sum_{j\neq J}^{30}w_{jJ}(C_{jJ}-\bar{C}) \tag{4.4}$$

4.4 中国工业碳排放效率实证结果分析

4.4.1 中国工业碳排放效率和碳减排潜力分析

基于 DEA 窗口分析法，我们可以得到中国工业碳排放效率。我们以黑龙江为例，展示计算步骤和结果，如表 4.2 所示，30 个省份的工业碳排放效率如表 4.3 所示。

表 4.2　黑龙江省工业碳排放效率

	2005年	2006年	2007年	2008年	2009年	2010年	2011年	2012年	2013年	2014年	2015年	2016年
窗口1	1.00	0.99	1.00									
窗口2		1.00	1.00	0.92								
窗口3			1.00	0.88	0.95							
窗口4				0.85	0.89	0.97						
窗口5					0.69	0.78	0.95					
窗口6						0.66	0.77	0.65				
窗口7							0.72	0.54	0.53			
窗口8								0.48	0.47	0.44		
窗口9									0.43	0.38	0.40	
窗口10										0.38	0.40	0.33
平均值	1.00	1.00	1.00	0.88	0.84	0.80	0.81	0.56	0.48	0.40	0.40	0.33

表 4.3　中国30个省份的工业碳排放效率

区域	省份	2005年	2006年	2007年	2008年	2009年	2010年	2011年	2012年	2013年	2014年	2015年	2016年	均值
东北地区	黑龙江	1.00	0.99	1.00	0.88	0.84	0.81	0.81	0.56	0.48	0.40	0.40	0.33	0.68
	吉林	0.56	0.56	0.68	0.63	0.67	0.69	0.68	0.64	0.62	0.60	0.58	0.56	
	辽宁	0.61	0.62	0.67	0.66	0.66	0.70	0.84	0.82	0.74	0.79	0.89	0.34	
北部沿海地区	北京	0.78	0.82	0.86	0.88	0.88	0.87	0.95	0.88	0.95	1.00	1.00	1.00	0.94
	天津	0.87	0.90	0.93	1.00	0.97	0.91	0.92	0.93	0.90	0.93	1.00	1.00	
	河北	0.93	0.91	1.00	0.91	0.93	0.91	0.95	0.98	0.96	0.92	1.00	1.00	
	山东	0.94	1.00	1.00	0.95	0.96	0.90	0.94	0.97	0.93	0.91	1.00	1.00	
东部沿海地区	上海	0.85	0.93	1.00	0.94	0.91	0.96	0.93	0.89	0.80	0.87	0.86	0.90	0.88
	江苏	0.92	0.95	1.00	0.85	0.94	0.82	0.87	0.89	0.85	0.88	1.00	1.00	
	浙江	0.77	0.75	0.79	0.78	0.81	0.82	0.87	0.86	0.82	0.83	0.92	1.00	
南部沿海地区	福建	0.81	0.81	0.80	0.84	0.80	0.89	0.93	0.97	1.00	0.97	1.00	1.00	0.96
	广东	1.00	0.92	1.00	1.00	0.98	0.97	0.98	0.99	0.96	1.00	1.00	1.00	
	海南	1.00	1.00	1.00	1.00	1.00	1.00	1.00	1.00	0.91	1.00	1.00	1.00	
黄河中游地区	陕西	0.77	0.78	0.80	0.86	0.86	0.89	0.79	0.76	0.79	0.69	0.68	0.73	0.76
	山西	0.53	0.54	0.61	0.55	0.47	0.49	0.54	0.49	0.44	0.39	0.32	0.29	
	河南	1.00	0.98	1.00	0.99	1.00	1.00	0.96	0.92	0.64	0.56	0.55	0.53	
	内蒙古	0.70	0.88	1.00	0.94	0.98	0.94	0.99	1.00	0.99	0.98	1.00	0.96	

续表

区域	省份	2005年	2006年	2007年	2008年	2009年	2010年	2011年	2012年	2013年	2014年	2015年	2016年	均值
长江中游地区	湖北	0.62	0.60	0.66	0.64	0.64	0.68	0.79	0.77	0.70	0.70	0.80	0.88	0.77
	湖南	0.85	0.81	0.84	0.88	0.86	0.85	0.88	0.89	0.95	1.00	1.00	1.00	
	江西	1.00	1.00	1.00	0.78	0.95	0.98	0.97	0.89	0.75	0.71	0.63	0.58	
	安徽	0.66	0.66	0.66	0.58	0.62	0.64	0.67	0.63	0.57	0.54	0.51	0.58	
西南地区	云南	0.63	0.68	0.68	0.72	0.70	0.60	0.59	0.56	0.52	0.54	0.59	0.57	0.72
	贵州	0.49	0.49	0.54	0.49	0.45	0.42	0.41	0.40	0.42	0.44	0.45	0.46	
	四川	0.69	0.76	0.77	0.75	0.74	0.72	0.78	0.79	0.77	0.76	0.70	0.68	
	重庆	0.91	0.91	0.97	0.92	0.95	0.93	1.00	1.00	0.82	0.74	0.73	0.76	
	广西	0.84	0.89	0.92	0.87	0.87	0.79	0.79	0.83	0.85	0.93	1.00	1.00	
西北地区	甘肃	0.58	0.57	0.60	0.54	0.55	0.48	0.50	0.50	0.48	0.41	0.39	0.37	0.71
	青海	1.00	0.89	0.97	0.93	0.89	0.96	1.00	0.99	0.92	0.96	0.96	0.89	
	宁夏	0.81	0.70	0.74	0.76	0.58	0.54	0.54	0.51	0.49	0.48	0.52	0.54	
	新疆	0.99	1.00	0.99	0.92	0.83	0.79	0.74	0.69	0.62	0.63	0.67	0.68	

为了将中国8个经济–地理区域的工业碳排放效率按照相对合理的方法分档，我们选择研究方法中提到的秩和比法而不是对效率值的简单平均。8个区域工业碳排放效率的秩和比分布结果如表4.4所示。

表4.4　中国8个区域工业碳排放效率的秩和比分布

区域	RSR	fr	R	$\bar{R}$	$\bar{R}$/TN×100%	Probit
东北地区	0.2188	1	1	1	12.50%	3.8497
西北地区	0.3125	1	2	2	25.00%	4.3255
西南地区	0.3229	1	3	3	37.50%	4.6814
黄河中游地区和长江中游地区	0.5104	2	4，5	4.5	56.25%	5.1662
东部沿海地区	0.7500	1	6	6	75.00%	5.6745
北部沿海地区	0.9063	1	7	7	87.50%	6.1503
南部沿海地区	0.9688	1	8	8	96.88%	6.8663

注：数值96.88%是由方程$\left(1-\frac{1}{4\times\text{TN}}\right)\times100\%$计算得到，其中，TN表示总的区域数量（即TN = 8）

RSR和Probit之间的回归方程估计为RSR = −0.9645 + 0.2918Probit (R^2 = 0.9769)，F统计值为253.83（$p<0.01$）。这些都验证了回归结果具有统计显著性。

最后，根据田凤调（1993，2002）提出的分档标准，我们依据 Probit 值和 RSR 的估计值（ $R\tilde{S}R$ ）将这 8 个区域分成 3 组（表 4.5）。

表 4.5　中国 8 个区域碳排放效率的分类

分档	Probit	区域
低等效率	<4	东北地区
中等效率	4~6	东部沿海地区、黄河中游地区、长江中游地区、西南地区、西北地区
高等效率	>6	南部沿海地区、北部沿海地区

此外，根据上述 DEA 模型，我们得到 2005~2016 年的碳减排潜力和碳减排带来的潜在收益，分别如图 4.1 和图 4.2 所示，从中可以得到以下发现。

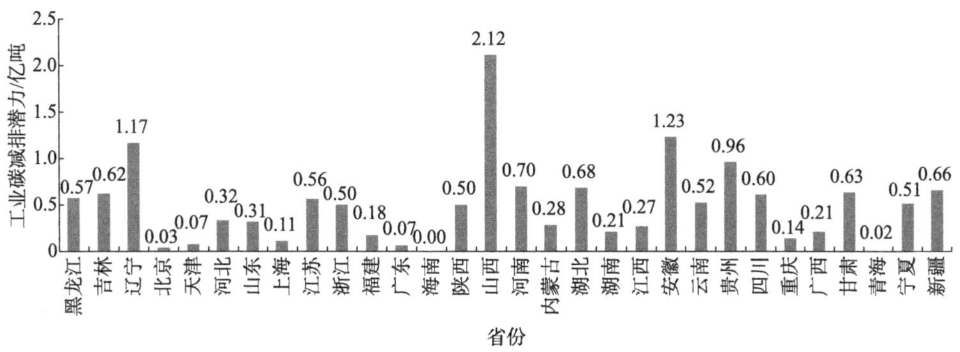

图 4.1　中国 30 个省份的工业碳减排潜力

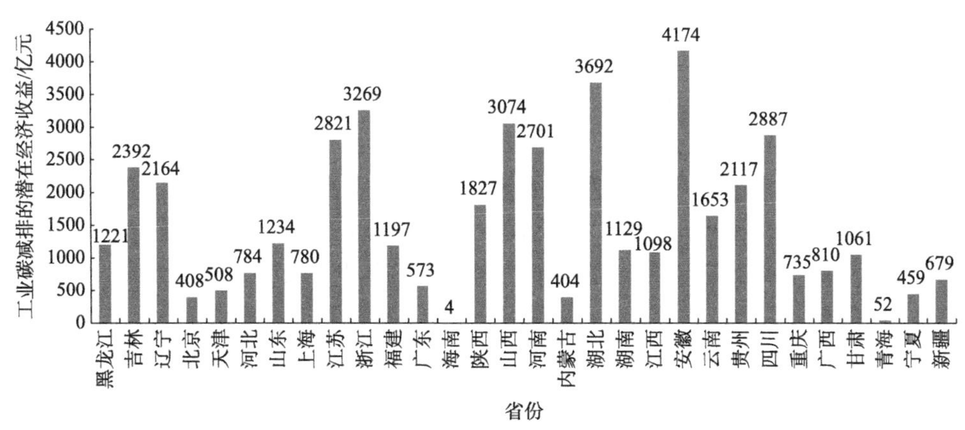

图 4.2　中国 30 个省份工业碳减排的潜在经济收益

首先，就工业碳排放效率而言，不同区域存在明显差异。由表 4.3 可得，南部沿海地区的碳排放效率最高，为 0.96，接着是北部沿海地区和东部沿海地区，碳排放效率分别为 0.94 和 0.88，而东北地区的碳排放效率最低，为 0.68。与此同时，根据碳排放效率我们分别将这 8 个区域分成三组，即高、中和低效率区域。有趣的是，碳排放效率展现出明显的区域特点，大多数沿海区域包括南部沿海和北部沿海地区属于第一类，中等效率类别包括五个地区，即东部沿海地区、黄河中游地区、长江中游地区、西南地区、西北地区，而东北地区的效率相对最低。

这些结果也验证了其他相关研究（Wang and Wei，2014；Choi et al.，2012；Zhang et al.，2020b），也符合中国的发展特色。例如，Choi 等（2012）指出，经济发展良好的东部地区比中部和西部地区显示出更高的碳排放效率，而西部地区的经济水平最低，并拥有最低的碳排放效率。Zhang 等（2020b）研究表明，东北地区和西部地区近年来碳排放效率较低，特别是东北地区。根据现有相关研究，碳排放效率主要受能源效率的影响（Özbuğday and Erbas，2015）；同时，经济和技术是影响工业能源效率的主要因素（Wu et al.，2012；Zhang and Lin，2007），我们的研究在一定程度上也证实了这些观点。一方面，沿海地区有坚实的经济基础，为技术创新提供了资金来源和基础；另一方面，相比较而言，沿海地区更开放和便利，可以引进国外的先进减排技术，这也有利于发展低碳经济模式。事实上，中国共产党的十八大报告指出，"积极支持东部地区率先发展"①。因此，由于沿海地区的特殊区位优势和中央政府的特别政策支持，位于沿海地区的省份有相对较好的经济状况、更先进的技术和管理水平。例如，Choi 等（2015）指出，2001 年至 2010 年中国大部分省份显示出技术进步，尽管有五个省区（广西、河南、江西、陕西和云南）显示出技术退化，但是，整体上与环境相关的技术进步由东部省份带动。或许这能很好地解释为什么沿海地区的平均碳排放效率比其他地区高。

其次，所有省份的工业行业都存在巨大的碳减排潜力，尽管不同省份之间的碳减排潜力存在差别。中国不同省份都有各自独特的工业经济增长模式、工业结构和技术水平，不同省份行业的碳减排潜力也有差别。第一，黄河中游工业行业的碳减排潜力最大，为 3.6 亿吨，占全国工业行业碳减排量的 24%。这主要是由黄河中游山西省的不合理工业结构造成，山西省以重工业为主，能源结构以煤炭为主，碳减排潜力相对较高，为 2.12 亿吨。该结果和一些现有相关文献一致。例如，Wang 等（2015a）指出，产业结构调整是地方政府实现低碳发展满足碳减排需求的关键政策。再如，Wang 和 Zhao（2015）提出，工业结构对碳排放的影响较大，对不发达地区而言，工业结构不合理，高能耗部门会产生更多的碳排放。而且，Choi 等（2015）的研究表明，尽管中部地区资源丰富，是强大的制造业基地，但是由于过度生产，其工业结构不平衡。因此，中部地区的经济增长导致了

① http://cpc.people.com.cn/n/2012/1118/c64094-19612151-4.html[2021-01-30]。

大量的能源消费。第二，西南地区和长江中游地区拥有较大的碳减排潜力，分别为 2.43 亿吨和 2.39 亿吨，中央政府应当制定有力的能源政策，充分开发西南地区和长江中游地区的潜力，特别是安徽、贵州、湖北和四川。此外，三大沿海地区的碳减排潜力仅占总减排量的 14.58%，这主要是因为其碳排放效率高。三大沿海地区市场高度开放经济发达，人们也高度重视环境质量，因此，当地政府和企业也注重低碳和节能技术的投资，显著提高能源利用效率和碳排放效率。

关于这 8 个地区的碳减排潜力，一些现有研究也有类似结论。例如，Bian 等（2017）认为，与较高的碳排放效率相对应，东部地区拥有最低的碳减排潜力；同时由于碳排放效率最低，西部地区可能有最大的碳减排潜力。但是也存在一些不同的观点。例如，Yu 等（2015）指出，经济发达的省份在碳减排中扮演着重要角色，特别地，2005~2020 年，江苏、天津、山东、北京和黑龙江的碳减排潜力超过了减排总量的 60%。Narayan 等（2016）研究了世界上 181 个国家的经济增长和碳排放的动态关系，结果显示经济增长会带动碳减排。Lindmark（2004）认为不发达地区的收入更低、工业部门可能更少，应当承担较少的碳减排责任。

最后，提高工业行业的碳排放效率，减少碳排放可能会带来巨大经济收益。如表 4.3 所示，样本区间内每个省份工业行业的碳排放效率都不是完全有效的，所以每个省份都有提高效率和拓展收益的潜力。图 4.2 的结果表明，在 2016 年的基础上，中国工业可以拓展经济收益 4.5907 万亿元。尽管一些文献怀疑控制碳排放可能会对经济活动产生消极影响，但是大量文献为其有积极影响提供了依据（Özbuğday and Erbas，2015；Wang et al.，2012b；Ozturk and Acaravci，2010）。例如，Wang 等（2012b）指出，在 2007 年基础上，中国能够在减少碳排放的同时增加 36%~40% 的 GDP。Ozturk 和 Acaravci（2010）认为，限制能源消费和控制碳排放等节能政策可能对实际产出增长（即经济增长）没有不利影响。碳减排对经济增长的积极影响可能会激励工业部门实施节能减排（Yu et al.，2016），因此，这可能表明随着经济的持续增长，中国可以很好地处理环境问题，特别是有效地控制碳排放。

4.4.2　莫兰指数结果分析

根据上述莫兰指数方法，我们计算了 2016 年的全局莫兰指数，发现 2016 年 30 个省份工业部门的全局莫兰指数是 0.029，且在 10%的水平下显著，拒绝不存在空间自相关的原假设。而且，Z 统计量的值显著为正，为 1.76，表明地理上相邻省份的工业碳排放效率之间存在较强的正向空间自相关。

根据图 4.3 和表 4.6 的结果，我们可以对空间聚集的具体结构有一个清楚的认识。图 4.3 是 2016 年中国 30 个省份工业碳排放效率的散点图，包括四个象限，第一象限、第二象限、第三象限和第四象限分别指代“高—高”、“低—高”、“低—低”和“高—低”聚集类型。以第二象限为例，“低—高”聚集表示低效率省份周边环绕着高效率省份。

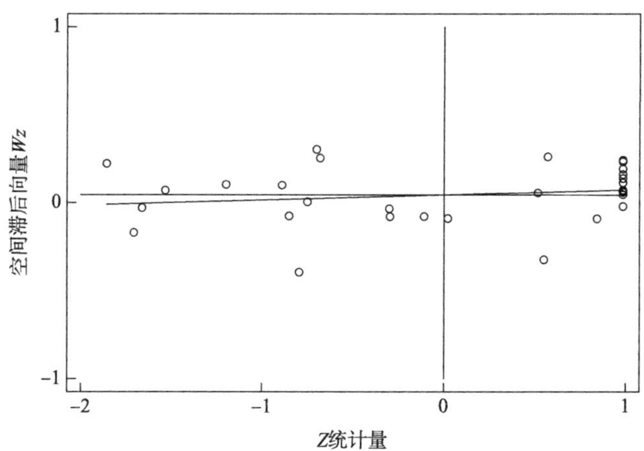

图 4.3　2016 年中国 30 个省份工业碳排放效率的莫兰指数散点图

表 4.6　与莫兰指数散点图对应的省份空间聚集状况

聚集类型	省份名称
“高—高”聚集类型	北京、福建、广东、广西、海南、湖北、湖南、江苏、山东、上海、天津、浙江
“低—高”聚集类型	安徽、甘肃、贵州、河南、江西、山西
“低—低”聚集类型	黑龙江、吉林、辽宁、宁夏、陕西、四川、新疆、云南
“高—低”聚集类型	重庆、河北、内蒙古、青海

表 4.6 使我们对省级工业碳排放效率的空间聚集有更深入的了解。可见，大多数属于“高—高”聚集类型的省份位于沿海地区，而属于“低—低”聚集类型的省份主要位于东北地区、西北地区、西南地区和黄河中游地区。而且，这 30 个省份的碳排放效率的空间聚集表现出了明显的两极分化趋势，这符合中国区域碳排放存在空间失衡的结论（Huang et al.，2015），并且说明了区域间的差别主要来自东部和西部地区工业集聚的差异。如果一个省份属于“高—高”的聚集类型，我们就可以认为这个省的碳排放效率高，能对周围省份产生正向引导作用。同时，周围省份可以学习和引进新的先进技术来提高效率，这些省份就逐渐形成“高—高”聚集。但是，如果一个省份属于“低—低”聚集类型，由于缺少增长极，该省份会被困在低效率水平（袁冬梅，2012）。因此，各地之间的协同活动可能会对碳减排产生显著影响（Zhang et al.，2014b）。为了实现中国的全面发展，我们必

须打破这种聚集状况，促进和加强不同区域之间的合作。特别地，“低—低”聚集省份应当从其他区域尤其是东部沿海地区引进先进的管理经验和技术。

4.5　主要结论与启示

本章利用 DEA 模型和窗口分析法探讨了中国 30 个省份工业行业的碳减排效率、碳减排潜力及潜在经济收益，并基于莫兰指数法分析了各地区工业碳排放效率的空间聚集情况。基于本章分析，我们可以得到以下结论。

首先，在样本区间内各省份的碳排放效率都不是完全有效的，因此，它们的碳排放效率都存在一定的提升空间。具体而言，在中国八个区域中，黄河中游地区、西南地区、长江中游地区和东北地区的碳减排潜力巨大。

其次，提高工业碳排放效率可以获得大量经济收益。总的来说，在 2016 年的基础上，中国工业部门估计可以增加 4.5907 万亿元收益。

最后，就工业碳排放效率而言，中国各省份之间存在空间聚集效应和两极分化趋势。特别地，由于缺少增长极，“低—低”聚集类型的省份很难提高碳排放效率。因此，为了实现共同发展消除区域差异，不同区域之间应当加强合作。

基于以上结果，我们可以得到一些政策启示。首先，本章的研究方法有助于定量分析中国碳减排的潜力和收益，为碳排放配额分配提供重要参考。全国碳排放交易市场于 2017 年底正式启动，如何分配碳排放配额对碳交易机制的成功实施至关重要，而本章的方法有利于评估中国省份的碳排放需求，为碳排放配额分配提供重要依据。

其次，中国政府应当致力于促进工业部门的转型和升级，控制能源消费和碳排放，根据不同区域的实际情况制定多样化和灵活的减排政策。

最后，中央政府应当为不发达地区的工业部门提供更多的政策支持，如技术和资金支持，以削弱两极分化趋势，提高工业碳排放效率。具体而言，在技术发展方面东部地区应充分发挥增长极的作用，引导其他地区发展，弥补区域技术差距。同时，政府还应促进沿海地区和内陆地区各省份间的合作，打破先进经验技术的空间限制，克服工业经济发展和技术创新的区域差异。

另外，世界上越来越多的国家开始推进碳排放权交易，而如何评价碳减排潜力和分配碳排放配额是建立碳交易市场的关键前提。因此，本章有关中国的研究结果可为这些国家提供有价值的参考，特别是对那些与中国基本国情和经济发展模式相似的发展中国家。

第5章　中国工业行业碳拥挤效应评估

5.1　中国工业行业的碳拥挤问题

由二氧化碳排放增加引起的全球变暖已成为全球面临的严峻挑战之一（Montzka et al.，2011）。中国2006年已成为全球二氧化碳排放量最多的国家，2020年中国的二氧化碳总排放量为98.99亿吨，占当年全球二氧化碳排放总量的30.7%，中国面临着前所未有的环境挑战。为应对全球气候变暖和改变国内环境污染，中国政府近年来一直致力于低碳经济和绿色发展，以改善当前状况。然而，作为最大的发展中国家，中国经济仍处于工业化过程中，经济发展与环境保护之间的矛盾仍然突出。在此背景下，如何在促进经济增长的同时有效实现节能减排，无疑是当前中国迫切需要解决的一项重要难题。

2017年十九大报告指出：形成节约资源和保护环境的空间格局、产业结构、生产方式、生活方式[①]。中国碳排放量高的主要原因之一就是资源的过度使用（Xu and Lin，2019）。当资源过度使用时，会造成拥挤；传统的拥挤效应只考虑了在特定生产条件下一种或多种投入要素增加到一定程度时，投入过多（资源过度使用）造成生产拥挤导致期望产出降低的现象（Brockett et al.，1998；Cooper et al.，2001a），而较少考虑在此过程中非期望产出的变化。

事实上，在工业生产过程中，二氧化碳等非期望产出是能源消费的必然产物，即当资源过度使用时，不仅会导致期望产出降低，也会伴随着二氧化碳上升，产生非期望碳拥挤（undesirable carbon congestion，UC）。同时，在绿色技术创新作用下，中国工业在资源投入增加的过程中，也存在期望产出增长而二氧化碳减少的可能性，从而产生期望碳拥挤（desirable carbon congestion，DC）。UC强调了投入增长会导致期望产出下降，DC则强调了投入增长会导致非期望产出（二氧化碳）下降（Sueyoshi and Goto，2012b，2016；Sueyoshi and Yuan，2016）。UC

① http://www.xinhuanet.com//politics/19cpcnc/2017-10/18/c_1121820882.htm[2021-01-31]。

和 DC 可分别通过提高资源管理和绿色技术创新实现，反映工业经济发展和碳减排“共赢”的可能性，深入分析两种碳拥挤对于中国工业减少资源浪费、强化科技创新引领，推动工业高质量发展，进而推动中国形成人与自然和谐发展的现代化建设新格局具有重要意义。

国家统计局数据显示，2005~2016 年，中国工业部门能源消费量占全国消费总量的比重由 64.55%上升至 68%，而中国工业增加值占 GDP 的比重却由 41.62%下降至 33.3%。2005~2015 年，中国工业碳排放量占全国碳排放量的比重在 85%左右浮动①。在中国工业能源消费增加、工业增加值减少和碳排放量居高不下的背后，是否存在由资源浪费造成的 UC？2019 年中国出台的《关于构建市场导向的绿色技术创新体系的指导意见》强调，绿色技术创新日益成为绿色发展的重要动力。在绿色技术创新作用下，中国工业是否会存在 DC？此外，当前中国工业经济增长和碳排放之间的关系如何？中国工业生产过程的技术效率如何？中国工业的碳减排潜力如何？如何针对不同区域不同工业部门提出有利于实现经济增长和环境保护“共赢”的发展策略？中国工业是实体经济增长的主要来源，也是能源消费和二氧化碳排放的主体（Wang and Wei，2014），对这些问题的探讨不仅可以帮助中国政府识别工业部门的资源利用情况，有利于政府及时进行市场资源调度分配，避免因资源浪费产生的碳排放和潜在经济状况下滑，而且对于促进科技发展、实现碳减排和工业经济增长的“共赢”意义重大。综上所述，在拥挤概念的基础上，本章根据资源投入所降低产出的不同，将包含二氧化碳这一非期望产出的碳拥挤效应分为 UC 和 DC，并采用 DEA 对偶模型从省份和行业两个角度围绕碳拥挤状态、技术效率、减排潜力和策略开展深入研究。

本章的主要研究内容包括以下三个方面：首先，使用一种包含非期望产出的 DEA 对偶模型识别高技术效率的省份或工业部门是否存在碳拥挤；其次，从省份和行业两个角度对中国工业行业的碳拥挤效应进行研究，了解中国工业行业在哪些区域和部门存在资源浪费，即发现碳减排的关键区域和关键部门；最后，深入剖析中国工业行业的 UC 和 DC，寻求碳减排和工业增长之间的平衡，在此基础上，探讨中国工业的损失性收益（收益性损失）、技术效率和碳减排潜力。

5.2　国内外研究现状

McFadden（1978）首次在生产经济学研究中引入拥挤概念，指出拥挤即等产量曲线出现后弯的现象。对于拥挤的研究主要基于 DEA 模型。当前，研究拥挤效

① http://www.ceads.net.cn[2021-03-05]。

应的 DEA 模型主要分为两大类：一种是径向 DEA 模型，另一种是非径向 DEA 模型。它们是针对同一问题的不同角度的研究方法，一直以来都存在着对比和争论（Cooper et al.，2001a，2001b；Färe and Grosskopf，2001）。前者侧重于生产前沿面意义下技术效率的经济学解析，后者则侧重于效率测算中变量的损失冗余量的优化处理。非径向 DEA 模型的代表方法包括 CTT 模型和 BCSW 模型。径向 DEA 模型的代表方法是 FGL 模型，Färe 和 Grosskopf（1983）首次提出应用非参数方法判断和测度拥挤的可行方案。之后，Färe 等（1985）使用 DEA 方法建立了第一个测度模型，后来的学者把这种方法叫作 FGL 模型。这是一种基于投入的两阶段径向 DEA 模型，通过投入变量在强可处置性和弱可处置性下的技术差异来衡量投入拥挤。FGL 模型的提出使得实际存在的拥挤现象实现量化测度。此后，FGL 模型一度成为判别投入拥挤的唯一方法（Zhou et al.，2017）①。在 DEA 的理论框架内，Cooper 等（1996）提出了基于松弛变量的非径向二阶段 DEA 模型来度量投入拥挤，简称 CTT 模型。Brockett 等（1998）应用 CTT 模型研究了中国改革开放前后经济中存在的投入拥挤问题，并将 CTT 模型拓展为 BCSW 模型。Cooper 等（2002）将二阶段 BCSW 模型改进为一阶段的模型。

上述两类方法在测量拥挤效应方面具有广泛的应用。大部分学者从投入的角度对拥挤效应进行研究。例如，Jahanshahloo 和 Khodabakhshi（2004）基于非径向 DEA 模型分析了中国纺织产业的投入拥挤效应。Simões 和 Marques（2011）使用三种不同的 DEA 方法研究了葡萄牙医院的绩效和投入拥挤效应。Wu 等（2016a）采用径向 DEA 模型分析了中国工业部门的投入拥挤效应，发现中国工业存在能源拥挤现象，且碳强度高的省份更容易发生能源拥挤。值得一提的是，大部分拥挤效应研究是基于径向和非径向 DEA 模型，认为拥挤效应是一种更为严重的技术无效率，且主要发生在技术无效率的决策单元中（Brockett et al.，2004），然而，近几年许多学者的研究表明，即使一个决策单元是技术有效的（即技术效率为 1），当期望产出和非期望产出同时存在时，仍有可能发生拥挤效应，此时可以采用 DEA 模型的对偶模型测算拥挤效应（Fang，2015；Sueyoshi and Goto，2012b；Sueyoshi and Yuan，2016）。此外，近年来部分学者将非期望产出纳入拥挤效应的研究中，例如，Wu 等（2013）和 Chen 等（2016）使用考虑了非期望产出的径向 DEA 模型分别对 2010 年和 2012 年中国分省工业拥挤效应展开了深入分析，其中非期望产出为工业废水和废气。还有学者区分了 UC 和 DC。例如，Sueyoshi 和 Yuan（2016）运用径向 DEA 的对偶模型考察了中国 30 个省份 2005~2012 年的 UC 和 DC，非期望产出为 PM_{10}、SO_2 和 NO_2。本章使用的方法正是基于 Sueyoshi

① 投入拥挤是指传统意义上的拥挤，即投入的减少会导致期望产出的增加，而未考虑非期望产出；它主要通过设置投入为弱可处置性来识别拥挤，因此被称为投入拥挤。

和 Yuan（2016）的研究。进一步，Tone 和 Sahoo（2004）、Sueyoshi 和 Goto（2014b）、Sueyoshi 和 Yuan（2016）等学者探讨了拥挤效应与弹性之间的关系，如规模收益（returns to scale，RTS）、损失性收益（returns to damage，RTD）和收益性损失（damages to return，DTR），因此，我们在本章的研究中也包含了 RTD 和 DTR。RTD（DTR）是指当非期望（期望）产出以相同比例增加时，非期望（期望）产出对期望（非期望）产出的影响。RTD（DTR）的计算过程与规模收益相似，但在概念上有所不同。规模收益是指当所有投入以相同比例增加时，投入对期望产出的影响，反映了投入变量与期望产出变量之间的关系（Tone and Sahoo，2005）。规模收益的具体计算方法见 Sueyoshi 和 Goto（2014b）。值得注意的是，负规模收益（规模不经济的最严重形式）也是发生强 UC 的证据（Wei and Yan，2011）。在上述关于中国拥挤效应的研究中，主要是从分省行业的角度开展研究的，他们讨论的非期望产出并未考虑碳排放，如 Wu 等（2013）和 Chen 等（2016）在非期望产出中仅考虑了工业废水和工业废气。事实上，中国十分重视碳减排，因此，有必要专门针对二氧化碳的拥挤效应展开研究。

关于碳拥挤的研究，Sueyoshi 和 Goto（2012b）运用径向 DEA 的对偶模型测算了 2007~2009 年日本电力行业与制造业的拥挤效应，考虑了二氧化碳这一非期望产出，结果发现日本这两大行业存在非期望拥挤和期望拥挤效应，且致力于通过技术创新实现碳减排。Sueyoshi 和 Goto（2016）运用径向 DEA 的对偶模型对美国 2010 年 68 个燃煤发电厂进行了拥挤效应和技术效率评价，非期望产出为 SO_2、CO_2 和 NO_x，结果显示大部分燃煤发电厂存在强 UC，而强 DC 只发生在个别发电厂。

总之，当前大部分研究主要侧重于传统的投入拥挤效应，多考虑期望产出，而较少考虑二氧化碳等非期望产出。在现有中国拥挤效应的相关研究中，并未着重基于节能减排思想的碳拥挤效应且主要基于分省视角，而工业是中国最大的碳排放行业，现有文献忽视了从工业视角展开研究，难以准确揭示中国工业的碳拥挤状态和碳减排潜力，不利于中国工业节能减排工作精准有效开展。此外，在研究方法方面，大部分研究采用 DEA 模型，所测算的拥挤效应主要发生在技术无效率的决策单元中，而忽略了技术有效决策单元的拥挤效应，难以反映拥挤效应测算的准确性。最后，开展碳拥挤效应分析时，很有必要同时考虑 UC 和 DC 两个方面，不仅可以揭示投入资源是否存在浪费现象，同时可以反映通过绿色技术创新实现碳减排的潜力。为此，本章聚焦于中国工业碳拥挤效应，从分省工业和工业部门两个层面展开深入研究。具体地，本章利用径向 DEA 的对偶模型，探讨了 UC 和 DC、RTD 和 DTR，并结合窗口分析法讨论技术效率和碳减排潜力。在此基础上，为有关部门提出了有针对性的工业发展和碳减排策略建议。

5.3 数据说明与研究方法

5.3.1 数据说明

本章使用包括2005~2016年中国30个省份（西藏和港澳台除外）和2005~2017年34个工业部门的工业面板数据[①]，涵盖了中国“十一五”（2005~2010年）和“十二五”时期（2011~2015年）。30个省份的工业劳动力指标采用《中国工业统计年鉴》中公布的平均用工人数，34个工业部门的劳动力指标采用《中国统计年鉴》中公布的平均用工人数。由于我国没有关于工业资本存量的官方数据，资本存量采用永续盘存法计算得到（Chen，2011；Meng et al.，2016）。根据已有研究（Wang and Wei，2014；Wu et al.，2012），期望产出指标为工业增加值。其中，30个省份的工业增加值数据来自国家统计局，而自2008年起国家统计局不再发布工业部门的增加值，因此工业部门的增加值数据由我们自行收集并与部门和地区级别的国家数据进行平衡（Su and Ang，2010，2014）。本章的资本存量和工业增加值均按2010年不变价格计算。最后，能源消费量和二氧化碳排放量来自中国碳核算数据库[②]。

按照国家统计局划分标准，本章将中国30个省份划分为东北地区、东部地区、中部地区和西部地区[③]。按照中国《国民经济行业分类》划分标准，中国34个工业部门可分为采矿业、制造业、电力–燃气–水业三大类[④]。表5.1为中国省级工业整体和工业细分部门各指标的描述性统计。在四个地区中，东部地区所有指标的平均值均为最高，西部地区最低；除能源消费量外，电力–燃气–水业行业所有指

① 受数据限制，中国30个省份的数据更新至2016年。根据《国家统计局关于执行新国民经济行业分类国家标准的通知》（国统字〔2011〕69号），自2012年以来，新国民经济行业分类将工业部门的数量从39个变为41个。为了便于比较，本章将39个或41个行业整理为34个行业。具体为，取消了“其他采矿业”“废物资源综合利用”“燃气生产与供应”“自来水生产与供应”部门；在2005~2011年的39个行业中，将“橡胶制品”和“塑料制品”合并为“橡胶和塑料制品”；在2012~2015年的41个行业中，删除了“矿山辅助作业”“金属制品、机械设备修理”等行业，将“汽车产品”和“铁路、船舶、航天等运输设备”行业合并为“运输设备业”。

② http://www.ceads.net。

③ 东北地区包括辽宁、吉林、黑龙江；东部地区包括北京、天津、河北、上海、江苏、浙江、福建、山东、广东、海南；中部地区包括山西、安徽、江西、河南、湖北、湖南；西部地区包括内蒙古、广西、重庆、四川、贵州、云南、陕西、甘肃、青海、宁夏、新疆。

④ 采矿业包括煤炭采选部门、石油和天然气开采部门、黑色金属矿采选部门、有色金属矿采选部门、非金属矿采选部门这五大部门。电力–燃气–水业仅包括电力、蒸汽、热水的生产和供应部门。其余28个部门属于制造业。

标的平均值均高于其他两个行业。

表 5.1　各项指标的描述性统计

项目	中国分省工业					中国工业部门			
	全国	东北地区	东部地区	中部地区	西部地区	工业	采矿业	制造业	电力-燃气-水业
资本存量/亿元	8 852.52	7 733.97	12 794.24	8 106.86	4 772.23	8 249.96	5 863.22	6 574.16	67 105.83
	(7 955.66)	(4 231.14)	(10 654.57)	(4 981.60)	(3 810.41)	(12 854.07)	(6 333.41)	(6 675.61)	(25 325.61)
劳动力/万人	297.18	205.50	522.82	285.54	109.92	261.08	143.77	279.38	335.24
	(323.06)	(101.99)	(432.25)	(130.01)	(82.00)	(195.66)	(168.52)	(196.20)	(18.13)
能源消费量/亿吨	5.67	5.44	6.69	5.93	3.68	0.46	0.16	51.73	0.24
	(21.20)	(19.23)	(27.15)	(18.82)	(12.94)	(1.16)	(0.15)	(126.66)	(0.04)
工业增加值/亿元	6 784.40	5 354.33	10 380.10	6 643.57	3 158.35	6 009.33	4 690.59	5 988.45	13 187.48
	(6 315.50)	(2 770.71)	(8 337.82)	(3 743.61)	(2 603.50)	(4 848.01)	(3 994.45)	(4 821.32)	(3 198.35)
碳排放量/亿吨	2.31	2.40	2.88	2.63	1.59	2.01	0.33	1.19	33.39
	(1.65)	(1.03)	(2.23)	(1.08)	(1.04)	(6.38)	(0.34)	(3.37)	(6.98)

注：括号中的值为标准差，无括号的值为平均值

5.3.2　研究方法

1. 拥挤效应定义

假设$X_j=(x_{1j},x_{2j},\cdots,x_{ij})$代表投入，$G_j=(g_{1j},g_{2j},\cdots,g_{sj})$和$B_j=(b_{1j},b_{2j},\cdots,b_{hj})$分别代表期望产出和非期望产出。拥挤意味着投入的减少，将导致产出（G或B）的增加，如图 5.1（a）所示。我们假设五个决策单元位于生产前沿 *C-D-E-A-F* 曲线上，并且当从 F 点移至 A 点时，它可以在减少投入的同时增加其产出，这表明 F 点产生了拥挤。拥挤与技术效率低下有所不同（Brockett et al.，2004）。技术效率低下表明可以在既定投入下增加产出，或者可以在既定产出下减少投入（Farrell，1957）[①]。

① 如图 5.1（a）所示，在既定投入中，M 点和 N 点可以通过增加产出分别移动到 A 点和 F 点，这是技术效率低下的情况。拥挤表明投入的减少将导致产出的增加，或者投入的增加将不可避免地导致产出的减少（Svensson and Färe，1980）。当从 N 点到达 F 点时，可以通过减少投入进而移动到 A 点，在此过程伴随着输出的增加，这是拥挤的情况。N 点代表技术效率低下和拥挤，而 F 点代表技术有效率和拥挤。

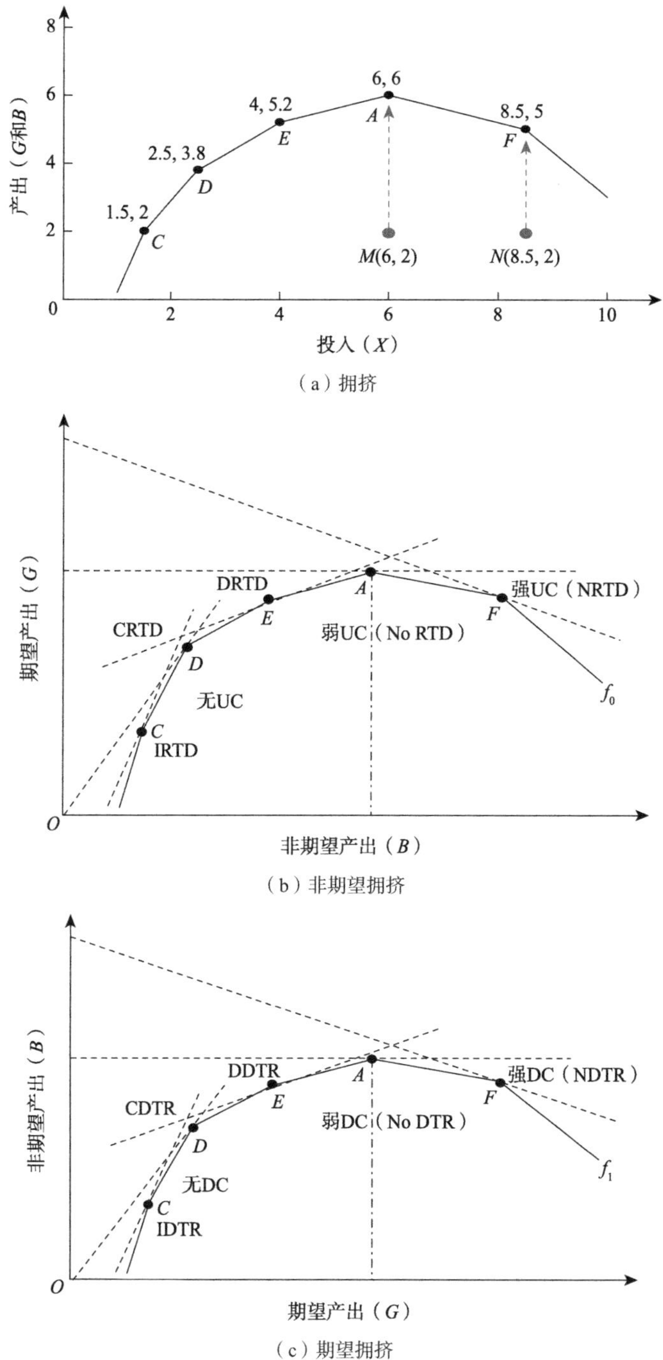

图 5.1　拥挤、非期望碳拥挤、期望碳拥挤和 RTD 及 DTR 的五种类型

（b）IRTD 表示增加 RTD，CRTD 表示恒定 RTD，DRTD 表示下降 RTD，NRTD 表示负 RTD。（c）IDTR 表示增加 DTR，CDTR 表示恒定 DTR，DDTR 表示下降 DTR，NDTR 表示负 DTR

非期望拥挤和期望拥挤分别如图 5.1（b）和图 5.1（c）所示。在图 5.1 中，当期望（非期望）产出随着非期望（期望）产出的增加而减小时，会发生强 UC（强 DC）。因此，强 DC 是社会期望实现的最佳状态（Sueyoshi and Yuan，2016）。当前关于 UC 和 DC 的研究分别基于自然可处置性和管理可处置性（Sueyoshi and Goto，2012b）①。

另外，根据碳拥挤状态，可以得出工业增加值与碳排放之间的关系，即损失 RTD 和 DTR。从图 5.1（b）可以看出，当无 UC 发生时，RTD 为正，可细分为 C 点的增加 RTD（IRTD）、D 点的恒定 RTD（CRTD）和 E 点的下降 RTD（DRTD）。强 UC 发生时，RTD 为负，即 NRTD，如 F 点，当弱 UC 发生时，RTD 为 0（No RTD），如 A 点。图 5.1（c）中为 DTR 的五种状态与图 5.1（b）同理。

2. UC 效应模型

由于工业部门碳拥挤的计算思路和分省工业一致，本章仅以分省工业为例介绍碳拥挤、RTD、DTR、技术效率、碳减排潜力的计算方法。根据实际生产过程及相关研究（Zhang and Hao，2017；Zhou et al.，2017），本章假设投入变量 $x_{ij}(i=1,2,3)$ 分别代表省份 $j(j=1,\cdots,30)$ 的劳动力、资本和能源消费量，g_j 和 b_j 分别表示工业增加值和二氧化碳排放量，所有的 x_{ij} 、 g_j 和 b_j 都严格为正。数据的调整范围取决于所有投入和产出变量的上下限，如方程组（5.1）所示：

$$
\begin{aligned}
R_i^x &= \left\{5\left[\max\left(x_{ij} \mid j=1,\cdots,30\right)-\min\left(x_{ij} \mid j=1,\cdots,30\right)\right]\right\}^{-1} \\
R^g &= \left\{5\left[\max\left(g_j \mid j=1,\cdots,30\right)-\min\left(g_j \mid j=1,\cdots,30\right)\right]\right\}^{-1} \\
R^b &= \left\{5\left[\max\left(b_j \mid j=1,\cdots,30\right)-\min\left(b_j \mid j=1,\cdots,30\right)\right]\right\}^{-1}
\end{aligned}
\tag{5.1}
$$

① 自然可处置性反映了优先考虑经济绩效的理念。在自然可处置性范式下，投入和非期望产出在同一方向上增加或减少：决策单元可以通过减少投入来减少非期望产出，从而尽可能多地增加期望产出。自然可处置性下 UC 的生产可能性集为 $P_{\mathrm{UC}}^N(X)=\left\{(G,B):G\leqslant\sum_{j=1}^n G_j\lambda_j, B=\sum_{j=1}^n B_j\lambda_j, X\geqslant\sum_{j=1}^n X_j\lambda_j, \sum_{j=1}^n\lambda_j=1, \lambda_j\geqslant 0, j=1,\cdots,n\right\}$，其中 X、G 和 B 分别代表投入、期望产出和非期望产出。UC 的生产可能性集与方向距离函数的生产可能性集类似；它们都属于传统 DEA 框架，并且将非期望产出视为期望产出的副产品，这符合实际的生产过程并反映了在考虑非期望产出时的生产能力约束。管理可处置性反映了优先考虑环境绩效的理念。在管理可处置性范式下，决策单元可以通过增加投入来增加期望产出，同时通过绿色技术创新来减少非期望产出。管理可处置性下 DC 的生产可能性集为 $P_{\mathrm{DC}}^M(X)=\left\{(G,B):G=\sum_{j=1}^n G_j\lambda_j, B\geqslant\sum_{j=1}^n B_j\lambda_j, X\leqslant\sum_{j=1}^n X_j\lambda_j, \sum_{j=1}^n\lambda_j=1, \lambda_j\geqslant 0, j=1,\cdots,n\right\}$。可以看出，这两个生产可能性集的最明显特征是 B 在 $P_{\mathrm{UC}}^N(X)$ 中是弱可处置性的，而在 $P_{\mathrm{DC}}^M(X)$ 中，G 是弱可处置性的。DC 的生产可能性集属于一个寻求可持续发展的状态并反映绿色技术创新可能性的新框架（Sueyoshi and Goto，2012b，2014a）。值得一提的是，由于绿色技术创新，DC 的生产前沿面要高于 UC 的生产前沿面。也就是说，当技术效率低下的决策单元到达 f_0 时，通过绿色技术创新，生产前沿面 f_0 可能转移至 f_1（Sueyoshi et al.，2013；Sueyoshi and Wang，2014a）。有关自然可处置性和管理可处置性及 UC 和 DC 之间关联的更多详细信息，请参见 Sueyoshi 和 Goto（2016）及 Sueyoshi 和 Yuan（2016）。

参考 Sueyoshi 和 Goto（2016）的研究，本章采用模型（5.2）和模型（5.3）测算自然可处置性下的 UC 状态。在模型（5.2）中，非期望产出 b 为弱可处置性。

$$
\begin{aligned}
\max\ & \xi + \varepsilon_s \left(\sum_{i=1}^{3} R_i^x d_i^{x-} + R^g d^g \right) \\
\text{s.t.}\ & \sum_{j=1}^{30} x_{ij}\lambda_j + d_i^{x-} = x_{iJ} (i=1,2,3) \\
& \sum_{j=1}^{30} g_j\lambda_j - d^g - \xi g_J = g_J \\
& \sum_{j=1}^{30} b_j\lambda_j + \xi b_J = b_J \\
& \sum_{j=1}^{30} \lambda_j = 1 \\
& \lambda_j \geqslant 0\ (j=1,\cdots,30), \quad \xi: \text{free} \\
& d_i^{x-} \geqslant 0\ (i=1,2,3),\ d^g \geqslant 0
\end{aligned} \tag{5.2}
$$

其中，J 为测算碳拥挤的目标省份，ε_s 为极小数，在本章中为 0.0001，λ_j 为一个未知的强度（或结构）变量。此外，d_i^{x-} 和 d^g 分别是与投入和期望产出相关的松弛变量。

模型（5.2）的对偶模型为

$$
\begin{aligned}
\min\ & \sum_{i=1}^{3} v_i x_{iJ} - u g_J + w b_J + \sigma \\
\text{s.t.}\ & \sum_{i=1}^{3} v_i x_{ij} - u g_j + w b_j + \sigma \geqslant 0\ (j=1,\cdots,30) \\
& u g_J + w b_J = 1 \\
& v_i \geqslant \varepsilon_s R_i^x (i=1,2,3) \\
& u \geqslant \varepsilon_s R^g \\
& w: \text{free}, \quad \sigma: \text{free}
\end{aligned} \tag{5.3}
$$

其中，σ 为对偶变量，由模型（5.2）中 $\sum_{j=1}^{30} \lambda_j = 1$ 推导而来。通过模型（5.3）可以得到最优解 v_j^*（$i=1,2,3$）、u^*、w^* 和 σ^*，在唯一最优解的假设下，UC 的状态可以通过 w^* 判断（Sueyoshi and Goto，2016）[①]。具体而言，$w^* < 0$、$w^* > 0$ 和 $w^* = 0$ 分别表示省份 J 处于强 UC、无 UC 和弱 UC 状态。

自然可处置性下省份 J 的技术效率（Farrell，1957），可由方程（5.4）得出：

① 值得注意的是，参照 Sueyoshi 和 Goto（2016）及 Sueyoshi 和 Yuan（2016），本章假设模型（5.3）产生唯一最优解，如果省份 J 有多个解，则有必要测算 σ^* 的上下限来确定 UC 的发生。

$$\begin{aligned}\text{TEN(UC)} &= 1-\left[\xi^* + \varepsilon_s\left(\sum_{i=1}^{3} R_i^x d_i^{x-*} + R^g d^{g*}\right)\right] \\ &= 1-\left[\sum_{i=1}^{3} v_i^* x_{iJ} - u^* g_J + w^* b_J + \sigma^*\right]\end{aligned} \tag{5.4}$$

碳减排潜力（carbon reduction potential，CRP）可以由技术无效率和二氧化碳排放量测算得到（Wang and Wei，2014），此类碳减排潜力称为效率型 CRP，如方程（5.5）所示：

$$\begin{aligned}\text{CRP}_E &= b_J\left[\xi^* + \varepsilon_s\left(\sum_{i=1}^{3} R_i^x d_i^{x-*} + R^g d^{g*}\right)\right] \\ &= b_J\left[\sum_{i=1}^{3} v_i^* x_{iJ} - u^* g_J + w^* b_J + \sigma^*\right]\end{aligned} \tag{5.5}$$

根据以下条件，可以判定省份 J 的 DTR 类型：①若 $w^* > 0$ 且 $\sigma^* + \sum_{i=1}^{3} v_i^* x_i < 0$，即为增长 RTD（IRTD）；②若 $w^* > 0$ 且 $\sigma^* + \sum_{i=1}^{3} v_i^* x_i = 0$，即为恒定 RTD（CRTD）；③若 $w^* > 0$ 且 $\sigma^* + \sum_{i=1}^{3} v_i^* x_i > 0$，即为下降 RTD（DRTD）；④若 $w^* < 0$，即为负 RTD（NRTD）；⑤否则为无 RTD（No RTD）。

3. DC 效应模型

使用模型（5.6）和模型（5.7）测算管理可处置性下中国分省工业部门的 DC 状态：

$$\begin{aligned}&\max\ \ \xi + \varepsilon_s\left[\sum_{i=1}^{3} R_i^x d_i^{x+} + R^b d^b\right] \\ &\text{s.t.}\ \ \sum_{j=1}^{30} x_{ij}\lambda_j - d_i^{x+} = x_{iJ}\,(i=1,2,3) \\ &\qquad \sum_{j=1}^{30} g_j\lambda_j - \xi g_J = g_J \\ &\qquad \sum_{j=1}^{30} b_j\lambda_j + d^b + \xi b_J = b_J \\ &\qquad \sum_{j=1}^{30} \lambda_j = 1 \\ &\qquad \lambda_j \geqslant 0\ (j=1,\cdots,30), \qquad \xi: \text{free} \\ &\qquad d_i^{x+} \geqslant 0\ (i=1,2,3),\ \ d^b \geqslant 0\end{aligned} \tag{5.6}$$

模型（5.6）的对偶形式如下：

$$
\begin{aligned}
\min \quad & -\sum_{i=1}^{3} v_i x_{iJ} - u g_J + w b_J + \sigma \\
\text{s.t.} \quad & -\sum_{i=1}^{3} v_i x_{ij} - u g_j + w b_j + \sigma \geqslant 0 (j = 1, \cdots, 30) \\
& u g_J + w b_J = 1 \\
& v_i \geqslant \varepsilon_s R_i^x (i = 1, 2, 3) \\
& u : \text{free} \\
& w \geqslant \varepsilon_s R^b, \quad \sigma : \text{free}
\end{aligned} \tag{5.7}
$$

通过求解模型（5.7），可以获得最优解 v_j^*（$i = 1,2,3$）、u^*、w^* 和 σ^*，并且在省份 J 中，$u^* < 0$、$u^* > 0$ 和 $u^* = 0$ 分别表示该省处于强 DC、无 DC 和弱 DC 状态。

管理可处置性下省份 J 的技术效率值为

$$
\begin{aligned}
\text{TEM(DC)} &= 1 - \left[\xi^* + \varepsilon_s \left(\sum_{i=1}^{3} R_i^x d_i^{x+*} + R^b d^{b*} \right) \right] \\
&= 1 - \left[-\sum_{i=1}^{3} v_i^* x_{iJ} - u^* g_J + w^* b_J + \sigma^* \right]
\end{aligned} \tag{5.8}
$$

类似地，省份 J 的 DTR 的五种类型可以根据以下条件确定：①若 $u^* > 0$ 且 $\sigma^* - \sum_{i=1}^{3} v_i^* x_i > 0$，即为增加 DTR（IDTR）；②若 $u^* > 0$ 且 $\sigma^* - \sum_{i=1}^{3} v_i^* x_i = 0$，即为恒定 DTR（CDTR）；③若 $u^* > 0$ 且 $\sigma^* - \sum_{i=1}^{3} v_i^* x_i < 0$，即为下降 DTR（DDTR）；④若 $u^* < 0$，即为负 DTR（NDTR）；⑤否则为无 DTR（No DTR）。

4. 窗口分析法

由于以上模型计算出的技术效率（即自然可处置性下的技术效率 TEN(UC)和管理可处置性下的 TEM(DC)）在不同年份不具备可比性，为了实现跨年份的动态比较，本章引入窗口分析方法（Sueyoshi and Wang，2018；Zhang and Chen，2018）。在本章中，一个时期的决策单元数量为 30，时间跨度 $T = 12$（2005~2016 年），根据已有研究（Halkos and Tzeremes，2009；Wang et al.，2013a），窗口宽度 m 通常设置为 3，因此，共有 $T - m + 1$ 个窗口，即建立了包含 3×30 个决策单元的十个窗口。具体来说，第一个窗口涵盖了 2005~2007 年的数据，第二个窗口涵盖了 2006~2008 年的数据，依此类推，直到第十个窗口涵盖 2014~2016 年的数据。最后，每个省份同年份的平均效率作为最终的 TEN(UC)或 TEM(DC)。

5.4　中国工业碳拥挤实证结果分析

5.4.1　基于中国分省工业的碳拥挤分析

本节先讨论中国分省工业的碳拥挤状态，然后描述中国分省工业的技术效率和碳减排潜力，在此基础上提出各省份未来的工业发展和减排策略。

1. 碳拥挤状态测算结果

通过模型（5.3）和模型（5.7）可求得最优解 v_i^*（$i=1,2,3$）、u^*、w^* 和 σ^*，根据前述研究方法，我们得到 2005~2016 年中国 30 个省份的碳拥挤状态、RTD 和 DTR，结果见附录 B。表 5.2 显示了 2005 年、2010 年和 2016 年的碳拥挤测算结果。

表 5.2　2005 年、2010 年和 2016 年中国分省工业的碳拥挤状态

区域	省份	2005 年				2010 年				2016 年			
		UC	RTD	DC	DTR	UC	RTD	DC	DTR	UC	RTD	DC	DTR
东北	辽宁	No	D	S	N	No	D	S	N	No	D	S	N
	吉林	No	D	S	N	No	D	No	D	No	D	No	D
	黑龙江	S	N	No	D	S	N	No	D	No	D	No	D
东部	北京	No	D	S	N	No	D	S	N	S	N	S	N
	天津	No	D	No	D	No	D	No	D	No	D	No	D
	河北	S	N	S	N	S	N	S	N	S	N	S	N
	上海	No	D	S	N	No	D	S	N	No	D	S	N
	江苏	S	N	S	N	S	N	S	N	S	N	S	N
	浙江	No	D	No	D	S	N	No	D	S	N	No	D
	福建	No	D	S	N	No	D	S	N	S	N	No	D
	山东	S	N	S	N	S	N	S	N	S	N	S	N
	广东	S	N	S	N	S	N	S	N	S	N	S	N
	海南	S	N	S	N	S	N	S	N	S	N	S	N
中部	山西	No	D	S	N	No	D	S	N	No	D	S	N
	安徽	No	D	No	D	No	D	No	D	S	N	No	D
	江西	S	N	No	D	S	N	No	D	No	D	No	D

续表

区域	省份	2005 年				2010 年				2016 年			
		UC	RTD	DC	DTR	UC	RTD	DC	DTR	UC	RTD	DC	DTR
中部	河南	S	N	No	D	S	N	No	D	No	D	No	D
	湖北	No	D	S	N	No	D	No	D	No	D	No	D
	湖南	No	D	S	N	No	D	No	D	S	N	No	D
西部	内蒙古	S	N	No	D	S	N	No	D	S	N	No	D
	广西	No	D	No	D	No	D	No	D	S	N	No	D
	重庆	No	D	S	N	S	N	S	N	No	D	No	D
	四川	No	D	No	D	No	D	S	N	No	D	S	N
	贵州	No	D	S	N	No	D	S	N	S	N	No	D
	云南	S	N	S	N	No	D	S	N	No	D	No	D
	陕西	No	D	No	D	S	N	No	D	S	N	No	D
	甘肃	No	D	S	N	No	D	S	N	No	D	No	D
	青海	S	N	S	N	No	D	S	N	No	D	S	N
	宁夏	S	N	S	N	No	D	S	N	No	D	S	N
	新疆	S	N	S	N	No	D	S	N	No	D	S	N

注：UC 表示非期望碳拥挤；DC 表示期望碳拥挤；RTD 表示损失性收益；DTR 表示收益性损失；S 表示强；No 表示无 UC 或无 DC；N 表示负；D 表示下降

第一，从表 5.2 中可以看出，中国分省工业的 UC 和 DC 现象严重。2005 年、2010 年和 2016 年，中国处于强 UC（NRTD）状态的省份占比分别为 43.33%、40.00%和 46.67%，处于强 DC（NDTR）状态的省份占比分别为 66.67%、60.00%和 43.33%。结合 UC 和 DC 的概念，强 UC（NRTD）状态表明，中国分省工业中存在由投入资源过剩导致的二氧化碳排放量溢出现象，这也反映出中国具有较强的资源型 CRP，即减少资源投入将有利于碳减排和工业经济增长；而强 DC（NDTR）状态表明，中国分省工业也存在技术型 CRP，即通过绿色技术创新可以在促进工业经济增长的同时实现碳减排，这也从侧面反映出中国分省工业科技创新潜力较强。

第二，中国分省工业生产过程中的碳拥挤效应呈现明显的区域集聚趋势和区域异质性特征。从表 5.2 中可以看出，2005~2016 年，强 UC（NRTD）和强 DC（NDTR）状态从四个区域分别向东部地区和东、西部地区聚集。2016 年，强 UC 主要集中在东部地区，在 2016 年处于强 UC 状态的省份中，东部地区占 57.14%，这表明相对于其他地区，东部地区过度投资现象严重，不仅导致了不必要的碳排放，而且对工业发展造成了负面影响。实际上，东部地区是中国经济和技术最发达的地区（Xu and Lin，2015）。得益于沿海地理位置和改革开放政策，东部地区工业发达、经济实力雄厚且劳动力丰富，较高的工业产值吸引资源持续向东部地区大量投入（Wang and He，2017）。表 5.1 也同样表明东部地区的资源投入在四大地区中最高。尽管东部地区不断吸引投资，但其资源承载力和开发能力有限，过度投资将导致强 UC。因此，适当减少投资、提升投资质量更有利于东部地区的碳减排和工业发展。2005~2016 年，东北地区、中部地区和西部地区强 UC 消失的主要原因是近年来中国将生态文明建设置于重要地位（Zhang and Liu，2019）[①]，致力于淘汰落后产能，促进产业转型升级。特别是 2010 年和 2013 年，中国发布了《国务院关于进一步加强淘汰落后产能工作的通知》和《国务院关于化解产能严重过剩矛盾的指导意见》，实际上，中国的落后产能主要集中在这些地区，特别是西部地区。

强 DC（NDTR）主要集中在东部地区，其次是西部地区，而在 2016 年处于强 DC 状态的省份中，东、西部地区分别占 53.85%和 30.77%。这是因为东部地区具有强大的技术创新能力，甚至代表了中国最高的科技创新水平。东部地区在创新基础设施、人才和技术方面的优势，使其仍然具有通过绿色技术创新进一步减少碳排放的潜力。西部地区通过绿色技术创新实现工业增长和碳减排的潜力巨大。除东部地区外，西部地区在 2016 年也拥有较高的强 DC 占比，这主要是因为西部地区工业基础相对薄弱，工业化进程缓慢，且由于长期滞留在传统的重工业化阶段中，工业碳强度相对较高。因此，较大的碳排放量与相对落后的科技水平致使西部地区一旦致力于绿色技术创新，就有可能实现碳减排和工业转型升级的巨大红利。同时，我们发现强 DC 占比在 2005~2016 年呈下降趋势。一方面，这表明在此期间，我国社会经济发展迅速，并且通过提升绿色技术创新实现了显著碳减排（Jiao et al.，2018）。另一方面，这也表明通过提升我国相对较高的技术创新水平来进一步降低碳排放污染水平将变得更加困难，可能面临创新难度大，创新周期长，创新成效低的问题。

第三，东北地区和中西部地区仍存在较大工业发展空间，中国通过消耗化石燃料来促进工业增长的发展方式难以为继。正如表 5.2 所示，东北地区和中西部地区 2016 年大多为无 UC（DRTD）状态。一方面，这表明消耗化石燃料对于东北和中西部地区的工业发展仍存在积极作用，因此加强东北振兴和西部大开发对于中国工业未来发展是十分重要的（Mi et al.，2017）。另一方面，化石燃料消耗对工业发展的贡献呈边际递减趋势，这表明中国工业发展依赖于消耗化石能源排放二氧化碳并非长久之策，因此有必要寻找新的经济增长方式。

---

① 2006 年中国“十一五”规划首次提出了节能减排的目标，此后，中国政府制定了一系列环境保护和减排政策。

2. 技术效率

基于窗口分析，中国分省工业的技术效率可由方程（5.4）和方程（5.8）计算出，在本章中技术效率可分为 TEN(UC)和 TEM(DC)，如图 5.2 和图 5.3 所示。从图 5.2（a）中可以看出，东部地区的 TEN(UC)最高，其次是中部地区，而西部地区和东北地区最低，它们 2005 年至 2016 年的 TEN(UC)均值分别为 0.97、0.83、0.80 和 0.79。这表明中国东部地区的工业发展水平最高，通过提升技术效率实现减排的潜力较小（即效率型 CRP），而其余地区的工业发展水平较低，效率型 CRP 较大，特别是东北地区和西部地区，这与许多关于中国环境效率研究的结论是一致的（Wang and Wei，2014）。

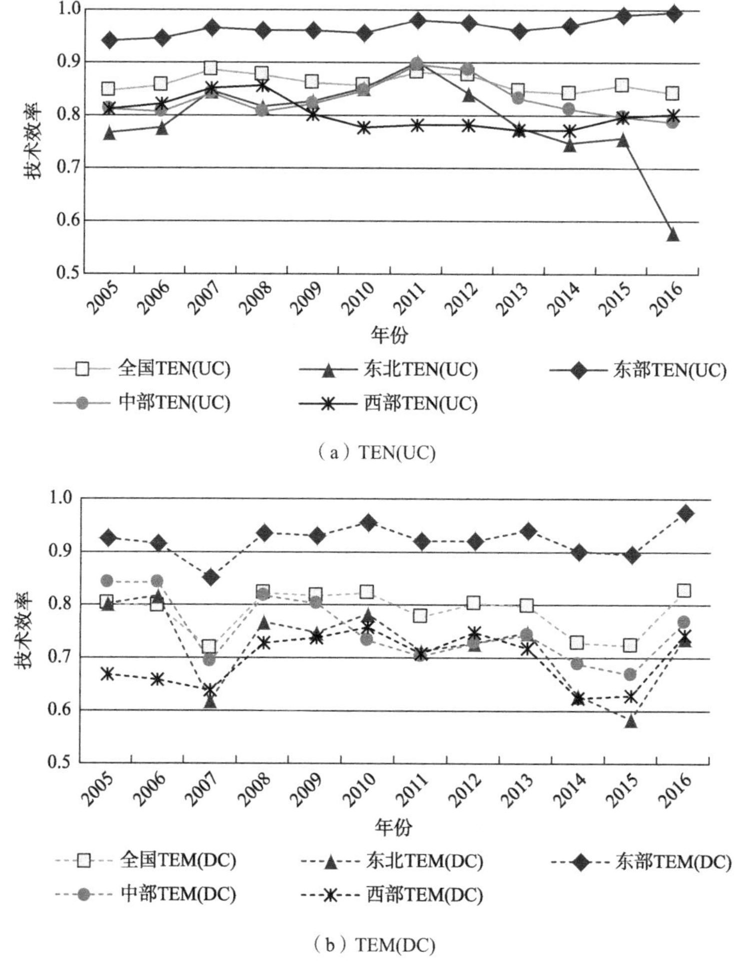

图 5.2　2005~2016 年中国及四大地区的 TEN(UC)和 TEM(DC)

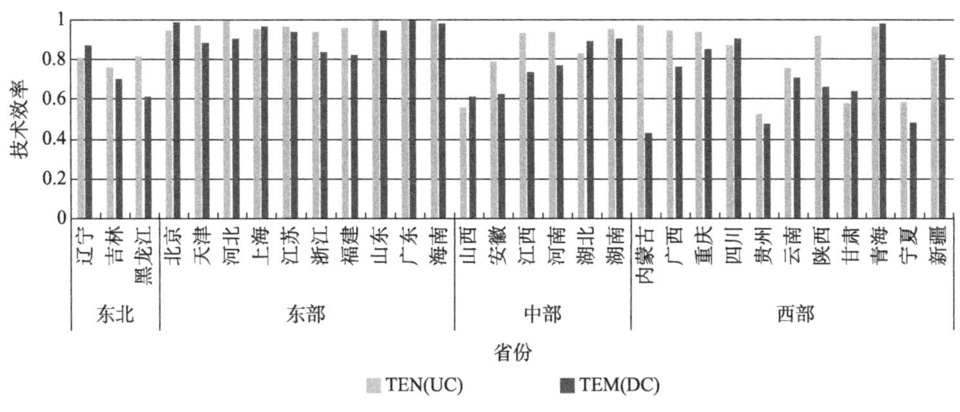

图 5.3　中国 30 个省份的 TEN(UC)均值和 TEM(DC)均值

此外，东北和中部地区的 TEN(UC)在 2005~2011 年呈波动上升趋势，但自 2012 年以来显著下降。东北地区的这种转变主要是由其经济结构特征（即重工业导向）导致的。自 2003 年实施振兴东北老工业基地战略以来，东北地区已进入经济快速发展阶段（Zhang，2008）。但是，当中国经济进入新常态后，东北地区的经济增长率自 2012 年以来急剧下降，尤其是东北的重工业①。2012 年以来中部地区 TEN(UC)下降的主要原因可能是山西工业经济的低迷。山西是煤矿大省，2012 年以来煤炭价格持续下跌，使山西的工业经济跌入谷底。②

东部地区的环保绩效最好，而西部地区的环保绩效较差。如图 5.2（b）所示，东北地区、东部地区、中部地区和西部地区 2005~2016 年的 TEM(DC)均值分别为 0.72、0.92、0.75 和 0.70。此外，从图 5.2（b）可以看出，2005~2016 年，中国的 TEM(DC)呈上升趋势，从 0.8 上升到 0.82，这反映了节能减排在中国发展中的作用日益增强。此外还发现，TEM(DC)在 2007 年总体显著下降，这主要是由于 2007 年工业高速增长，造成更大的环境保护压力。实际上，2007 年是改革开放以来工业高速增长的最后一个冲刺年。2007 年的工业增加值比上年增长了 13.5%，第二产业的 GDP 增长了 7.1%，为 21 世纪以来的最高水平（相关资料来源于国家统计局）；至此，中国重工业的产能扩张已经结束。

此外，从图 5.3 中可以看出，TEN(UC)普遍高于 TEM(DC)，这表明与环境保护相比，中国更加注重工业发展。此外，东部地区的 TEN(UC)和 TEM(DC)值较高，并且 TEN(UC)和 TEM(DC)之间的差距较小，表明东部地区在工业发展和环境保护方面均表现良好，如上海、江苏、广东和海南。然而值得注意的是，高技术效率并不意味着没有拥挤。尽管中国东部地区在工业发展和环境保护方面均处

---

① http://www.xinhuanet.com//politics/2016lh/2016-03/11/c_1118307999.htm[2021-01-31]。

② http://www.cinic.org.cn/site951/cjyj/2015-09-29/798810.shtml[2020-12-22]。

于领先水平，但鉴于其碳拥挤状况，中国仍有进一步改善的潜力。西部地区的技术效率相对较低，在当前生产水平下，西部地区的技术效率与以东部地区为代表的生产前沿地区之间存在差距，这表明西部地区具有较强的效率型 CRP。此外，结合其强 DC 状态，西部地区还具有通过绿色技术创新扩大其生产前沿面，从而进一步实现碳减排的巨大潜力。

3. 碳减排潜力和减排策略

根据方程（5.5）及 2005~2016 年中国 30 个省份的二氧化碳排放量可计算出中国工业的平均效率型 CRP，结果如图 5.4 所示。可知，中国工业通过技术效率的提升可实现的碳减排量为 8.19[①]亿吨，其中东北地区、东部地区、中部地区和西部地区的减排潜力分别为 1.40 亿吨、0.70 亿吨、2.95 亿吨和 3.14 亿吨。因此，中国碳减排潜力最大的地区是西部地区，占全国碳减排潜力总量的 38%。从不同地区内省份的碳减排潜力均值来看，四个地区中各省份的碳减排潜力均值分别为 0.47 亿吨、0.07 亿吨、0.49 亿吨和 0.29 亿吨，其中东北地区和中部地区的碳减排潜力较高。从省份角度来看，减排潜力最大的是山西，其次是贵州、辽宁和安徽，分别为 1.60 亿吨、0.73 亿吨、0.65 亿吨和 0.50 亿吨。因此，西部地区、东北地区和山西省应成为我国碳减排的重点对象。

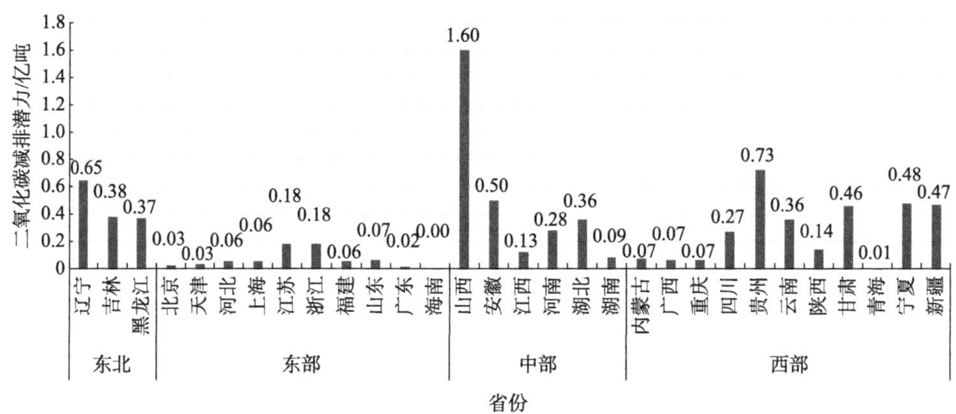

图 5.4　中国分省工业效率型碳减排潜力[②]

如前文所述，在现有生产前沿面下，若该省份处于强 UC 状态，可通过减少资源投入消除强 UC 来促进中国工业发展和碳排放脱钩（Sueyoshi and Goto，2016）。若该省份处于强 DC 状态，那么可通过致力绿色技术创新促进工业发展与碳减排

① 此处使用的是原始数据，与图中四舍五入后的数据结果有些许差距，余同。

② 该结果仅反映了通过提高技术效率可以实现的碳减排潜力。

的“共赢”（Sueyoshi and Yuan，2016）。若该省份存在技术无效率，表明其若在现有生产前沿面上生产，则存在较大的碳减排和工业发展潜力（Du et al.，2015）。基于 UC、DC 和 TEN(UC)的结果，本章提出了各个省份的未来发展和减排策略（表 5.3）（Sueyoshi and Goto，2014a；Sueyoshi and Wang，2014b）[①]。

表 5.3　中国分省工业的工业发展和碳减排策略

区域	省份	UC			DC			TEN(UC)	R	T	E
		2014 年	2015 年	2016 年	2014 年	2015 年	2016 年				
东北	辽宁	No	No	No	No	No	S	0.80			√
	吉林	No	No	No	S	No	No	0.77			√
	黑龙江	No	No	No	S	No	No	0.52			√
东部	北京	S	S	S	S	S	S	1.00	√	√	
	天津	No	No	No	No	No	No	0.99			
	河北	S	S	S	S	S	S	0.99	√	√	
	上海	No	No	No	S	S	S	0.94		√	
	江苏	S	S	S	S	S	S	0.98	√	√	
	浙江	S	S	S	No	No	No	0.98	√		
	福建	S	S	S	No	No	No	1.00	√		
	山东	S	S	S	S	No	S	0.99	√	√	
	广东	S	S	S	S	S	S	1.00	√	√	
	海南	S	S	S	S	S	S	1.00	√	√	
中部	山西	No	No	No	S	S	S	0.46		√	√
	安徽	S	S	S	No	No	No	0.83	√		√
	江西	No	No	No	No	No	No	0.80			√
	河南	S	No	No	No	No	No	0.80			√
	湖北	No	No	No	No	No	No	0.92			√
	湖南	S	S	S	No	No	No	1.00	√		
西部	内蒙古	S	S	S	No	No	No	1.00	√		
	广西	S	S	S	S	S	No	1.00	√	√	
	重庆	No	No	No	S	No	No	0.86			√

① 为了更准确地提出策略，本章使用 2014~2016 年的数据，而不是 2016 年的数据来显示近年拥挤状态，表 5.3 中的 TEN(UC)是 2014~2016 年 TEN(UC)的平均值。三年中发生两次或两次以上的拥挤状态被视为近年来该省的最终拥挤状态。

续表

区域	省份	UC			DC			TEN(UC)	R	T	E
		2014年	2015年	2016年	2014年	2015年	2016年				
西部	四川	No	No	No	S	S	S	0.88		√	√
	贵州	S	S	S	No	No	No	0.72	√		√
	云南	No	No	No	S	S	No	0.79		√	√
	陕西	S	S	S	No	No	No	0.91	√		√
	甘肃	No	No	No	S	S	No	0.48		√	√
	青海	No	No	No	S	S	S	0.97		√	
	宁夏	No	No	No	S	S	S	0.44		√	√
	新疆	No	No	No	S	S	S	0.64		√	√

注：R表示资源型策略；T表示技术型策略；E表示低技术效率；UC表示非期望碳拥挤；DC表示期望碳拥挤；S表示强UC或DC；No表示没有UC或DC；TEN(UC)表示自然可处置性下的技术效率

表5.3将减少碳排放的策略分为两种类型：资源型策略（基于强UC）和技术型策略（基于强DC）。技术型减排需要通过技术创新来扩大生产前沿；因此，与资源型策略相比，技术型策略成本高，见效慢，但是后劲足（Sueyoshi and Goto，2012a；Sueyoshi and Yuan，2016）。从表5.3可以推断出，东部地区许多省份同时处于强UC和强DC[①]，如北京、河北、江苏、山东、广东、海南，因此东部地区在未来应更加注重投入资源优化和绿色技术创新。对于其他三个地区，在当前生产水平下，应根据各省份的社会经济和生产消费情况，采取各种手段提高其技术效率（Mi et al.，2019）。更重要的是，中部地区应更加注重投入资源的优化，东北地区和西部地区要更加注重绿色技术创新的提升以实现长期发展。

5.4.2 基于中国工业部门的碳拥挤分析

1. 碳拥挤状态测算结果

由模型（5.3）和模型（5.7）可得到中国各工业部门2005~2017年的碳拥挤状态，结果如附录B所示。根据中国《国民经济行业分类》，中国的34个工业部门可分为三个主要行业，即采矿业、制造业和电力–燃气–水业。表5.4列出以2005年、2010年和2017年为代表的结果。

① UC和DC分别反映了传统理念和期望理念，表中结果表明，这些省份在既定的生产前沿面下可能存在生产能力限制，但也有通过绿色技术创新扩张其生产前沿面的潜力。

表 5.4　2005 年、2010 年和 2017 年中国工业部门的碳拥挤结果

行业代码		部门	2005 年		2010 年		2017 年		2005 年		2010 年		2017 年	
			UC	RTD	UC	RTD	UC	RTD	DC	DTR	DC	DTR	DC	DTR
采矿业	1	煤炭采选	S	N	S	N	S	N	No	I	No	I	No	D
	2	石油和天然气开采	No	D	S	N	No	D	No	D	No	I	S	N
	3	黑色金属矿采选	S	N	No	I	No	D	No	D	No	D	No	D
	4	有色金属矿采选	S	N	No	I	No	I	No	D	No	D	No	D
	5	非金属矿采选	S	N	S	N	No	I	S	N	No	D	S	N
制造业	6	食品加工	S	N	S	N	No	D	No	I	No	I	No	I
	7	食品制造	No	D	S	N	S	N	No	D	No	D	No	D
	8	饮料制造	No	I	No	D	No	D	No	D	No	D	No	D
	9	烟草加工	S	N	S	N	S	N	No	D	No	D	No	D
	10	纺织	No	D	S	N	S	N	S	N	No	D	No	D
	11	纺织服装、鞋、帽制造	No	D	S	N	S	N	S	N	S	N	S	N
	12	皮革、毛皮、羽毛（绒）及其制品	No	D	No	I	No	D	S	N	S	N	S	N
	13	木材加工及木、竹、藤、棕、草制品	No	I	No	I	S	N	No	D	No	D	No	D
	14	家具制造	S	N	No	I	No	I	No	D	S	N	S	N
	15	造纸及纸制品	No	I	No	D	No	D	No	D	No	D	No	D
	16	印刷和记录媒介的复制	No	I	No	I	No	I	S	N	S	N	S	N
	17	文教体育用品制造	S	N	S	N	No	I	S	N	S	N	S	N
	18	石油加工及炼焦	S	N	No	D	No	D	S	N	No	D	S	N
	19	化学原料及化学制品制造	S	N	No	D	No	D	S	N	S	N	S	N
	20	医药制造	No	I	No	D	No	D	No	D	No	D	No	D
	21	化学纤维制造	No	I	No	I	No	I	S	N	S	N	S	N
	22	橡胶和塑料制品	No	D	No	D	No	D	S	N	No	D	S	N
	23	非金属矿物制品	No	D	S	N	S	N	S	N	No	I	No	I
	24	黑色金属冶炼及压延加工	S	N	S	N	S	N	S	N	S	N	S	N
	25	有色金属冶炼及压延加工	No	D	No	D	S	N	No	D	No	D	No	D
	26	金属制品	No	D	S	N	S	N	No	D	No	D	No	D
	27	普通机械制造	S	N	S	N	S	N	No	I	No	I	No	I
	28	专用设备制造	No	D	No	D	No	D	No	D	No	D	No	D

续表

行业代码		部门	2005 年		2010 年		2017 年		2005 年		2010 年		2017 年	
			UC	RTD	UC	RTD	UC	RTD	DC	DTR	DC	DTR	DC	DTR
制造业	29	交通运输设备制造	No	D	No	D	No	D	No	I	No	I	S	N
	30	电气机械及器材制造	S	N	No	D	No	D	No	I	No	I	No	D
	31	电子及通信设备制造	No	D	No	D	No	D	S	N	No	D	No	I
	32	仪器仪表及文化办公机械制造	No	I	No	I	No	I	No	D	S	N	No	D
	33	工艺品及其他制造	No	D	No	I	S	N	S	N	No	D	S	N
电力–燃气–水业	34	电力、蒸汽、热水的生产和供应	S	N	S	N	S	N	S	N	S	N	S	N

注：UC 表示非期望碳拥挤；DC 表示期望碳拥挤；RTD 表示损失性收益；DTR 表示收益性损失；S 表示强；No 表示无 UC 或 DC；N 表示负；I 表示增加；D 表示下降；采矿业包括代码为 1 到 5 的部门，制造业包括代码为 6 到 33 的部门，而电力–燃气–水业（PGW）仅包括代码为 34 的部门

首先，中国工业部门的 UC 和 DC 明显，强 UC 和强 DC 都主要发生在制造业和电力–燃气–水业。从 2005 年到 2017 年，处于强 UC 或强 DC 状态的部门数量在 13 个左右波动，占总部门数目的 38.24%。2017 年，强 UC 状态在采矿业、制造业和电力–燃气–水业的比重分别为 20.00%（1/5）、39.29%（11/28）和 100%（1/1）①，表明制造业和电力–燃气–水业存在不同程度的资源浪费，导致碳排放严重溢出。具体地，食品加工部门（部门 6），烟草加工部门（部门 9），非金属矿物制品部门（部门 23），黑色金属冶炼及压延加工部门（部门 24），普通机械制造部门（部门 27）和电力、蒸汽、热水的生产和供应部门（部门 34）的资源浪费情况非常严重，因为从 2005 年到 2017 年，这些部门几乎都全部处于强 UC 状态。

其次，采矿业和制造业中的某些部门具有较强的绿色技术减排潜力。如表 5.4 所示，2017 年，采矿业、制造业和电力–燃气–水业中的强 DC 比例分别为 40.00%（2/5），42.86%（12/28）和 100%（1/1）②。这表明制造业和电力–燃气–水业有较强的绿色技术创新潜力和技术型 CRP，特别是在以下部门：纺织服装、鞋、帽制造部门（部门 11），皮革、毛皮、羽毛（绒）及其制品部门（部门 12），印刷和记录媒介的复制部门（部门 16），文教体育用品制造部门（部门 17），化学原料及化学制品制造部门（部门 19），化学纤维制造部门（部门 21），黑色金属冶炼及压延加工部门（部门 24），以及电力、蒸汽、热水的生产和供应部门（部门 34）。从 2005 年到 2017 年，这些部门几乎全处于强 DC 状态，这表明这些部门排放了大

① 三大行业的部门总数目分别为 5、28 和 1；三大行业的强 UC 部门数目分别为 1、11 和 1。

② 三大行业的强 DC 部门数目分别为 2、12 和 1。

量的二氧化碳，只要致力于绿色技术创新，就可以轻松实现节能减排。实际上，这些部门也属于我国《上市公司环境信息披露指南》中公布的 16 类重污染行业①，如冶金、化工、建材、造纸、发酵、纺织、皮革、采矿等。作为中国政府碳监管的重要对象，这些重污染部门也是最有动力开展绿色技术创新的部门。

最后，采矿业的工业发展空间仍然很大，化石燃料消费对采矿业发展的促进作用呈边际递减趋势。如表 5.4 所示，从 2005 年到 2017 年，采矿业的强 UC 状态呈下降趋势，而无 UC 状态呈上升趋势，到 2017 年，采矿业以无 UC 状态为主（IRTD，DRTD）。这意味着化石燃料消耗在促进采矿业发展的过程中仍将发挥重要作用，并且采矿业仍有较大的工业发展空间和碳消费倾向，特别是在有色金属矿采选部门（部门 4）和非金属矿采选部门（部门 5）中。同时，这也表明采矿业通过化石燃料消耗排放二氧化碳的工业发展生产模式是不可持续的，特别是在煤炭采选部门（部门 1）、石油和天然气开采部门（部门 2）、黑色金属矿采选部门（部门 3）。

2. 技术效率

基于窗口分析，可以根据方程（5.4）和方程（5.8）计算中国各工业部门的技术效率。图 5.5 和图 5.6 分别显示了三大行业和 34 个工业部门的效率结果。

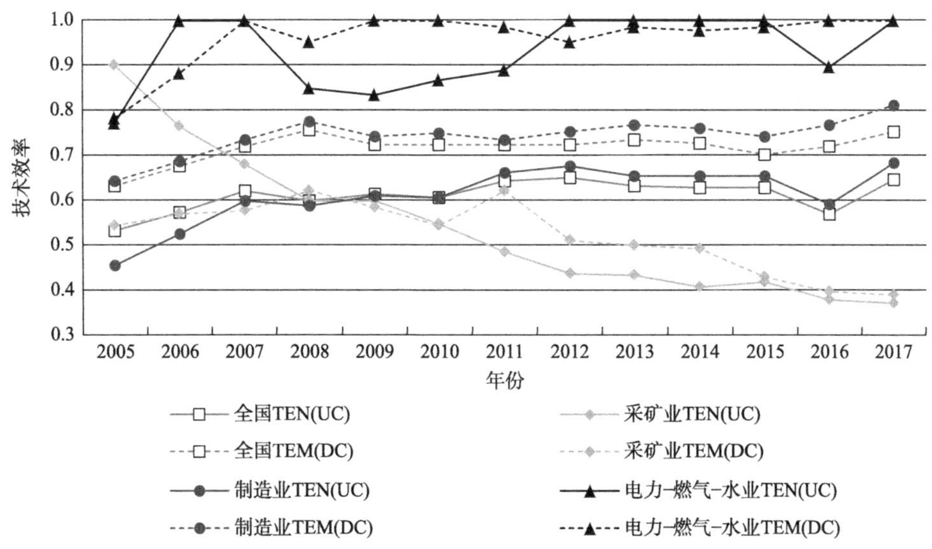

图 5.5　2005~2017 年全国及三大行业的 TEN(UC)和 TEM(DC)

① http://www.gov.cn/gzdt/2010-09/14/content_1702292.htm[2021-01-31]。

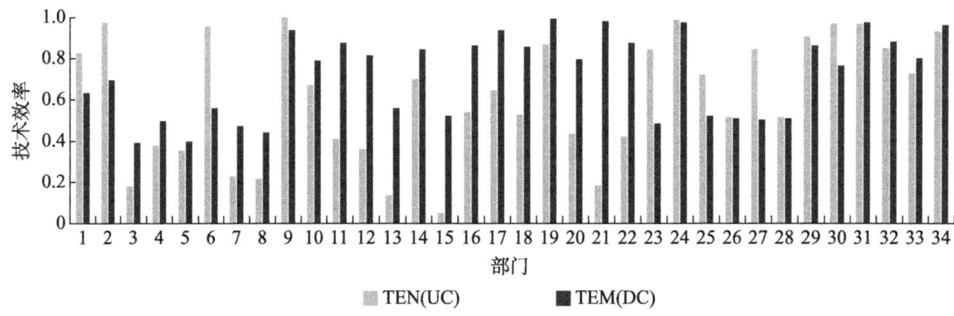

图 5.6　中国 34 个工业部门的 TEN(UC)均值和 TEM(DC)均值[①]

从图 5.5 可以看出中国工业的技术效率低下，尤其是在采矿业。具体而言，从 2005 年到 2017 年，采矿业、制造业和电力–燃气–水业的 TEN(UC)均值分别为 0.54、0.61 和 0.93，这意味着电力–燃气–水业的工业发展水平相对较高，而采矿业相对较低。采矿业是能源密集型行业，矿产资源的分布主要集中在经济欠发达的西部地区。21 世纪以来，采矿业的工业增加值迅速增加，这种连续的工业发展伴随着能源消费和二氧化碳排放的激增，加上其整体生产模式相对粗放，都带来了采矿业技术效率的低下（Liu et al.，2016a）。与制造业和电力–燃气–水业不同的是，采矿业的 TEN(UC)从 2005 年到 2017 年呈下降趋势。造成下降的原因是采矿业成本上升、下游需求放缓、生产能力供过于求，以及近年来矿产品价格的下行压力（Ma et al.，2019）[②]。所有这些都导致中国采矿业效率的下降，然而这也表明，采矿业的技术效率仍有提升空间。例如，降低能源强度和优化结构被认为是提升采矿业技术效率的有效途径。电力–燃气–水业的 TEN(UC)在 2008 年大幅下降主要是受到国际金融危机的影响，外部需求下降和行业低迷；此外，2008 年紧缩货币政策的实施及燃油成本的上涨也使该行业难以经营。

此外，绿色技术创新是中国未来实现可持续节能减排的关键环节。从 2005 年到 2017 年，全国 TEM(DC)呈上升趋势，从 0.63 上升到 0.75，表明中国自 2005 年以来一直在努力通过绿色技术创新实现节能减排。采矿业、制造业和电力–燃气–水业的 TEM(DC)均值分别为 0.52、0.74 和 0.96，说明电力–燃气–水业在节能减排方面表现较好，采矿业和制造业在节能减排方面具有较大的提升潜力。这种观点也符合一些现有的相关研究。例如，Jordaan 等（2017）指出能源技术创新越来越被认为是推动全球减少温室气体排放的关键，而这主要是由于科技创新能够引导能源结构转型和改变增长方式，从而推进碳减排。Yii 和 Geetha（2017）指出科技创新与二氧化碳排放呈负相关关系，为了经济和环境的可持续发展，政策制定者

① 34 个工业部门的部门代码如表 5.4 所示。

② http://money.people.com.cn/stock/n1/2015/1217/c67815-27940260.html[2021-01-31]。

应该毫不拖延地推进科技创新。

最后，如图 5.6 所示，某些部门的 TEN(UC)低而 TEM(DC)高，如木材加工及木、竹、藤、棕、草制品部门（部门 13），造纸及纸制品部门（部门 15）和化学纤维制造部门（部门 21）。这表明这些部门目前在节能减排方面表现良好，但在工业发展方面效率低下，这可能是因为部门 13 和部门 15 的利润率较低和原材料成本上升，部门 21 进入低速增长和竞争加剧的新常态，以及它们所面临的绿色环保压力越来越大①。一些部门的 TEN(UC)明显高于其 TEM(DC)，如食品加工部门（部门 6）、非金属矿物制品部门（部门 23）和普通机械制造部门（部门 27），这表明相较于环境保护，这些部门更加关注工业发展。烟草加工部门（部门 9），黑色金属冶炼及压延加工部门（部门 24），电子及通信设备制造部门（部门 31），以及电力、蒸汽、热水的生产和供应部门（部门 34），其 TEN(UC)和 TEM(DC)均高于 0.9，表明这四个部门在工业发展和环境保护方面均取得了较好的表现。

3. *碳减排潜力和减排策略*

根据方程（5.5）和 2005~2017 年各工业部门的碳排放量，可以得到中国工业部门的效率型减排潜力，结果如表 5.5 所示。可知，通过技术效率的提升，可以实现的潜在碳减排量为 6.5261 亿吨。其中，采矿业、制造业和电力–燃气–水业的减排潜力分别为 0.3985 亿吨、4.1122 亿吨和 2.0154 亿吨，分别占整个工业碳减排潜力的 6.11%、63.01%和 30.88%。可知，在现有生产水平下，制造业和电力–燃气–水业通过提高其技术效率，将具有较强的 CRP。

表 5.5　中国工业部门的效率型减排潜力（单位：亿吨）

	编号	部门	CRP
采矿业	1	煤炭采选	0.1524
	2	石油和天然气开采	0.0118
	3	黑色金属矿采选	0.1225
	4	有色金属矿采选	0.0284
	5	非金属矿采选	0.0834
		合计	0.3985
制造业	6	食品加工	0.0210
	7	食品制造	0.1740

① http://www.paper.com.cn/news/daynews/2018/180906165849780261.htm[2021-01-31]。

续表

	编号	部门	CRP
制造业	8	饮料制造	0.1824
	9	烟草加工	0.0000
	10	纺织	0.1383
	11	纺织服装、鞋、帽制造	0.0361
	12	皮革、毛皮、羽毛（绒）及其制品	0.0236
	13	木材加工及木、竹、藤、棕、草制品	0.0853
	14	家具制造	0.0051
	15	造纸及纸制品	0.3800
	16	印刷和记录媒介的复制	0.0107
	17	文教体育用品制造	0.0099
	18	石油加工及炼焦	0.5798
	19	化学原料及化学制品制造	0.2721
	20	医药制造	0.0689
	21	化学纤维制造	0.0544
	22	橡胶和塑料制品	0.0693
	23	非金属矿物制品	1.3404
	24	黑色金属冶炼及压延加工	0.2504
	25	有色金属冶炼及压延加工	0.1738
	26	金属制品	0.0734
	27	普通机械制造	0.0561
	28	专用设备制造	0.0620
	29	交通运输设备制造	0.0187
	30	电气机械及器材制造	0.0033
	31	电子及通信设备制造	0.0022
	32	仪器仪表及文化办公机械制造	0.0120
	33	工艺品及其他制造	0.0090
		合计	4.1122
电力-燃气-水业	34	电力、蒸汽、热水的生产和供应	2.0154
三大行业合计			6.5261

注：CRP 表示二氧化碳减排潜力

在 34 个工业部门中，电力、蒸汽、热水的生产和供应部门（部门 34）的 CRP 最高，为 2.0154 亿吨，其次是非金属矿物制品部门（部门 23），为 1.3404 亿吨。此外，还有四个 CRP 超过 0.25 亿吨的部门，包括造纸及纸制品部门（部门 15）、石油加工及炼焦部门（部门 18）、化学原料及化学制品制造部门（部门 19），以及黑色金属冶炼及压延加工（部门 24）。实际上，上述部分部门属于《2010 年国民经济和社会发展统计报告》中的六个高耗能工业部门（部门 18、部门 19、部门 23、部门 24、部门 25、部门 34），并且六个高耗能部门的 CRP 已达到 4.6319 亿吨，占总 CRP 的 70.98%。因此，未来我们应该更加关注这些部门。

为了使中国碳减排工作更有针对性地开展及促进碳排放脱钩，根据碳拥挤理论（Cooper et al.，2002；Sueyoshi and Goto，2016）和中国工业部门的碳拥挤状态及技术效率，我们提出了中国工业部门未来发展和碳减排策略（表 5.6）[①]。

表 5.6　中国工业部门的工业发展和碳减排策略

	编号	部门	UC			DC			TEN (UC)	R	T	E
			2015 年	2016 年	2017 年	2015 年	2016 年	2017 年				
采矿业	1	煤炭采选	No	S	S	No	No	D	0.72	√		√
	2	石油和天然气开采	No	No	No	S	S	N	0.96		√	
	3	黑色金属矿采选	No	No	No	No	No	D	0.07			√
	4	有色金属矿采选	No	No	No	No	No	D	0.18			√
	5	非金属矿采选	No	No	No	No	No	N	0.08			√
制造业	6	食品加工	S	S	No	No	No	I	0.93	√		√
	7	食品制造	S	S	S	No	No	D	0.27	√		√
	8	饮料制造	S	S	No	No	No	D	0.29	√		√
	9	烟草加工	S	S	S	No	No	D	0.99	√		
	10	纺织	S	S	S	No	No	D	0.78	√		√
	11	纺织服装、鞋、帽制造	No	S	S	S	S	N	0.38	√	√	√
	12	皮革、毛皮、羽毛（绒）及其制品	No	No	No	S	S	N	0.29		√	√
	13	木材加工及木、竹、藤、棕、草制品	No	No	S	No	No	D	0.12			√
	14	家具制造	No	No	No	S	S	N	0.56		√	√
	15	造纸及纸制品	No	No	No	No	No	D	0.05			√

① 表 5.6 中的 TEN(UC)是 2015~2017 年的平均值。在三年内出现两次或两次以上的拥挤状态将作为一个部门近年最终拥挤状态。低于 0.95 的 TEN(UC) 被定义为低技术效率。

续表

	编号	部门	UC			DC			TEN (UC)	R	T	E
			2015 年	2016 年	2017 年	2015 年	2016 年	2017 年				
制造业	16	印刷和记录媒介的复制	No	No	No	S	S	N	0.34		√	√
	17	文教体育用品制造	No	No	No	S	S	N	0.26		√	√
	18	石油加工及炼焦	No	No	No	S	S	N	0.65		√	√
	19	化学原料及化学制品制造	No	No	No	S	S	N	0.97		√	
	20	医药制造	S	S	No	No	No	D	0.56	√		√
	21	化学纤维制造	No	No	No	S	S	N	0.12		√	√
	22	橡胶和塑料制品	No	No	No	S	S	N	0.48		√	√
	23	非金属矿物制品	S	S	S	No	No	I	0.94	√		√
	24	黑色金属冶炼及压延加工	S	S	S	S	S	N	0.96	√	√	
	25	有色金属冶炼及压延加工	No	No	S	No	No	D	0.96			
	26	金属制品	S	S	S	No	No	D	0.56	√		√
	27	普通机械制造	S	S	S	No	No	I	0.92	√		√
	28	专用设备制造	No	S	No	No	No	D	0.54			√
	29	交通运输设备制造	No	No	No	S	S	N	0.98		√	
	30	电气机械及器材制造	No	No	No	No	No	D	0.97			
	31	电子及通信设备制造	No	No	No	No	No	I	0.98			
	32	仪器仪表及文化办公机械制造	No	No	No	No	S	D	0.86			√
	33	工艺品及其他制造	S	S	S	No	S	N	0.99	√		
电力-燃气-水业	34	电力、蒸汽、热水的生产和供应	S	S	S	S	S	N	0.97	√	√	

注：R 表示资源型策略；T 表示技术型策略；E 表示低技术效率；UC 表示非期望碳拥挤；DC 表示期望碳拥挤；S 表示强 UC 或 DC；No 表示没有 UC 或 DC；TEN(UC)表示自然可处置性下的技术效率；D 表示下降；N 表示负；I 表示增加

由表 5.6 可知，为实现碳减排和工业经济增长的共赢，电力-燃气-水业可以同时采用资源型和技术型策略。在采矿业中，石油和天然气开采部门（部门 2）可以采用技术型策略，其余四个部门则均需要利用综合手段来提升其技术效率。制造业情况较为复杂，应分部门判断。具体而言，①食品加工部门（部门 6）等为强 UC，表明这些部门的未来发展可以采用资源型策略，即减少这些部门的资源投入。②一些部门为强 DC，如纺织服装、鞋、帽制造部门（部门 11），表明加强绿色技术创新以促进工业发展与碳排放的脱钩对于实现上述“双赢”至关重要。因此，这些部门可以采用技术型策略，即注重生态创新、增加对科技投入、引进清洁生产技术、促进可再生能源发展，以及实现这些部门的产业转型升级。③一些部门的 TEN(UC)相对较低，如造纸及纸制品部门（部门 15）。因此，这些部门也应通过优化产业结构、提高管理水平、淘汰落后的设备和技术工艺，减少和控制污染物排放等方式来提升技术效率。

5.4.3　稳健性检验

为了验证本章研究结果的稳健性及所采用方法的优势，本节也引入其他常用方法对 2016 年的省级 UC 结果进行再计算；具体包括 Färe 等（1985）所提出的 DEA 模型和 Fang（2015）提出的方向距离函数的对偶模型。其中，Färe 等（1985）所提出的 DEA 模型广泛应用于拥挤效应的测算，但它只考虑了期望产出，并且其计算的主要为投入拥挤而不是非期望碳拥挤（UC）。因此，为了便于比较，本章根据所考虑的问题，将 Färe 等（1985）所提出的 DEA 模型拓展为可识别 UC 的模型，如模型（5.9）和模型（5.10）所示（Sueyoshi et al.，2018；Wu et al.，2016a）。

$$
\begin{aligned}
&\max\ \theta\\
&\text{s.t.}\ \sum_{j=1}^{30} x_{ij}\lambda_j \leqslant x_{iJ}\ (i=1,2,3)\\
&\qquad \sum_{j=1}^{30} g_j\lambda_j - \theta g_J \geqslant g_J\\
&\qquad \sum_{j=1}^{30} b_j\lambda_j + \theta b_J \leqslant b_J\\
&\qquad \sum_{j=1}^{30} \lambda_j = 1\\
&\qquad \lambda_j \geqslant 0\ (j=1,\cdots,30)\qquad \theta:\text{free}
\end{aligned}
\tag{5.9}
$$

$$
\begin{aligned}
&\max\ \varphi\\
&\text{s.t.}\ \sum_{j=1}^{30} x_{ij}\lambda_j \leqslant x_{iJ}\ (i=1,2,3)\\
&\qquad \sum_{j=1}^{30} g_j\lambda_j - \varphi g_J \geqslant g_J\\
&\qquad \sum_{j=1}^{30} b_j\lambda_j + \varphi b_J = b_J\\
&\qquad \sum_{j=1}^{30} \lambda_j = 1\\
&\qquad \lambda_j \geqslant 0\ (j=1,\cdots,30)\qquad \varphi:\text{free}
\end{aligned}
\tag{5.10}
$$

假设 θ^* 和 φ^* 分别为模型（5.9）和模型（5.10）的最优解，UC 可由 θ^* 和 φ^* 进

行识别。具体来说，当且仅当$(1-\theta^*)/(1-\varphi^*)<1$时，则发生 UC（Cooper et al., 2000；Sueyoshi，2003）。

Fang（2015）提出的方向距离函数及相应的对偶模型分别如模型（5.11）和模型（5.12）所示。它和本章的方法都可以识别出技术效率为 1 的省份的拥挤状态。

$$\begin{aligned}
&\max\ \delta \\
&\text{s.t.}\ \sum_{j=1}^{30} x_{ij}\lambda_j + \delta x_J \leqslant x_{iJ}\ \ (i=1,2,3) \\
&\quad\ \sum_{j=1}^{30} g_j\lambda_j - \delta g_J \geqslant g_J \\
&\quad\ \sum_{j=1}^{30} b_j\lambda_j + \delta b_J = b_J \\
&\quad\ \lambda_j \geqslant 0\ (j=1,\cdots,30)
\end{aligned} \tag{5.11}$$

$$\begin{aligned}
&\min\ \sum_{i=1}^{3} v_i x_{iJ} - u g_J + w b_J \\
&\text{s.t.}\ \sum_{i=1}^{3} v_i x_{ij} - u g_j + w b_j \geqslant 0\ (j=1,\cdots,30) \\
&\quad\ \sum_{i=1}^{3} v_i x_{iJ} + u g_J + w b_J = 1 \\
&\quad\ v_i \geqslant 0\ (i=1,2,3) \\
&\quad\ u \geqslant 0,\quad w: \text{free}
\end{aligned} \tag{5.12}$$

其 UC 的识别准则和本章一样，即 UC 发生时当且仅当$w^*<0$。表 5.7 归纳了不同方法下 UC 的计算结果。

表 5.7 不同方法下 2016 年中国 30 省份的拥挤结果比较

省份	Färe 等（1985）的方法			Fang（2015）的方法			本章的方法		
	$1-\theta^*$	$1-\varphi^*$	UC	w^*	$1-\delta^*$	UC	w^*	TEN(UC)	UC
辽宁	0.52	0.52	No	−0.00	0.78	S	0.00	0.52	No
吉林	0.74	0.74	No	−0.00	0.90	S	0.00	0.74	No
黑龙江	0.48	0.48	No	−0.00	0.82	S	0.00	0.48	No
北京	1.00	1.00	No	−0.01	1.00	S	−0.18	1.00	S
天津	1.00	1.00	No	0.00	1.00	No	0.00	1.00	No
河北	1.00	1.00	No	−0.00	0.99	S	−0.38	1.00	S
上海	0.95	0.95	No	0.00	0.95	No	0.00	0.95	No
江苏	1.00	1.00	No	−0.00	0.91	S	−0.24	1.00	S

续表

省份	Färe 等（1985）的方法			Fang（2015）的方法			本章的方法		
	$1-\theta^*$	$1-\varphi^*$	UC	w^*	$1-\delta^*$	UC	w^*	TEN(UC)	UC
浙江	1.00	1.00	No	−0.00	1.00	S	−0.01	1.00	S
福建	1.00	1.00	No	−0.00	1.00	S	−0.00	1.00	S
山东	1.00	1.00	No	−0.00	0.90	S	−0.32	1.00	S
广东	1.00	1.00	No	−0.00	1.00	S	−0.51	1.00	S
海南	1.00	1.00	No	0.00	0.90	No	−0.09	1.00	S
山西	0.38	0.38	No	−0.00	0.77	S	0.00	0.38	No
安徽	0.87	0.93	S	−0.00	0.97	S	−0.00	0.93	S
江西	0.74	0.74	No	−0.00	0.89	S	0.00	0.74	No
河南	0.78	0.78	No	−0.00	0.86	S	0.00	0.78	No
湖北	0.96	0.96	No	−0.00	0.92	S	0.00	0.96	No
湖南	1.00	1.00	No	0.00	1.00	No	−0.00	1.00	S
内蒙古	1.00	1.00	No	−0.62	1.00	S	−0.34	1.00	S
广西	1.00	1.00	No	−0.00	1.00	S	−0.52	1.00	S
重庆	0.87	0.87	No	−0.00	0.90	S	0.00	0.87	No
四川	0.87	0.87	No	0.00	0.80	No	0.00	0.87	No
贵州	0.80	1.00	S	−0.72	1.00	S	−0.49	1.00	S
云南	0.82	0.82	No	0.00	0.91	No	0.00	0.82	No
陕西	0.93	1.00	S	−0.00	0.97	S	−0.00	1.00	S
甘肃	0.47	0.47	No	0.00	0.75	No	0.00	0.47	No
青海	0.95	0.95	No	0.00	0.92	No	0.00	0.95	No
宁夏	0.51	0.51	No	0.00	0.74	No	0.00	0.51	No
新疆	0.71	0.71	No	−0.19	1.00	S	0.00	0.71	No

注：UC 表示非期望碳拥挤；TEN(UC)表示自然可处置性下的技术效率；S 表示强 UC；No 表示无 UC；θ^* 和 φ^* 分别为模型（5.9）和模型（5.10）的最优解；δ^* 为模型（5.11）的最优解；w^* 为模型（5.11）或模型（5.3）的最优解；受小数点限制，−0.00 并非为 0

由表 5.7 可知，基于 Färe 等（1985）的方法，只有安徽、贵州和陕西呈现强 UC，而采用本章的方法时，这三个省也表现出强 UC 和技术无效率，同时其余强 UC 省份的技术效率为 1。这一现象也验证了部分已有研究，即 DEA 模型所识别的拥挤主要基于技术无效率的省份（Brockett et al.，2004；Wei and Yan，2004）。换言之，本章的计算方法（即基于 DEA 的对偶模型而非 DEA 的包络模型）没有漏掉 Färe 等（1985）的方法对强 UC 决策单元的识别结果，同时还能更好识别出技术效率为 1 的省份的拥挤状态。同时，基于本章方法计算出为强拥挤的省份在 Fang（2015）的方法中也为强拥挤，表明本章的结果具有一定的稳健性[①]。

综上，与 Färe 等（1985）的方法相比，本章的方法具有更好地识别 UC 的能力，可以识别出技术效率为 1 的省份的拥挤状态，同时，在与 Fang（2015）的方法比较后可知，采用本章方法计算出的碳拥挤结果是稳健可信的。

5.5　主要结论与启示

本章运用径向 DEA 的对偶模型研究了 2005 年至 2016 年中国分省工业的碳拥挤效应及 2005 年至 2017 年中国工业部门的碳拥挤效应，可分为非期望碳拥挤和期望碳拥挤。并在此基础上分析了中国分省工业和工业部门的损失性收益与收益性损失状态、技术效率及减排潜力。主要研究结论如下。

首先，在样本期内，中国工业的碳拥挤明显。在中国分省工业中，非期望碳拥挤比重在 43.33%左右波动，尽管自 2005 年到 2016 年期望碳拥挤比重从 66.67%下降到 43.33%，但期望碳拥挤仍然明显。在中国工业部门中，自 2005 年到 2017 年非期望碳拥挤和期望碳拥挤比重在 38.24%左右波动。非期望碳拥挤表明中国工业资源浪费严重，已造成碳排放量过溢。期望碳拥挤意味着中国通过绿色技术创新在碳减排和工业经济增长方面具有巨大潜力。此外，中国通过燃烧化石燃料实现工业经济增长的生产方式是不可持续的，特别是在东北地区、中部地区和西部地区，以及采矿业。

其次，拥挤效应表现出区域集聚趋势和明显的区域异质性。从 2005 年到 2016 年，非期望碳拥挤和期望碳拥挤呈现出从全国分别向东部和东、西部地区集聚的趋势。2016 年，非期望碳拥挤主要集中在东部地区，而期望碳拥挤主要集中在东部和西部地区。另外，拥挤效应表现出明显的部门异质性。非期望碳拥挤和期望碳拥挤都主要发生在制造业和电力-燃气-水业。因此，在现有的生产水平下，东部地区、制造业的某些部门（如食品加工部门、食品制造部门、饮料制造部门、烟草加工部门、纺织部门等），以及电力-燃气-水业，可以通过优化资源投入消除非期望碳拥挤以实现碳减排和工业经济发展的“共赢”。西部地区和东部地区、制造业的某些部门，如纺织服装、鞋、帽制造部门，皮革、毛皮、羽毛（绒）及其

---

① 但是，Fang（2015）的方法计算出的强拥挤省份数目多于本章。这主要是两种方法的差异性所导致的。Fang（2015）的方法中的包络模型对无效率程度 δ 的测量包含了投入、期望产出和非期望产出三个方面，如模型（5.11）所示；而本章采用的包络模型对无效率程度 ξ 的测算仅包括期望产出和非期望产出，如模型（5.2）所示。

制品部门，家具制造部门，印刷和记录媒介的复制部门，文教体育用品制造部门等和电力-燃气-水业的“共赢”则依赖于生产水平的提高和绿色技术创新。

最后，若所有省份或部门都在生产前沿面上生产，那么可实现的年均二氧化碳减排量约为 7.36 亿吨[①]。从地区来看，中国西部地区的碳减排潜力最大；在各省份中，山西省的减排潜力最大。从部门上看，碳减排潜力主要存在于制造业和电力-燃气-水业。特别是中国的六个高耗能部门（包括石油加工及炼焦部门，化学原料及化学制品制造部门，非金属矿物制品部门，黑色金属冶炼及压延加工部门，有色金属冶炼及压延加工部门，电力、蒸汽、热水的生产和供应部门），占全部门减排潜力的 70.98%。

基于以上结论，本章提出了三个重要政策启示。首先，中国工业在碳减排的同时实现工业发展的“共赢”局面是可能形成的。各工业部门可根据碳拥挤状态实行因地制宜和因行业制宜的精准化减排。同时，绿色技术创新才是中国工业实现持续减排的动力源泉，中国政府应当加大对节能减排和新能源技术领域科技创新的支持，提升工业部门节能减排科技创新能力。

其次，中国政府可根据碳拥挤状态合理引导资源分配，有助于改善中国区域和行业的发展不平衡状况。例如，中国西部地区及采矿业仍存在较大工业发展空间，因此更应针对这些区域和行业提供更多的政策支持，引导更多的人力、物力资源尤其是科技创新资源流向这些地区和行业。同时，为了提高这些地区和行业的经济效益和环保效益，还可加强煤炭清洁、安全、低碳、高效开发利用，推广使用优质煤、洁净型煤，推进“煤改气”“煤改电”等。

最后，中国政府在制订减排方案时，可将资源型与效率型减排策略作为短期减排方案，将技术型减排策略作为长期减排方案。比如，中国政府可针对“十三五”这一短期减排目标实行以资源型为主的减排策略[②]，辅以技术型减排策略，为《巴黎协定》这一长期减排目标打好基础，促使减排任务按时按质完成。此外，中国政府应坚定不移推进碳交易市场建设，并通过初始配额调控来改善碳拥挤状态，实现碳减排。

需要指出的是，本章的研究主题在未来仍有许多工作要做，比如本章采用 DEA 对偶模型评估碳拥挤状态，未来可以开发更多的优化模型计算具体的拥挤值，获得更详细的结果。此外，未来可以将每个排放密集型行业的碳排放目标和碳交易限制联系起来。

① 为了谨慎起见，这里的中国工业碳减排潜力是指 30 个分省工业和 34 个工业部门之间的碳减排潜力均值。
② 中国“十三五”规划强调，2020 年的碳强度要在 2015 年水平上下降 18%。

第6章　交通运输行业能源排放综合效率评估

6.1　中国交通运输行业能源消费与碳排放现状

近年来，中国一直在加速向低碳能源体系转型，但数据显示，中国的能源需求仍在增长，由此产生的二氧化碳排放也在增加。特别是作为为经济社会发展提供支撑服务的基础性行业之一的中国交通运输行业发展迅速，同时也加剧了国内能源消费和二氧化碳排放。国家统计局数据显示，2017 年中国交通运输、仓储和邮政业能源消费总量为 4.22 亿吨标准煤，较 2008 年增长 84.28%。同期，交通运输行业能源消费占全国能源消费总量之比增加 1.55 个百分点。此外，中国碳核算数据库数据显示，2017 年中国交通运输、仓储和邮政业二氧化碳排放总量为 7.24 亿吨，较 2008 年增长 66.48%。同期，交通运输行业二氧化碳排放量占全国总排放量之比增加 1.32 个百分点。可见，中国在推动交通运输行业低碳节能发展方面仍然任务艰巨。

当前，加快经济转型升级和生态文明建设已成为中国发展的主题。作为中国主要的能源密集型和碳密集型产业之一，交通运输行业在中国的可持续发展进程中扮演着重要角色（Zhang et al.，2015a）。为了促进交通运输行业的绿色、循环和低碳发展，中国政府出台了一系列雄心勃勃的目标和政策。例如，2007 年中国发布《综合交通网中长期发展规划》，提出要提高资源利用效率，减少对环境的污染，保护生态环境[①]。2011 年中国发布《建设低碳交通运输体系指导意见》，提出要充分发挥科技进步在低碳发展中的基础性和先导性作用[②]。2017 年中国发布

① http://zfxxgk.ndrc.gov.cn/web/iteminfo.jsp?id=249[2021-01-31]。

② http://www.wwwauto.com.cn/HYfgzc/JNHB/2011-12/JZFF-2011-53.htm[2021-01-31]。

《“十三五”现代综合交通运输体系发展规划》，强调要促进交通运输绿色发展[①]。

在此背景下，有必要及时评估中国交通运输行业的可持续发展水平，分析交通运输行业在可持续发展方面的综合管理能力、综合技术水平及规模效应，为交通运输行业在可持续发展过程中固优势、补短板提供科学的指导依据。特别是，在全国节能减排大形势下，近年来中国交通运输行业的综合效率水平如何变化？促使其变化的主要因素有哪些？中国交通运输行业在可持续发展过程存在哪些优势与短板？这些问题的研究对于中国建设低碳绿色可持续的交通强国具有重要意义。

6.2　国内外研究现状

能源效率是能源经济学中的热门主题之一。然而，到目前为止，还没有研究给出一个明确和统一的能源效率量化衡量标准。一般来说，能源效率是指用较少的能源产生相同数量的服务或有用的产出（Patterson，1996）。根据这一定义，能源效率可用所提供的产品（包括任何价值或服务）与所需能源之比来衡量（Lovins，2004）。基于此，能源效率的衡量指标被设计成多种形式。一般来说，能源效率的衡量指标可分为部分要素能源效率（partial factor energy efficiency，PFEE）和全要素能源效率（total factor energy efficiency，TFEE）两大类（Hu and Wang，2006）。前者主要表示能源投入与产出的关系，而不考虑其他生产要素对生产作出的贡献。后者综合考虑所有生产要素，如劳动力、资本和能源等，构造一个基于全要素效应评估能源效率的多投入模型。

由于全要素能源效率指数更符合实际生产情况，大量文献采用全要素能源效率指标来研究国家、地区或行业层面的能源效率问题。例如，Zhao 等（2019）采用三阶段 DEA 模型评估 2008~2016 年中国省级层面的能源效率，发现中国省级能源效率受经济和能源消费结构、城市化进程及技术创新水平的影响显著；Moon 和 Min（2017）采用两阶段 DEA 模型评估韩国能源密集型制造业企业的能源效率，指出能源密集型制造企业之间的整体能源效率的差异并不是由纯粹的能源效率造成的，而是由经济效率造成的；Li 和 Lin（2015b）利用改进的全要素节能目标比率指数评估中国制造业中煤炭、石油和电力的效率提升潜力，结果表明煤炭、汽油、柴油和电力的平均节能目标比率分别为 1.714%、49.939%、24.465%和 3.487%。

在大部分生产过程中，污染物或废弃物的产生不可避免。为了降低污染，保

① http://www.gov.cn/xinwen/2017-02/28/content_5171814.htm[2021-01-31]。

护生态环境，许多学者将污染物或废弃物作为投入或非期望产出纳入模型以研究环境效率。例如，Wang 等（2018）构建基于 DEA 的物料平衡方法，测量中国火电行业的环境效率和减排效率，实证结果验证了引入物料平衡原理的必要性；Chen 等（2015）评估中国的环境效率，指出 2001~2010 年中国环境效率较低，西北地区的平均环境效率高于东部地区；宋马林和王舒鸿（2013）采用 DEA 模型考察中国区域环境效率，指出中国环境效率较高的省份主要集中在东部沿海地区，平均环境效率值在 0.8 以上。

为了同步考察国家、地区或行业的节能环保情况，一些学者同时研究能源和环境效率。例如，Iftikhar 等（2018）采用网络 DEA 模型分析世界主要经济体的能源和二氧化碳排放效率，指出 85%的能源消费和 89%的二氧化碳排放是由经济和分配效率低下造成的；Meng 等（2016）采用 DEA 模型评估中国区域能源和碳排放效率，指出中国区域能源效率和二氧化碳排放效率在“九五”计划时期（1996~2000 年）保持稳定，在“十五”计划时期（2000~2005 年）下降，在“十一五”规划时期（2006~2010 年）略有上升。此外，Suzuki 和 Nijkamp（2016）利用 DEA 模型评估欧盟、亚洲太平洋经济合作组织和东南亚国家联盟的能源—环境—经济效率，指出欧盟成员国总体上比亚洲太平洋经济合作组织成员国和东南亚国家联盟成员国的效率要高。

在交通运输能源效率评价方面，Xie 等（2018）采用随机前沿分析法评估中国省级交通运输行业的能源效率，指出 2007~2016 年中国交通运输行业的全国平均能源投入效率为 0.673，存在较大程度的无效率；Feng 和 Wang（2018）采用全局元前沿 DEA 方法评估中国交通运输行业的能源效率，指出 2006~2014 年交通行业的能源效率先下降后提升，技术进步是提高能源效率的最大积极因素；Llorca 和 Jamasb（2017）采用随机前沿分析法评估欧洲公路货运的能源效率，结果显示，欧洲国家公路货运的平均燃油效率为 89%。

在交通运输环境效率评估方面，Park 等（2018）采用基于松弛变量的度量方法（slacks-based measure，SBM-DEA）模型研究美国交通运输行业的环境效率，指出美国交通运输行业的整体环境效率低下，各州的平均交通环境效率得分低于 0.64。Liu 等（2017）采用并行 SBM-DEA 模型评估中国陆地交通的环境效率，指出 2009~2012 年，东部地区交通运输行业的环境效率表现最好，中部地区交通运输行业次之，西部地区交通运输行业最差，而铁路运输的环境效率优于公路运输。Song 等（2016a）结合超效率 SBM 模型与窗口 DEA 模型评估中国公路运输系统的环境效率，指出中国公路运输系统环境效率总体水平不理想，尽管区域差异较大，但大部分地区存在能源消费过度和机动车污染问题。

此外，有学者评估了交通运输行业的能源和环境综合效率。例如，Wu 等（2016b）采用并行 DEA 模型评估中国交通运输系统的能源环境综合效率，指出

2012 年中国整体的交通系统及旅客运输和货物运输两个子系统的能源环境综合效率都较低。同时，Liu 等（2016b）采用非径向窗口 DEA 模型评估中国公路和铁路部门的能源环境效率，指出 1998~2012 年两个交通部门都具有较高的能源环境效率，平均能源环境效率分别为 0.9307 和 0.9815。

可以看到，DEA 模型在效率评估领域得到了广泛应用。同时，在交通运输领域，与可持续性相关的效率评估问题也越来越受关注。然而，通过梳理文献，我们发现现有研究还存在诸多不足，主要包括三个方面：首先，现有研究大多只考察了交通运输行业的能源效率或排放效率，较少考察交通运输行业中同时涉及经济、能源和环境要素的综合效率。这可能会低估交通运输行业整体的可持续性；其次，大部分研究未考虑区域间交通运输行业的技术异质性问题，这可能会导致偏差估计（Feng and Wang，2018）；最后，在评估效率的动态变化时，大部分研究没有考虑规模效率变化的影响，这可能产生误导性结论（Cho and Wang，2018）。鉴于此，本章提出改进的 DEA 模型和 Malmquist-DEA 模型，并评估中国交通运输行业的综合效率。

6.3　数据说明和研究方法

6.3.1　数据说明

本章选取中国 30 个省份的交通运输行业作为决策单元集。鉴于数据的可获得性，西藏、香港、台湾和澳门不考虑在内。另外，鉴于运输统计口径的调整，本章的样本区间为 2008~2017 年。在所有数据中，各省份交通运输行业的就业人员、旅客周转量及货物周转量数据均来源于国家统计局网站。各省份交通运输行业的能源消费量数据来源于《中国能源统计年鉴》（2009~2018）。

关于各省份交通运输行业的二氧化碳排放量数据，本章根据交通运输行业的能源消费量和碳排放因子计算获得，如方程（6.1）所示：

$$CO_2 = \sum_{\iota} E_{\iota} \times EF_{\iota} \times CV_{\iota} \tag{6.1}$$

其中，ι 为能源种类；E 为能源消费量；EF_{ι} 为第 ι 种能源的缺省二氧化碳排放因子；CV_{ι} 为第 ι 种能源在中国的平均低位发热量。EF_{ι} 的数据来源于《2006 年 IPCC 国家温室气体清单指南》[①]，CV_{ι} 的数据源于《中国能源统计年鉴》（2018）。

关于各省份交通运输行业的资本存量数据，本章根据 Goldsmith（1951）提出

① https://www.ipcc-nggip.iges.or.jp/public/2006gl/chinese/index.html[2021-01-31]。

的永续盘存法计算获得，如方程（6.2）所示：

$$K_t = K_{t-1}(1-\delta) + I_t \tag{6.2}$$

其中，K_t 为第 t 年的资本存量；K_{t-1} 为第 $t-1$ 年的资本存量；I_t 为第 t 年的固定资产投资；δ 为资本折旧率。资本存量和投资都以基年（2008 年）不变价格计算。根据 Hall 和 Jones（1999），基年资本存量的估算如方程（6.3）所示：

$$K_0 = I_0/(\alpha + \delta) \tag{6.3}$$

其中，K_0 为基年的资本存量；I_0 为基年的投资额；α 为一段时期内投资增长率的几何平均数。各省份交通运输行业的固定资产投资数据来源于中国国家统计局网站。根据胡李鹏等（2016），折旧率为修正后的基础设施折旧率，即 6.9%。

此外，地理封闭性是大多数研究中区域分组的主要标准。目前，已有许多研究指出中国存在区域技术异质性（Zhang et al.，2013a；Li and Lin，2015a；Yao et al.，2015）。因此，参考国家统计局数据，本章将中国 30 个省份划分为四大区域。各区域的省份汇总于表 6.1。

表 6.1　中国四大区域省份汇总

区域	省份
东北地区	辽宁 吉林 黑龙江
东部地区	北京 天津 河北 上海 江苏 浙江 福建 山东 广东 海南
中部地区	山西 安徽 江西 河南 湖北 湖南
西部地区	内蒙古 广西 重庆 四川 贵州 云南 陕西 甘肃 青海 宁夏 新疆

6.3.2　研究方法

1. 基于混合导向的元全局前沿 DEA 模型

在本章中，交通运输行业的普通投入包括就业人员和资本存量，能源投入即能源消费量，期望产出包括旅客周转量和货物周转量，非期望产出即二氧化碳排放量。为了评估中国交通运输行业的综合效率，参考 Sueyoshi 等（2017），本章构建了一个基于混合导向的元全局前沿 DEA 模型。在模型中，优化约束条件设置为混合导向形式，即省级层面的交通运输行业（决策单元）将朝着能源消费减少、旅客和货物周转量增加、二氧化碳排放减少的方向优化。这意味着在实现节能减排的同时，交通运输行业可进一步提升运输能力，推动自身发展。这种优化约束条件的设置更符合可持续发展理念，满足中国当前发展的需要。基于混合导向的元全局前沿 DEA 模型如模型（6.4）所示：

$$
\begin{aligned}
&\max \ \xi_c \\
&\text{s.t.} \ \sum_{j=1}^{30} x_{ij}\lambda_j \leqslant x_{iJ},(i=1,2) \\
&\quad \sum_{j=1}^{30} e_j\lambda_j + \xi_c e_J \leqslant e_J \\
&\quad \sum_{j=1}^{30} g_{rj}\lambda_j - \xi_c g_{rJ} \geqslant g_{rJ},(r=1,2) \\
&\quad \sum_{j=1}^{30} b_j\lambda_j + \xi_c b_J \leqslant b_J \\
&\quad \xi_c : \text{free}, \lambda_j \geqslant 0(j=1,\cdots,30)
\end{aligned}
\tag{6.4}
$$

其中，ξ 为决策单元的无效率程度；下角标 c 为规模收益不变（constant returns to scale，CRS）假设；λ 为一个未知的强度（或结构）变量；x_i（$i=1,2$）为普通投入；e 为能源投入；g_r（$r=1,2$）为期望产出；b 为非期望产出；free 为变量无约束。

在规模收益不变（CRS）的假设下，第 J 个省级层面的交通运输行业的综合效率（UE）如方程（6.5）所示：

$$
\theta_c = 1 - \xi_c^* \tag{6.5}
$$

其中，ξ_c^* 为模型（6.4）的最优解 $\theta_c \in [0,1]$。θ_c 越大，表示决策单元的综合效率越高，当 θ_c=1 时，表示该决策单元处于综合生产效率前沿。

考虑到不同决策单元群体之间的技术差异性，参考 Oh 和 Lee（2010），本章将生产前沿分为三类，即单期（t 期）组内生产前沿、全局组内生产前沿及元全局生产前沿①。根据这些前沿面之间的关系，本章将综合效率分解为管理效率（ME）、最佳实践缺口（BPG）和技术缺口比（TGR）。此外，通过引入规模收益可变（VRS）假设，也就是在模型（6.4）中加入条件 $\sum\lambda=1$，本章进一步计算规模收益可变假设下，第 J 个省级交通运输行业的综合效率（θ_v），进而从规模收益不变（CRS）假设下的综合效率（θ_c）中提取规模效率（SE）。综合效率的具体分解过程如方程（6.6）所示：

$$
\text{UE} = \frac{\theta_c^M}{\theta_v^M} \times \frac{\theta_v^M}{\theta_v^G} \times \frac{\theta_v^G}{\theta_v^S} \times \theta_v^S = \text{SE} \times \text{TGR} \times \text{BPG} \times \text{ME} \tag{6.6}
$$

① 假设有 N 个决策单元（$j=1,\cdots,N$）和 T 个时期（$t=1,\cdots,T$）。根据不同决策单元群体之间的技术异质性，这 N 个决策单元可以被分为 $\mathfrak{R}$ 个不同的群体（$\Lambda=1,\cdots,\mathfrak{R}$），$\Lambda$ 指其中一个群体。那么，单期（t 期）组内生产前沿表示由某一时期（t 期）的群体 Λ 内的所有决策单元所形成的生产前沿。全局组内生产前沿表示由所有时期的群体 Λ 内的所有决策单元所形成的生产前沿。元全局生产前沿则表示由所有时期的所有群体内的所有决策单元所形成的生产前沿。

其中，下角标 v 表示规模收益可变假设，θ^M 、θ^G 和 θ^S 分别代表决策单元在元全局生产前沿、全局组内生产前沿及单期（ t 期）组内生产前沿下测算得到的综合效率，详细计算方程参见附录 C。综合效率及其分解成分的详细描述如表 6.2 所示。

表 6.2　综合效率及其分解成分的描述

变量	含义	定义
UE	综合效率	反映决策单元的可持续发展水平。UE 越大，表示决策单元的可持续发展程度越高。UE =1 表示决策单元的可持续发展有效
ME	管理效率	反映决策单元的综合管理水平（Chiu et al.，2012）。ME 越大，表示决策单元的综合管理水平越高。ME =1 表示决策单元处于管理有效状态
BPG	最佳实践缺口	反映 UE 时期组内综合技术与组内长期发展所形成的前沿技术之间的差距。BPG 越大，表示差距越小
TGR	技术缺口比	反映组内综合技术与全国前沿技术之间的差距。TGR 越大，表示差距越小。TGR =1 表示决策单元的综合技术领先全国
SE	规模效率	反映决策单元的规模效率。SE 越大，表示决策单元越接近最优生产规模。SE =1 表示决策单元处于规模有效状态

注：UE、ME、BPG、TGR 和 SE 的取值区间都为[0, 1]

2. 元全局前沿 Malmquist-DEA 模型

为了分析中国交通运输行业综合效率的动态变化，探究综合效率各分解成分在效率变动中所起的作用，结合上述基于混合导向的元全局前沿 DEA 模型，本章构建了元全局前沿 Malmquist-DEA 模型。根据 Pastor 和 Lovell（2005），全局前沿 Malmquist-DEA 模型可解决在规模收益可变假设下 Malmquist-DEA 模型无可行解的问题。因此，在 Oh 和 Lee（2010）的基础上，本章在元全局前沿 Malmquist-DEA 模型中进一步提取规模效率变化指标，得到纯管理效率变化指标和纯技术相关的变化指标。从 t 时期到 $t+1$ 时期，决策单元的 Malmquist 指数（ MI_t^{t+1} ）如方程（6.7）所示：

$$\begin{aligned}\mathrm{MI}_t^{t+1} &= \frac{\theta_c^M(t+1)}{\theta_c^M(t)} \\ &= \frac{\theta_v^S(t+1)}{\theta_v^S(t)}\left(\frac{\dfrac{\theta_v^G(t+1)}{\theta_v^S(t+1)}}{\dfrac{\theta_v^G(t)}{\theta_v^S(t)}}\right)\left(\frac{\dfrac{\theta_v^M(t+1)}{\theta_v^G(t+1)}}{\dfrac{\theta_v^M(t)}{\theta_v^G(t)}}\right)\left(\frac{\dfrac{\theta_c^M(t+1)}{\theta_v^M(t+1)}}{\dfrac{\theta_c^M(t)}{\theta_v^M(t)}}\right) \\ &= \frac{\mathrm{ME}(t+1)}{\mathrm{ME}(t)}\left(\frac{\mathrm{BPG}(t+1)}{\mathrm{BPG}(t)}\right)\left(\frac{\mathrm{TGR}(t+1)}{\mathrm{TGR}(t)}\right)\left(\frac{\mathrm{SE}(t+1)}{\mathrm{SE}(t)}\right) \\ &= \mathrm{MEC}_t^{t+1}\times\mathrm{GTC}_t^{t+1}\times\mathrm{TGC}_t^{t+1}\times\mathrm{SEC}_t^{t+1}\end{aligned} \quad (6.7)$$

其中，括号中的t和$t+1$表示决策单元所在时期；θ^M、θ^G和θ^S分别代表决策单元在元全局生产前沿、全局组内生产前沿及单期组内生产前沿下测得的综合效率，详细计算方程参见附录C。为了便于表述，本章统称MEC、GTC、TGC和SEC为Malmquist指数的亚指数。Malmquist指数及其亚指数的具体描述如表6.3所示。

表6.3　Malmquist指数及其亚指数的描述

变量	含义	定义
MI_t^{t+1}	Malmquist指数	$MI_t^{t+1}>1$、$MI_t^{t+1}=1$及$MI_t^{t+1}<1$分别表示t到$t+1$时期决策单元的综合效率提升、不变和降低
MEC_t^{t+1}	管理效率变化	$MEC_t^{t+1}>1$、$MEC_t^{t+1}=1$及$MEC_t^{t+1}<1$分别表示t到$t+1$时期决策单元综合管理效率提升、不变和降低
GTC_t^{t+1}	组内技术变化	$GTC_t^{t+1}>1$、$GTC_t^{t+1}=1$及$GTC_t^{t+1}<1$分别表示t到$t+1$时期决策单元存在技术进步、技术不变和技术退步
TGC_t^{t+1}	技术缺口比变化	$TGC_t^{t+1}>1$、$TGC_t^{t+1}=1$及$TGC_t^{t+1}<1$分别表示t到$t+1$时期决策单元技术领先水平的提升、不变和降低
SEC_t^{t+1}	规模效率变化	$SEC_t^{t+1}>1$、$SEC_t^{t+1}=1$及$SEC_t^{t+1}<1$分别表示t到$t+1$时期决策单元的规模效率提升、不变和降低

6.4　交通运输行业综合效率实证结果分析

6.4.1　交通运输行业综合效率静态评估

为了探究中国交通运输行业的可持续发展水平，根据模型（6.4）至模型（6.6），本章计算了2008~2017年中国30个省份交通运输行业运输的综合效率及其分解成分，结果如图6.1和表6.4所示。我们有以下几点发现。

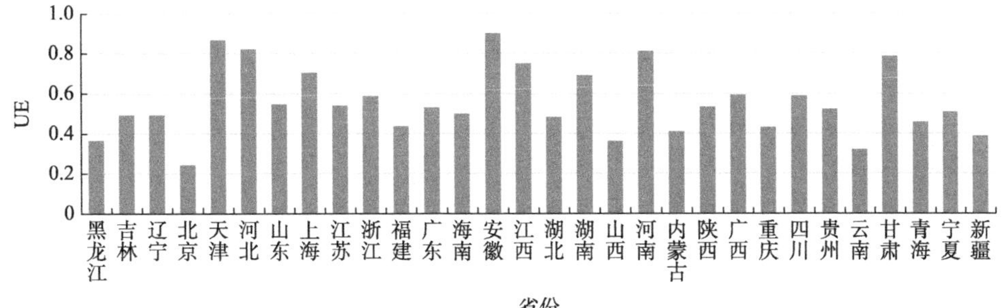

（a）UE

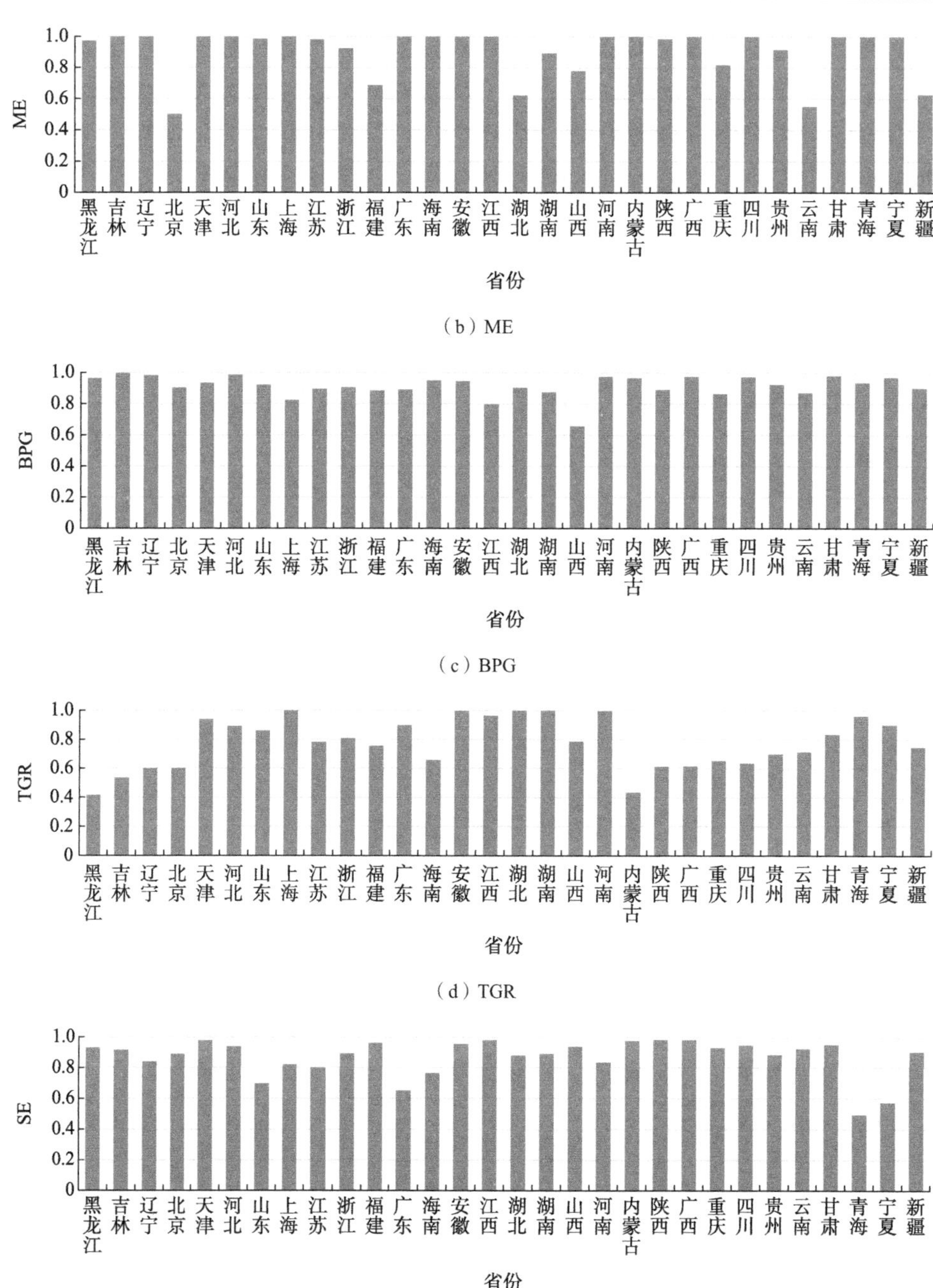

图 6.1　2008~2017 年中国 30 个省份交通运输行业年平均综合效率及分解成分

注：UE 为综合效率；ME 为管理效率；BPG 为最佳实践缺口；TGR 为技术缺口比；SE 为规模效率

表 6.4 中国及四大区域交通运输行业的年平均综合效率及其分解成分

区域	UE	ME	BPG	TGR	SE
东北地区	0.4491	0.9913	0.9829	0.5194	0.8887
东部地区	0.5767	0.9081	0.9114	0.8321	0.8381
中部地区	0.6653	0.8829	0.8622	0.9684	0.9111
西部地区	0.5020	0.9001	0.9382	0.7110	0.8326
全国	0.5543	0.9085	0.9157	0.7772	0.8720

注：UE 为综合效率；ME 为管理效率；BPG 为最佳实践缺口；TGR 为技术缺口比；SE 为规模效率

第一，样本区间内中国交通运输行业的综合效率约为 0.5543，效率高的省份主要集中在东部地区和中部地区。根据图 6.1 和表 6.4，大多数省份的 UE 小于 0.7，而全国平均 UE 仅为 0.5543。与 Feng 和 Wang（2018）的结果相比，我们发现在同一时期内本章计算的全国平均 UE 值高于 Feng 和 Wang（2018）计算的全国平均 UE 值。这意味着在效率评估中忽视运输增长因素可能会低估交通运输行业发展的整体可持续性。同时，只有河北、天津、上海、河南、安徽、江西和甘肃的 UE 超过或等于 0.7。这些省份主要集中在东部地区和中部地区。这意味着中国交通运输行业的节能减排水平仍有很大的提升空间。中国交通运输行业节能减排发展水平相对较低可能是由于交通运输行业的自身发展存在局限性。在发展初期，技术落后、环保理念欠缺及粗放型的发展模式使得中国交通运输行业的节能减排发展水平较低。尽管中国已经出台了一系列政策，想要改变这种状况，但是由于中国交通运输行业具有资本密集型和长周期性的特征，这些政策的实际效果在一段时间内还没有充分显现（中国民生银行交通金融事业课题组，2010）。

第二，样本区间内中国交通运输行业的管理效率整体约为 0.9085，其中北京的效率最低，为 0.5。根据图 6.1 和表 6.4，交通运输行业 ME 大于 0.9 的省份占全国的 73.33%，全国交通运输行业平均 ME 值为 0.9085。这意味着大多数省份都重视交通运输行业的综合管理。但是，有一些省份并非如此，如北京、云南和湖北。值得注意的是，作为中国现代化都市的代表，北京的 ME 最低，为 0.5。这是因为北京长期以来频繁发生的严重交通拥堵现象，增加了交通行业的综合管理难度。此外，由于频繁地刹车和加速，交通拥堵会加剧能源消费和温室气体排放（Li et al.，2018；Grote et al.，2016）。为了缓解交通拥堵，北京已经采取了智能交通信号控制、限行、摇号等多种措施，但这些措施的实施效果至今相当有限（Wu et al.，2017）。

第三，东北地区和西部地区交通运输行业的综合技术与其区域内长期技术前沿非常接近，东部地区交通运输行业次之。但是，中部地区交通运输行业的综合技术水平与其区域内长期技术前沿还存在一定差距。根据图 6.1，在东北地区和西部地区，大多数省份交通运输行业的 BPG 大于 0.9，在东部地区，有超过一半省份的交通运输行业拥有较高的 BPG。这意味着这些区域交通运输行业的综合技术水平与其区域内长期技术前沿之间的差距很小。然而，在中部地区的省份中，交通运输行业的 BPG 分布在 0.6~1.0，尤其是山西的 BPG 最低。究其原因，主要是改革开放 40 多年来，山西已被建成我国主要的煤炭开采和深加工基地。煤炭的大规模生产、运输和销售给山西带来了巨大的交通运输压力①。

第四，中部地区交通运输行业的综合技术领先全国，其次是东部地区、西部地区和东北地区。根据图 6.1，交通运输行业 TGR 大于 0.9 的省份主要分布在中部地区（河南、安徽、湖北、湖南和江西），意味着中部地区交通运输行业综合技术处于领先地位。此外，交通运输行业 TGR 处于 0.8~0.9 的省份主要集中在京津冀地区（河北和天津）、长三角地区（上海和浙江），以及西北地区（青海、甘肃和宁夏），意味着这些区域也具有较强的综合技术优势。值得注意的是，尽管西部地区大多数省份的交通运输行业的综合技术接近其区域内长期技术前沿（即 BPG 值较高），但这些省份交通运输行业的综合技术领先水平存在显著差异（即 TGR 值不同）。西北地区省份交通运输行业的综合技术领先优势强于西南地区。这可能是因为西北地区交通运输行业的效率前沿面比西南地区交通运输行业的效率前沿面更接近全国长期效率前沿。此外，虽然中国一直强调东北地区的振兴，但从交通运输行业的可持续发展可以看出，东北地区老工业基地与发达地区的交通运输发展之间还有很大差距。

第五，东南地区交通运输行业的规模效率低于西北地区。根据图 6.1（e），交通运输行业 SE 大于 0.9 的省份主要集中在西北地区，而东南地区交通运输行业的 SE 大多小于 0.9。交通运输行业规模效率较低的省份基本上贯穿于中国交通运输网络分布密集的区域。这些省份的交通运输行业本身比较发达，但其规模效率却相对偏低。当前，中国交通基础设施网络空间布局总体上呈东密西疏的状态，运输能力总体适应经济和社会的发展需求，但是交通运输行业局部紧张和总体利用不充分的现象仍然存在（傅志寰等，2019）。

6.4.2 交通运输行业综合效率动态分析

为了考察交通运输行业综合效率的动态变化，探究综合效率的各分解成分在效率变动中所起的作用，根据方程（6.7），本章计算了 2008~2017 年中国 30 个省份交通运输行业的 Malmquist 指数及其亚指数。由于全局前沿下的 Malmquist

① http://www.shanxi.gov.cn/sj/sjjd/201810/t20181024_483160.shtml[2021-01-31]。

指数具有循环性①（Pastor and Lovell，2005），本章将上述计算结果进一步转换为累计 Malmquist 指数（MI_{2008}^{2017}）及其累计亚指数，如图 6.2 所示。此外，中国四大区域的累计 Malmquist 指数及其累计亚指数如表 6.5 所示。我们有以下几点发现。

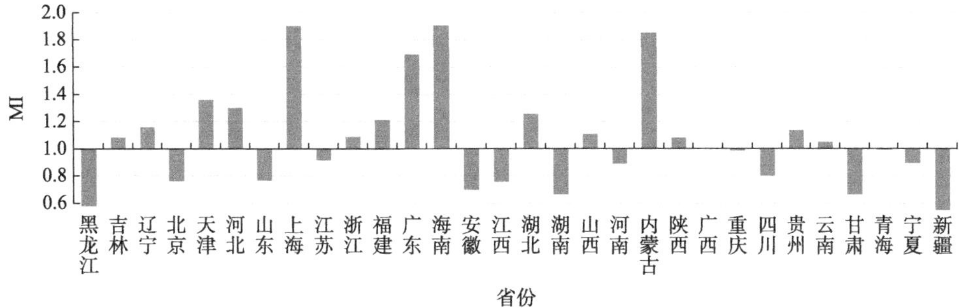

（a）2008~2017 年中国 30 个省份交通运输行业的累计 Malmquist 指数

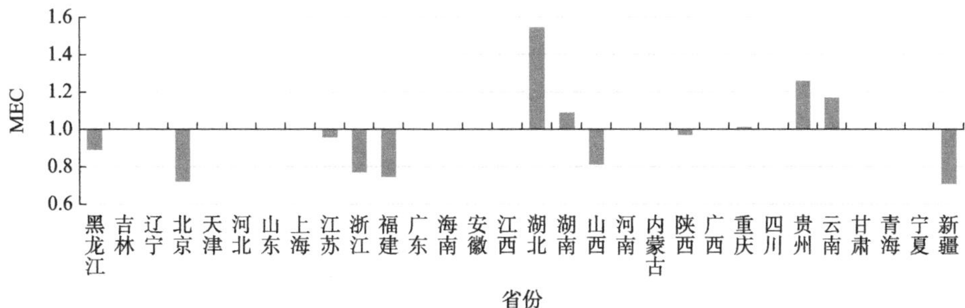

（b）2008~2017 年中国 30 个省份交通运输行业的管理效率变化

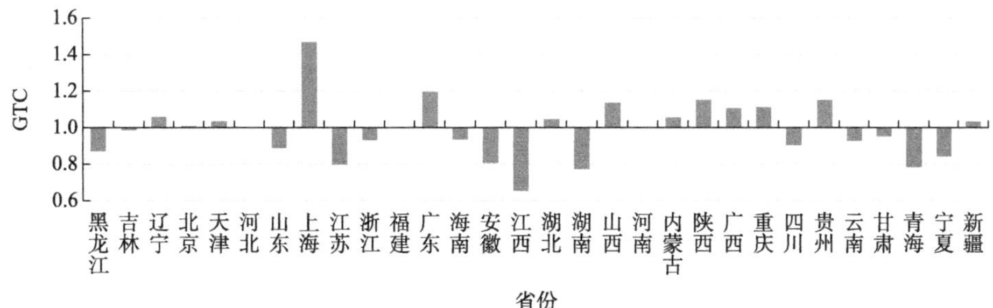

（c）2008~2017 年中国 30 个省份交通运输行业的累计组内技术变化

① $MI_t^{t+n} = MI_t^{t+1} \times MI_{t+1}^{t+2} \times \cdots \times MI_{t+n-1}^{t+n}$。

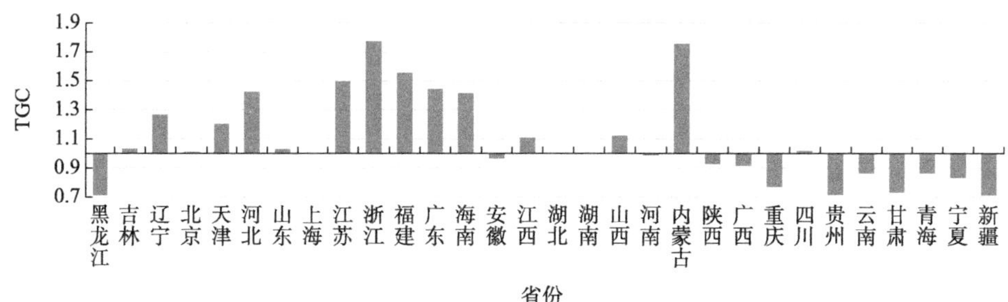

（d）2008~2017 年中国 30 个省份交通运输行业的累计技术缺口比变化

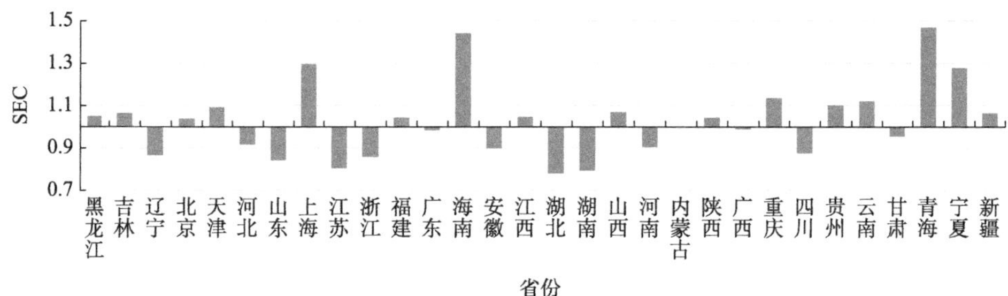

（e）2008~2017 年中国 30 个省份交通运输行业的累计规模效率变化

图 6.2　中国 30 个省份交通运输行业的累计 Malmquist 指数及亚指数

注：MI 为 Malmquist 指数；MEC 为管理效率变化；GTC 为组内技术变化；TGC 为技术缺口比变化；SEC 为规模效率变化

表 6.5　中国及四大区域交通运输业的累计 Malmquist 指数及其亚指数

区域	MI	MEC	GTC	TGC	SEC
东北地区	0.9417	0.9639	0.9731	1.0032	0.9929
东部地区	1.2899	0.9196	1.0264	1.3333	1.0299
中部地区	0.8968	1.0746	0.9037	1.0301	0.9134
西部地区	1.0017	1.0107	1.0020	0.9184	1.0928
全国	1.0708	0.9884	0.9876	1.0875	1.0260

第一，在样本期内，中国交通运输行业的综合效率整体平均提升了 7.08%。根据图 6.2 和表 6.5，中国交通运输行业的累计 MI 约为 1.0708，意味着交通运输行业的综合效率提升了 7.08%,其中,东部地区交通运输行业综合效率提升 28.99%（MI = 1.2899）。特别是上海、海南和广东的交通运输行业综合效率提升最为明显，分别为 90%（MI = 1.90）、90%（MI = 1.90）和 69%（MI = 1.69）。东北地区交通运输行业综合效率降低了 5.83%（MI = 0.9417），主要是由黑龙江交通运输行业综合效率降低导致（MI = 0.58）。中部地区交通运输行业综合效率降低了 10.32%（MI = 0.8968）。与中部地区其他省份不同，湖北和山西交通运输行业的

综合效率分别提升了 26%（MI = 1.26）和 11%（MI = 1.11）。西部地区交通运输行业综合效率提升了 0.17%（MI = 1.0017）。值得注意的是，内蒙古交通运输行业综合效率提升了 85%（MI = 1.85），而新疆和甘肃交通运输行业的综合效率分别降低了 45%（MI = 0.55）和 33%（MI = 0.67）。可以看出，在生态文明建设的浪潮下，中国交通运输行业整体的可持续发展水平有所提升，但区域间发展不均衡的问题仍然存在。

第二，中国大多数省份交通运输行业的综合管理效率没有改变，只有少部分省份交通运输行业的管理效率有所提升。根据图 6.2，中国有近 2/3 省份交通运输行业的 MEC 接近或等于 1，意味着 2008~2017 年中国交通运输行业的综合管理效率无明显变化。只有 5 个省份提升了其交通运输行业的综合管理效率，分别为湖北（MEC = 1.55）、湖南（MEC = 1.09）、重庆（MEC = 1.01）、贵州（MEC = 1.26）和云南（MEC = 1.17）。可以看到，湖北交通运输行业的综合管理效率提升幅度相对最大（55%）。这是因为，"十二五"时期，湖北在智慧绿色平安交通建设上迈出了历史性步伐，成立了全国首个综合交通公共信息联盟和湖北省交通运输云数据平台，加快推进低碳交通运输城市的试点示范工作。[①]此外，有 8 个省份交通运输行业的综合管理效率下降，如新疆为 29%（MEC = 0.71）、北京为 28%（MEC = 0.72）和福建为 25%（MEC = 0.75）。值得注意的是，在综合管理水平本身处于全国最低水平的情况下，北京交通运输行业的综合管理水平近些年下降。

第三，在区域内综合技术变化方面，中国四大区域交通运输行业的表现存在明显差异。根据图 6.2 和表 6.5，东部地区交通运输行业的综合技术进步最为明显（GTC = 1.0264），主要是因为上海（GTC = 1.47）和广东（GTC = 1.20）交通运输行业出现明显的技术进步。可见，上海和广东已成为东部地区交通运输行业的技术创新引擎。中部地区交通运输行业的综合技术退步最严重（GTC = 0.9037），主要是因为江西（GTC = 0.66）、湖南（GTC = 0.77）和安徽（GTC = 0.81）的交通运输行业出现明显技术退步。东北地区交通运输行业存在综合技术退步（GTC = 0.9731），主要是因为黑龙江交通运输行业技术退步明显（GTC = 0.87）。在西部地区，各省份之间交通运输行业的综合技术发展不均匀。一部分省份交通运输行业出现综合技术进步，一部分省份交通运输行业则出现综合技术退步。可以看到，作为中国经济最发达的地区，东部地区有效发挥了自身在技术创新方面的优势，大力推动区域内交通运输行业可持续发展。相反，中部地区交通运输行业虽然凭借设施役龄短和建造技术新的特点，在可持续发展方面占据一定优势（UE 较高），但近年来出现的综合技术退步反映出其创新动力不足。

① http://www.hubei.gov.cn/zfwj/ezf/201609/t20160908_1711973.shtml[2021-01-03]。

第四，东部地区交通运输行业的综合技术领先水平显著提升，而西部地区交通运输行业的综合技术领先水平明显下降。根据图 6.2 和表 6.5，样本期内中国有半数省份交通运输行业的综合技术领先水平有所提升。尤其在东部地区一些省份，交通运输行业的综合技术领先水平显著提升，如浙江（TGC＝1.77）、福建（TGC＝1.55）和江苏（TGC＝1.49）。有趣的是，这些省份交通运输行业没有出现明显的区域内综合技术进步。这可以解释为东部地区省份对其交通产业的技术结构进行了调整。这一调整虽然没有改变这些省份交通运输行业的综合技术与东部地区交通运输行业前沿综合技术之间的差距，却使整个区域交通运输行业的综合技术水平更接近全国交通运输行业的综合技术前沿。值得注意的是，上海交通运输行业取得了明显的综合技术进步（GTC＝1.47），但其综合技术领先水平始终未发生改变（TGC＝1）。这是因为上海总是处于交通运输行业综合技术的发展前沿（TGR＝1）。此外，在西部地区，大多数省份交通运输行业综合技术的领先水平下降，内蒙古除外，其交通运输行业的综合技术领先水平显著提升（TGC＝1.76）。

第五，中国 30 个省份交通运输行业的规模效率变化也存在差异。根据图 6.2，交通运输行业规模效率提升的省份主要集中在西部地区，如青海（SEC＝1.47）、宁夏（SEC＝1.28）和重庆（SEC＝1.14）。在东部地区，海南（SEC＝1.44）和上海（SEC＝1.29）交通运输行业的规模效率也明显提升，意味着它们的交通运输行业的发展规模正接近全国交通运输行业的长期最优发展规模。此外，交通运输行业规模效率降低的省份主要集中在东部地区和中部地区，如湖北（SEC＝0.78）、湖南（SEC＝0.79）和江苏（SEC＝0.80），说明这些省份交通运输行业的发展规模正在偏离中国交通运输行业长期最优发展规模。

6.4.3　能源效率、排放效率及综合效率比较分析

为了探讨将运输增长因素纳入效率评估对能源效率或排放效率水平的影响，我们比较了中国交通运输行业综合效率、能源效率、排放效率及能源排放效率之间的差异。参考 6.2 节的国内外文献，本章计算了中国 30 个省份交通运输行业的能源效率（E_1）、排放效率（E_2）及能源排放效率（E_3）。其中，用于计算 E_1 和 E_2 的 DEA 模型分别为能源投入导向型和二氧化碳产出导向型，而用于计算 E_3 的 DEA 模型为能源投入和二氧化碳产出的混合导向型（具体 DEA 模型见附录 D）。表 6.6 展示了 2008~2017 年，中国 30 个省份交通运输行业的平均综合效率（UE）、能源效率（E_1）、排放效率（E_2）及能源排放效率（E_3）。

表 6.6　2008~2017 年中国交通运输行业的平均 UE、E_1、E_2 和 E_3

项目	2008 年	2009 年	2010 年	2011 年	2012 年	2013 年	2014 年	2015 年	2016 年	2017 年	平均值
UE	0.5390	0.5394	0.5448	0.5585	0.5566	0.5694	0.5923	0.5557	0.5433	0.5436	0.5543
E_1	0.3848	0.3919	0.3942	0.4081	0.4006	0.4119	0.4305	0.3905	0.3731	0.3864	0.3972
E_2	0.3854	0.3932	0.3957	0.4099	0.4033	0.4151	0.4348	0.3954	0.3792	0.3938	0.4005
E_3	0.3866	0.3942	0.3972	0.4118	0.4048	0.4174	0.4369	0.3977	0.3808	0.3951	0.4023

注：UE 为增长调节下的能源排放效率；E_1 为能源效率；E_2 为排放效率，E_3 为能源排放效率

通过比较，我们可以发现平均能源效率、平均排放效率和平均能源排放效率的数值明显低于本章计算的综合效率值，效率值大约低 0.15（38.57%）。这意味着，如果我们不考虑交通运输行业主营业务的发展，仅仅关注节能减排效率的水平，很容易低估交通运输行业整体的可持续性。需要注意的是，中国交通运输行业的能源效率、排放效率和能源排放效率之间的差异并不明显。这可能是因为在通常情况下，能源消费与二氧化碳排放密切相关。

6.5　主要结论与建议

为探讨中国交通运输行业的可持续发展水平，本章建立了一个基于混合导向的元全局前沿 DEA 模型，评估 2008~2017 年中国 30 个省份交通运输行业的综合效率。本章亦采用元全局前沿的 Malmquist-DEA 模型深入探讨了综合效率的动态变化。主要结论如下。

（1）在样本期内，中国交通运输行业综合效率约为 0.5543，区域间交通运输行业发展不均衡，存在较大的技术差距。相对而言，交通运输行业综合效率较高的省份主要集中在中部地区和东部地区。中部地区交通运输行业具有综合技术领先优势。

（2）在样本期内，中国交通运输行业综合效率整体平均提高了 7.08%，但是，区域间交通运输行业发展不均衡的问题仍在加剧。东部地区交通运输行业的综合效率提升最为明显（28.99%），这主要得益于综合技术领先水平的提升。

（3）当评估交通运输行业能源和（或）环境效率，如能源排放效率时，忽视运输增长的因素会低估交通运输行业整体的可持续性，效率值大约低 27.83%。

在此基础上，本章对交通部门提出以下政策建议。

（1）建议省级交通部门加快各类节能减排项目建设，推动资源向东北地区和西部地区倾斜，实现区域均衡发展，尽快建成绿色、循环、低碳的交通运输体系。

（2）建议省级交通主管部门实施创新驱动发展，加强节能减排综合技术的跨区域交流。同时，寻求综合管理创新，优化交通基础设施空间布局，全方位提升交通运输行业可持续发展水平。

（3）建议在能源环境效率相关评估中考虑运输增长因素，更合理地评估交通运输行业的节能减排水平，避免低估我国交通运输行业的可持续发展性。

第 7 章　中国交通运输行业碳拥挤效应研究

7.1　中国交通运输行业的碳拥挤问题

近年来，中国交通运输行业取得了长足发展。国家统计局数据显示，2019 年全国铁路营业里程、公路总里程和民用航班飞行机场数量分别为 13.98 万公里、501.25 万公里和 237 个，较 2008 年分别增长 75.41%、34.38%和 55.92%。同时，全国旅客和货物周转量分别达到 3.53 万亿人公里和 19.93 万亿吨公里，较 2008 年分别增长 52.39%和 80.68%。2017 年起，中国多项交通基础设施指标位居世界前列，整体交通运输能力大幅提升（傅志寰等，2019）。

然而，大规模的投资和建设引发我们对于交通运输行业可能出现资源过度使用问题进而出现非期望拥挤效应的担忧。非期望拥挤效应是指当投入过量时，生产单元的生产活动会超出当前技术水平下的最大生产承载能力，进而出现边际期望产出为负的现象（Färe and Grosskopf，1983）。随着交通运输行业投入的增加，旅客和货物运输周转量减少，但二氧化碳排放仍然增加。这会造成极大的资源浪费，是一种十分不经济的生产状态。

此外，随着节能减排工作的深入推进，中国交通运输行业在发展过程中越来越注重科技创新[①]。在此背景下，交通运输行业也可能出现期望拥挤效应。期望拥挤效应是指边际非期望产出为负的现象。此时，随着交通运输行业投入的增加，旅客和货物运输周转量仍会增加，须依托技术创新才能实现二氧化碳排放减少（Sueyoshi and Goto，2016），这有助于交通运输行业的可持续发展。

资源短缺和全球变暖已成为当今时代全球各国共同面临的挑战。以尽可能少的投入和环境污染代价获得尽可能多的产出是促进可持续发展的关键（Chen

---

① http://www.wwwauto.com.cn/HYfgzc/JNHB/2011-12/JZFF-2011-53.htm[2021-01-31]。

et al., 2016)。在中国交通运输行业全面深化改革的进程中，我们有必要及时测度交通运输行业的非期望拥挤效应，考察行业是否陷入技术限制型生产瓶颈，进而根据行业的生产状态调整相应的投入规模，避免资源浪费。同时，通过测度交通运输行业的期望拥挤效应，挖掘行业技术创新型减排潜力，对于交通运输行业贯彻落实国家应对气候变化的战略部署，加快建设以低碳排放为特征的交通运输体系具有重要意义。

7.2 国内外研究现状

国家、地区或行业层面的生产要素拥挤问题越来越受关注，尤其是能源拥挤问题。例如，陈真玲等（2019）采用 RAM-DEA 模型分析中国制造业的能源拥挤效应，发现制造业的非期望能源拥挤效应的程度越来越严重。Hu 等（2017）采用全要素拥挤能效模型研究台湾地区 20 个市县的能源效率，发现只有台北市、台东县和澎湖县在整个样本期内未出现能源投入拥挤现象。Zhou 等（2017）采用两阶段 DEA 模型研究亚洲太平洋经济合作组织成员方的能源拥挤问题，指出能源拥挤已导致亚洲太平洋经济合作组织成员方近 20%的能源浪费。Wu 等（2016a）采用 DEA 模型研究中国工业部门的拥挤问题，发现中国工业部门确实存在能源拥挤，而且能源密集度高的省份更容易出现能源拥挤。在一般要素（即非能源生产要素，如劳动力、资本等）拥挤问题的研究上，Chen 等（2020）采用 RAM-DEA 模型测度“一带一路”沿线国家的拥挤效应，指出样本期内“一带一路”沿线的一些国家存在拥挤效应，特别是，生产要素丰富的国家往往会出现这种生产要素的拥挤。Wu 等（2013）采用考虑非期望产出的 DEA 模型测度中国区域工业部门的拥挤状态，研究结果表明，2010 年中国有五个地区的工业部门出现拥挤。Simões 和 Marques（2011）采用 DEA 模型研究葡萄牙医院服务的拥挤效应，发现 2005 年葡萄牙有 68 家主要医院的低效程度严重，其中半数以上的医院出现拥挤现象。

以往大多数相关研究讨论的是非期望拥挤问题，即随着投入的增加（减少），期望产出是否会减少（增加）。非期望拥挤问题的研究对资源密集型行业及时调整投入规模以避免资源浪费具有重要意义。但是在环境评估方面，相比而言，期望拥挤的测度更为重要。期望拥挤效应能反映决策单元通过技术创新降低污染或减少排放的潜力。因此，近年来一些研究开始探讨投入与非期望产出之间可能出现的期望拥挤问题，即随着投入的增加（减少），非期望产出是否会减少（增加）。例如，Zhang 等（2020b）采用 DEA 对偶模型测度中国工业行业的碳拥挤，发现中国工业行业的碳拥挤现象明显，而且拥挤效应呈现区域集聚趋势，区域和行业异质性明显。Chen 等（2016）采用 DEA 模型研究中国工业行业的非期望拥挤、期望拥挤及双重拥挤，发现在不同政策目标下，大多数地区都存在某种形式的长期投入拥挤，导致了严重的资源浪费。

可以看到，拥挤问题已经引起全球学者的广泛关注，然而，在交通运输领域，现有可持续性评价相关研究主要集中在能源效率和环境效率评估，少有研究关注交通运输行业是否存在拥挤这一生产经济学中更为严重的效率偏离问题，未能探究交通运输行业的技术限制型生产瓶颈和技术创新型减排潜力。并且，在拥挤模型的应用方面，现有研究往往只测度无效决策单元的拥挤效应，而忽略了有效决策单元的拥挤效应，会降低估计结果的准确性。此外，现有研究大多探讨非期望拥挤问题，而对期望拥挤问题的关注不够，低估了决策单元的技术创新型减排潜力。事实上，在世界各国共同追求可持续发展的大趋势下，同时研究非期望拥挤和期望拥挤问题，探究生产瓶颈，挖掘减排潜力，对于未来交通运输行业的可持续发展具有深远意义。

7.3　数据说明和研究方法

7.3.1　数据说明

本章选取中国 30 个省份的交通运输行业作为决策单元集，以就业人员、资本存量和能源消费量作为投入，以旅客周转量和货物周转量作为期望产出，以二氧化碳排放量作为非期望产出。基于数据的可获得性，西藏、香港、台湾和澳门不考虑在内。另外，鉴于运输统计口径的调整，本章的样本区间为 2008~2017 年。详细数据说明参见 6.3 节。

7.3.2　研究方法

本章选取 Sueyoshi 和 Goto（2016）及 Sueyoshi 和 Yuan（2016）提出的拥挤模型评估中国交通运输行业的拥挤状态，包括自然可处置性和管理可处置性下的 DEA 对偶模型，分别测度交通运输行业的非期望拥挤效应与期望拥挤效应。若交通运输行业不存在拥挤效应，即交通运输行业位于总产量曲线的“经济区”时，两种处置下的 DEA 对偶模型还可用于测度交通运输行业的规模弹性状态，包括非期望拥挤下的损失性收益及期望拥挤下的收益性损失。相比传统的拥挤模型，本章采用的拥挤效应测度模型具有以下几个优点：首先，可同时测度有效决策单元和无效决策单元的拥挤效应，扩大了拥挤效应的测度范围。其次，既能测度传统的非期望拥挤效应，又可以测度能够反映技术创新型减排潜力的期望拥挤效应。最后，可测度处于等产量曲线“经济区”的交通运输行业的生产状态，有利于为交通运输行业的生产规划提供科学合理的指导意见。

1. 自然可处置性下的 DEA 对偶模型

自然处置是指决策单元通过传统的生产管理手段提升决策单元的综合效率，它的一个最重要的特征是不包含对非期望产出的生态技术创新，而仅侧重于通过管理上的努力来提高决策单元的综合运营效率。因此，自然可处置性下的 DEA 模型在评价综合效率时以经营绩效为主，以环境绩效为辅。在自然可处置性下，DEA 对偶拥挤模型先对决策单元进行优化，将无效决策单元投影至生产前沿面。

本章先用自然可处置性下的 DEA 模型（7.1）计算交通运输行业的综合效率，并获得自然可处置性下的决策单元投入产出优化值。

$$
\begin{aligned}
&\max \ \xi + \varepsilon_s \left[\sum_{i=1}^{3} R_i^x d_i^{x-} + \sum_{r=1}^{2} R_r^g d_r^g \right] \\
&\text{s.t.} \ \sum_{j=1}^{30} x_{ij}\lambda_j + d_i^{x-} = x_{iJ} \left(i = 1,2,3 \right) \\
&\qquad \sum_{j=1}^{30} g_{rj}\lambda_j - d_r^g - \xi g_{rJ} = g_{rJ} \left(r = 1,2 \right) \\
&\qquad \sum_{j=1}^{30} b_j\lambda_j + \xi b_J = b_J \\
&\qquad \sum_{j=1}^{30} \lambda_j = 1 \\
&\qquad \lambda_j \geqslant 0 \left(j = 1,\cdots,30 \right), \ \xi : \text{free} \\
&\qquad d_i^{x-} \geqslant 0 \left(i = 1,2,3 \right), \ d_r^g \geqslant 0 \left(r = 1,2 \right)
\end{aligned}
\tag{7.1}
$$

其中，λ 表示一个未知的强度（或结构）变量；J 表示测度碳拥挤的目标省份；x_i 表示投入（$i = 1,2,3$）；$g_r \left(r = 1,2 \right)$ 表示期望产出；b 表示非期望产出；ξ 表示决策单元的部分无效率程度；d_i^{x-} 和 d_r^g 分别表示投入和期望产出的松弛变量；ε_s 表示固定值 0.0001；R_i^x 和 R_r^g 分别表示投入和期望产出变量的数据范围，计算公式分别如方程（7.2）和方程（7.3）所示：

$$
R_i^x = \left\{ 6 \left[\max \left(x_{ij} \middle| j = 1,\cdots,30 \right) - \min \left(x_{ij} \middle| j = 1,\cdots,30 \right) \right] \right\}^{-1} \tag{7.2}
$$

$$
R_r^g = \left\{ 6 \left[\max \left(g_{rj} \middle| j = 1,\cdots,30 \right) - \min \left(g_{rj} \middle| j = 1,\cdots,30 \right) \right] \right\}^{-1} \tag{7.3}
$$

自然可处置性下决策单元的综合效率如方程（7.4）所示：

$$\text{UEN}^* = 1 - \left[\xi^* + \varepsilon_s \left(\sum_{i=1}^{3} R_i^x d_i^{x-*} + \sum_{r=1}^{2} R_r^g d_r^{g*} \right) \right] \tag{7.4}$$

其中，$\text{UEN}^* \in [0,1]$，UEN^*越大表示决策单元以经营绩效为主的综合效率越高；ξ^*、d_i^{x-*}和d_r^{g*}均为模型（7.1）的最优解。自然可处置性下决策单元投入产出的优化情况如表 7.1 所示。

表 7.1　自然可处置性下决策单元投入产出的优化情况

变量	优化方向	优化值	优化比率
x_i	减少	d_i^{x-*}	d_i^{x-*}/x_i
g_r	增加	$d_r^{g*}+\xi^* g_r$	$\left(d_r^{g*}+\xi^* g_r\right)/g_r$
b	减少	$\xi^* b$	ξ^*

优化后的决策单元都位于生产前沿，对应其当前投入规模下的最优生产状态。利用自然可处置性下 DEA 模型的对偶模型（7.5）可测度优化后的决策单元在生产前沿中所处的位置，判断其是否存在非期望拥挤效应。若不存在非期望拥挤效应，则继续测度优化后的决策单元的损失性收益状态。

$$\begin{aligned}
&\min \sum_{i=1}^{3} v_i x_{iJ} - \sum_{r=1}^{2} u_r g_{rJ} + w b_J + \sigma \\
&\text{s.t.} \sum_{i=1}^{3} v_i x_{ij} - \sum_{r=1}^{2} u_r g_{rj} + w b_j + \sigma \geqslant 0 \ (j = 1, \cdots, 30) \\
&\quad \sum_{r=1}^{2} u_r g_{rJ} + w b_J = 1 \\
&\quad v_i \geqslant \varepsilon_s R_i^x \quad (i = 1,2,3) \\
&\quad u_r \geqslant \varepsilon_s R_r^g \quad (r = 1,2) \\
&\quad w: \text{free}, \quad \sigma: \text{free}
\end{aligned} \tag{7.5}$$

其中，v_i、u_r、w和σ均为模型（7.1）中 DEA 模型的对偶变量。自然可处置性下非期望拥挤的判断标准如表 7.2 所示。

表 7.2　自然可处置性下决策单元非期望拥挤的识别

条件	决策单元的状态	含义
A.至少存在一个 $w^*<0$	强非期望拥挤	随着投入的增加，非期望产出增加，期望产出减少
B.至少存在一个 $w^*=0$	弱非期望拥挤	随着投入的增加，非期望产出增加，期望产出不变
C.所有 $w^*>0$	无非期望拥挤	随着投入的增加，期望产出和非期望产出都增加
（1）$\sigma^*+\sum_{i=1}^{3} v_i^* x_{iJ}<0$	损失性收益增加	期望产出增加的比例大于非期望产出增加的比例

续表

条件	决策单元的状态	含义
（2）$\sigma^* + \sum_{i=1}^{3} v_i^* x_{iJ} = 0$	损失性收益不变	期望产出增加的比例等于非期望产出增加的比例
（3）$\sigma^* + \sum_{i=1}^{3} v_i^* x_{iJ} > 0$	损失性收益减少	期望产出增加的比例小于非期望产出增加的比例

2. 管理可处置性下的 DEA 对偶模型

管理处置是指决策单元通过生态技术创新，使其综合效率突破代表当前技术水平的生产效率前沿，达到一个更环保的效率水平。因此，管理可处置性下的 DEA 模型在评价综合效率时以环境绩效为主，以经营绩效为辅。在管理可处置性下，DEA 对偶模型同样先对决策单元进行优化，将无效决策单元投影至生产前沿面。

本章先用管理可处置性下的 DEA 模型（7.6）计算决策单元的综合效率，并获得管理可处置性下决策单元投入产出优化值。

$$
\begin{aligned}
\max\ & \xi + \varepsilon_s \left[\sum_{i=1}^{3} R_i^x d_i^{x+} + R^b d^b \right] \\
\text{s.t.}\ & \sum_{j=1}^{30} x_{ij} \lambda_j - d_i^{x+} = x_{iJ} \left(i = 1,2,3 \right) \\
& \sum_{j=1}^{30} g_{rj} \lambda_j - \xi g_{rJ} = g_{rJ} \left(r = 1,2 \right) \\
& \sum_{j=1}^{30} b_j \lambda_j + d^b + \xi b_J = b_J \\
& \sum_{j=1}^{30} \lambda_j = 1 \\
& \lambda_j \geqslant 0\ (j = 1,\cdots,30),\ \ \xi : \text{free} \\
& d_i^{x+} \geqslant 0\ (i = 1,2,3),\ \ d^b \geqslant 0
\end{aligned} \tag{7.6}
$$

其中，大部分变量与模型（7.1）相同；d_i^{x+} 和 d^b 表示投入和非期望产出的松弛变量；R^b 表示非期望产出变量的数据范围，计算公式如方程（7.7）所示：

$$
R^b = \left\{ 6 \left[\max \left(b_j \middle| j = 1,\cdots,30 \right) - \min \left(b_j \middle| j = 1,\cdots,30 \right) \right] \right\}^{-1} \tag{7.7}
$$

管理可处置性下决策单元的综合效率如方程（7.8）所示：

$$
\text{UEM}^* = 1 - \left[\xi^* + \varepsilon_s \left(\sum_{i=1}^{3} R_i^x d_i^{x+*} + R^b d^{b*} \right) \right] \tag{7.8}
$$

其中，$\text{UEM}^* \in \left[0,1 \right]$，$\text{UEM}^*$ 越大表示决策单元以环境绩效为主的综合效率越高；ξ^*、d_i^{x+*} 和 d^{b*} 均为模型（7.6）的最优解。管理可处置性下决策单元投入产出的优化情况如表 7.3 所示。

表 7.3　管理可处置性下决策单元投入产出的优化情况

变量	优化方向	优化值	优化比率
x_i	增加	d_i^{x+*}	d_i^{x+*}/x_i
g_r	增加	$\xi^* g_r$	ξ^*
b	减少	$d^{b*}+\xi^* b$	$\left(d^{b*}+\xi^* b\right)/b$

利用管理可处置性下的 DEA 模型的对偶模型（7.9）测度优化后的决策单元在生产前沿中所处的位置，判断其是否存在期望拥挤效应。若不存在期望拥挤状态，则继续测度优化后的决策单元的收益性损失状态。

$$
\begin{aligned}
&\min -\sum_{i=1}^{3} v_i x_{iJ} - \sum_{r=1}^{2} u_r g_{rJ} + w b_J + \sigma \\
&\text{s.t.} -\sum_{i=1}^{3} v_i x_{ij} - \sum_{r=1}^{2} u_r g_{rj} + w b_j + \sigma \geqslant 0 \ (j=1,\cdots,30) \\
&\qquad \sum_{r=1}^{2} u_r g_{rJ} + w b_J = 1 \\
&\qquad v_i \geqslant \varepsilon_s R_i^x \ \ (i=1,2,3) \\
&\qquad u_r : \text{free} \ \ (r=1,2) \\
&\qquad w \geqslant \varepsilon_s R^b,\ \sigma : \text{free}
\end{aligned}
\tag{7.9}
$$

其中，v_i、u_r、w 和 σ 均为模型（7.6）中 DEA 模型的对偶变量。管理可处置性下决策单元期望拥挤的判断标准如表 7.4 所示。

表 7.4　管理可处置性下决策单元期望拥挤的识别

条件	决策单元的状态	含义
A.至少存在一个 $u_r^* < 0$	强期望拥挤	随着投入的增加，期望产出增加，非期望产出减少
B.至少存在一个 $u_r^* = 0$	弱期望拥挤	随着投入的增加，期望产出增加，非期望产出不变
C.所有 $u_r^* > 0$	无期望拥挤	随着投入的增加，期望产出和非期望产出都增加
（1）$\sigma^* - \sum_{i=1}^{3} v_i^* x_{iJ} > 0$	收益性损失增加	非期望产出增加的比例大于期望产出增加的比例
（2）$\sigma^* - \sum_{i=1}^{3} v_i^* x_{iJ} = 0$	收益性损失不变	非期望产出增加的比例等于期望产出增加的比例
（3）$\sigma^* - \sum_{i=1}^{3} v_i^* x_{iJ} < 0$	收益性损失减少	非期望产出增加的比例小于期望产出增加的比例

7.4　交通运输行业碳拥挤实证结果分析

7.4.1　交通运输行业拥挤效应测度结果

根据模型（7.5）和模型（7.9），本章测度了2008~2017年中国30个省份交通运输行业的非期望拥挤效应和期望拥挤效应。表7.5和表7.6展示了2008~2017年中国30个省份交通运输行业的拥挤效应测度结果。结果表明以下几点。

表7.5　2008~2017年中国30个省份交通运输行业的非期望拥挤效应

省份	2008年	2009年	2010年	2011年	2012年	2013年	2014年	2015年	2016年	2017年
北京	n-I	n-I	n-I	n-I	n-I	n-I	n-I	n-I	n-I	n-I
天津	n-I	n-D	n-D	n-D	n-I	n-I	n-I	n-I	n-I	n-I
河北	n-D	n-D	n-D	n-D	n-D	n-D	n-D	n-D	n-D	n-D
山西	n-I	n-I	n-I	n-I	n-I	n-I	n-I	n-I	n-I	n-I
内蒙古	n-I	n-I	n-I	n-I	n-D	n-D	n-I	n-D	n-D	n-I
辽宁	n-D	n-D	n-D	n-D	n-D	n-D	n-D	n-D	n-D	n-D
吉林	n-I	n-I	n-I	n-I	n-I	n-I	n-I	n-I	n-I	n-I
黑龙江	n-I	n-I	n-I	n-I	n-I	n-I	n-I	n-I	n-I	n-I
上海	n-D	n-D	n-D	n-D	n-D	n-D	n-D	n-D	n-D	n-D
江苏	n-D	n-D	n-D	n-D	n-D	n-D	n-D	n-D	n-D	n-D
浙江	n-D	n-D	n-D	n-D	n-D	n-D	n-D	n-D	n-D	n-D
安徽	n-D	n-D	n-D	n-D	n-D	n-I	n-I	n-D	S-N	S-N
福建	n-I	n-I	n-I	n-I	n-I	n-I	n-I	n-I	n-I	n-I
江西	n-I	n-I	n-I	n-I	n-I	n-I	n-I	n-I	S-N	n-D
山东	S-N	n-D	n-D	n-D	S-N	n-D	n-D	n-D	S-N	S-N
河南	n-D	n-D	n-D	n-D	n-D	n-D	n-D	n-D	n-D	n-D
湖北	n-D	n-D	n-D	n-D	n-D	n-D	n-D	n-D	n-D	n-D
湖南	n-D	n-D	n-D	n-D	n-I	n-D	n-D	S-N	n-D	n-D
广东	n-D	n-D	n-D	n-D	n-D	n-D	n-D	n-D	n-D	n-D
广西	n-I	n-I	n-I	n-I	n-I	n-I	n-I	n-I	n-D	n-I
海南	n-I	n-I	n-I	n-I	n-I	n-I	n-I	n-I	n-I	n-I
重庆	n-I	n-I	n-I	n-I	n-I	n-I	n-I	n-I	n-I	n-I
四川	n-D	n-D	n-D	n-I	n-I	n-I	n-I	n-D	n-I	n-I
贵州	S-N	n-I	n-I	S-N	S-N	S-N	S-N	S-N	n-D	n-D

续表

省份	2008 年	2009 年	2010 年	2011 年	2012 年	2013 年	2014 年	2015 年	2016 年	2017 年
云南	n-I	n-I	n-I	n-I	n-I	n-I	n-I	n-I	n-D	n-I
陕西	n-I	n-I	n-I	n-I	n-I	n-I	n-I	n-I	n-I	n-I
甘肃	n-I	n-I	n-I	n-I	n-I	n-D	n-I	S-N	n-D	n-I
青海	n-I	n-I	n-I	n-I	n-I	n-I	n-I	n-I	n-I	n-I
宁夏	n-D	n-I	n-I	n-I	n-I	n-I	n-I	n-I	n-I	n-I
新疆	n-D	n-I	n-I	n-I	n-I	n-I	n-I	n-I	n-I	n-I

注："-"的左右两边分别代表非期望拥挤的状态和损失性收益的类型。非期望拥挤包含强（S）、弱（W）和无（n）三种状态。损失性收益包含增加型（I）、不变型（C）和减少型（D）三种类型。当存在非期望拥挤效应时，损失性收益为 0 或负，此时标记为 N

表 7.6　2008~2017 年中国 30 个省份交通运输行业的期望拥挤效应

省份	2008 年	2009 年	2010 年	2011 年	2012 年	2013 年	2014 年	2015 年	2016 年	2017 年
北京	S-N	S-N	S-N	W-n	S-N	S-N	W-n	S-N	W-n	S-N
天津	S-N	n-D	n-D	n-D	n-D	n-D	n-D	W-n	W-n	S-N
河北	S-N	n-D	n-D	n-D	n-I	S-N	n-D	S-N	n-D	S-N
山西	S-N	S-N	S-N	S-N	S-N	S-N	S-N	S-N	S-N	S-N
内蒙古	S-N	S-N	S-N	S-N	S-N	S-N	S-N	S-N	S-N	S-N
辽宁	S-N	W-n	W-n	W-n	W-n	W-n	W-n	S-N	S-N	S-N
吉林	n-D	S-N	n-D	n-D	S-N	S-N	S-N	S-N	S-N	S-N
黑龙江	S-N	S-N	n-D	S-N	S-N	S-N	S-N	S-N	S-N	S-N
上海	n-I	n-I	n-I	n-I	n-I	n-I	n-I	n-I	n-I	n-I
江苏	S-N	S-N	S-N	S-N	S-N	S-N	S-N	S-N	S-N	S-N
浙江	S-N	n-D	n-D	n-D	S-N	S-N	S-N	n-D	S-N	S-N
安徽	S-N	n-D	S-N	S-N	S-N	S-N	n-D	n-D	n-D	n-D
福建	S-N	n-D	S-N	S-N	S-N	S-N	S-N	S-N	S-N	S-N
江西	S-N	S-N	S-N	n-D	S-N	S-N	S-N	S-N	S-N	S-N
山东	n-I	n-I	n-I	S-N	S-N	n-D	n-D	n-D	S-N	n-D
河南	n-I	S-N	S-N	S-N	S-N	n-D	S-N	S-N	n-D	S-N
湖北	S-N	S-N	S-N	S-N	S-N	S-N	S-N	n-D	n-D	n-D
湖南	S-N	S-N	S-N	S-N	S-N	S-N	S-N	S-N	S-N	S-N
广东	S-N	n-D	n-D	S-N	S-N	S-N	n-I	n-D	W-n	S-N
广西	S-N	S-N	n-D	S-N	S-N	S-N	n-D	S-N	S-N	n-D
海南	S-N	S-N	S-N	S-N	S-N	S-N	S-N	S-N	S-N	W-n
重庆	S-N	S-N	S-N	S-N	S-N	S-N	S-N	S-N	S-N	S-N
四川	S-N	S-N	S-N	S-N	S-N	S-N	S-N	S-N	S-N	S-N

续表

省份	2008年	2009年	2010年	2011年	2012年	2013年	2014年	2015年	2016年	2017年
贵州	S-N	S-N	S-N	S-N	S-N	S-N	S-N	S-N	S-N	S-N
云南	S-N	S-N	S-N	S-N	S-N	S-N	S-N	S-N	S-N	S-N
陕西	S-N	S-N	S-N	S-N	S-N	S-N	n-D	S-N	S-N	n-D
甘肃	n-D	S-N	S-N	S-N	S-N	S-N	n-D	S-N	S-N	S-N
青海	S-N	W-n	W-n	W-n	W-n	W-n	W-n	W-n	W-n	W-n
宁夏	S-N	S-N	S-N	S-N	S-N	S-N	S-N	S-N	n-D	S-N
新疆	S-N	S-N	S-N	S-N	S-N	S-N	S-N	S-N	S-N	S-N

注："-"的左右两边分别代表期望拥挤的状态和收益性损失的类型。期望拥挤包含强（S）、弱（W）和无（n）三种状态。收益性损失包含增加型（I）、不变型（C）和减少型（D）三种类型。当存在期望拥挤效应时，收益性损失为0或负，此时标记为N

（1）在样本期内，中国交通运输行业暂未出现大面积的非期望拥挤效应，但出现了明显的期望拥挤效应，正如表7.5和表7.6所示，这与中国工业的拥挤表现大不相同。Chen等（2016）的研究指出中国大多数地区的工业都存在长期投入拥挤，造成了严重的资源浪费。相比之下，中国交通运输行业的发展仍处于上升时期，尚未因技术限制而陷入生产运营瓶颈。同时，中国大多数省份交通运输行业出现了明显的期望拥挤效应。这意味着中国交通运输行业通过技术创新实现减排的潜力较大。若致力于减排技术创新，中国交通运输行业有望在不加剧甚至降低二氧化碳排放的前提下，进一步扩大发展规模，提高运输能力。这一积极现象与中国交通运输行业的发展迈入新阶段息息相关。2008年11月，国务院提出要加快铁路、公路和机场等重大基础设施建设投资。[①]同年，随着中国自主建设的第一条高速铁路通车运营，中国正式跨入"高铁时代"，先进的高铁技术推动中国交通运输行业快速发展。2012年中共十八大之后，中国开始加快现代综合交通运输体系建设，一系列政策和举措为交通运输行业的发展提供了源源不断的动力。[②]

（2）中国交通运输行业的损失性收益状态存在明显的地区差异。在东部地区和中部地区，大量省份交通运输行业处于减少型的损失性收益状态，如河北、上海、江苏、浙江、河南、湖北、湖南和广东。这意味着这些省份的交通运输行业处于规模收益递减状态。此时，随着劳动、资本和能源投入的增加，交通运输行业二氧化碳排放增加的比例将大于旅客周转量和货物周转量增加的比例。若进一步扩大这些省份的交通运输投入规模，相比于交通运输能力的增强，交通运输行业二氧化碳排放增加的形势会更加严峻，甚至可能出现非期望拥挤效应，即规模型运输增长潜力下降。相反，在东北地区和西部地区，大多数省份交通运输行业

① http://www.gov.cn/ldhd/2008-11/09/content_1143689.htm[2021-01-31]。

② http://www.scio.gov.cn/ztk/dtzt/34102/35746/35750/Document/1537404/1537404.htm[2021-01-31]。

处于增加型的损失性收益状态，如吉林、黑龙江、广西、重庆、云南、陕西、青海、甘肃、宁夏和新疆。这说明这些省份交通运输行业仍处于规模收益递增状态。此时，随着劳动、资本和能源投入的增加，交通运输行业二氧化碳排放增加的比例仍小于旅客周转量和货物周转量增加的比例。因此，进一步扩大这些省份交通运输行业的投入规模，对于提高当地的交通运输能力仍然有益，即规模型运输增长潜力较大。中国交通运输行业在损失性收益上表现出的地区差异从侧面印证了较发达地区应当比欠发达地区更早地承担减排责任（Zhou et al.，2014）。

（3）一些特定省份的拥挤状况变化值得关注。①自 2016 年起，贵州交通运输行业从强非期望拥挤效应转为减少型损失性收益，意味着贵州交通运输行业开始扭转其陷入生产瓶颈的不利局面，发展状况有所改善。②自 2016 年起，安徽交通运输行业从减少型损失性收益转为强非期望拥挤效应，同时强期望拥挤效应逐渐消失，说明安徽交通运输行业开始陷入生产瓶颈，其技术创新型减排潜力也在减弱。③山东交通运输行业逐渐从减少型损失性收益转为强非期望拥挤效应，同时从增长型收益性损失逐渐转为减少型收益性损失或强期望拥挤效应，表示山东交通运输行业开始陷入生产瓶颈，但其技术创新型减排潜力逐渐显现。④内蒙古交通运输行业从增加型损失性收益逐渐转为减少型损失性收益，意味着内蒙古交通运输行业的规模优势逐渐降低，运输增长潜力不断被释放。⑤天津和辽宁交通运输行业逐渐出现强期望拥挤效应，说明它们交通运输行业的技术创新型减排潜力不断增强。⑥青海交通运输行业长期存在弱期望拥挤效应，说明其技术创新型减排潜力较低。⑦上海交通运输行业样本期内始终未出现期望拥挤效应，显示其几乎没有技术创新型减排潜力。作为全国最发达的城市之一，上海的节能减排技术始终位于全国前沿，试图通过技术创新进一步降低交通运输行业的二氧化碳排放，会面临创新难度大、创新周期长和创新效果不明显等问题（Zhang et al.，2020c）。

7.4.2　两种可处置性下交通运输行业的综合效率

根据方程（7.4）和方程（7.8），本章计算了 2008~2017 年中国 30 个省份交通运输行业的综合效率[①]，包括以经营绩效为主的综合效率（UEN）和以环境绩效为主的综合效率（UEM）。根据国务院发展研究中心提出的区域划分方法，本章展示了 2008~2017 年中国八大综合经济区内各省份交通运输行业的平均综合效率，如图 7.1 所示。另外，本章还展示了中国 30 个省份交通运输行业的年平均综合效率及效率的年平均增长率，如图 7.2 所示。结果表明以下几点。

① 为了便于逐年比较同一省份交通运输行业综合效率的变动情况，在计算综合效率时本章以整个面板数据作为参考集进行效率评估。

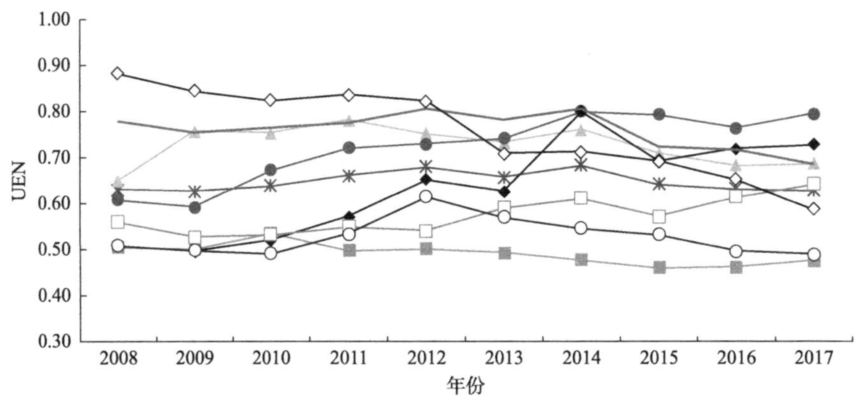

东北经济区　北部沿海经济区　东部沿海经济区　南部沿海经济区　黄河中游经济区
长江中游经济区　大西南经济区　大西北经济区　全国

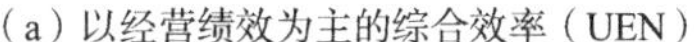
（a）以经营绩效为主的综合效率（UEN）

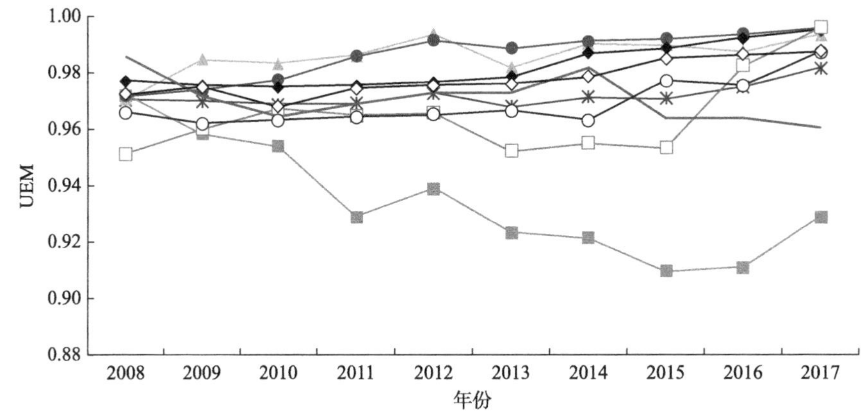

东北经济区　北部沿海经济区　东部沿海经济区　南部沿海经济区　黄河中游经济区
长江中游经济区　大西南经济区　大西北经济区　全国

（b）以环境绩效为主的综合效率（UEM）

图 7.1　2008~2017 年中国八大综合经济区交通运输行业的综合效率

（1）在样本期内，中国交通运输行业整体的 UEN 平均值为 0.65。其中，东部沿海经济区、南部沿海经济区和黄河中游经济区交通运输行业的 UEN 明显上升，大西北经济区交通运输行业的 UEN 明显下降。随着 2014 年中国进入经济发展新常态，中国交通运输行业的 UEN 整体开始呈现下降趋势。八大经济综合区交通运输行业的 UEN 存在明显差异。其中，北部沿海经济区、东部沿海经济区、长江中游经济区及大西北经济区交通运输行业的 UEN 基本大于 0.7，黄河中游经济区和大西南经济区交通运输行业的 UEN 在 0.5~0.6，而东北经济区交通运输行业的 UEN 最低，基本不超过 0.5。十八大以来，中国交通运输业开始围绕“一带一路”

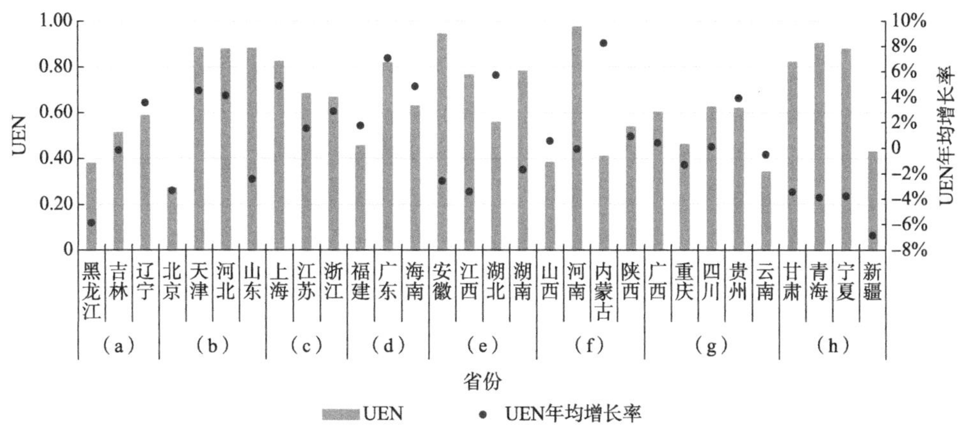

（a）以经营绩效为主的综合效率（UEN）及其年均增长率

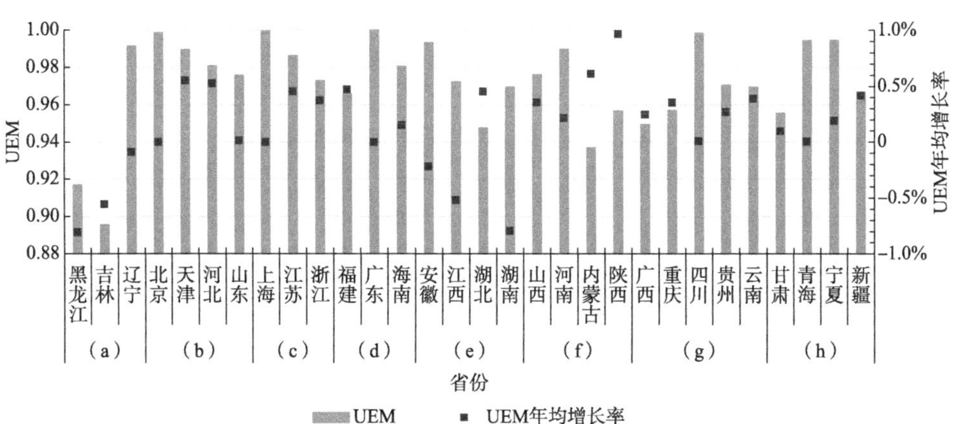

（b）以环境绩效为主的综合效率（UEM）及其年均增长率

图 7.2　中国 30 个省份交通运输行业的年平均综合效率

图中模块（a）~（h）依次表示为东北地区、北部沿海地区、东部沿海地区、南部沿海地区、长江中游地区、黄河中游地区、大西南地区和大西北地区

建设，以及京津冀协调发展、长江经济带建设等国家战略制订发展规划，促进了东部沿海经济区、南部沿海经济区及黄河中游经济区交通运输行业以经营绩效为主的综合效率的提升。[①]大西北经济区交通运输行业以经营绩效为主的综合效率下降则主要是因为西北地区交通运输发展与东中部发达地区交通运输发展步调不一致。尤其是在高铁建设方面，在长三角、珠三角及环渤海等城市群，高铁线路早已连片成网，而大西北经济区高铁建设发展缓慢。中国目前已基本形成的“四纵四横”高铁网向西北方向最远仅延伸至新疆。值得注意的是，近几年，随着经济

① http://www.scio.gov.cn/ztk/dtzt/34102/35746/35750/Document/1537404/1537404.htm[2021-01-31]。

增长速度放缓，许多地区交通运输行业的 UEN 也开始有所下降，包括东北经济区、北部沿海经济区、南部沿海经济区、长江中游经济区、大西南经济区。这一趋势与全国交通运输行业 UEN 整体下降的趋势相同。

（2）中国交通运输行业 UEM 整体偏高，但仅能反映各经济区交通运输行业在减排表现上的差距较小。根据图 7.1（b），交通运输行业整体的 UEM 平均为 0.97，整体偏高。然而，UEM 整体偏高并不意味着全国交通运输行业的减排表现良好，而仅能反映各经济区交通运输行业在减排表现上的差距较小。事实上，中国公路运输系统环境效率总体水平仍不理想，大部分地区还存在能源消费过度和机动车污染问题（Song et al.，2016a）。同时，中国交通运输行业自上而下的节能减排治理体系基本可保证节能减排活动在全国范围内铺开，这决定了各经济区交通运输行业在节能减排方面的表现差异较小。仔细观察图 7.1（b）可以发现，东部沿海经济区、北部沿海经济区和南部沿海经济区的 UEM 位居全国前列。沿海发达地区具有较强的技术创新能力，在推动交通运输行业减排发展上具有一定的优势。相比之下，东北经济区的 UEM 最低，并且呈下降趋势。由于近年来东北经济区陷入了资源枯竭问题严重、产业结构升级换代较缓慢等困境，其交通运输行业减排发展的进程也随之放缓。[①]此外，图 7.1（b）显示中国交通运输行业的 UEM 有所提升。这一增长趋势与 Song 等（2016b）的结论基本一致。中国交通运输行业以环境绩效为主的综合效率提升意味着中国在推动交通运输行业减排发展上付出的努力取得了一定成效。

（3）就各省份交通运输行业综合效率的年均增长率来看，53%的省份的交通运输行业 UEN 上升，而 80%的省份的交通运输行业 UEM 上升。这意味着节能减排在中国交通运输行业发展过程中发挥的作用逐渐增强。其中，内蒙古交通运输行业 UEN 和 UEM 的年平均增长率均位列前三，分别为 8.24%和 0.61%。内蒙古自治区是全国重要的能源和农畜产品输出基地，同时又是中国北方的外贸窗口，贸易货物运输需求巨大。截至 2017 年，内蒙古已坐拥 14 个公路口岸、9 个国家公路运输枢纽城市，以及呼和浩特等区域性物流节点城市，交通运输行业发展迅猛。[②]此外，北京交通运输行业的 UEN 值和 UEM 值处于两个极端，其 UEN 为全国最低并且仍在下降，而 UEM 位居全国前三。一方面，北京长期以来频繁发生的严重交通拥堵现象增加了交通运输行业的综合经营管理难度。另一方面，北京作为现代化都市的代表，强大的科技创新能力有助于其交通运输行业的低碳发展。值得注意的是，部分省份交通运输行业 UEN 和 UEM 均有所下降，如黑龙江、安徽、江西和湖南，这说明它们的交通运输行业在可持续发展上的表现变差。

① http://www.gov.cn/jrzg/2010-10/28/content_1732633.htm[2021-01-31]。

② http://m.people.cn/n4/2017/1205/c1496-10213974.html[2021-01-31]。

7.4.3　两种可处置性下交通运输行业的节能减排和运输增长潜力

结合表 7.1 和表 7.3，本章分别计算了 2008~2017 年中国 30 个省份交通运输行业在自然可处置性和管理可处置性下的投入产出优化值及优化比率，分别如图 7.3 和图 7.4 所示。结果表明以下几点。

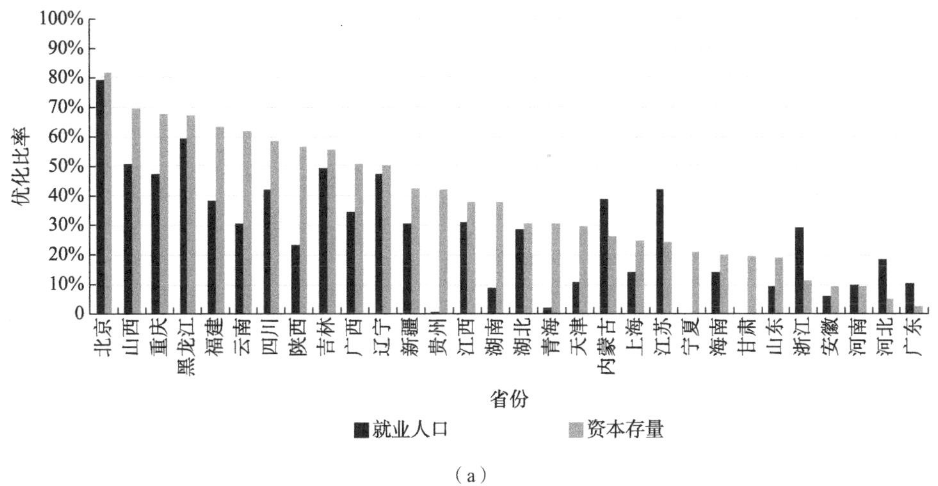

（a）

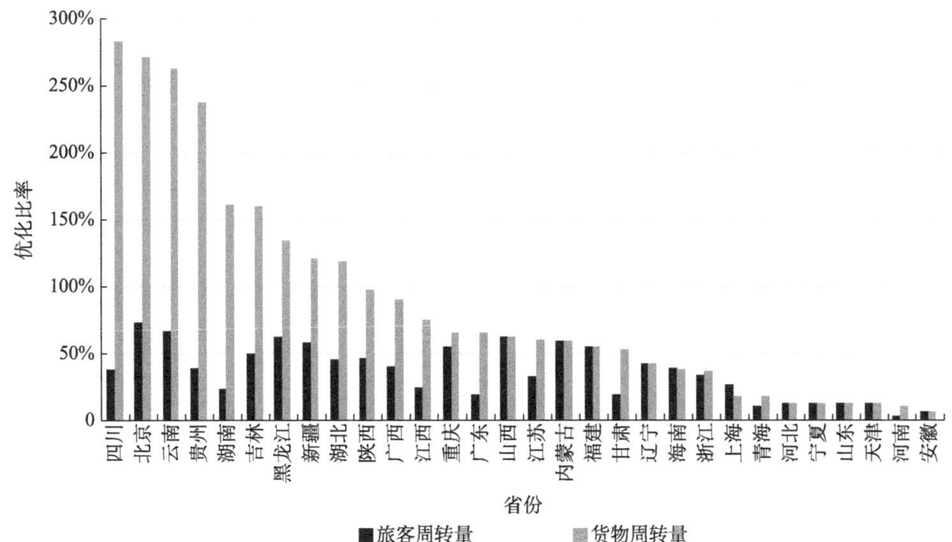

（b）

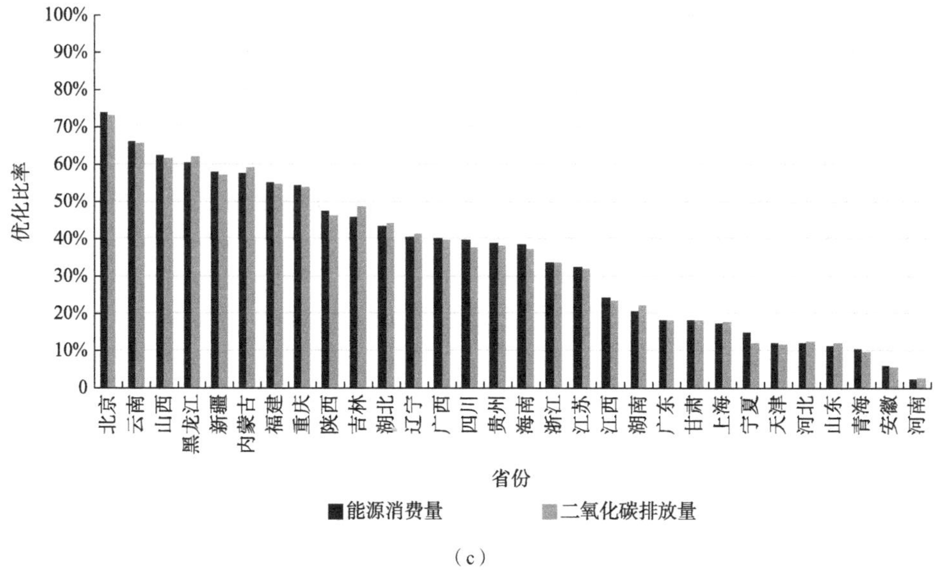

（c）

图 7.3　自然可处置性下中国 30 个省份交通运输行业投入产出的年平均优化比率

优化比率为绝对值。能源消费量、二氧化碳排放量、就业人口和资本存量的优化方向为负，即投入产出减少，旅客周转量和货物周转量的优化方向为正，即产出增加

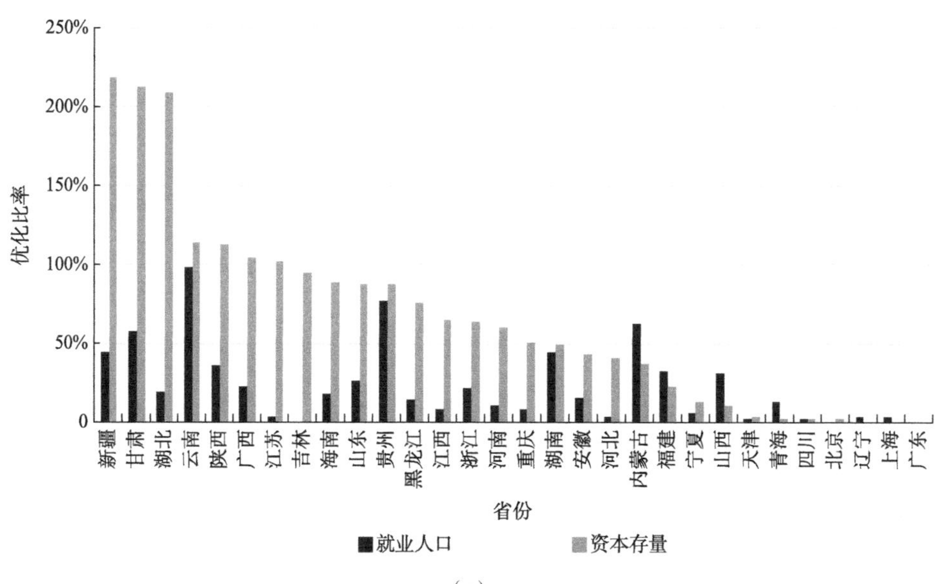

（a）

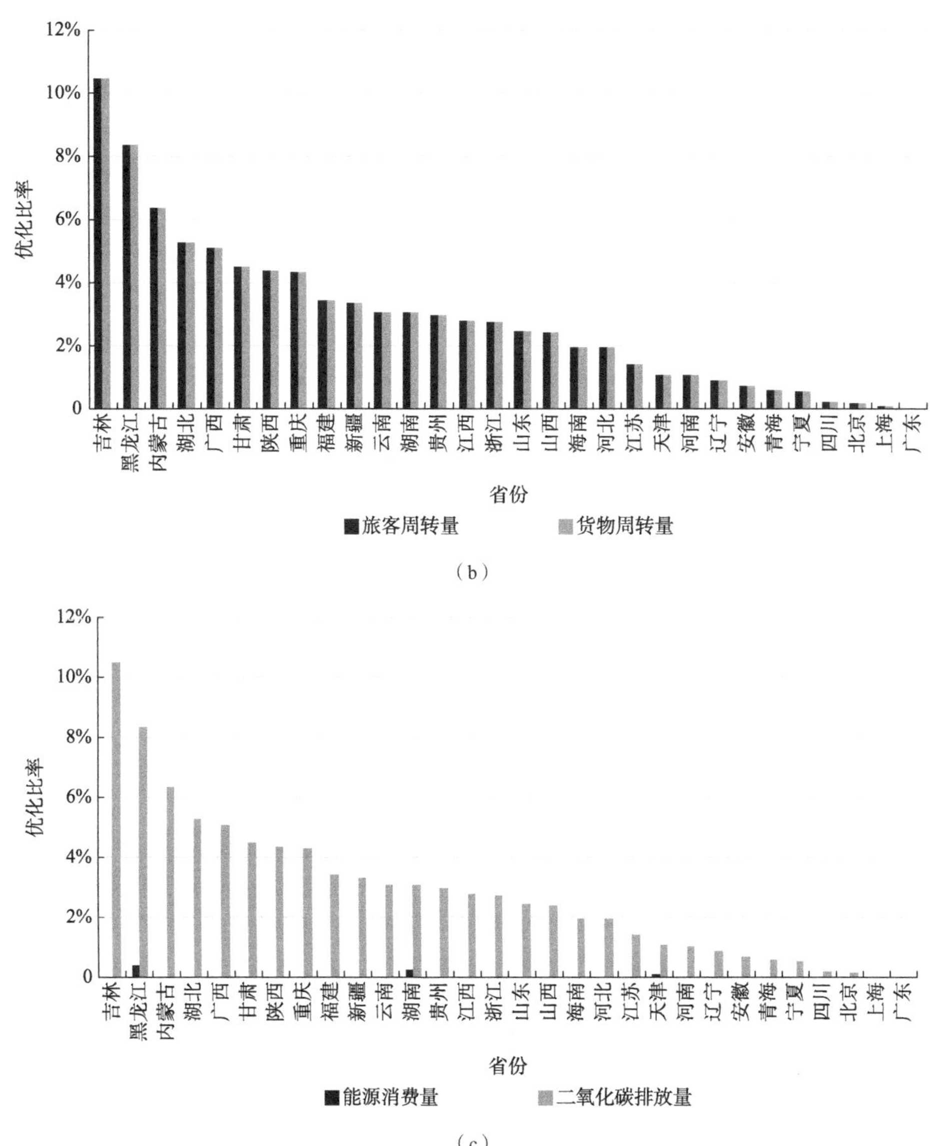

（b）

（c）

图 7.4　管理可处置性下中国 30 个省份交通运输行业投入产出的年平均优化比率

优化比率为绝对值。二氧化碳排放量的优化方向为负，即产出减少，其余投入产出的优化方向均为正，即投入产出增加

（1）自然可处置性下，中国有近 2/3 省份的交通运输行业的能源消费量、二氧化碳排放量、旅客周转量和货物周转量的年平均优化比率超过 20%。其中，有 12 个省份交通运输行业的能源消费量和二氧化碳排放量的年平均优化比率超过 40%。值得注意的是，有 9 个省份交通运输行业的货物周转量的年平均优化比率

超过 100%，有的甚至超过 200%，如四川（282.51%）、北京（270.64%）和云南（262.59%）等。可见，综合效率的改进是最大的减排动力来源（段宏波等，2016）。通过优化交通运输网络布局和增强交通运输综合管理能力，提升交通运输行业以经营绩效为主的综合效率，中国交通运输行业实现节能减排和运输增长的潜力巨大。此外，大多数省份交通运输行业的就业人口和资本存量的优化比率较高，最高达到 81.54%。这意味着中国交通运输行业存在严重的就业人员冗余和资本投入过高的问题。

（2）管理可处置性下，中国有超过一半省份的交通运输行业二氧化碳排放量、旅客周转量和货物周转量的优化比率超过 2%，最高达到 10.44%（吉林）。同时，各省份交通运输行业的能源消费量的优化比率基本为 0。这表示通过技术创新提升交通运输行业以环境绩效为主的综合效率，中国交通运输行业可在不增加能源消费的情况下，进一步实现二氧化碳减排，同时实现运输增长。值得注意的是，部分省份交通运输行业的就业人口与资本存量的优化比率极高，最高达到 218.59%。这意味着通过技术创新实现低碳发展目标需耗费大量的人力和资本，尤其是资本投入的需求量巨大。

7.5　主要结论与建议

在全面建设交通强国，促进交通运输行业可持续发展的背景下，本章旨在探究中国交通运输行业是否存在技术限制型生产瓶颈或技术创新型减排潜力。为此，本章利用自然可处置性和管理可处置性下的拥挤效应模型分别测度了 2008~2017 年中国 30 个省份交通运输行业的非期望拥挤效应和期望拥挤效应，并进一步测度了交通运输行业的收益性损失和损失性收益。主要结论如下。

（1）中国交通运输行业整体上暂未陷入技术限制型生产瓶颈，且具有较大的技术创新型减排潜力。东部沿海地区和中部地区交通运输行业规模型运输增长潜力下降，而东北地区和大西北地区交通运输行业仍具有较大的规模型运输增长潜力。

（2）53%的省份的交通运输行业以经营绩效为主的综合效率上升，而 80%的省份的交通运输行业以环境绩效为主的综合效率上升，这说明节能减排在中国交通运输行业发展过程中发挥的作用逐渐增强。随着中国经济发展进入新常态，中国交通运输行业以经营绩效为主的综合效率整体开始呈现下降趋势。

（3）与以环境绩效为主的综合效率改进相比，以经营绩效为主的综合效率改进是当前最大的节能减排和运输增长动力来源。有近 2/3 省份的交通运输行业的能源消费量、二氧化碳排放量、旅客周转量和货物周转量的年平均优化比率超过20%。

根据以上结论，本章提出以下三点政策建议。

（1）交通运输主管部门应促进交通运输行业的规模化发展，帮助其发挥城市集群效应，释放运输增长潜力。对于东部沿海地区和中部地区，交通运输主管部门可适度扩大交通运输行业的发展规模，但同时应加大对行业技术创新的支持力度，推动行业提质增效升级，避免出现非期望拥挤。

（2）交通运输主管部门应进一步实施绿色创新驱动交通可持续发展。同时，应优化现有交通运输体系网络布局，加强各种运输方式的衔接与融合，着力改善区域发展不平衡和发展步调不一致等问题。

（3）交通运输部门应更加注重传统运输流程优化以及综合管理创新升级，打造现代化综合客运枢纽和交通物流枢纽，提高旅客和货物的换乘及转运效率，实现资源的节约集约利用，降低能源消费和二氧化碳排放，充分释放交通运输行业效率型节能减排和运输增长潜力。

第8章　中国居民消费的直接和间接碳排放测算研究

8.1　中国居民消费碳排放的形成机理及研究诉求

21世纪以来，中国经济持续快速发展，城镇化水平不断提高，带动了能源消费量急剧上升。特别是中国能源消费以煤炭为主，导致中国的二氧化碳排放量持续走高（Zhang et al.，2014a）。2006年，中国超越美国成为全球最大的碳排放国。截至2020年，中国的碳排放量达到98.99亿吨碳当量，占全球碳排放总量的30.7%。在此背景下，如何有效实现碳减排成为学界关注的焦点。

实际上，控制居民消费引起的碳排放是降低中国碳排放的重要途径。具体而言，近年来居民消费引起的碳排放受到了学界广泛关注（Golley et al.，2008；Zheng et al.，2011），因为随着中国城镇化加快发展，居民的能源消费需求日益增加，由此产生的碳排放也迅速增长。自“十二五”以来，中国政府把扩大内需作为战略性目标，特别是扩大居民的消费需求。然而随着碳排放空间的日益紧缺，为了积极应对全球气候变化，中国把节能减排提升到了经济社会发展的战略高度。为了扩大内需同时尽量减少二氧化碳排放量，中国迫切需要了解居民消费引起的二氧化碳排放路径。实际上，居民消费引起的二氧化碳排放包括直接二氧化碳排放和间接二氧化碳排放，其中直接二氧化碳排放指居民做饭、取暖及交通等直接消费能源产生的二氧化碳排放；间接二氧化碳排放指居民消费的其他产品在生产过程中消费能源产生的二氧化碳排放（Mongelli et al.，2006）。不难发现，控制居民的碳排放不仅需要控制其直接碳排放，而且需要控制其间接碳排放。

部分研究测算了居民消费引起的直接碳排放，但往往忽略了居民消费引起的间接碳排放。大多数发达国家的发展过程表明，工业部门在生产过程中由能源消费产生的二氧化碳是碳排放的主要来源，然而一些发达国家的统计数据表明，自

20 世纪 90 年代以来，居民消费引起的直接碳排放和间接碳排放已经超过工业部门，成为碳排放增长的最主要来源（Zhu and Peng，2012）。具体而言，大部分居民通过消费其他消费品间接消费了能源，并由此产生了间接二氧化碳排放，而这部分居民消费引起的间接能源消费和间接二氧化碳排放远大于居民直接能源消费和直接二氧化碳排放。然而，《中国统计年鉴》公布的居民能源消费仅包括直接能源消费，由此仅能测算出居民消费引起的直接二氧化碳排放，而忽略了间接二氧化碳排放量，从而低估了居民消费引起的碳排放总量。

同时，有必要进一步考察居民消费引起的间接二氧化碳排放的驱动因素。尽管不少研究探讨了居民消费碳排放的驱动因素，如部分研究认为技术进步、居民收入、城镇化水平、人口和居民消费结构等是居民消费碳排放的重要驱动因素（Zha et al.，2010；Yao et al.，2012；Liu et al.，2012）。类似地，Cellura 等（2012）研究了印度居民消费引起的间接二氧化碳排放，并探讨了它的三种驱动因素——间接二氧化碳排放强度影响、里昂惕夫影响和居民最终需求影响，结果发现居民最终需求增加导致的间接二氧化碳排放抵消了能源强度和里昂惕夫系数改变对间接二氧化碳排放降低的影响。但是，现有研究在分解居民消费引起的二氧化碳排放驱动因素时，没有反映能源质量的改善情况和能源替代情况对居民消费引起的间接二氧化碳排放的影响，这不利于政策制定者从碳排放绩效的角度推动居民消费的碳减排。

在前人研究基础上，本章将详细考察中国居民消费引起的间接二氧化碳排放及其驱动因素，研究贡献主要包括两方面：①现有文献已经开始关注中国居民消费引起的间接能源消费，但是往往忽略了居民消费引起的间接二氧化碳排放，这不利于准确评估中国居民消费引起的碳排放量及其减排需求，鉴于此，本章基于中国 2010~2017 年投入产出表，采用投入产出模型详细探讨居民消费引起的间接二氧化碳排放；②现有文献讨论居民消费引起的间接二氧化碳排放的驱动因素时，尚未反映能源质量改善和能源替代情况，鉴于此，本章构建碳排放指数表示居民消费引起的单位间接能源消费的二氧化碳排放量，以反映这种影响，并采用结构分解分析模型探索居民消费引起的间接二氧化碳排放的主要驱动因素，分析控制二氧化碳排放的有效途径，以期为政府部门调整居民消费结构、实现节能减排目标提供参考。

8.2　国内外研究现状

控制二氧化碳排放增长已经成为应对全球气候变化的重要诉求和关键抓手，

世界各国的学者为此开展了大量研究，主要包括探讨二氧化碳排放的变化趋势、分析二氧化碳排放的驱动因素、探索实现环境保护与经济社会稳步发展“双赢”的有效途径（Wang et al.，2012b，2014；Ozturk and Acaravci，2013；Ozturk et al.，2010；Acaravci and Ozturk，2010；Zhao et al.，2014；Zhang et al.，2014a）。

居民消费对能源消费和二氧化碳排放的影响不容忽视，这也是大量文献关注的焦点话题。不少研究考察了居民消费引起的能源消费状况，特别是关注了居民消费引起的间接能源消费（Park and Heo，2007；Bin and Dowlatabadi，2005）。例如，Reinders 等（2003）考察了欧盟 11 个国家 1994 年居民消费引起的直接和间接能源消费，研究发现不同国家居民能源消费存在显著差异，欧盟这些国家居民间接能源消费量占居民总能源消费量的比重分布在 36%~66%，而家庭支出的显著差异是导致不同国家居民能源消费差异的主要因素。王妍和石敏俊（2009）考察了中国城镇居民消费引起的直接和间接能源消费，结果发现，1995~2004 年，中国居民生活消费支出引起的间接能源消费占居民总能源消费的比重从 69%上升至 79%。然而，居民消费对能源的间接消费也会产生间接二氧化碳，尽管部分研究考察了居民消费引起的直接碳排放量，但大多忽略了中国居民消费引起的间接碳排放量。

不少研究采用分解分析的方法考察了碳排放的驱动因素，方法主要包括两种：指数分解法（Ang and Zhang，2000）和结构分解法（Kaivo-oja and Luukkanen，2004）。关于这两种方法的详细比较可以参考 Su 和 Ang（2012）。指数分解法一般用来分解直接二氧化碳排放，即部门直接消费能源导致的二氧化碳排放，不包含通过消费其他部门的产品产生的间接二氧化碳排放。例如，Lee 和 Oh（2006）考察了亚洲太平洋经济合作组织成员方二氧化碳排放变化的驱动因素，研究发现经济发展水平和人口规模是二氧化碳排放的最主要驱动因素。Zha 等（2010）采用指数分解分析方法分解了中国 1991~2004 年居民消费的直接二氧化碳排放，发现能源强度下降是降低居民消费直接碳排放的主要因素，而收入增加是促进居民消费直接碳排放增长的主要因素。Wang 等（2005）基于 LMDI 指数分解方法分析了中国 1957~2000 年二氧化碳排放的驱动因素，发现能源强度下降有效减少了二氧化碳排放，能源替代和可再生能源的使用也使得二氧化碳排放下降。由于用指数分解法只能分解本部门直接二氧化碳排放，无法计量本部门消费其他部门产品间接排放的二氧化碳（Mongelli et al., 2006；Tarancón Morán and del Río González, 2007, 2012），对居民消费引起的间接二氧化碳排放的分解不适合采用指数分解法。

事实上，结构分解法主要基于投入产出模型，用来考察最终需求驱动的间接二氧化碳排放情况。例如，Chang 和 Lin（1998）采用结构分解分析方法分解了台湾地区工业部门 1981~1991 年的间接二氧化碳排放，研究发现，最终需求和出口增长是工业部门间接二氧化碳排放增加的主要驱动因素，而能源强度下降是间接二氧化碳排放降低的主要驱动因素。Paul 和 Bhattacharya（2004）把印度 1980~1996 年居民消费引起的间接二氧化碳排放的驱动因素分解为：污染指数、能源强度、居民消费结构和居民消费水平。结果发现，居民消费水平的增长对居民消费引起的间接二氧化碳排放的影响最大，由于能源效率提高和能源替代，工业部门和交通行业的居民消费引起的间接二氧化碳排放有下降趋势。Tarancón Morán 和 del Río González（2007）采用结构分解分析方法分解了最终需求引起的间接二氧化碳排放，将其驱动因素分为三个部分——直接消费系数、最终需求结构和直接能源强度，结果发现最终需求结构是主要驱动因素。不难发现，结构分解分析方法可以弥补指数分解分析方法的不足，适合用来考察居民消费引起的间接碳排放的驱动因素。另外，传统的结构分解法的分解结果中存在残差项，会高估或低估变量对结果的影响，因此本章运用完全分解技术把残差按照公正公平的原则进行分配，避免残差的影响。

同时，经济部门的划分方式也是影响居民间接碳排放测算结果的重要因素。具体而言，不少文献从部门层面探讨节能减排问题，但是不同文献根据研究的需要和国家的不同，对部门的划分并不一致，这导致研究结果存在很大差异。例如，Wyckoff 和 Roop（1994）考察了 6 个 OECD 成员国不同的部门划分方式对二氧化碳排放的影响。结果发现，当他们分别把经济部门划分为 6 个和 33 个时会导致研究结果存在显著差异。Su 等（2010）采用投入产出法考察了中国进出口交易中隐含的碳排放，他们把经济部门先后划分为 10 个和 28 个，也发现经济部门的不同划分方式会导致研究结果出现显著差异。这是由于如果多个经济部门合并成同一部门后，会假设这些部门具有相同的能源强度和居民消费比例等。因此，经济部门划分得越细，计算结果越真实。鉴于此，我们借鉴 Su 等（2010）的做法，把中国的经济系统划分成 28 个部门。

8.3　数据说明与研究方法

8.3.1　数据说明

本章使用中国国家统计局发布的2010~2017年的投入产出表，即2010年、2012年、2015 年和 2017 年的中国投入产出表，28 个经济部门的能源消费量和碳排放数据分别来源于《中国统计年鉴》和中国碳排放数据库（China Emission Accounts and Datasets，CEADs），其中 28 个经济部门的编码如附录 E1 所示。

8.3.2 研究方法

1. 居民消费引起的间接能源消费量测算方法

在我们考察的 28 个经济部门中，部门 k 的直接能源强度 R_k 可以表示为部门 k 单位产出直接消费的能源，如方程（8.1）所示：

$$R_k = \frac{E_k}{X_k} \tag{8.1}$$

其中，E_k 为部门 k 直接消费的能源，单位为万吨标准煤，数据来源于《中国能源统计年鉴》；X_k 为部门 k 的产出，单位为万元，数据来源于投入产出表。另外，我们令直接能源强度 R_k 组成的行向量为 $R=(R_1,R_2,R_3,\cdots,R_{28})$。

然后，根据投入产出技术（陈锡康等，2011），中国 28 个经济部门的间接能源消费量 (H) 如方程（8.2）所示：

$$H = \text{Diagonal}(R)\times(\text{IM}-A)^{-1}\times\text{CE} \tag{8.2}$$

其中，$\text{Diagonal}(R)$ 为 28 个经济部门能源强度的对角矩阵；$(\text{IM}-A)^{-1}$ 为里昂惕夫逆矩阵；H 为 28 个经济部门间接能源消费量的列向量；CE 为居民消费列向量。

2. 居民消费引起的间接碳排放量测算方法

在我们考察的 28 个经济部门中，部门 k 的直接二氧化碳排放强度可以表示为部门 k 单位产出导致的二氧化碳，如方程（8.3）所示：

$$B_k = \frac{D_k}{X_k} \tag{8.3}$$

其中，D_k 为部门 k 的直接二氧化碳碳排放量，数据来源于 CEADs；X_k 为部门 k 的产出，数据来源于投入产出表。另外，我们令直接二氧化碳强度 B_k 组成的行向量为 $B=(B_1,B_2,B_3,\cdots,B_{28})$。

然后，根据投入产出技术（陈锡康等，2011），中国 28 个经济部门的间接二氧化碳排放量（Q）可以表示为方程（8.4）的形式：

$$Q = \text{Diagonal}(B)\times(\text{IM}-A)^{-1}\times\text{CE} \tag{8.4}$$

其中，$\text{Diagonal}(B)$ 为 28 个经济部门碳排放强度的对角矩阵；$(\text{IM}-A)^{-1}$ 为里昂惕夫逆矩阵，H 为 28 个经济部门间接能源消费量的列向量，CE 为居民消费列向量。

3. 居民消费引起的间接二氧化碳排放分解方法

居民消费引起的间接二氧化碳排放可以分解为如方程（8.5）所示：

$$
\begin{aligned}
Q_k &= \frac{Q_k}{\mathrm{CE}_k} \times \frac{\mathrm{CE}_k}{\sum_{k=1}^{28}\mathrm{CE}_k} \times \frac{\sum_{k=1}^{28}\mathrm{CE}_k}{P} \times P \\
&= \frac{Q_k}{H_k} \times \frac{H_k}{\mathrm{CE}_k} \times \frac{\mathrm{CE}_k}{\sum_{k=1}^{28}\mathrm{CE}_k} \times \frac{\sum_{k=1}^{28}\mathrm{CE}_k}{P} \times P \\
&= W_k \times U_k \times S_k \times V \times P
\end{aligned} \tag{8.5}
$$

其中，$W_k = \dfrac{Q_k}{H_k}$为碳排放指数，即部门 k 的二氧化碳排放与能源消耗的比值；

$U_k = \dfrac{H_k}{\mathrm{CE}_k}$为能源强度，即部门 k 的能源消费与居民对部门 k 的消费量的比值；

$S_k = \dfrac{\mathrm{CE}_k}{\sum_{k=1}^{28}\mathrm{CE}_k}$为消费结构因素，即居民对部门 k 的消费在总居民消费中的比重；

$V = \dfrac{\sum_{k=1}^{28}\mathrm{CE}_k}{P}$为人均居民消费，即居民消费与人口的比值，$P$ 为人口规模。

为了计算不同因素对居民消费引起的间接二氧化碳排放变化的贡献，根据 Sun（1998），可以把居民消费引起的间接二氧化碳排放变化量表示为方程（8.6）的形式：

$$
\Delta Q_k = \Delta Q_{W_k} + \Delta Q_{U_k} + \Delta Q_{S_k} + \Delta Q_{V_k} + \Delta Q_{P_k} \tag{8.6}
$$

其中，ΔQ_{W_k} 为碳排放指数对居民消费引起的间接二氧化碳排放变化的贡献，如方程（8.7）所示：

$$
\begin{aligned}
\Delta Q_{W_k} = {} & \sum_{k=1}^{28}\Delta W_k U_{k0} S_{k0} V_0 P_0 + \frac{1}{2}\sum_{k=1}^{28}\Delta W_k (\Delta U_k S_{k0} V_0 P_0 + U_{k0}\Delta S_k V_0 P_0 + U_{k0} S_{k0}\Delta V P_0 + U_{k0} S_{k0} V_0 \Delta P) \\
& + \frac{1}{3}\sum_{k=1}^{28}\Delta W_k (\Delta U_k \Delta S_k V_0 P_0 + \Delta U_k S_{k0}\Delta V P_0 + \Delta U_k S_{k0} V_0 \Delta P + U_{k0}\Delta S_k \Delta V P_0 + U_{k0}\Delta S_k V_0 \Delta P + U_{k0} S_{k0}\Delta V \Delta P) \\
& + \frac{1}{4}\sum_{k=1}^{28}\Delta W_k (\Delta U_k \Delta S_k \Delta V P_0 + \Delta U_k \Delta S_k V_0 \Delta P + \Delta U_k S_{k0}\Delta V \Delta P + U_{k0}\Delta S_k \Delta V \Delta P) \\
& + \frac{1}{5}\sum_{k=1}^{28}\Delta W_k \Delta U_k \Delta S_k \Delta V \Delta P
\end{aligned} \tag{8.7}
$$

ΔQ_{U_k} 为能源强度对居民消费引起的间接二氧化碳排放变化的贡献，如方程（8.8）所示：

$$\Delta Q_{U_k}=\sum_{k=1}^{28}\Delta U_k W_{k0}S_{k0}V_0P_0+\frac{1}{2}\sum_{k=1}^{28}\Delta U_k(\Delta W_k S_{k0}V_0P_0+W_{k0}\Delta S_k V_0P_0+W_{k0}S_{k0}\Delta VP_0+W_{k0}S_{k0}V_0\Delta P)$$
$$+\frac{1}{3}\sum_{k=1}^{28}\Delta U_k(\Delta W_k\Delta S_k V_0P_0+\Delta W_k S_{k0}\Delta VP_0+\Delta W_k S_{k0}V_0\Delta P+W_{k0}\Delta S_k\Delta VP_0+W_{k0}\Delta S_k V_0\Delta P+W_{k0}S_{k0}\Delta V\Delta P)$$
$$+\frac{1}{4}\sum_{k=1}^{28}\Delta U_k(\Delta W_k\Delta S_k\Delta VP_0+\Delta W_k\Delta S_k V_0\Delta P+\Delta W_k S_{k0}\Delta V\Delta P+W_{k0}\Delta S_k\Delta V\Delta P)$$
$$+\frac{1}{5}\sum_{k=1}^{28}\Delta W_k\Delta U_k\Delta S_k\Delta V\Delta P \tag{8.8}$$

ΔQ_{S_k} 为居民消费结构对居民消费引起的间接二氧化碳排放变化的贡献，如方程（8.9）所示：

$$\Delta Q_{S_k}=\sum_{k=1}^{28}\Delta S_k U_{k0}W_{k0}V_0P_0+\frac{1}{2}\sum_{k=1}^{28}\Delta S_k(\Delta U_k W_{k0}V_0P_0+U_{k0}\Delta W_k V_0P_0+U_{k0}W_{k0}\Delta VP_0+U_{k0}W_{k0}V_0\Delta P)$$
$$+\frac{1}{3}\sum_{k=1}^{28}\Delta S_k(\Delta U_k\Delta W_k V_0P_0+\Delta U_k W_{k0}\Delta VP_0+\Delta U_k W_{k0}V_0\Delta P+U_{k0}\Delta W_k\Delta VP_0+U_{k0}\Delta W_k V_0\Delta P+U_{k0}W_{k0}\Delta V\Delta P)$$
$$+\frac{1}{4}\sum_{k=1}^{28}\Delta S_k(\Delta U_k\Delta W_k\Delta VP_0+\Delta U_k\Delta W_k V_0\Delta P+\Delta U_k W_{k0}\Delta V\Delta P+U_{k0}\Delta W_k\Delta V\Delta P)$$
$$+\frac{1}{5}\sum_{k=1}^{28}\Delta W_k\Delta U_k\Delta S_k\Delta V\Delta P \tag{8.9}$$

ΔQ_{V_k} 为人均居民消费对居民消费引起的间接二氧化碳排放变化的贡献，如方程（8.10）所示：

$$\Delta Q_{V_k}=\sum_{k=1}^{28}\Delta VU_{k0}S_{k0}W_{k0}P_0+\frac{1}{2}\sum_{k=1}^{28}\Delta V(\Delta U_k S_{k0}W_{k0}P_0+U_{k0}\Delta S_k W_{k0}P_0+U_{k0}S_{k0}\Delta W_k P_0+U_{k0}S_{k0}W_{k0}\Delta P)$$
$$+\frac{1}{3}\sum_{k=1}^{28}\Delta V(\Delta U_k\Delta S_k W_{k0}P_0+\Delta U_k S_{k0}\Delta W_k P_0+\Delta U_k S_{k0}W_{k0}\Delta P+U_{k0}\Delta S_k\Delta W_k P_0+U_{k0}\Delta S_k W_{k0}\Delta P+U_{k0}S_{k0}\Delta W_k\Delta P)$$
$$+\frac{1}{4}\sum_{k=1}^{28}\Delta V(\Delta U_k\Delta S_k\Delta W_k P_0+\Delta U_k\Delta S_k W_{k0}\Delta P+\Delta U_k S_{k0}\Delta W_k\Delta P+U_{k0}\Delta S_k\Delta W_k\Delta P)$$
$$+\frac{1}{5}\sum_{k=1}^{28}\Delta W_k\Delta U_k\Delta S_k\Delta V\Delta P \tag{8.10}$$

ΔQ_{P_k} 为人口规模对居民消费引起的间接二氧化碳排放变化的贡献，如方程（8.11）所示：

$$\Delta Q_{P_k}=\sum_{k=1}^{28}\Delta PU_{k0}S_{k0}W_{k0}V_0+\frac{1}{2}\sum_{k=1}^{28}\Delta P(\Delta U_k S_{k0}W_{k0}V_0+U_{k0}\Delta S_k W_{k0}V_0+U_{k0}S_{k0}\Delta W_k V_0+U_{k0}S_{k0}W_{k0}\Delta V)$$
$$+\frac{1}{3}\sum_{k=1}^{28}\Delta P(\Delta U_k\Delta S_k W_{k0}V_0+\Delta U_k S_{k0}\Delta W_k V_0+\Delta U_k S_{k0}W_{k0}\Delta V+U_{k0}\Delta S_k\Delta W_k V_0+U_{k0}\Delta S_k W_{k0}\Delta V+U_{k0}S_{k0}\Delta W_k\Delta V)$$
$$+\frac{1}{4}\sum_{k=1}^{28}\Delta P(\Delta U_k\Delta S_k\Delta W_k V_0+\Delta U_k\Delta S_k W_{k0}\Delta V+\Delta U_k S_{k0}\Delta W_k\Delta V+U_{k0}\Delta S_k\Delta W_k\Delta V)$$
$$+\frac{1}{5}\sum_{k=1}^{28}\Delta W_k\Delta U_k\Delta S_k\Delta V\Delta P \tag{8.11}$$

8.4　实证结果分析

8.4.1　居民消费引起的直接和间接二氧化碳排放量

根据方程（8.3）和方程（8.4），我们得到居民消费引起的间接二氧化碳排放量。同时，根据 CEADs 发布的数据，得到居民消费引起的直接二氧化碳排放量。2010~2017 年中国居民消费引起的直接和间接二氧化碳排放量如图 8.1 所示，我们发现以下几点。

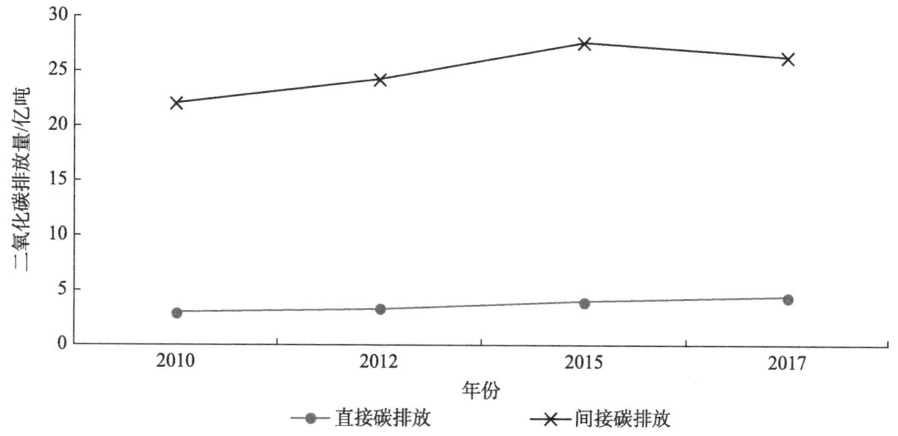

图 8.1　2010~2017 年中国居民消费引起的直接和间接二氧化碳排放

（1）样本区间内，中国居民消费引起的直接二氧化碳排放逐年增加，而居民消费引起的间接二氧化碳排放量呈现先增长而后下降的趋势。如图 8.1 所示，2010~2017 年，居民消费引起的直接二氧化碳排放量从 3.0 亿吨稳步增长到 4.5 亿吨，居民消费的间接二氧化碳排放从 2010 年的 22.0 亿吨增长到 2015 年的 27.6 亿吨，然后 2017 年下降到 26.3 亿吨。这可能是由人均居民消费快速增长导致。例如，2010~2017 年，中国居民人均消费增长了 78%，带动了能源消费的强劲增长，从而导致居民消费的直接碳排放量和间接碳排放量快速增长。中国居民消费引起的间接二氧化碳排放量出现下降趋势可能是由于“十三五”时期是中国经济转型的关键时期，中国经济由高速发展转向中高速高质量发展，进而导致 2015~2017 年居民消费引起的碳排放出现下降趋势。

（2）中国居民消费引起的间接碳排放显著高于直接碳排放，间接碳排放是居民消费碳排放的主要来源。如图 8.1 所示，2010~2017 年，居民消费引起的间接碳排放是直接碳排放的 5.8~7.3 倍。这可能是由于居民消费引起的碳排放主要源自能源消费，而居民的直接能源消费主要用于取暖、做饭及交通出行等，但是居民的间接能源消费主要是居民在消费其他经济部门产品的过程中产生的能源消费量，导致居民的间接能源消费量显著高于其直接能源消费，从而导致居民的间接碳排放高于直接碳排放。例如，根据方程（8.2）计算发现，2010~2017 年，居民的间接能源消费量处于 8.9 亿~13 亿吨，然而直接能源消费量仅达到 3.5 亿~5.8 亿吨。类似地，Reinders 等（2003）发现欧洲 11 国居民直接能源消费只占居民总能源消费的 35%，远低于居民消费引起的间接能源消费，由此导致居民消费的间接碳排放量显著高于直接碳排放量。因此，控制居民消费引起的间接碳排放对碳减排全局而言尤为重要。

8.4.2 居民消费引起的间接二氧化碳排放的驱动因素分解

为了探讨 2010~2017 年中国居民消费引起的间接二氧化碳排放变化的原因，有效控制二氧化碳排放增加趋势，我们对居民消费引起的间接二氧化碳排放的驱动因素进行分解。根据方程（8.5）到方程（8.11），可以得到碳排放指数、能源强度、居民消费结构、人均居民消费和人口规模等五个因素对居民消费引起的间接二氧化碳排放的影响，结果如图 8.2 所示。我们发现以下几点。

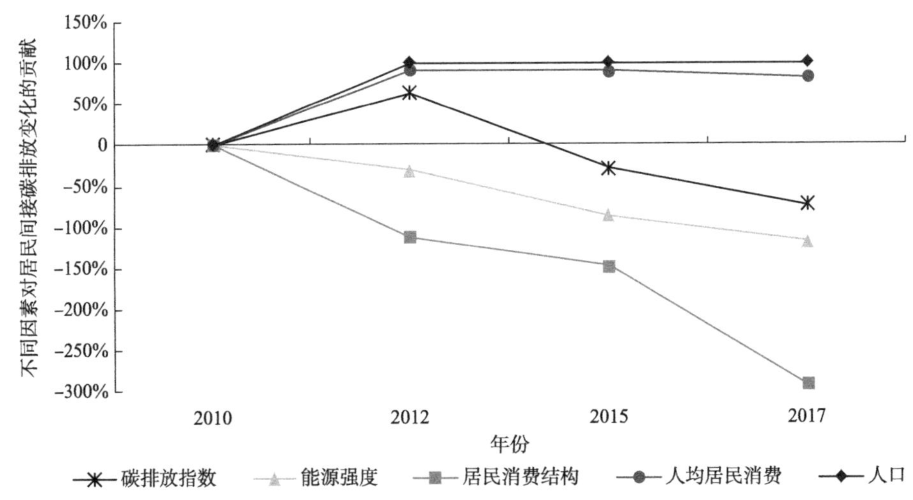

图 8.2 2010~2017 年中国居民消费引起的间接二氧化碳排放驱动因素分解

（1）人口和人均居民消费的增加是促进居民间接二氧化碳排放上升的主要因素。这可能因为如下两方面的原因。一方面，人口增长是居民能源消费增长的重要因素（Zhao et al.，2012），由此产生的碳排放也会快速增长。例如，2010~2017

年，中国居民人口由 13.4 亿人增长到 13.9 亿人，增长了 3.7%。因此，人口是促进居民间接碳排放增长的重要因素。另一方面，随着经济的快速发展，中国居民的消费水平迅速提高（Zhang，2011b）。例如，2010~2017 年，中国居民人均消费由 2010 年的 1.3 万元增长到 2017 年的 2.3 万元（2017 年不变价），增长了 77%。而居民消费水平的提高离不开能源消费的增长，因此，居民消费水平的提高成为促进居民间接碳排放增长的重要因素。类似地，Paul 和 Bhattacharya（2004）对印度 1980~1996 年居民消费引起的间接二氧化碳排放因素分解发现，经济增长也是影响印度这一时期居民消费引起的间接二氧化碳排放增加的主要原因。Wang 等（2015c）分解了中国 1992~2007 年居民消费引起的间接二氧化碳排放结果发现，居民消费水平提高和人口增长都对这一时期的居民消费引起的间接二氧化碳排放增长起了促进作用，其中居民消费水平的影响最大。

（2）居民消费结构和能源强度是降低居民间接碳排放的主要因素，而碳排放指数对居民间接碳排放的影响呈现正负交替的变化。具体地，如图 8.2 所示，2010~2017 年，居民消费结构的变化使居民的间接碳排放下降了 1.8 亿吨碳当量，占居民间接碳排放变化量的 75%。同时，能源强度的变化使居民的间接碳排放下降了 3.0 亿吨碳当量，占居民间接碳排放变化量的 43%。这可能是由于为了积极应对气候变化，2010 年以来中国政府制定了一系列减排政策。同时，中国政府在 2011~2014 年，成功启动了北京、天津、上海、重庆、湖北、广东和深圳七个碳交易试点，并于 2017 年启动了全国碳排放交易体系。在碳排放交易政策及严峻的减排目标约束下，中国能源强度出现显著下降，居民消费结构也逐步优化，单位能耗的碳排放量也逐步下降。因此，居民消费结构和能源强度成为降低居民间接碳排放的主要因素。同时，随着碳排放指数的下降，其对居民间接碳排放的影响也由促进作用变为抑制作用。类似地，Paul 和 Bhattacharya（2004）发现能源强度下降和碳排放指数下降也是影响印度居民消费引起的间接二氧化碳排放增加的主要原因。Wang 等（2015c）发现中国居民消费结构改变是影响居民间接二氧化碳排放的重要因素。

8.4.3　居民对主要经济部门产品消费引起的间接碳排放及其驱动因素分解

根据方程（8.3）和方程（8.4），可以得到居民对各经济部门产品消费引起的间接碳排放，结果如图 8.3 所示。我们发现以下几点。

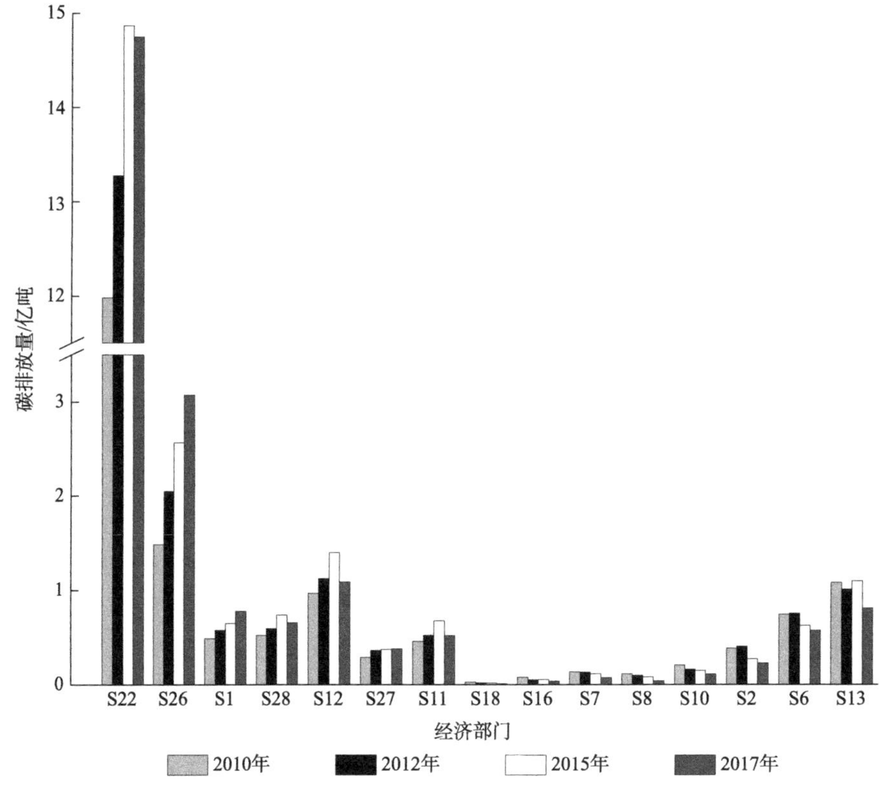

图 8.3　2010~2017 年中国居民消费重点经济部门产品引起的间接二氧化碳排放

经济部门编码参考附录中表 E1

（1）就 28 个经济部门而言，2010~2017 年，居民对电力、热力的生产和供应（S22）部门的年均间接碳排放最高（13.7 亿吨），其次是交通运输、仓储和邮政（S26，2.3 亿吨）及化学产品（S12，1.1 亿吨）。如图 8.3 所示，2010~2017 年，居民对电力、热力的生产和供应部门（S22），交通运输、仓储和邮政部门（S26）及化学产品部门（S12）消费引起的间接碳排放最高分别达到 14.9 亿吨、3.1 亿吨和 1.4 亿吨。这说明控制这几个部门的碳排放是降低居民消费引起的间接碳排放的关键途径。类似地，Alcántara 和 Padilla（2003）也指出交通和化学产品等部门是西班牙终端消费引起的间接能源消费的重点部门，进而导致较多的碳排放。

（2）样本区间内，居民对交通运输、仓储和邮政（S26）部门，农林牧渔产品和服务（S1）部门，批发、零售、住宿和餐饮（S27）部门及其他服务（S28）部门消费引起的间接碳排放呈显著上升趋势。具体而言，2010~ 2017 年，居民对交通运输、仓储和邮政（S26）部门产品消费引起的间接碳排放上升最快，增长了 106.84%，其次是农林牧渔产品和服务（S1）部门（58.66%），批发、零售、住宿和餐饮（S27）部门（31.64%）及其他服务（S28）部门（25.52%），详细结果如图 8.3 和附录 E2 所示。这可能是由居民对这些部门产品的人均消费增加导致，如 2010~2017 年，居民对这些部门的人均消费分别增长了 274%、72%、70%和 92%（2017 年不变价）不难发现，发展绿色交通和低碳农业（如发展生物农业、减少对农药和化肥的使用及严格控制秸秆燃烧）对于居民的碳减排尤为重要。

（3）样本区间内，居民对造纸印刷和文教体育用品（S10）部门、煤炭采选产品（S2）部门、食品和烟草（S6）部门及非金属矿物制品（S13）部门消费引起的间接碳排放呈现显著下降趋势。如图 8.3 所示，2010~2017 年，居民对这些经济部门产品消费引起的间接碳排放分别下降了 47.13%、41.06%、22.40%和 25.04%。这可能是由于造纸、煤炭等部门的碳排放强度较高（Zhu et al.，2012；Wang et al.，2016），同时自“十二五”以来，这些部门逐渐出现产能过剩、消费不振及市场低迷等问题，在去产能及产品升级和转型的政策约束下，这些部门的能源效率得到提高，从而使居民对这些部门产品消费引起的间接碳排放出现显著下降。

（4）样本区间内，居民对电气机械和器材（S18）部门，通用设备、专用设备（S16）部门和纺织品（S7）部门消费引起的间接碳排放较少。如图 8.3 所示，2010~2017 年，居民消费这 3 个部门产品引起的年均间接碳排放分别为 0.02 亿吨、0.05 亿吨和 0.11 亿吨。这可能由于 2010~2017 年居民对这 3 个部门产品的消费分别占总居民消费的 1.8%、0.1%和 0.4%，整体处于较低水平，从而导致居民对这些部门产品消费引起的间接碳排放处于较低水平。

尽管我们测算了 2010~2017 年居民对不同经济部门产品消费引起的间接碳排放及其变化趋势，但是居民消费间接碳排放的驱动因素尚不明朗。鉴于此，根据方程（8.6）到方程（8.11），我们分别从碳排放指数、能源强度、居民消费结构、人均居民消费和人口规模等五个因素分解居民对各部门产品消费引起的间接二氧化碳排放变化，结果如图 8.4 所示，我们发现以下几点。

（1）人均居民消费增加是导致居民对各经济部门产品消费引起的间接二氧化碳排放增加的主要原因，然后是人口增长。如图 8.4 所示，人均居民消费增加和人口增长对电力、热力的生产和供应（S22）部门碳排放的影响最大，其次是交通运输、仓储和邮政（S26）部门。2010~2017 年，人均居民消费增加和人口增长分别使居民对电力部门产品消费引起的间接碳排放增加了 9.6 亿吨和 0.4 亿吨，同时分别使居民对交通部门消费引起的间接碳排放增加了 1.2 亿吨和 0.1 亿吨。类似地，Li 等（2018）考察了北京碳排放的驱动因素，也发现人口和消费需求是驱动北京碳排放增长的主要因素。

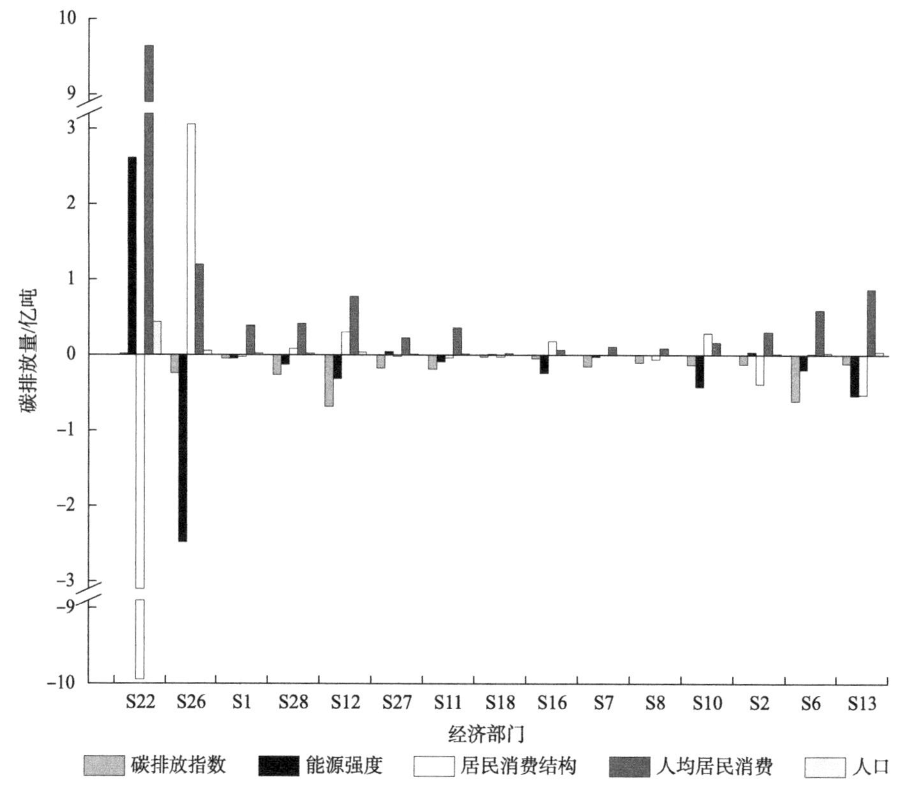

图 8.4　2010~2017 年中国居民消费重点经济部门产品引起的间接二氧化碳排放变化的驱动因素分解

各经济部门编码见附录 E 表 E1

（2）能源强度和碳排放指数下降有助于抑制居民对交通运输、仓储和邮政（S26）部门等大多数部门产品消费引起的间接碳排放，但是并不能有效降低居民对电力、热力的生产和供应（S22）部门产品消费引起的碳排放。如图 8.4 所示，能源强度下降对交通运输、仓储和邮政（S26）部门碳排放的影响最大，其次是非金属矿物制品（S13）部门及造纸印刷和文教体育用品（S10）部门，分别使 2010~2017 年居民对这三个部门产品消费引起的间接碳排放下降了 2.5 亿吨、0.5 亿吨和 0.4 亿吨。同时，碳排放指数下降对化学产品（S12）部门碳排放的影响最大，其次是食品和烟草（S6）部门及其他（S28）部门，分别使 2010~2017 年居民对这三个部门产品消费引起的间接碳排放下降了 0.7 亿吨、0.6 亿吨和 0.2 亿吨。类似地，Paul 和 Bhattacharya（2004）研究指出，印度在 1980~1996 年能源强度下降是居民对各部门产品消费引起的间接二氧化碳排放下降的主要原因。

然而，能源强度和碳排放指数下降并不能降低居民对电力消费引起的间接碳排放，这可是因为尽管能源强度下降、碳排放指数下降等技术进步会导致居民消费电力部门单位产品引起的碳排放出现下降，但是与此同时也会刺激消费者消费更多的电力，从而导致居民对电力消费增加引致的碳排放上升高于技术进步对电力部门碳排放的下降作用，最终导致电力部门的碳排放并不会出现显著下降。因此，就控制居民消费电力部门产品产生的碳排放而言，政策制定者不仅需要关注能源效率的提高，也需要考虑回弹效应。实际上，Zhang 和 Peng（2017）研究发现 2000~2013 年中国居民电力消费的直接回弹效应约为 72%。

（3）居民消费结构向服务型消费的转变显著降低了居民对电力、热力的生产和供应（S22）部门，非金属矿物制品（S13）部门和煤炭采选产品（S2）部门等产品消费引起的间接碳排放，但是却提高了居民对交通运输、仓储和邮政（S26）部门，化学产品（S12）部门，造纸印刷和文教体育用品（S10）部门产品消费引起的间接碳排放。如图 8.4 所示，居民消费结构向服务型消费的转变使居民对电力消费产生的碳排放下降了 9.9 亿吨，但是却使居民对交通消费引起的碳排放增加了 3.1 亿吨。这可能是由于近些年居民对网购、旅游等消费型需求增加，而这些消费型需求离不开交通部门的支撑，因此导致居民消费结构转向服务型消费显著提高了居民对交通运输、仓储和邮政部门产品消费引起的间接碳排放。类似地，Tarancón Morán 和 del Río González（2007）发现西班牙交通行业燃油技术改进减少了最终需求引起的间接二氧化碳排放，但是这部分二氧化碳排放被交通行业最终需求增加排放的二氧化碳抵消。

8.5　主要结论与启示

本章测算了中国全国居民消费引起的间接能源消费和间接二氧化碳排放，并考察了居民对不同部门产品消费引起的间接二氧化碳排放的变化趋势及差异，同时分解了居民消费引起的间接二氧化碳排放的驱动因素，得到以下主要结论。

（1）从全国层面而言，2010~2017 年，中国居民消费引起的二氧化碳排放（即直接和间接二氧化碳排放）整体呈上升趋势，居民消费引起的间接二氧化碳排放是居民消费碳排放的主要来源，达到 85%~88%。同时，就驱动因素而言，2010~2017 年，人均居民消费增长使中国居民消费引起的间接二氧化碳排放增加了 375%，而居民消费结构、碳排放指数和能源强度分别使居民消费引起的间接二氧化碳排放减少了 174%、74%和 43%。

（2）就各经济部门而言，2010~2017 年，居民对电力、热力的生产和供应（S22）部门产品消费引起的年均间接二氧化碳排放相对最高（13.7 亿吨），其次是交通运输、仓储和邮政（S26）部门（2.3 亿吨）及化学产品（S12）部门（1.1 亿吨）。同时，2010~2017 年，居民对交通运输、仓储和邮政（S26）部门，农林牧渔产品和服务（S1）部门，批发、零售、住宿和餐饮（S27）部门及电力、热力的生产和供应（S22）部门产品消费引起的间接碳排放呈现显著上升趋势，而对造纸印刷和文教体育用品（S10）部门、煤炭采选产品（S2）部门、食品和烟草（S6）部门及非金属矿物制品（S13）部门消费引起的间接碳排放呈现显著下降趋势。另外，居民对电气机械和器材（S18）部门，通用设备、专用设备（S16）部门及纺织品（S7）部门消费引起的间接碳排放较少。

（3）人均居民消费增加是导致居民对各经济部门产品消费引起的间接二氧化碳排放增加的主要原因，然后是人口增长。同时，能源强度和碳排放指数下降有助于抑制居民对交通运输、仓储和邮政（S26）部门等大多数部门消费引起的间接碳排放，但是并不能有效降低居民对电力、热力的生产和供应（S22）部门消费引起的碳排放。此外，居民消费结构向服务型消费的转变显著降低了居民对电力、热力的生产和供应（S22）部门、非金属矿物制品（S13）部门、煤炭采选产品（S2）部门等产品消费引起的间接碳排放，但是却提高了居民对交通运输、仓储和邮政（S26）部门，化学产品（S12）部门、造纸印刷和文教体育用品（S10）部门等产品消费引起的间接碳排放。

根据上述研究，我们提出两点管理启示：①居民消费引起的间接碳排放是居民消费碳排放的主要来源，如果仅考虑直接碳排放，会严重低估居民消费的碳减排需求。因此，政策制定者可以着重控制居民消费的间接碳排放来源。②居民消费引起的间接碳排放主要源自电力、热力的生产和供应部门及交通部门，政府可以通过大力发展太阳能、风能、生物质能等新能源与可再生能源降低居民对电力消费引起的间接碳排放，并通过技术创新、管理创新等手段降低能源强度和碳排放指数，降低居民对交通部门产品消费引起的间接碳排放。

第 9 章　中国居民消费碳排放的经济部门关联分析

9.1　中国居民消费碳排放的经济部门关联机制及主要问题

为了积极应对全球气候变化，中国政府在《强化应对气候变化行动——中国国家自主贡献》中承诺，到 2030 年碳排放强度将比 2005 年减少 60%~65%。2020 年 12 月 12 日，习近平主席在气候雄心峰会上宣布，“到 2030 年，中国单位国内生产总值二氧化碳排放将比 2005 年下降 65%以上”[①]。为了实现减排目标，中国政府把推动低碳发展和积极应对气候变化作为生态文明建设的重要内容，提升到了国家战略高度。

实际上，如前所述，很有必要从居民消费的角度控制中国不同经济部门的碳排放。这是因为居民消费对中国的经济增长发挥着基础性作用，而着力扩大居民消费是中国政府“十三五”规划的重要经济改革目标。特别是习近平总书记在 2020 年 5 月提出，“把满足国内需求作为发展的出发点和落脚点，加快构建完整的内需体系”“着力打通生产、分配、流通、消费各个环节，逐步形成以国内大循环为主体、国内国际双循环相互促进的新发展格局”[②]。另外，在投入产出表里，居民消费是终端消费的重要组成部分，而终端消费可以通过部门关联引起各个经济部门的碳排放，从而导致居民消费与各个经济部门的碳排放息息相关。探讨中国居民消费碳排放的经济部门关联性，有助于掌握居民消费引起的碳排放在不同经济部门之间的转移情况，从而找到碳减排的关键环节并实现精准减排。但是，现有研究尚未解决这些问题。

同时，得到居民消费碳排放的部门关联主要节点，对于提高居民消费碳排放

① http://www.gov.cn/gongbao/content/2020/content_5570055.htm[2021-01-31]。

② http://www.qstheory.cn/zhuanqu/2020-09/23/c_1126531690.htm[2021-01-30]。

的减排效率尤为重要。具体而言，部门关联性分析是在投入产出分析的基础上开展的，按照部门联系的程度，可以分为直接关联和间接关联（Guerra and Sancho，2010a；Mongelli et al.，2006；刘宇，2011）。直接关联是指一个部门通过直接消费其他部门的产品或者向其他部门直接提供产品从而发生的联系。如果一个部门消费了其他部门的产品，而其他部门产品的生产消费了第三个部门的产品，从而第一个部门间接消费了第三个部门的产品，或者第一个部门向其他部门提供产品，其他部门又向第三个部门提供产品，从而第一个部门间接向第三个部门提供了产品，第一个部门和第三个部门发生的这种联系叫作间接关联（Mongelli et al.，2006）。

按照部门联系的方向，可以把部门关联性分为前向关联和后向关联（Rasmussen Arne，1956；Lodh and Lewis，1976；Oksanen and Williams，1984；Andreosso-O'Callaghan and Yue，2004；陈锡康等，2011）。前向关联是指上游部门对使用其产品的下游部门的供给关系。后向关联是指下游部门消费其上游部门的产品形成的需求关系（刘宇，2011；Tarancón Morán and del Río González，2007）。在部门前向关联和后向关联的基础上，不同经济部门的碳排放可形成供给碳排放和需求碳排放。然而，如何在部门前向关联和后向关联分析的基础上进一步展开分解分析，提取部门关联的关键节点，如何从供给碳排放和需求碳排放的角度比较不同经济部门之间的碳排放，以及农村居民消费和城镇居民消费驱动的各个经济部门碳排放的差异，现有研究尚未解决。

鉴于此，本章基于中国 2017 年的投入产出表，采用投入产出模型和假设抽取法测算居民消费碳排放的部门关联性，研究贡献主要包括两点：①现有研究尚未详细探讨中国居民消费碳排放的部门关联，不利于政策制定者从居民消费结构的角度实现碳减排有效途径。为此，本章不仅测算了居民消费碳排放的部门关联，分别从前向碳排放关联、后向碳排放关联、内部碳排放关联和混合碳排放关联等角度分解了部门之间的关联性，而且进一步分解了中国 28 个经济部门的前向碳排放关联和后向碳排放关联，从而得到居民消费碳排放部门关联的重要节点，有助于针对重要关联节点制定精准的减排策略。②不同经济部门的供给碳排放和需求碳排放存在显著差异，同时农村居民消费水平和城镇居民消费水平也存在显著差异，但是现有研究尚未识别居民消费引起的关键供给碳排放部门和关键需求碳排放部门，也尚未比较农村居民消费和城镇居民消费驱动的不同经济部门碳排放，这不利于从居民消费结构的角度制定减排策略。为此，本章不仅测算了居民消费驱动的中国 28 个经济部门供给碳排放和需求碳排放的大小，而且定义和测算了农村居民和城镇居民消费驱动的不同经济部门的碳排放。

9.2 国内外研究现状

在贸易作用下，各部门产品在生产过程中产生的碳排放会在不同部门之间发生转移，从而导致部门碳排放存在关联。不难发现，居民消费碳排放的部门关联分析是基于投入产出模型考察各部门输入和输出的碳排放情况的（Andreosso-O'Callaghan and Yue，2004；Turner et al.，2007；Zhang，2013）。

部门关联性分析主要有两种方法，一种是传统的部门关联分析，另一种是基于假设抽取法的部门关联分析。传统的部门关联分析主要是利用里昂惕夫逆矩阵和 Ghosh 逆矩阵直接测算部门关联性（Rasmussen Arne，1956；Lenzen，2003）。Rasmussen Arne（1956）提出了采用里昂惕夫逆矩阵测算产业间的关联性，并提出了后向关联性的概念。之后众多学者采用这种方法测算后向关联性（Laumas，1976；Hewings，1982；Alejandro Cardenete and Sancho，2006；Lenzen，2003；Dietzenbacher，2002；Mattioli and Ricciardo-Lamonica，2013，2015）和前向关联性（Haji，1987；Hewings et al.，1989；Mattioli and Ricciardo-Lamonica，2013，2015）。然而，Augustinovics（1970）反对采用里昂惕夫逆矩阵，而建议采用 Ghosh 逆矩阵来测算部门间的前向关联性，因为用里昂惕夫逆矩阵测算前向关联性是建立在后向关联性基础上的。后来，Beyers（1976）、Jones（1976）和 Dietzenbacher（2002）采用 Ghosh 逆矩阵的方法展开了相关研究。实际上，采用里昂惕夫逆矩阵测算部门关联是基于终端消费开展的，如果把某部门单独划分出来，则应该使用该部门的产出而不是该部门的终端消费来测算部门的后向关联性（刘宇，2011）。由此可知，现有学者对于传统的部门关联性测算方法仍然存有争议。

实际上，相比传统的部门碳排放关联的测算方法，假设抽取法可以更准确地测算部门间的碳排放关联。Schultz（1977）最早提出了假设抽取法，假设把某部门从经济系统中抽走，比较部门抽取前后经济系统总产出的变化，从而判断此部门对经济系统的影响。假设抽取法主要用来分析产业结构变动对经济系统的影响，它考虑了部门分离对总产出的影响，并进一步分解了各部门的关联效应，因此能够比传统的产业关联方法更为准确地测算部门间的关联性（Andreosso-O'Callaghan and Yue，2004）。事实上，部门的关联性也会包括多种形式，Cella（1984）为了更加详细地考察部门之间不同形式的关联性，进一步提出了部门间的后向关联、前向关联和总关联之间的关系。在此基础上，Duarte 等（2002）进一步将关联效应分解为内部效应、混合效应、净后向效应和净前向效应。

很多领域都应用假设抽取法开展产业间关联分析（Duarte et al.，2002；Hoen，

2002；Leung and Pooley，2001；Cai et al.，2005）。在经济结构分析方面，假设抽取法往往用于估计各部门在经济系统总产出中的重要性，分析产业间的关联关系（Andreosso-O'Callaghan and Yue，2004；Tarancón Morán and del Río González，2007）。在水资源研究方面，假设抽取法往往用来测算部门间的用水关联关系（Duarte et al.，2002；Sánchez-Chóliz and Duarte，2003）。在碳排放分析方面，假设抽取法常用于识别测算碳排放关联性较强的部门，并据此制定相应的政策措施。例如，Ali（2015）采用假设抽取法考察了意大利 35 个经济部门的碳排放关联，结果表明，意大利焦炭、精炼石油和核燃料部门，化学及化工部门，其他非金属矿物部门及电力部门等 9 个经济部门与其他经济部门具有高度关联性，这 9 个经济部门的碳排放约占 35 个经济部门碳排放总量的 72%。类似地，Wang 等（2013c）采用假设抽取法测算了中国碳排放的产业关联性，发现某些低碳行业虽然碳排放强度低，但是会引起其他高碳排放行业的碳排放，导致这些低碳行业的后向碳关联较高。总的来讲，假设抽取法通过把某个经济部门从经济系统中分离出来从而分析该部门与其他部门碳排放的关联性，这能够比传统方法更为准确地测算部门碳排放关联性。

9.3 数据说明与研究方法

9.3.1 数据说明

本章使用的各个经济部门的投入产出数据源自国家统计局发布的 2017 年期间的中国投入产出表，28 个经济部门的碳排放数据源自 CEADs。由于中国投入产出表和中国碳排放数据库的经济部门划分不尽相同，我们参考 Su 等（2010）和 Zhang 等（2017a），把中国经济部门划分为 28 个经济部门，见附录 E 表 E1。

9.3.2 研究方法

1. 假设抽取法

假设将经济体分为两组产业群，即 L_s[①]组和 L_{-s} 组（L_s 组由若干性质相似的部门构成，也可以由单独一个部门构成；L_{-s} 组由除 L_s 组之外的其他部门构成），投入产出的基本方程为

① 本章将分别采用下标 s 和 $-s$ 代表 L_s 组和 L_{-s} 组。

$$\begin{bmatrix} X_s \\ X_{-s} \end{bmatrix} = \begin{bmatrix} A_{s,s} & A_{s,-s} \\ A_{-s,s} & A_{-s,-s} \end{bmatrix} \begin{bmatrix} X_s \\ X_{-s} \end{bmatrix} + \begin{bmatrix} Y_s \\ Y_{-s} \end{bmatrix} \tag{9.1}$$

即

$$\begin{bmatrix} X_s \\ X_{-s} \end{bmatrix} = (\mathrm{IM} - A)^{-1} \begin{bmatrix} Y_s \\ Y_{-s} \end{bmatrix} = \begin{bmatrix} \Delta_{s,s} & \Delta_{s,-s} \\ \Delta_{-s,s} & \Delta_{-s,-s} \end{bmatrix} \begin{bmatrix} Y_s \\ Y_{-s} \end{bmatrix} \tag{9.2}$$

其中，本章共考虑了 28 个经济部门，由于 L_s 组只有一个经济部门，所以 X_s 是一个标量，表示 L_s 组部门的产出；L_{-s} 组是由除了 L_s 组之外的其余 27 个经济部门组成，X_{-s} 是一个 27×1 的列向量，表示 L_{-s} 组中各部门的产出；Y_s 是一个标量，表示 L_s 组部门对应的终端需求；Y_{-s} 是一个 27×1 的列向量，表示 L_{-s} 组对应的终端需求；$A_{s,s}$ 是一个标量，表示 L_s 组部门每单位产出对自身产品的直接消耗量；$A_{s,-s}$ 是一个 1×27 的行向量，表示 L_{-s} 组各部门每单位产出对 L_s 组部门产品的直接消耗量；$A_{-s,s}$ 是一个 27×1 的列向量，表示 L_s 组部门每单位产出对 L_{-s} 组各部门产品的直接消耗量；$A_{-s,-s}$ 是一个 27×27 的矩阵，表示 L_{-s} 组各部门每单位产出对 L_{-s} 组各部门产品的直接消耗量；$A = \begin{bmatrix} A_{s,s} & A_{s,-s} \\ A_{-s,s} & A_{-s,-s} \end{bmatrix}$；$(\mathrm{IM} - A)^{-1} = \begin{bmatrix} \Delta_{s,s} & \Delta_{s,-s} \\ \Delta_{-s,s} & \Delta_{-s,-s} \end{bmatrix}$ 表示里昂惕夫逆矩阵，又称完全需要系数矩阵（即生产单位最终产品对不同部门产品的直接和间接的需求量），且 $\Delta_{s,s}$ 是一个标量，表示 L_s 组的部门生产单位最终产品对自身产品的直接和间接需求量；$\Delta_{s,-s}$ 是一个 1×27 的行向量，表示 L_{-s} 组 27 个部门生产单位最终产品对 L_s 组部门产品的直接和间接需求量；$\Delta_{-s,s}$ 是一个 27×1 的列向量，表示 L_s 组各部门生产单位最终产品对 L_{-s} 组部门产品的直接和间接需求量；$\Delta_{-s,-s}$ 是一个 27×27 的矩阵，表示 L_{-s} 组各部门生产单位最终产品对 L_{-s} 组各部门产品的直接和间接需求量。

根据方程（9.2），经济体中的碳排放量可由方程（9.3）表示：

$$\begin{bmatrix} D_s \\ D_{-s} \end{bmatrix} = \begin{bmatrix} \overline{B}_s & 0 \\ 0 & \overline{B}_{-s} \end{bmatrix} \begin{bmatrix} X_s \\ X_{-s} \end{bmatrix} = \begin{bmatrix} \overline{B}_s & 0 \\ 0 & \overline{B}_{-s} \end{bmatrix} \begin{bmatrix} \Delta_{s,s} & \Delta_{s,-s} \\ \Delta_{-s,s} & \Delta_{-s,-s} \end{bmatrix} \begin{bmatrix} Y_s \\ Y_{-s} \end{bmatrix} \tag{9.3}$$

其中，$\overline{B}_s = \dfrac{D_s}{X_s}$，表示 L_s 组部门的碳排放强度，即 L_s 组部门单位产出的碳排放；D_{-s} 是一个 27×1 的列向量，表示 L_{-s} 组各部门单位产出的碳排放；$\overline{B}_{-s}$ 是一个 27×27 的对角矩阵，其对角线由元素 $\overline{B}_{-sk}$ 组成，且 $\overline{B}_{-sk} = \dfrac{D_{-sk}}{X_{-sk}}$，$D_{-sk}$ 是一个标量，表示 L_{-s} 组中部门 k 产生的碳排放，X_{-sk} 是一个标量，表示 L_{-s} 组中部门 k 的产出。

接下来，由于方程（9.3）中的 Y_s 表示最终需求，包括居民消费、政府消费、投资和出口等，为了进一步测算居民消费驱动的碳排放，参考 Das 和 Paul（2014），在方程（9.3）的基础上可以进一步得到居民消费驱动的碳排放，如方程（9.4）所示：

$$\begin{bmatrix} Q_s \\ Q_{-s} \end{bmatrix} = \begin{bmatrix} \bar{B}_s & 0 \\ 0 & \bar{B}_{-s} \end{bmatrix} \begin{bmatrix} \varDelta_{s,s} & \varDelta_{s,-s} \\ \varDelta_{-s,s} & \varDelta_{-s,-s} \end{bmatrix} \begin{bmatrix} C_s \\ C_{-s} \end{bmatrix} \tag{9.4}$$

其中，C_s 表示居民对 L_s 组部门产品的消费量；Q_s 表示 L_s 组部门由居民消费引起的直接碳排放量；C_{-s} 是一个 27×1 的列向量，表示居民对 L_{-s} 组中各部门产品的消费量；Q_{-s} 是一个 27×1 的列向量，表示 L_{-s} 组中各部门由居民消费产生的碳排放。

然后，我们将 L_s 组从 28 个经济部门中抽取出来，也就是说，假设经济系统中 L_s 组部门不与其他部门（即 L_{-s} 组）发生产品交易，即令方程（9.1）中的 $A_{s,-s}$ 和 $A_{-s,s}$ 等于零。这时根据 Schultz（1977）和 Wang 等（2013d），经济系统中的投入产出关系可由方程（9.5）和方程（9.6）表示：

$$\begin{bmatrix} X_s^* \\ X_{-s}^* \end{bmatrix} = \begin{bmatrix} A_{s,s} & 0 \\ 0 & A_{-s,-s} \end{bmatrix} \begin{bmatrix} X_s^* \\ X_{-s}^* \end{bmatrix} + \begin{bmatrix} Y_s \\ Y_{-s} \end{bmatrix} \tag{9.5}$$

$$\begin{bmatrix} X_s^* \\ X_{-s}^* \end{bmatrix} = \begin{bmatrix} \left(\mathrm{IM} - A_{s,s}\right)^{-1} & 0 \\ 0 & \left(\mathrm{IM} - A_{-s,-s}\right)^{-1} \end{bmatrix} \begin{bmatrix} Y_s \\ Y_{-s} \end{bmatrix} \tag{9.6}$$

其中，X_s^* 是一个标量，表示 L_s 组被抽取（即 L_s 组部门不与 L_{-s} 组发生产品交易）后，L_s 组部门的产出；X_{-s}^* 是一个 27×1 的列向量，表示 L_s 组被抽取后，L_{-s} 组中各部门的产出。

根据方程（9.2）和方程（9.6），此时经济系统中的碳排放量可由方程（9.7）表示：

$$\begin{bmatrix} D_s^* \\ D_{-s}^* \end{bmatrix} = \begin{bmatrix} \bar{B}_s & 0 \\ 0 & \bar{B}_{-s} \end{bmatrix} \begin{bmatrix} \left(\mathrm{IM} - A_{s,s}\right)^{-1} & 0 \\ 0 & \left(\mathrm{IM} - A_{-s,-s}\right)^{-1} \end{bmatrix} \begin{bmatrix} Y_s \\ Y_{-s} \end{bmatrix} \tag{9.7}$$

其中，D_s^* 是一个标量，表示 L_s 组被抽取后，L_s 组部门的直接碳排放量；D_{-s}^* 是一个 27×1 的列向量，表示 L_s 组被抽取后，L_{-s} 组中各部门的碳排放量。

在方程（9.2）、方程（9.5）和方程（9.6）的基础上，居民消费驱动的各经济部门的碳排放量可由方程（9.8）表示：

$$\begin{bmatrix} Q_s^* \\ Q_{-s}^* \end{bmatrix} = \begin{bmatrix} \bar{B}_s & 0 \\ 0 & \bar{B}_{-s} \end{bmatrix} \begin{bmatrix} \left(\mathrm{IM} - A_{s,s}\right)^{-1} & 0 \\ 0 & \left(\mathrm{IM} - A_{-s,-s}\right)^{-1} \end{bmatrix} \begin{bmatrix} \mathrm{CE}_s \\ \mathrm{CE}_{-s} \end{bmatrix} \tag{9.8}$$

其中，Q_s^* 是一个标量，表示 L_s 组被抽取后，居民消费引起的 L_s 组部门的直接碳排放量；Q_{-s}^* 是一个 27×1 的列向量，表示 L_s 组被抽取后，居民消费引起的 L_{-s} 组中各部门的直接碳排放量；我们采用CE_s和CE_{-s}代替方程（9.7）中的Y_s和Y_{-s}。

对比L_s组被抽取前后经济系统中居民消费引起的碳排放量，L_s组对居民消费驱动的碳排放量的影响可由方程（9.4）与方程（9.8）之差得到，如方程（9.9）所示：

$$\begin{bmatrix} Q_s \\ Q_{-s} \end{bmatrix} - \begin{bmatrix} Q_s^* \\ Q_{-s}^* \end{bmatrix} = \begin{bmatrix} \bar{B}_s & 0 \\ 0 & \bar{B}_{-s} \end{bmatrix} \begin{bmatrix} \Delta_{s,s} - (\mathrm{IM} - A_{s,s})^{-1} & \Delta_{s,-s} \\ \Delta_{-s,s} & \Delta_{-s,-s} - (\mathrm{IM} - A_{-s,-s})^{-1} \end{bmatrix} \begin{bmatrix} \mathrm{CE}_s \\ \mathrm{CE}_{-s} \end{bmatrix}$$
$$= \begin{bmatrix} \Omega_{s,s} & \Omega_{s,-s} \\ \Omega_{-s,s} & \Omega_{-s,-s} \end{bmatrix} \begin{bmatrix} \mathrm{CE}_s \\ \mathrm{CE}_{-s} \end{bmatrix} \tag{9.9}$$

其中，$\Omega_{s,s} = \bar{B}_s \left[\Delta_{s,s} - (1 - A_{s,s})^{-1} \right]$；$\Omega_{s,-s} = \bar{B}_s \Delta_{s,-s}$；$\Omega_{-s,s} = \bar{B}_{-s} \Delta_{-s,s}$；$\Omega_{-s,-s} = \bar{B}_{-s} \left[\Delta_{-s,-s} - (\mathrm{IM} - A_{-s,-s})^{-1} \right]$。

然后，根据 Cella（1984），我们分别定义L_s组居民消费的总碳关联TL_s、后向碳关联BL_s和前向碳关联FL_s如方程（9.10）到方程（9.12）所示：

$$\mathrm{TL}_s = u' \begin{bmatrix} Q_s - Q_s^* \\ Q_{-s} - Q_{-s}^* \end{bmatrix} \tag{9.10}$$

$$\mathrm{BL}_s = u' \begin{bmatrix} \Omega_{s,s} \\ \Omega_{-s,s} \end{bmatrix} \mathrm{CE}_s \tag{9.11}$$

$$\mathrm{FL}_s = u' \begin{bmatrix} \Omega_{s,-s} \\ \Omega_{-s,-s} \end{bmatrix} \mathrm{CE}_{-s} \tag{9.12}$$

其中，$u' = (1,1,\cdots,1)$；BL_s是一个标量，表示L_s组为了满足居民消费又对L_{-s}组各部门产品消费引起的L_{-s}组各部门的碳排放量，即由L_{-s}组转移到L_s组的碳排放量；FL_s是一个标量，表示L_{-s}组为了满足居民消费又对L_s组部门产品消费引起的L_s组部门的碳排放量，即由L_s组转移到L_{-s}组的碳排放量；由上述分析可知，$\mathrm{TL}_s = \mathrm{BL}_s + \mathrm{FL}_s$，且$\mathrm{BL}_s + \mathrm{BL}_{-s} = \mathrm{FL}_s + \mathrm{FL}_{-s}$。

实际上，根据方程（9.10）到方程（9.12）得到的经济部门之间的关联性指标是绝对指标，即尚未开展标准化处理。为了便于比较各产业部门的碳关联大小，Duarte 等（2002）对碳关联系数进行标准化处理，我们将经济部门之间关联性的绝对指标转化为相对指标。部门碳关联相对指数平均数为 1，当某一碳关联相对指数大于 1 时，说明该产业部门相对于其他产业部门有较强的碳关联关系。部门碳关联的相对指标（G_{rs}）如方程（9.13）所示：

$$G_{rs} = \frac{M_{rs}}{\frac{1}{28}\sum_{s=1}^{28} M_{rs}} \tag{9.13}$$

其中，M_{rs} 表示 L_s 组与其他经济部门碳排放关联的绝对指标，即开展标准化处理前的碳排放关联结果，当 $r = \mathrm{t}$ 、f 和 b 时，M_{rs} 分别表示总的碳排放关联绝对指标、前向碳排放关联绝对指标和后向碳排放关联绝对指标；本章考虑了 28 个经济部门，$s = 1$ 表示抽取第 1 个部门作为 L_s 组；类似地，$s = 2,3,\cdots,28$ 分别表示抽取第 2 个、第 3 个……第 28 个部门作为 L_s 组。

2. 部门碳关联分解

根据 Duarte 等（2002），我们把 L_s 组的碳排放关联分解为以下四个因子，分别如方程（9.14）到方程（9.17）所示：

$$\mathrm{IE}_s = u'\overline{B}_s\left(1 - A_{s,s}\right)^{-1}\mathrm{CE}_s \tag{9.14}$$

$$\mathrm{ME}_s = u'\overline{B}_s\left[\varDelta_{s,s} - \left(1 - A_{s,s}\right)^{-1}\right]\mathrm{CE}_s \tag{9.15}$$

$$\mathrm{NFE}_s = u'\overline{B}_s\varDelta_{s,-s}\mathrm{CE}_{-s} \tag{9.16}$$

$$\mathrm{NBE}_s = u'\overline{B}_{-s}\varDelta_{-s,s}\mathrm{CE}_s \tag{9.17}$$

其中，IE_s 是一个标量，表示内部碳排放关联，即假设 L_s 组部门的生产和交易在 L_s 组内部进行，不与 L_{-s} 组各部门发生联系时，居民对 L_s 组部门产品消费导致 L_s 组部门的碳排放量；ME_s 表示混合碳关联，是指隐含在 L_s 组部门的部分产品被 L_{-s} 组各部门用来生产产品，之后这些产品又被 L_s 组购买回来过程中的碳排放；NFE_s 表示净前向碳排放，是指 L_{-s} 组各部门为了满足居民消费又直接和间接消耗 L_s 组部门的产品，从而把 L_s 组中的碳排放直接和间接转移到 L_{-s} 组中，反映 L_s 组是碳排放的“输出者”；NBE_s 表示净后向碳排放，是指 L_s 组为满足居民消费，直接和间接消耗 L_{-s} 组各部门的产品，从而把 L_{-s} 组中的碳排放直接和间接转移到 L_s 组中，反映 L_s 组是碳排放的“输入者”。它们的关系如图 9.1 所示。

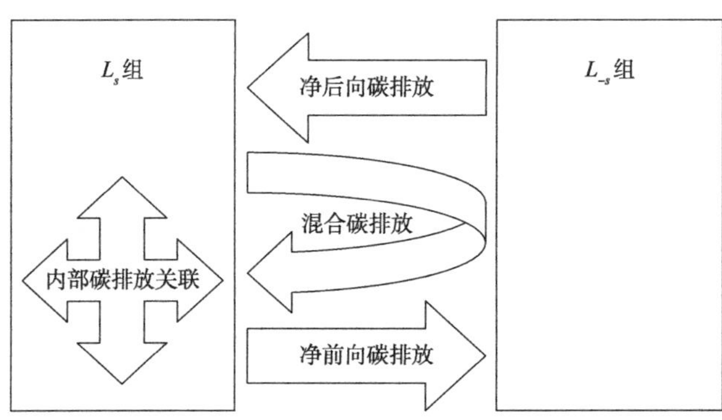

图 9.1　各产业部门碳排放关联关系

通过以上对碳排放关联的测算和分解，可知 L_s 组中有如下关系成立：

$$\mathrm{FL}_s = \mathrm{NFE}_s + \mathrm{ME}_{-s} \tag{9.18}$$

$$\mathrm{BL}_s = \mathrm{NBE}_s + \mathrm{ME}_s \tag{9.19}$$

其中，ME_{-s} 是一个标量，表示 L_{-s} 组的混合碳排放，即最初 L_{-s} 组各部门的产品提供给 L_s 组之后又被 L_{-s} 组买回使用过程中隐含的碳排放。

令净碳关联 NT_s 表示 L_s 组生产过程中发生的净碳排放转移量，即 L_s 组净前向碳关联和净后向碳关联的差，它可以表示为

$$\mathrm{NT}_s = \mathrm{NFE}_s - \mathrm{NBE}_s \tag{9.20}$$

其中，当 $\mathrm{NT}_s > 0$ 时，表示 L_s 组向 L_{-s} 组净输出碳排放；当 $\mathrm{NT}_s < 0$ 时，表示 L_s 组从 L_{-s} 组净吸入碳排放；当 $\mathrm{NT}_s = 0$ 时，表示 L_s 组净前向碳关联等于净后向碳关联，L_s 组从经济系统中输入与输出的碳排放相等。

3. NFE_s 和 NBE_s 的分解

进一步把 L_s 组的净后向碳关联分解为 L_{-s} 组中各部门转移到 L_s 组的碳排放之和。同理，L_s 组的净前向碳关联可以分解为 L_s 组转移到 L_{-s} 组各部门的碳排放之和（Duarte et al.，2002；Wang et al.，2013c），可以表示如下：

$$\mathrm{NFE}_s = \sum_{k=1}^{27} \mathrm{NFE}_{s\to k} = \sum_{k=1}^{27} \bar{B}_s \Delta_{s,k} \mathrm{CE}_k \left(k \in L_{-s}\right) \tag{9.21}$$

$$\mathrm{NBE}_s = \sum_{k=1}^{27} \mathrm{NBE}_{k\to s} = \sum_{k=1}^{27} \bar{B}_k \Delta_{k,s} \mathrm{CE}_s \left(k \in L_{-s}\right) \tag{9.22}$$

其中，$\mathrm{NFE}_{s\to k}$ 表示从 L_s 组向 L_{-s} 组部门 k 转移的碳排放；$\mathrm{NBE}_{k\to s}$ 表示从 L_{-s} 组部门 k 向 L_s 组转移的碳排放；$\Delta_{s,k}$ 表示方程（9.2）中行向量 $\Delta_{s,-s}$ 的元素；$\Delta_{k,s}$ 表示方程（9.2）中列向量 $\Delta_{-s,s}$ 的元素。

4. 需求碳排放和供给碳排放的计算

根据 Zhang（2013），对于 L_s 组来说，DE_s 为需求碳排放，表示为满足本部门的居民消费而直接排放的二氧化碳和通过其他部门产品间接排放的二氧化碳之和；SE_s 为供给碳排放，表示为满足各产业部门对本部门产品的需求，在生产这些产品过程中的直接碳排放。DE_s 和 SE_s 可以分别表示为以下关系式：

$$\mathrm{DE}_s = \mathrm{IE}_s + \mathrm{ME}_s + \mathrm{NBE}_s \tag{9.23}$$

$$\mathrm{SE}_s = \mathrm{IE}_s + \mathrm{ME}_s + \mathrm{NFE}_s \tag{9.24}$$

5. 居民消费驱动的各个经济部门的碳排放

生产和服务是由最终需求引发的，不同最终需求对经济系统的拉动效应不同

（陈锡康等，2011）。为了进一步考察城镇居民和农村居民驱动的各经济部门的碳排放。根据陈锡康等（2011），城镇居民和农村居民驱动的经济部门 p 碳排放的测算方式如方程（9.25）所示：

$$d_k^h = \sum_{\wp=1}^{28} \bar{B}_k b_{k\wp} \mathrm{CE}_{\wp h} \quad (k = 1,2,\cdots,28;\ \wp = 1,2,\cdots,28;\ h = 1,2) \tag{9.25}$$

其中，$\bar{B}_k$ 表示部门 k 的直接碳排放强度；$b_{k\wp}$ 表示 $(\mathrm{IM}-A)^{-1}$ 的第 k 行、第 $\wp$ 列的数，即部门 $\wp$ 的单位最终需求完全（包括直接和间接）消耗的部门 k 产品量；$\mathrm{CE}_{\wp h}$ 表示部门 $\wp$ 产品用于第 h 种最终需求的量。因此，$\sum_{k=1}^{28} d_k^h$ 表示第 h 种最终需求引起的各部门碳排放之和，$h=1$ 和 $h=2$ 分别对应城镇居民和农村居民驱动的各经济部门碳排放。

9.4 实证结果分析

9.4.1 居民消费碳排放的部门关联分析

根据方程（9.10）到方程（9.13），我们得到 2017 年中国居民消费碳排放的部门关联测算结果，如表 9.1 所示，我们发现以下几点。

表 9.1 2017 年中国居民消费引起的碳排放部门关联结果

经济部门	绝对指标/亿吨			相对指标		
	TL	BL	FL	TL	BL	FL
S1	3.33	1.12	2.21	1.50	1.60	1.46
S2	0.78	0.01	0.77	0.35	0.02	0.50
S3	0.95	0.00	0.95	0.43	0.00	0.63
S4	0.50	0.00	0.50	0.23	0.00	0.33
S5	0.33	0.00	0.33	0.15	0.00	0.22
S6	4.49	3.63	0.86	2.03	5.19	0.57
S7	0.94	0.11	0.84	0.43	0.16	0.55
S8	1.41	1.13	0.27	0.63	1.62	0.18
S9	0.34	0.20	0.14	0.15	0.29	0.09
S10	1.37	0.35	1.02	0.62	0.50	0.67
S11	1.63	0.28	1.35	0.73	0.40	0.89

续表

经济部门	绝对指标/亿吨			相对指标		
	TL	BL	FL	TL	BL	FL
S12	5.28	1.09	4.19	2.38	1.56	2.76
S13	1.24	0.08	1.16	0.56	0.11	0.76
S14	4.36	0.00	4.36	1.97	0.00	2.87
S15	1.34	0.13	1.21	0.60	0.18	0.80
S16	1.23	0.07	1.16	0.55	0.10	0.76
S17	2.35	1.60	0.76	1.06	2.29	0.50
S18	1.89	0.67	1.21	0.85	0.96	0.80
S19	1.53	0.73	0.81	0.69	1.04	0.53
S20	0.33	0.04	0.29	0.15	0.06	0.19
S21	0.24	0.03	0.21	0.11	0.04	0.14
S22	11.73	0.22	11.50	5.29	0.32	7.57
S23	0.29	0.18	0.11	0.13	0.26	0.07
S24	0.28	0.19	0.09	0.12	0.26	0.06
S25	0.22	0.00	0.22	0.10	0.00	0.15
S26	3.95	0.88	3.08	1.78	1.25	2.02
S27	2.75	1.38	1.37	1.24	1.98	0.90
S28	7.05	5.46	1.59	3.18	7.82	1.04

注：TL、BL 和 FL 分别表示总碳排放关联、后向碳排放关联和前向碳排放关联；各经济部门对应编码见附录 E 表 E1

（1）与各个经济部门的碳排放关联程度最高的经济部门是电力、热力的生产和供应（S22）部门，其次是其他服务（S28）部门，化学产品（S12）部门，食品和烟草（S6）部门，金属冶炼和压延加工品（S14）部门，以及交通运输、仓储和邮政（S26）部门。如表 9.1 所示，电力、热力的生产和供应（S22）部门总关联度的绝对指标达到 11.73 亿吨，而其相对指标达到 5.29，这说明该部门与其他经济部门的总关联是各个经济部门平均关联的 5.29 倍。类似地，Zhao 等（2015）考察了南非产业群碳排放关联程度，研究发现电力、燃气和水供应部门的总碳关联度处于较高水平。

（2）对国民经济各部门碳排放推动作用最大的经济部门是电力、热力的生产和供应（S22）部门，其次是金属冶炼和压延加工品（S14）部门，化学产品（S12）部门，交通运输、仓储和邮政（S26）部门，农林牧渔产品和服务（S1）部门，以及其他服务（S28）部门。如表 9.1 所示，这些经济部门的前向碳排放关联系数（FL）都大于 1，说明这些经济部门的前向碳关联系数都大于各个经济部门前向碳关联系数的平均值，特别是电力、热力的生产和供应部门与金属冶炼和压延加工品部门的前向碳关联系数的相对指标分别达到 7.57 和 2.87，显著高于各经济部门前向碳关联系数的平均值。类似地，Ali（2015）考察了意大利各个经济部门的碳排放关联程度，结果发现电力、热力的生产和供应部门与交通部门的前向碳排放关联程度很高。

（3）对国民经济各部门碳排放驱动作用最大的部门是其他服务（S28）部门，其次是食品和烟草（S6）部门，交通运输设备（S17）部门，批发、零售、住宿和餐饮（S27）部门，以及纺织服装鞋帽皮革羽绒及其制品（S8）部门。如表 9.1 所示，这些经济部门的后向碳排放关联系数处于较高水平，特别是其他服务部门及食品和烟草部门，它们的后向碳排放关联系数的相对指标分别达到 7.82 和 5.19，远远高于各个经济部门后向碳排放关联系数的平均水平。这些结果与现有研究存在显著差异，如与 Ali（2015）的研究结果相比，中国的纺织服装鞋帽皮革羽绒及其制品（S8）部门的碳排放拉动效应比意大利更为显著。这可能是由于中国作为全球最大的人口大国，对服装等方面的需求显著高于其他国家，从而导致服装皮革制品业通过消费上游部门的商品产生较多碳排放，对碳排放的拉动效应尤为显著。

9.4.2　居民消费碳排放的部门关联分解分析

根据方程（9.14）到方程（9.17）和方程（9.20），我们得到 2017 年中国居民消费碳排放的部门关联分解结果，如表 9.2 所示，可以看出以下几点。

表 9.2　2017 年中国居民消费引起的碳排放部门关联分解（单位：亿吨）

经济部门	IE_s	ME_s	NFE_s	NBE_s	NT_s
S1	0.3001	0.0182	0.4746	1.1002	−0.6256
S2	0.0051	0.0001	0.2205	0.0126	0.2079
S3	0.0000	0.0000	0.3168	0.0000	0.3168
S4	0.0000	0.0000	0.0287	0.0000	0.0287
S5	0.0000	0.0000	0.0368	0.0000	0.0368
S6	0.4762	0.0303	0.1010	3.5988	−3.4979
S7	0.0091	0.0001	0.0643	0.1087	−0.0444
S8	0.0341	0.0003	0.0079	1.1338	−1.1259
S9	0.0010	0.0000	0.0007	0.2017	−0.2010
S10	0.0291	0.0004	0.0789	0.3473	−0.2684
S11	0.1160	0.0028	0.3999	0.2751	0.1248
S12	0.2634	0.0123	0.8246	1.0748	−0.2502

续表

经济部门	IE_s	ME_s	NFE_s	NBE_s	NT_s
S13	0.1127	0.0011	0.6977	0.0750	0.6227
S14	0.0000	0.0000	2.6870	0.0000	2.6870
S15	0.0015	0.0000	0.0141	0.1265	−0.1124
S16	0.0021	0.0001	0.0340	0.0688	−0.0348
S17	0.0266	0.0004	0.0124	1.5965	−1.5842
S18	0.0029	0.0001	0.0052	0.6736	−0.6684
S19	0.0053	0.0001	0.0059	0.7254	−0.7196
S20	0.0003	0.0000	0.0019	0.0386	−0.0366
S21	0.0010	0.0000	0.0070	0.0287	−0.0217
S22	3.6151	0.1039	11.1360	0.1194	11.0165
S23	0.0030	0.0000	0.0019	0.1787	−0.1768
S24	0.0018	0.0000	0.0009	0.1850	−0.1842
S25	0.0000	0.0000	0.0027	0.0000	0.0027
S26	1.2341	0.0437	1.8363	0.8331	1.0032
S27	0.2025	0.0080	0.1757	1.3764	−1.2007
S28	0.5152	0.0305	0.1375	5.4321	−5.2946

（1）电力、热力的生产和供应（S22）部门不仅在自身的生产过程中消耗了大量的电力和热力，产生了大量碳排放，而且在满足其他经济部门对电力和热力需求的过程中，又向其他经济部门输出了大量碳排放。与其他经济部门相比，电力、热力的生产和供应（S22）部门的内部碳排放关联、混合碳排放关联及净前向碳排放关联均处于最高水平，分别达到 3.6151 亿吨、1039 万吨和 11.1360 亿吨。同时，金属冶炼和压延加工品（S14）部门的净前向碳关联也较大，达到 2.6870 亿吨。与现有研究相比，本章的研究结果与 Zhao 等（2015）对终端消费碳排放的部门关联研究结果有相似之处，他们也发现南非的电力、热力的生产和供应部门的内部碳排放关联、混合碳排放关联和净前向碳关联较大，但是他们发现南非批发、零售、住宿和餐饮部门的净前向碳关联系数较大，而本章对中国居民消费碳排放的部门关联研究发现该部门的净前向碳关联系数较小，这可能是由于不同国家经济部门产品投入产出关系存在显著差异。

（2）其他服务（S28）部门，食品和烟草（S6）部门，交通运输设备（S17）部门，以及批发、零售、住宿和餐饮（S27）部门吸收了大量来自其他经济部门的碳排放。如表 9.2 所示，其他服务（S28）部门的净后向碳排放最高，达到 5.4321 亿吨，说明其他服务（S28）部门吸收的其他经济部门的碳排放量高达 5.4321 亿吨。类似地，食品和烟草（S6）部门，交通运输设备（S17）部门，以及批发、零售、住宿和餐饮（S27）部门吸收其他经济部门的碳排放量分别达到 3.5988 亿吨、1.5965 亿吨和 1.3764 亿吨。然而，Wang 等（2013c）发现，技术部门、建筑部门、服务部门和轻工业部门的净后向碳关联程度很高，与本章研究结果有显著差异。这可能是由于本章仅从居民消费角度考察各个部门的净后向碳关联程度，而现有研究往往从终端消费角度考察各个部门的净后向碳关联程度。

（3）电力、热力的生产和供应（S22）部门向其他经济部门输出的碳排放比从其他经济部门吸收的碳排放要多，并且其向经济系统中净输出碳排放在所有经济部门中最高，其次是金属冶炼和压延加工品（S14）部门及交通运输、仓储和邮政（S26）部门，而其他服务（S28）部门从其他经济部门中吸收的碳排放比向其他经济部门输出的碳排放多，并且其从经济系统中净吸收碳排放是所有部门中最高的，其次是食品和烟草（S6）部门。如表 9.2 所示，电力、热力的生产和供应（S22）部门向经济系统净输出碳排放为 11.0165 亿吨，而其他服务（S28）部门、食品和烟草（S6）部门从经济系统中净吸收的碳排放分别为 5.2946 亿吨和 3.4979 亿吨。该研究结果与 Wang 等（2013c）一致，他们也发现能源部门、基础部门和交通部门的碳排放净输出比其他经济部门高，而技术部门、建筑部门和服务部门从能源部门和其他工业部门吸收了大量碳排放。与现有研究相比，本章的经济部门划分更为细致，有助于从经济部门碳排放关联的角度为政府主管部门提供更为精准的减排决策依据。

9.4.3　居民消费碳排放的部门净后向和净前向碳关联分解分析

根据方程（9.21）和方程（9.22），分解 2017 年中国居民消费碳排放的部门净后向碳关联和净前向碳关联，结果如表 9.3 所示，我们发现以下几点。

（1）在 28 个经济部门中，电力、热力的生产和供应（S22）部门向其他经济部门转移的碳排放量最高，主要转移到了其他服务（S28）部门，食品和烟草（S6）部门，以及批发、零售、住宿和餐饮（S27）部门。如表 9.3 所示，电力、热力的生产和供应（S22）部门的净前向碳关联在所有经济部门中最高，达到 111 359.68 万吨，即该部门向其他经济部门转移的碳排放高达 111 359.68 万吨。同时，该部门向其他经济部门转移的碳排放具有显著的部门异质性，其中，转移到其他服务（S28）部门的碳排放最高，达到 31 891.11 万吨，其次是食品和烟草（S6）部门，以及批发、零售、住宿和餐饮（S27）部门，分别达到 20 596.81 万吨和 8147.38 万吨。

表 9.3　2017 年各经济部门净前向碳关联和净后向碳关联的分解（单位：万吨）

经济部门	S1	S2	S3	S4	S5	S6	S7	S8	S9	S10	S11	S12	S13	S14	S15	S16	S17	S18	S19	S20	S21	S22	S23	S24	S25	S26	S27	S28	NFE
S1	—	0.32	0.00	0.00	0.00	3 358.15	43.06	284.09	45.39	38.99	5.89	94.91	1.72	0.00	1.92	1.73	49.04	15.19	24.58	1.17	2.13	8.08	3.47	3.22	0.00	36.89	289.16	437.09	4 746.18
S2	112.49	—	0.00	0.00	0.00	356.29	12.43	116.36	18.53	42.69	85.53	174.38	17.86	0.00	9.21	5.22	121.57	51.02	57.25	3.03	2.54	262.67	33.64	14.10	0.00	96.11	106.07	505.84	2 204.85
S3	138.93	0.72	—	0.00	0.00	340.55	10.83	118.35	18.80	31.58	525.51	229.55	8.23	0.00	7.38	4.88	119.27	44.35	50.60	2.70	2.59	47.01	322.02	6.62	0.00	320.25	144.14	673.47	3 168.35
S4	9.26	0.20	0.00	—	0.00	27.80	0.80	8.85	2.67	7.30	2.30	13.67	1.14	0.00	5.39	2.45	54.42	26.56	19.05	1.04	0.75	4.27	1.22	0.82	0.00	11.68	11.37	73.94	286.94
S5	17.65	0.21	0.00	0.00	—	53.50	1.45	15.29	2.63	5.40	37.26	34.72	8.17	0.00	0.97	0.69	18.53	7.88	9.50	0.52	0.35	5.35	22.48	0.87	0.00	25.94	16.06	82.55	367.97
S6	222.30	0.18	0.00	0.00	0.00	—	5.22	83.97	8.22	9.95	4.27	41.48	1.06	0.00	1.33	1.30	32.64	10.58	18.69	0.87	0.67	6.60	2.73	2.33	0.00	28.62	242.20	284.57	1 009.81
S7	6.30	0.08	0.00	0.00	0.00	30.93	—	425.20	5.71	10.85	1.09	9.26	0.39	0.00	0.42	0.36	11.57	2.85	4.13	0.27	0.97	1.46	0.82	0.74	0.00	8.37	17.08	104.27	643.11
S8	2.03	0.04	0.00	0.00	0.00	12.17	0.40	—	1.64	1.13	0.47	2.13	0.17	0.00	0.12	0.14	5.03	0.96	1.49	0.09	0.09	0.65	0.43	0.41	0.00	3.10	6.24	40.37	79.29
S9	0.22	0.01	0.00	0.00	0.00	0.99	0.03	0.32	—	0.44	0.06	0.24	0.02	0.00	0.04	0.01	0.93	0.11	0.15	0.01	0.02	0.10	0.03	0.01	0.00	0.28	0.36	2.40	6.79
S10	20.31	0.12	0.00	0.00	0.00	149.78	1.81	26.90	5.07	—	2.12	18.22	1.34	0.00	0.81	0.80	18.72	7.87	13.53	0.59	0.47	3.51	1.37	1.18	0.00	21.31	55.55	437.25	788.64
S11	237.14	1.24	0.00	0.00	0.00	578.21	17.56	194.93	32.11	51.41	—	345.03	15.01	0.00	13.04	8.20	203.70	78.76	87.40	4.78	4.28	55.81	32.21	10.00	0.00	603.93	244.63	1 179.40	3 998.79
S12	880.33	2.11	0.00	0.00	0.00	1 697.69	79.21	785.86	106.18	197.09	64.13	—	18.84	0.00	15.74	14.45	438.52	158.87	222.23	9.97	11.56	45.35	24.05	38.46	0.00	226.87	391.01	2 807.34	8 245.86
S13	251.59	2.68	0.00	0.00	0.00	1 412.92	20.16	214.84	78.59	83.01	89.12	292.65	—	0.00	36.97	27.75	861.98	401.08	582.69	35.56	9.02	105.77	24.36	15.46	0.00	246.89	326.61	1 857.70	6 977.39
S14	764.62	20.13	0.00	0.00	0.00	2 454.53	65.31	738.08	245.77	711.58	206.73	873.28	96.37	—	499.31	248.38	5 494.70	2 700.94	1 899.99	103.36	74.21	426.18	119.78	73.43	0.00	1 136.82	1 070.23	6 846.37	26 870.11
S15	4.49	0.15	0.00	0.00	0.00	18.87	0.43	5.38	2.39	1.99	0.99	4.87	0.65	0.00	—	0.94	17.85	6.34	7.53	0.52	0.31	1.85	0.53	0.92	0.00	5.41	6.34	52.25	141.01
S16	20.94	0.32	0.00	0.00	0.00	47.32	1.44	14.33	2.85	4.76	5.41	12.59	1.36	0.00	1.71	—	57.10	13.92	20.94	1.22	0.59	4.90	2.81	0.96	0.00	19.17	14.47	90.83	339.92
S17	5.48	0.03	0.00	0.00	0.00	15.33	0.35	4.44	0.63	0.93	0.60	2.65	0.20	0.00	0.19	0.47	—	1.51	2.00	0.13	0.22	0.75	0.36	0.19	0.00	29.88	8.34	48.95	123.63
S18	1.45	0.02	0.00	0.00	0.00	4.71	0.13	1.43	0.25	0.53	0.32	1.29	0.10	0.00	0.11	0.35	7.50		5.90	0.27	0.09	2.64	0.21	0.18	0.00	2.36	4.00	18.35	52.19
S19	1.33	0.02	0.00	0.00	0.00	4.57	0.10	1.27	0.20	0.53	0.27	1.05	0.07	0.00	0.08	0.35	5.57	3.08	—	0.64	0.08	0.79	0.18	0.12	0.00	2.49	4.18	31.78	58.75

续表

经济部门	S1	S2	S3	S4	S5	S6	S7	S8	S9	S10	S11	S12	S13	S14	S15	S16	S17	S18	S19	S20	S21	S22	S23	S24	S25	S26	S27	S28	NFE
S20	0.50	0.01	0.00	0.00	0.00	1.65	0.04	0.52	0.08	0.14	0.26	0.50	0.04	0.00	0.04	0.07	1.77	0.49	0.94	—	0.02	1.08	0.17	0.09	0.00	0.71	0.92	9.15	19.20
S21	2.02	0.03	0.00	0.00	0.00	8.00	0.19	3.28	0.50	4.02	0.49	2.59	0.22	0.00	0.69	0.28	6.37	2.76	2.60	0.14	—	1.18	0.34	0.22	0.00	2.78	3.35	27.92	69.97
S22	7 035.18	89.97	0.00	0.00	0.00	20 596.81	710.97	6 767.80	1 238.10	1 994.14	1 553.79	7 751.55	531.59	0.00	621.78	325.42	7 245.98	2 835.48	3 692.36	191.10	157.89	—	1 095.78	1 627.74	0.00	5 257.77	8 147.38	31 891.11	111 359.68
S23	0.73	0.00	0.00	0.00	0.00	2.78	0.07	0.82	0.11	0.23	0.16	0.78	0.03	0.00	0.04	0.03	0.68	0.22	0.30	0.02	0.03	0.32	—	0.04	0.00	3.94	1.99	5.44	18.75
S24	0.29	0.00	0.00	0.00	0.00	2.48	0.03	0.39	0.06	0.12	0.07	0.29	0.02	0.00	0.01	0.01	0.33	0.12	0.20	0.01	0.01	0.17	0.04	—	0.00	0.30	1.06	2.84	8.85
S25	0.96	0.01	0.00	0.00	0.00	2.58	0.06	0.69	0.11	0.15	0.09	0.47	0.03	0.00	0.03	0.02	0.62	0.19	0.42	0.02	0.01	0.47	0.07	0.08	—	1.11	2.33	16.37	26.90
S26	1 084.80	6.05	0.00	0.00	0.00	4 039.61	99.43	1 303.66	166.19	226.88	139.46	712.31	38.45	0.00	39.76	35.99	972.64	296.05	414.08	22.52	15.18	166.18	79.23	38.40	0.00	—	2 309.85	6 156.51	18 363.25
S27	91.91	0.55	0.00	0.00	0.00	438.53	8.41	129.63	21.24	25.80	10.50	64.10	3.41	0.00	3.59	3.71	121.09	30.76	56.48	2.60	1.54	15.70	6.81	3.92	0.00	80.24	—	636.57	1 757.08
S28	88.81	0.96	0.00	0.00	0.00	331.71	6.82	91.80	12.96	21.36	13.72	63.31	3.55	0.00	3.86	3.68	97.15	28.48	59.30	2.45	1.54	25.38	11.44	9.91	0.00	157.76	338.76	—	1 374.71
NBE	11 002.06	126.18	0.00	0.00	0.00	35 988.47	1 086.76	11 338.45	2 016.98	3 472.99	2 750.60	10 747.87	750.01	0.00	1 264.56	687.69	15 965.29	6 736.44	7 254.32	385.58	287.16	1 194.24	1 786.60	1 850.42	0.00	8 330.98	13 763.67	54 320.62	—

（2）在 28 个经济部门中，其他服务（S28）部门从经济系统中吸收的碳排放量最高，其次是食品和烟草（S6）部门。如表 9.3 所示，其他服务（S28）部门的净后向碳关联在所有经济部门中最高，达到 54 320.62 万吨，其次是食品和烟草（S6）部门，达到 35 988.47 万吨，说明这两个部门分别从经济系统中吸收了 54 320.62 万吨和 35 988.47 万吨碳排放。具体而言，其他服务（S28）部门主要吸收了电力、热力的生产和供应（S22）部门的碳排放，高达 31 891.11 万吨，其次是金属冶炼和压延加工品（S14）部门，交通运输、仓储和邮政（S26）部门及化学产品（S12）部门，分别达到 6846.37 万吨、6156.51 万吨和 2807.34 万吨。食品和烟草（S6）部门也主要吸收了电力、热力的生产和供应（S22）部门的碳排放，高达 20 596.81 万吨，其次是交通运输、仓储和邮政（S26）部门及农林牧渔产品和服务（S1）部门，分别为 4039.61 万吨和 3358.15 万吨。类似地，Wang 等（2013c）的研究也表明，服务部门是吸收碳排放的重要部门。

9.4.4　主要经济部门的供给碳排放和需求碳排放分析

根据方程（9.23）和方程（9.24），测算 2017 年中国 28 个经济部门的供给碳排放和需求碳排放，结果如表 9.4 所示，我们发现：电力、热力的生产和供应（S22）部门的供给碳排放最高，而其他服务（S28）部门的需求碳排放最高。

表 9.4　2017 年各经济部门的供给碳排放和需求碳排放（单位：亿吨）

经济部门	供给碳排放	需求碳排放	经济部门	供给碳排放	需求碳排放
S1	0.7929	1.4185	S15	0.0156	0.1280
S2	0.2257	0.0178	S16	0.0361	0.0709
S3	0.3168	0.0000	S17	0.0393	1.6235
S4	0.0287	0.0000	S18	0.0082	0.6766
S5	0.0368	0.0000	S19	0.0113	0.7309
S6	0.6075	4.1053	S20	0.0022	0.0388
S7	0.0735	0.1178	S21	0.0080	0.0297
S8	0.0423	1.1682	S22	14.8550	3.8384
S9	0.0017	0.2027	S23	0.0049	0.1817
S10	0.1084	0.3768	S24	0.0027	0.1869
S11	0.5187	0.3938	S25	0.0027	0.0000
S12	1.1003	1.3505	S26	3.1141	2.1109
S13	0.8116	0.1889	S27	0.3862	1.5868
S14	2.6870	0.0000	S28	0.6831	5.9777

注：各经济部门对应编码见附录 E 表 E1

具体而言，如表 9.4 所示，就供给碳排放而言，电力、热力的生产和供应（S22）部门的供给碳排放在所有经济部门中最高，达到 14.8550 亿吨，其次是交通运输、仓储和邮政（S26）部门，金属冶炼和压延加工品（S14）部门及化学产品（S12）部门，分别达到 3.1141 亿吨、2.6870 亿吨和 1.1003 亿吨。就需求碳排放而言，其他服务（S28）部门的需求碳排放最高，达到 5.9777 亿吨，其次是食品和烟草（S6）部门，电力、热力的生产和供应（S22）部门及交通运输、仓储和邮政（S26）部门，分别达到 4.1053 亿吨、3.8384 亿吨和 2.1109 亿吨。由于需求碳排放较高的部门往往位于生产链的下游，同时 28 个经济部门的供给碳排放之和与需求碳排放之和相等，而不同部门的供给碳排放和需求碳排放有差异，这表明碳排放在部门之间发生了转移。类似地，Wang 等（2013c）发现，88%的能源部门供给碳排放最终转移到了技术、建筑和服务领域等部门。Ferng（2003）和 Zhang 等（2015b）也认为碳排放会在生产单位与消费单位之间发生转移。特别地，电力、热力的生产和供应（S22）部门与交通运输、仓储和邮政（S26）部门的供给碳排放和需求碳排放均处于较高水平，说明这两个部门是上游经济部门和下游经济部门碳排放的中转站。

进一步对上述重点经济部门的供给碳排放和需求碳排放进行深入分析，结果如图 9.2 和图 9.3 所示，可以发现以下几点。

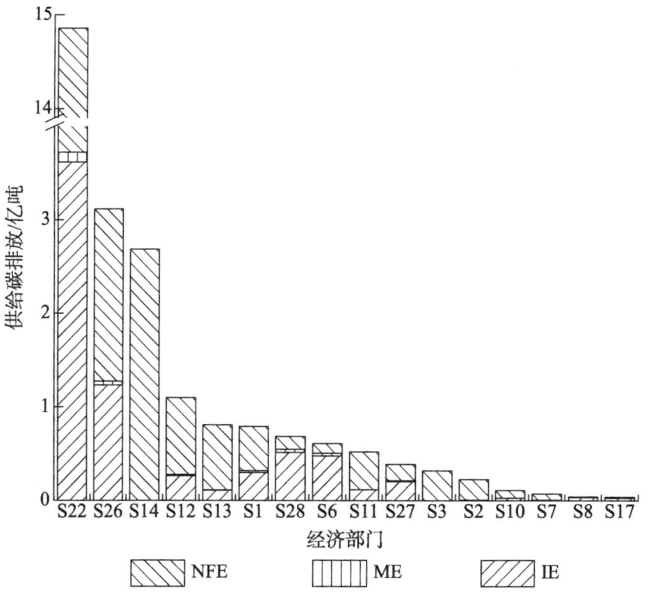

图 9.2　2017 年主要经济部门的供给碳排放

IE 表示内部碳排放关联；ME 表示混合碳排放关联；NFE 表示净前向碳排放。各经济部门对应编码见附录 E 表 E1

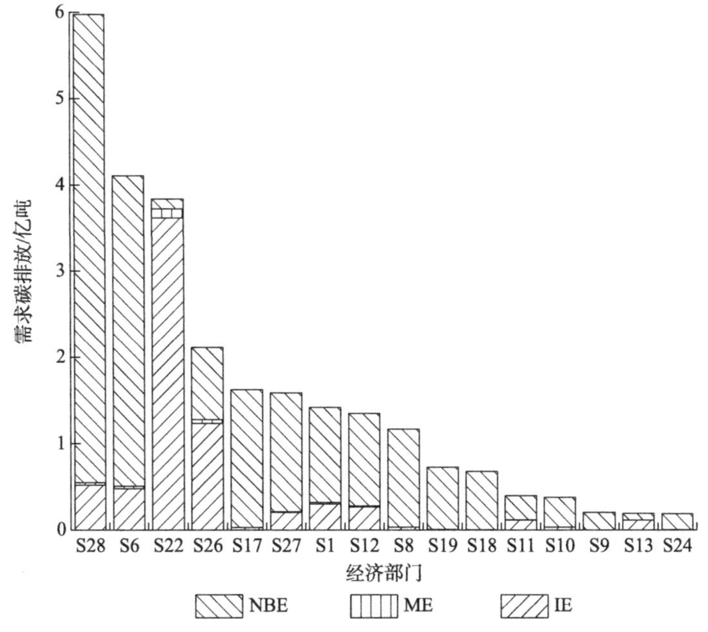

图 9.3　2017 年主要经济部门的需求碳排放

IE 表示内部碳排放关联；ME 表示混合碳排放关联；NBE 表示净后向碳排放。各经济部门对应编码见附录 E 表 E1

（1）原材料工业部门主要向其他部门提供生产需要的原材料，因此这些部门的供给碳排放大部分是由于其他部门对其产品的需求产生的。这些部门主要包括金属冶炼和压延加工品（S14）部门，石油和天然气开采产品（S3）部门，煤炭采选产品（S2）部门，非金属矿物制品（S13）部门，石油、炼焦产品和核燃料加工品（S11）部门，电力、热力的生产和供应（S22）部门，以及化学产品（S12）部门，这部分由其他经济部门对其产品的需求产生的碳排放大于本部门消费自身产品产生的碳排放，如图 9.2 所示。该结果与 Zhang（2013）的研究结果一致，他也发现化学产品部门，金属冶炼和压延加工品部门，以及电力、热力的生产和供应部门等的供给碳排放处于较高水平。

（2）交通运输、仓储和邮政（S26）部门的供给碳排放显著高于需求碳排放，且其供给碳排放主要是源自满足其他经济部门和自身物流的需求。如图 9.2 和图 9.3 所示，交通运输、仓储和邮政（S26）部门的供给碳排放为 3.1141 亿吨，其中，净前向碳排放和内部碳排放的占比分别为 59%和 40%，说明该部门 59%和 40%的供给碳排放分别用于满足其他经济部门的运输需求和自身的运输需求。同时，交通运输、仓储和邮政（S26）部门的需求碳排放达到 2.1109 亿吨，其中，内部碳排放占比高达 58%。类似地，Wang 等（2013c）也发现能源、交通等基础行业的供给碳排放大于需求碳排放，并且其供给碳排放大部分由净前向碳排放构成，与本章的研究结果基本一致。

（3）其他服务（S28）部门的需求碳排放，以及食品和烟草（S6）部门，交通运输设备（S17）部门，批发、零售、住宿和餐饮（S27）部门及农林牧渔产品和服务（S1）部门的需求碳排放显著高于其供给碳排放。如图 9.2 和图 9.3 所示，其他服务（S28）部门的需求碳排放为 5.9777 亿吨，而其供给碳排放仅为 0.6831 亿吨。同时，净后向碳排放占其他服务（S28）部门需求碳排放的 91%，说明该部门 91%的需求碳排放隐含于其上游经济部门。类似地，Zhu 等（2012）发现其他服务（S28）部门的需求碳排放高于其他经济部门。Wang 等（2013c）也发现，其他服务部门的需求碳排放大于供给碳排放，并且其需求碳排放主要源自净后向碳排放。

9.4.5　居民消费驱动的各经济部门的碳排放分析

根据方程（9.23）和方程（9.25），可以得到城镇居民消费和农村居民消费驱动的各经济部门碳排放，结果如图 9.4 所示，我们发现以下几点。

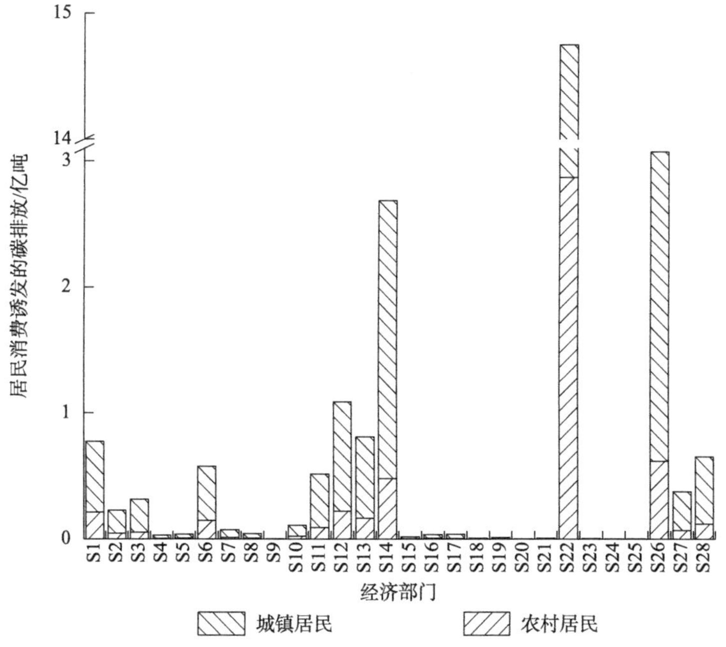

图 9.4　2017 年中国城镇居民和农村居民消费驱动的碳排放

（1）总体而言，中国城镇居民消费驱动的 28 个经济部门的碳排放大约是农村居民的 4 倍。具体来说，如图 9.4 所示，城镇居民消费驱动的 28 个经济部门的碳排放是农村居民的 2.7~9.2 倍，且城镇居民消费驱动的各个经济部门的总的碳排放达到 21.1 亿吨，而农村居民消费驱动的各个经济部门的总的碳排放为 5.2 亿吨。该结果与 Feng 等（2011）的研究结果是一致的，他们也发现中国城镇居民消费驱动的碳排放量显著高于农村居民，前者是后者的 4~5 倍。这可能由于近些年中国经济发展与碳排放成正比例（Al Mamun et al.，2014；Shahbaz and Lean，2012；Ozturk and Acaravci，2013），而中国城镇居民的收入水平往往明显高于农村居民，从而城镇居民消费驱动的碳排放普遍高于农村居民（Zhang et al.，2014a）。

（2）降低电力、热力的生产和供应（S22）部门的碳排放是控制居民消费驱动的碳排放的重要途径，其次是降低交通运输、仓储和邮政（S26）部门，金属冶炼和压延加工品（S14），以及化学产品（S12）部门的碳排放。如图 9.4 所示，居民消费碳排放驱动的电力、热力的生产和供应（S22）部门的碳排放相对最高，达到 14.8 亿吨，其次是交通运输、仓储和邮政（S26）部门，金属冶炼和压延加工品（S14）部门，以及化学产品（S12）部门，分别达到 3.1 亿吨、2.7 亿吨和 1.1 亿吨。这说明改进这些关键经济部门的生产技术或者在这些部门大力推广使用可替代的清洁能源，从而降低它们的碳排放强度，是从整体上控制居民消费碳排放的重要方式。

9.5　主要结论与建议

通过分析中国居民消费碳排放的部门关联，比较各经济部门的供给碳排放和需求碳排放及城镇居民消费和农村居民消费驱动的各个经济部门的碳排放，得到以下主要结论。

（1）与各个经济部门的碳排放关联程度最高的经济部门是电力、热力的生产和供应（S22）部门，其次是其他服务（S28）部门、化学产品（S12）部门、食品和烟草（S6）部门、金属冶炼和压延加工品（S14）及交通运输、仓储和邮政（S26）部门。

（2）电力、热力的生产和供应（S22）部门对国民经济各部门碳排放的推动作用最大，其次是金属冶炼和压延加工品（S14）部门，化学产品（S12）部门，交通运输、仓储和邮政（S26）部门，农林牧渔产品和服务（S1）部门，以及其他服务（S28）部门。其他服务（S28）部门对国民经济各部门碳排放的拉动作用最大，其次是食品和烟草（S6）部门，交通运输设备（S17）部门，批发、零售、住宿和餐饮（S27）部门，以及纺织服装鞋帽皮革羽绒及其制品（S8）部门。

（3）就中国 28 个经济部门而言，电力、热力的生产和供应（S22）部门向其他经济部门转移的碳排放量最高，其主要转移到了其他服务（S28）部门，食品和烟草（S6）部门，以及批发、零售、住宿和餐饮（S27）部门。同时，其他服务（S28）部门从经济系统中吸收的碳排放量最高，其次是食品和烟草（S6）部门。其他服务（S28）部门主要吸收了电力、热力的生产和供应（S22）部门的碳排放，其次是吸收了金属冶炼和压延加工品（S14）部门，交通运输、仓储和邮政（S26）部门及化学产品（S12）部门的碳排放。食品和烟草（S6）部门也是主要吸收了电力、热力的生产和供应（S22）部门的碳排放，其次是吸收了交通运输、仓储和邮政（S26）部门及农林牧渔产品和服务（S1）部门的碳排放。

（4）电力、热力的生产和供应（S22）部门的供给碳排放最高，且其供给碳排放显著高于需求碳排放，而其他服务（S28）部门的需求碳排放最高，且其需求碳排放显著高于供给碳排放。同时，中国城镇居民消费驱动的28个经济部门的碳排放大约是农村居民的4倍。居民消费主要驱动了电力、热力的生产和供应（S22）部门的碳排放，其次是交通运输、仓储和邮政（S26）部门，金属冶炼和压延加工品（S14）部门，以及化学产品（S12）部门等。

根据上述结论，我们建议政府在实施碳减排战略过程中，需要有针对性地限制部分行业的规模，通过技术改进降低碳排放强度，调整居民消费结构，特别是引导农村居民增加消费。具体而言：①对于电力、热力的生产和供应（S22）部门等供给碳排放较高的行业，政府需要着力控制其下游经济部门的产能过剩，或以一定的进口代替生产，来减少这些行业的供给碳排放。对于其他服务（S28）部门等需求碳排放较高的行业，政府不仅要通过技术改进来提高行业自身的能源效率，使用清洁能源，以降低行业的碳排放强度，而且需要合理配置其上游行业的产品投入，从而降低需求碳排放。②降低电力、热力的生产和供应（S22）部门的碳排放是控制居民消费驱动的碳排放的重要途径，然后是降低交通运输、仓储和邮政（S26）部门，金属冶炼和压延加工品（S14）部门，以及化学产品（S12）部门等的碳排放。同时，控制城镇居民消费驱动的碳排放尤为重要，中国政府可以通过设置奖惩措施，推动低碳出行、低碳采购等低碳消费行为，降低城镇居民的碳排放。

第 10 章　中国工业行业碳排放回弹效应研究

10.1　中国工业行业回弹效应的作用机制

10.1.1　回弹效应的定义

回弹效应最早由威廉姆·斯坦利·杰文斯 1865 年在《煤炭问题》中提出，他在研究煤炭的使用效率时发现，“通过经济地使用燃料来减少消耗的想法是荒谬的，事实恰恰相反”（Jevons，1965）。技术进步使得煤炭使用效率提高，但煤炭消耗量没有减少反而增加，导致人们对能源的需求无法得到满足，这就是著名的杰文斯悖论。除了杰文斯悖论，Khazzoom-Brookes 假说也认为能源效率提升会增加而不是减少能源消费（邵帅等，2013）。Brookes（1978）认为能源效率提高会导致经济增长，经济增长反过来增加能源消费。Khazzoom（1980）指出能源效率提高不一定会导致能源需求下降，因为能源效率提高会导致有效能源服务的成本降低，导致能源服务的需求增加，从而使得能源消费的实际减少与预期减少并不是同比例变化。

一般认为，技术进步在促进社会发展的同时会消耗更少的资源，尤其是能源（Boehmer-Christiansen，1997）。当技术进步促使能源效率提高 1% 时，预期获得相同产出消耗的能源减少 1%。然而，能源效率提高可能不会使能源消费量按照预期的那样减少，一方面，能源效率提高往往会伴随更为广泛的技术进步，技术进步促进整个社会变革，经济快速增长，进而推动能源需求增加（Greening et al.，2000）；另一方面，能源效率提高往往会促进使用能源的价格降低，导致社会的能源需求发生变化，反过来增加能源消费量，由此产生了能源回弹效应。因此，从宏观层面讲，能源回弹效应是指技术进步在提高能源使用效率、节约能源的同时也促进了经济增长，反过来增加能源需求，最终使因能源效率提高而节约的能源消费被经济增长增加的能源消费部分或全部抵消。从微观层面讲，能源回弹效应是指能源效率的提高使得能源服务的有效价格降低，导致能源服务需求增加，进而部分或全部抵消能源效率提高所预期节约的能源。由于碳排放主要来自能源燃料，与能源回弹效应相对应，碳排放回弹效应是指能源效率提升导致能源需求增加和碳排放增加或伴随经济增长进而增加碳排放，部分或全部抵消能源效率提升预期减少的碳排放。

10.1.2 回弹效应的作用机制

从作用机制来讲，很多学者将回弹效应分为直接回弹效应、间接回弹效应和经济系统层面的回弹效应（Frondel et al.，2008）。直接碳排放回弹效应对应单一能源或者单一部门，伴随着能源效率的提高，该部门的能源消费量和碳排放量并未减少到理论预测值，因为能效的提高会降低能源服务或者产品的价格，消费者会相应地增加能源需求，进而增加碳排放。例如，高能效的车辆降低了出行成本，消费者可能会选择出行更远的距离或者更加频繁地出行，由此抵消了部分原本应当减少的能源消费和碳排放，被抵消的这部分就是回弹部分。间接碳排放回弹效应是指某种能源服务的有效价格降低会导致其他物品或者服务的需求发生变化，进而增加能源需求和相应的碳排放。比如，空调制冷效率提升，节省的钱用来去度假进而消费了更多的能源，产生了更多的碳排放（王琛等，2013）。经济系统层面的碳排放回弹效应包括直接回弹效应与间接回弹效应，表示能源使用效率提高对整体经济的回弹效应（Zhang et al.，2017b）。

如图 10.1 所示，e_0 是能源效率；E_0 是满足能源服务需求 S_0 需要消费的能源；E_1 是能源效率从 e_0 提升至 e_1 后，预期满足 S_0 的能源服务需求需要消费的能源；E_0-E_1 表示预期节省的能源。然而实际上，由于经济增长或者消费行为改变，能源服务的需求往往会由 S_0 增加至 S_1，其对应的实际能源消费是 E_2，实际节省的能源是 E_0-E_2，回弹的能源消费是 E_2-E_1，则用回弹的能源消费除以预期节省的能源消费即为能源回弹效应，即 $\frac{E_2-E_1}{E_0-E_1}$。假定 C 为单位能源消费的碳排放系数，则能源效率提升预期节省的碳排放为 $C\times\left(E_0-E_1\right)$，回弹的碳排放为 $C\times\left(E_2-E_1\right)$，由此得到碳排放回弹效应为 $\frac{E_2-E_1}{E_0-E_1}$，与能源回弹效应相等。

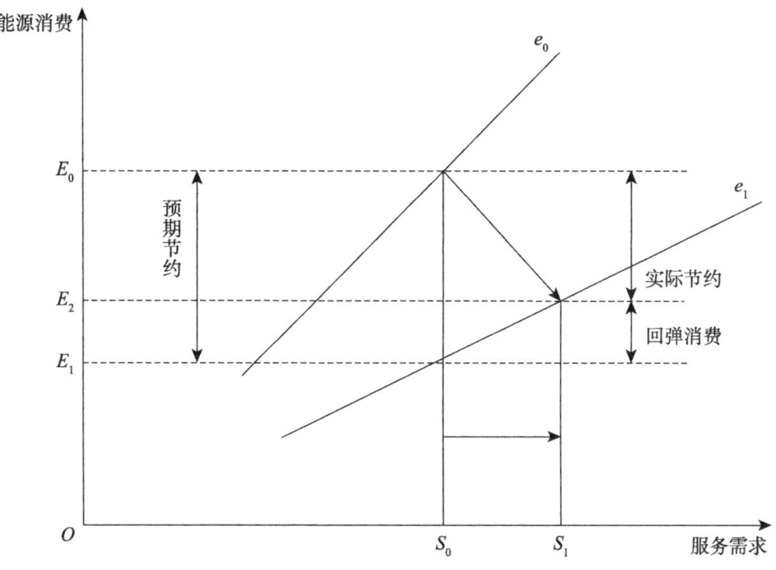

图 10.1　回弹效应的作用机制

在三种回弹效应中，相比而言直接回弹效应研究更为广泛。令 S 表示能源服务的需求（如灯光照明、取暖或者制冷），E 表示能源需求（如电力消费），e 表示能源效率（如每单位电力消费获得的光照或者热量）。由能源效率的定义有 $e=\dfrac{S}{E}$，用 P_E 表示能源价格（如每消费一单位电力的成本），P_S 表示能源服务价格（如每获取一单位光照或者热量的成本），则能源服务价格定义为 $P_S=P_E/e$（Zhang et al.，2015a）。通过使用这些变量，可以直接或间接计算出能源回弹效应。

直接回弹效应可以通过两种能源效率弹性 $\eta(\bullet)$ 来估计：$\eta_e(E)$ 与 $\eta_e(S)$，前者是能源需求 (E) 对于能源效率 (e) 的弹性，即 $\eta_e(E)=\dfrac{\Delta E}{\Delta e}\times 100\%$，后者是能源服务 (S) 对于能源效率 (e) 的弹性，即 $\eta_e(S)=\dfrac{\Delta S}{\Delta e}\times 100\%$。由能源效率的定义可以推导出 $S=e\times E$，进一步得到 $\eta_e(E)=\eta_e(S)-1$。一般而言，$\eta_e(S)$ 是估计直接回弹效应最直接的方法。当能源服务需求随能源效率提升保持不变时，即 $\eta_e(S)=0$，实际能源节约量等于工程计算的预期节约量。也就是说，能源效率提升 $x\%$ 会导致能源消费降低 $x\%$，即 $\eta_e(E)=-1$。当 $1>\eta_e(S)>0$ 时，表示部分回弹，此时 $0>\eta_e(E)>-1$。当 $\eta_e(S)>1$ 时，$\eta_e(E)>0$，表示逆反效应。如果这两个弹性中有一个可以被估计出来，那么回弹效应便可以被估计出。

在许多情形下，关于能源效率的数据无法获得或者数据不够不准确。假定：①能源价格外生，即 P_E 不依赖于 e，能源效率的任何变化都来自模型外；②消费者对能源价格下降的反应与对能源效率提升的反应相同，反之亦然。也就是说，当能源价格 (P_E) 不变时提升能源效率 (e) 对能源服务价格的影响与当能源效率不变时降低能源价格对能源服务价格的影响相同（Sorrell and Dimitropoulos，2007；Frondel and Vance，2011）。在这些假设条件下，能源服务需求对于能源服务价格的弹性 $\eta_{p_S}(S)$，能源服务需求对于能源价格的弹性 $\eta_{p_E}(S)$，或者能源需求对于能源价格的弹性 $\eta_{p_E}(E)$ 的相反数可以近似等于 $\eta_e(S)$，因此可以作为计算直接回弹效应的近似方法（Brookes，1990）。

碳排放回弹效应的产生主要是因为能效提高导致能源产品或者服务价格降低，刺激消费者行为变化，产生更多的能源需求和相应的碳排放，进而抵消了部分原本预期减少的能源消费量和碳排放量，被抵消的部分就是回弹量，而回弹量占预期节减少的比重就是直接回弹效应。由于回弹的碳排放量和预期减少的碳排放量均由回弹的能源消费量和预期节约的能源消费量乘碳排放系数而来，碳排放回弹效应可通过计算能源回弹效应得出。但是，在本章考察的中国工业行业中，生产的产品众多，消费的能源品种多样，因此其碳排放回弹效应的估计往往不能使用作用于单一能源产品或能源服务的弹性方式，而应通过计算回弹的碳排放量和预期碳排放量的方式得出。

不同大小的回弹效应代表不同的经济含义。若回弹效应小于 0，即提升能源效率后的实际能源消费量小于预期能源消费量，此回弹效应叫超级节能。若回弹效应等于 0，即能效提高的节能潜力被完全实现，此回弹效应叫作零回弹效应。若回弹效应介于 0 到 1 之间，即能源效率提升后的实际能源消费量大于预期能源消费量，但小于初始能源消费量，部分由能效提高引致的能源消费降低量被抵消掉了，此回弹效应叫作部分回弹。若回弹效应等于 1，即能源效率的变化不会影响能源消费量，此回弹效应叫作完全回弹。若回弹效应大于 1，即实际能源消费量大于初始能源消费量，提升能源效率政策反而增加了能源消费，此回弹效应叫作逆反效应。

10.1.3 问题的提出

本章聚焦中国工业行业的碳排放回弹效应。工业行业是高度能源密集型行业，目前，工业行业消费的能源占全球能源消费的 1/3，工业行业排放的二氧化碳占全球二氧化碳排放总量的 30%左右（Ahman et al.，2017）。作为发展中大国和工业化大国，中国工业行业是全国主要的能源消费与碳排放行业，中国工业行业能源消费量占全国能源消费总量的 60%以上。另外，化石燃料燃烧和工业污染是温室气体排放和雾霾污染的主要来源，而中国工业行业作为全国最大的能源消费部门，理应在减少温室气体和雾霾等空气污染问题上承担重任。为实现中国在 2030 年碳排放达峰的目标，在工业行业实施节能减排举措十分重要，工业行业节能减排的效果在很大程度上关系到一系列国家节能减排目标能否如期完成。

实际上，各个行业的能源消费、节能特征和污染排放特征是不一样的，在重点行业寻找科学合理的节能减排途径对于实现节能减排目标迫在眉睫，也是必要之举。中国工业行业主要包括三个大的部门：制造业，采掘业，电力、热力和水的生产及供应，又可以细分为 36 个子行业。其中，制造业包含了一系列能源密集型工业子行业，其能源消费占整个工业能源消费的比重最大，约 80%。

中国工业行业是全国节能减排的重要领域，近些年，中国政府对工业行业提出了多项具体明确、具有雄心的节能减排目标。例如，到 2020 年和 2025 年，规模以上（即年主营业务收入在 2000 万元以上）工业单位工业增加值能耗比 2015 年分别下降 18%和 34%，单位工业增加值二氧化碳排放量相比 2015 年分别下降 22%和 40%。到 2020 年，建成千家绿色示范工厂和百家绿色示范园区，部分重化工行业的能源资源消耗出现拐点，重点行业主要污染物排放强度下降 20%。①

毫无疑问，技术进步带来的能源效率提高对于减少能源消费和温室气体排放有重要影响，但是，提高能源效率实际的减排效果会像预期的那样有效吗？中国工业行业的能源效率提升是否会引致碳排放的回弹效应？回弹程度如何？本章将就这些问题研究中国工业行业的碳排放回弹效应，评价技术进步带来的能源效率提高的实际碳减排效果，避免过高估计能源效率政策的有效性。

10.2　国内外研究现状

1. 能源回弹效应的研究方法

由于回弹效应作用机制的复杂性，现有估计能源回弹效应的文献不仅研究方法和数据多样，而且聚焦于不同的国家、部门和能源产品，研究方法很多，研究成果丰富。

首先，学者采用较多的回弹效应测算方法是计量经济方法，这种方法主要是用能源消费、能源效率的相关数据计算相关弹性系数，得到回弹效应的大小，这种方法采用的数据形式多样，可以是横截面数据、时间序列数据或者是面板数据，同时，数据层面也比较丰富，有国家、区域、家庭等。目前，采用计量经济方法计算相关弹性系数从而估计直接能源回弹效应的研究相对较多。例如，Chen 等

① http://www.gov.cn/zhengce/content/2015-05/19/content_9784.htm[2021-01-31]。

（2020）使用数据包络分析和 LMDI 方法估计和比较 2006~2014 年中国化石能源和非化石能源的回弹效应，发现非化石能源比化石能源具有更高的回弹效应。Wang 等（2014）采用面板模型和误差修正模型测算出中国全国、东部、中部和西部地区 1999~2011 年货运交通的长期直接能源回弹效应分别为 84%、52%、80%和 78%。Nesbakken（2001）采用挪威 1990 年的截面数据和多方程离散/连续的函数形式及工具变量（Ⅳ）方法估计出挪威家庭供暖的回弹效应在 15%~55%。Wang 等（2012a）采用双对数模型测算出中国香港私人交通在 1993~2009 年和 2002~2009 年的直接能源回弹效应分别为 45%和 35%，Zhang 等（2015a）采用动态面板分位数模型估计了中国全国、东部、中部和西部的客运交通直接回弹效应及其变化情况，结果表明 2003~2012 年中国 30 个省份的短期和长期能源回弹效应分别为 25.53%和 26.56%。Lin 等（2013）采用两阶段几乎理想需求系统（almost ideal demand system，AIDS）模型测量中国城市家庭的价格和支出弹性，得到能源效率提高的回弹效应，发现 1986~2007 年中国城市家庭的能源回弹效应大概为 22%，其中间接回弹效应大于直接回弹效应。

其次，模拟试验方法，这种方法是通过观察测算能源效率提高前、后能源需求的变化量和回弹量，进而估计回弹效应由于其他因素的变动，可能会影响能源消费需求，因此测算时需要控制其他变量。这种方法采用的数据主要来源于实际调查。模拟试验方法得出的结果往往不尽如人意，因为大多数研究者仅仅将能源使用效率提高前后的能源消费需求量直接进行简单的比较，并没有控制比较的对象及一些必要的变量，如收入、结构变化等，导致这种方法的估计结果具有较大的误差。考虑到这种方法需要大量的实际调查数据，需要耗费较长的时间，而且所得数据应用范围很窄，因此，采用模拟试验方法测算回弹效应的研究十分有限。例如，Schleich 等（2014）对 6000 户德国家庭使用节能灯泡后的回弹效应进行了调查，他们将回弹效应定义为灯光能源需求对节能灯能源效率提高的弹性，并将回弹效应进一步分解为明亮度变化和燃烧时间变化。结果发现，使用节能灯后的整体回弹效应为 6%，其中 60%的回弹效应归因于明亮度的提高。Hong 等（2006）对 1372 户低收入家庭在家庭采暖设施改进后的采暖情况进行了对比监测，监测时间为连续两个冬季，每个冬季监测时间为 2~4 个星期，发现因室内温度上升导致了 65%~100%的回弹效应。Sorrell 等（2009）对直接回弹效应的实证调查研究进行了总结，得出的结论是：发达国家能源服务的直接回弹效应在 10%~30%。

最后是一般均衡模型，这种方法通常运用能源效率提升的外部冲击来预估整个经济层面的能源回弹效应（Grepperud and Rasmussen，2004；Guerra and Sancho，2010b；Kok et al.，2006）。较早将可计算均衡模型（computable general equilibrium，CGE）用于分析回弹效应的文献是 Dufournaud 等（1994）及 Grepperud 和 Rasmussen

（2004）。后来，Broberg 等（2015）采用一般均衡分析方法得出瑞典整个经济层面的能源回弹效应在 40%~70%。Thomas 和 Azevedo（2013a，2013b）采用美国 2004 年消费调查数据和投入产出模型得到间接回弹效应在 5%~15%。Sorrell（2007）指出，采用 CGE 模型测算回弹效应的研究结果差异性很大，原因主要体现在以下几个方面：在生产函数中如何处理能源的位置；生产过程中能源与其他要素投入的替代弹性；资本闭合程度；对于劳动力市场的处理；政府收入的增加如何循环及能源效率改进在模型中如何定义。

总结回弹效应实证研究的主流方法可以发现，上述三种方法在测算回弹效应时分别具有一定的优势，但也存在一定的局限。计量经济方法的缺点来自生产函数形式的预设，这可能会影响估计结果。同时，数据缺失也是其弊端，因为某些计量经济学模型（如随机前沿方法）仅适用于面板数据（Jin and Kim，2019；Lin and Liu，2012）。模拟试验方法需要控制变化的因素，导致这种方法使用情景有限，且其数据应用范围有限，难以开展广泛的研究。一般均衡模型的缺点来自技术进步对经济增长的贡献率的不确定性（Jin and Kim，2019），因为技术进步的区域异质性可能被忽略。

2. 主要经济部门的能源回弹效应研究现状

近几年，国内外学者对能源回弹效应测算的研究主要集中在工业产品生产及服务、汽车运输、居民用电等方面，通过对不同国家的能源回弹效应进行测算，发现不同国家的能源回弹效应存在较大差异（Madlener and Alcott，2009；Haas and Biermayr，2000）。居民生活是能源消费的重要部门之一，大量文献研究居民家庭能源消费的回弹效应，如家庭取暖、家庭制冷、居民用电等。关于家庭供暖能源回弹效应，Yang 等（2019）基于 1996~2014 年中国 29 个省份的面板数据，研究了城市家庭能源长期和短期的直接能源回弹效应，发现中国城市家庭的长期和短期直接能源回弹效应分别为 45%和 20%。就不同地区而言，东部、中部和西部地区的城市家庭长期直接能源回弹效应分别为 46%、26%和 89%，短期直接能源回弹效应分别为 35%、17%和 78%。Chitnis 和 Sorrell（2015）根据英国居民 16 种家庭商品和服务温室气体排放强度及对收入弹性的估计，得出居民家庭能源回弹效应在 5%~15%；与以往研究不同，他使用交叉价格弹性得到能源效率提高的收入效应及替代效应，构建家庭需求模型估计不同商品和服务的价格及支出弹性，构建投入产出模型估计温室气体排放强度，并结合两种模型得到居民部门能源消费的直接和间接回弹效应。Thomas 和 Azevedo（2013a，2013b）运用环境扩展的投入产出模型对美国家庭住宅进行分析，认为若住宅能耗的间接回弹效应为 5%~15%，则直接回弹效应为 10%。Guertin 等（2003）采用加拿大 1993 年的截面数据和单方程双对数函数测算出家庭供暖的长期直接回弹效应在 29%~47%。Lin

和 Liu（2013）采用近似理想需求系统模型估计出 1996~2010 年中国居民电力消费的回弹效应是 165.22%。Chitnis 和 Sorrell（2015）估计出英国居民天然气和电力能源效率提升的直接和间接的总能源回弹效应是 41%。Jin（2007）结合 2002 年韩国居民部门数据估算出韩国居民电力消费的短期和长期能源回弹效应分别为 38%和 30%。Wang 等（2014）采用误差修正模型测算出 1996~2010 年中国居民电力消费短期和长期直接回弹效应分别为 72%和 74%。此外，Wang 等（2016）采用能源-投入-产出模型估计出北京居民用电的长期回弹效应为 46%~56%，短期直接回弹效应为 24%~37%。但是，这些研究往往只估计出回弹效应的值，缺乏探讨居民能源消费回弹效应随外界环境变化而变化的研究。

测算交通运输部门直接能源回弹效应的实证研究大多集中在私人交通方面，采用的样本和方法不尽相同，得到的结果各有差异。Galvin（2020）使用美国汽车行业宏观数据测算出 2000~2019 年美国回弹效应为 37%。Coulombel 等（2019）对法国巴黎交通运输行业的能源回弹效应进行了研究，结果表明，巴黎交通运输行业能源回弹效应在 70%~80%。Wang 等（2016）采用近似理想需求系统模型测算出中国内地 1994~2009 年客运交通能源回弹效应为 96%，中国香港 1993~2009 年和 2003~2009 年客运交通能源回弹效应分别为 45%和 35%。此外，为了减小偏差，更为准确地测算交通运输部门的直接能源回弹效应，近些年，很多研究采用面板数据估计模型，如 Small 和 van Dender（2007）采用美国各州 1961~2001 年的面板数据估计出短期能源回弹效应为 4.5%，长期能源回弹效应为 22%。Frondel 等（2008）采用 1997~2005 年德国家庭日常出行面板数据估算出直接能源回弹效应在 56%~66%。相比家庭供暖、家庭制冷和私人交通等能源服务，关于工业行业的能源回弹效应研究相对较少但尤为重要（Jenkins et al.，2011），现有有限的关于工业能源回弹效应研究的文献主要集中在制造业。例如，Bentzen（2004）估计出美国制造业 1949~1999 年的直接回弹效应约为 24%。Grepperud 和 Rasmussen（2004）采用一般均衡模型分析挪威不同部门的能源回弹效应，结果发现挪威制造业的能源回弹效应比其他部门大。Dasgupta 和 Roy（2015）系统分析了印度 7 个能源密集型行业 1973~2012 年的能源需求，发现在这段时期印度水泥、钢铁、印刷和纺织工业行业存在部分能源回弹效应，化工行业的回弹效应存在超级节能现象，铝制品行业出现逆反效应。

目前，关于中国工业行业或者制造业的能源回弹效应研究相对较少，结果差异较大。例如，Lin 和 Li（2014）估计出中国重工业 1980~2011 年的直接能源回弹效应为 74.3%，Lin 和 Tian（2016）采用超越对数成本函数估算出中国轻工业的能源回弹效应为 37.7%。陈凯等（2011）采用中国钢铁行业宏观经济能源消费数据，测算出中国钢铁行业 2000~2007 年的能源回弹效应为 130.47%。国涓等（2010）采用索洛余值法和回归方法测算出中国工业行业 1979~2007 年的平均能源回弹效应为 46.38%。Li 等（2016）采用产出距离函数的方法估计出中国工业行业 1998~2011 年的平均能源回弹效应为 88.42%。

3. 碳排放回弹效应研究现状

国内外学者对碳排放回弹效应的研究方法大多参考能源回弹效应的研究方法。研究对象上主要包括国家层面、地区层面家庭消费和交通运输行业的碳排放回弹效应。例如，Brännlund 等（2007）讨论了外生技术进步对能源消费和碳排放的影响，并证实了存在碳排放回弹效应。Zhang 等（2017b）采用两阶段 AIDS 模型估计了中国私家车的直接和间接碳排放回弹效应，发现在大多数省份中，直接碳排放回弹效应在总的碳排放回弹效应中起主导作用。随着时间推移，中国各省之间的私家车总碳排放回弹效应趋于收敛，收敛范围约为−30%~35%。Grant 等（2016）对全球发电厂的碳排放回弹效应进行了研究，发现相较于国际经济贸易不频繁的国家，国际经济贸易频繁的国家的碳排放回弹效应更小。Inglesi-Lotz（2018）通过分解金砖四国[①]的碳排放量，验证了 2008~2014 年金砖四国存在碳排放回弹效应。Chen 等（2019b）使用中国省级城市客运部门碳排放量数据分析了碳排放回弹效应，结果表明，碳排放回弹效应的大小在各省之间差异很大，随着生活水平的提高，碳排放回弹效应呈非线性变化趋势。郭庆宾等（2020）基于 DEA-Malmquist 指数法测算出 2003~2017 年长江经济带的碳排放回弹效应为 78%。

4. 文献评述

梳理国内外关于能源回弹效应的研究发现，现有相关研究主要从理论机制研究和实证研究两个角度展开。大多数学者从宏观经济和微观经济两个角度定义能源回弹效应，理论研究十分丰富。但是，目前能源回弹效应相关研究仍存在一定的局限性，主要体现在以下两个方面：研究对象主要涉及国家宏观层面或产业层面，缺乏对我国部门及行业层面能源回弹效应的研究；实证结果各不相同，且差异较大，这主要归因于选取的研究方法和测算模型不同。另外，国内外对于回弹效应的研究大多集中于能源回弹方面，而对碳排放回弹效应的研究相对较少。国内外碳排放回弹效应的有限研究大多从国家宏观层面和区域层面出发，聚焦于电力行业和交通运输行业。鉴于以上研究的不足，本章研究对象集中在中国工业行业及其主要重点子行业制造业，测算中国工业行业及制造业的碳排放回弹效应，以评估能效提升政策在中国的效果。

① 指巴西、俄罗斯、印度和中国。

10.3 数据说明与研究方法

中国工业行业提高能源效率实际减少的碳排放可能会由于回弹效应而被过高估计，这表明，当工业行业存在碳排放回弹效应时，能源效率政策的有效性被过高估计。考虑到工业行业在中国节能减排大局中的重要地位，本章在分析工业行业回弹效应作用机制的基础上，实证测算中国整个工业和其子行业制造业的碳排放回弹效应，评价工业行业能源效率提升的节能减排效果。

10.3.1 数据说明

根据《国民经济行业分类 2017》，整个工业行业可细分为 36 个子行业，其中 28 个子行业属于制造业。根据数据的可获得性，用到的数据有：1994~2016 年整个工业行业及其 36 个子行业的增加值、资本存量、劳动投入和能源消费量，数据来自《中国工业统计年鉴》《中国统计年鉴》《中国能源统计年鉴》。

工业增加值是指工业企业在报告期内以货币价值表现的工业生产活动的最终成果。《中国工业统计年鉴》公布了 1994~2007 年工业行业规模以上企业工业增加值数据，但无法覆盖 1994~2016 年的工业增加值数据。对于 2008~2016 年未报告的工业增加值，本章以各年工业总产值乘工业增加值指数进行估算。

另外，本章沿用陈勇和李小平（2006）、余东华等（2019）的思路计算资本存量[①]。《中国工业统计年鉴》公布了 1994~2010 年固定资产净值数据，2011~2016 年固定资产净值数据用固定资产原值减去固定资产累计折旧得到。由于固定资产净值已经是计提折旧后的指标，本章通过对固定资产净值直接消除通货膨胀来避免因为折旧率的误差造成的资本存量估计误差的逐年累计问题。从 1994 年开始，用当年固定资产净值减去上年固定资产净值得到 1994~2016 年每年新增固定资产，随后用以 1994 年为基期的固定资产价格指数对 1994~2016 年的新增固定资产进行平减，得到 1990 年价格水平的各年新增固定资产投资，并在 1994 年固定资产净值的基础上逐年累加 1994 年价格水平的新增固定资产投资，得到 1994~2016 年的 1990 年价格水平下的资本存量。

① 资本存量计算公式如下：固定资产净值=固定资产原价−固定资产累计折旧；当年新增固定资产投资=本年固定资产净值−上年固定资产净值；当年新增固定资产投入（不变价）=当年新增固定资产投资/固定资产投资价格指数；当年资本存量=基年固定资产净值（不变价）+新增固定资产投资（不变价）往年累计额。

10.3.2 研究方法

根据 Berkhout 等（2000），回弹效应（RE）被定义为

$$\mathrm{RE}=\frac{\text{预期能源节约量}-\text{实际能源节约量}}{\text{预期能源节约量}}\times 100\%=1-\frac{\text{实际能源节约量}}{\text{预期能源节约量}}\times 100\% \tag{10.1}$$

本章引进特定资源技术变化来反映资源效率的提升，通过比较特定资源技术变化（资源效率提升）导致的产出增长进而引起的能源消费的变化来估计中国工业能源回弹效应，进而得出碳排放回弹效应。估计能源回弹效应的关键在于估计能源技术进步（能源效率提高）带来的预期能源节约量（ES）和实际上因能源技术进步导致的产出增长而额外增加的能源消费量（AE）。因此，能源回弹效应可定义为

$$\mathrm{RE}=\frac{\text{额外增加能源消费量}}{\text{预期能源节约量}}\times 100\%=\frac{\mathrm{AE}}{\mathrm{ES}}\times 100\% \tag{10.2}$$

碳排放回弹效应为

$$\mathrm{RE}_C=\frac{C\times \mathrm{AE}}{C\times \mathrm{ES}}\times 100\%=\frac{\mathrm{AE}}{\mathrm{ES}}\times 100\% \tag{10.3}$$

能源技术进步预期减少的能源消费可通过简单的工程计算得到，即能源技术指标（能源效率）提升 10%将导致预期能源消费下降 10%。因此，本章通过计算能源技术指标的变化率来计算预期的能源节约量，如方程（10.4）所示：

$$\mathrm{ES}_t=\xi_t \mathrm{IE}_{t-1} \tag{10.4}$$

其中，ξ_t 和 IE_{t-1} 分别代表第 t 年的能源技术指标的变化率和第 $t-1$ 年的中国工业能源消费量。

至于能源技术变化导致产出增长，进而额外增加的能源消费，本章通过拓展 Lin 和 Du（2015）的思路来估计。首先，探究工业产出增长对工业能源消费的影响（IEG），然后计算能源技术变化对工业产出增长的贡献（CEE）。这样，就可以通过方程（10.5）计算出能源技术变化导致的产出增长，进而额外增加的能源消费，最后依据方程（10.3）得到碳排放回弹效应：

$$\mathrm{AE}=\mathrm{IEG}\times \mathrm{CEE} \tag{10.5}$$

1. 指数分解模型

指数分解模型常常被用于揭示某个行业部门的能源消费驱动因素（Ang et al.，2010；Su and Ang，2012）。本章用 LMDI 分解模型探究工业产出增长对工业能源消费的影响。具体来讲，中国工业行业被划分为 36 个子行业。设 IE 和 IE_g 分别

是中国工业行业和子行业 ϑ 的能源消费，IY 和 IY_ϑ 分别是中国工业行业和子行业 ϑ 的经济产出，则中国工业行业的能源消费可以分解为

$$IE=\sum_{\vartheta=1}^{36}IE_\vartheta=\sum_{\vartheta=1}^{36}\frac{IE_\vartheta}{IY_\vartheta}\frac{IY_\vartheta}{IY}IY=\sum_{\vartheta=1}^{36}I_\vartheta(IS_\vartheta)(IY) \qquad (10.6)$$

其中，I_ϑ 和 IS_ϑ 分别代表工业子行业 ϑ 的能源强度和产出结构。

根据 LMDI 乘法分解方法，可以得到能源消费由第 t 年到第 $t+1$ 年的变化（$D_{tot}|_{t,t+1}$）为

$$\begin{aligned}D_{tot}|_{t-1,t}&=\frac{IE_t}{IE_{t-1}}=D_{act}|_{t-1,t}\times D_{str}|_{t-1,t}\times D_{int}|_{t-1,t}\\&=\exp\left[\sum_{\vartheta=1}^{36}\frac{L(IE_{\vartheta,t},IE_{\vartheta,t-1})}{L(IE_t,IE_{t-1})}\ln\left(\frac{IY_t}{IY_{t-1}}\right)\right]\times\exp\left[\sum_{\vartheta=1}^{36}\frac{L(IE_{\vartheta,t},IE_{\vartheta,t-1})}{L(IE_t,IE_{t-1})}\ln\left(\frac{IS_{\vartheta,t}}{IS_{\vartheta,t-1}}\right)\right]\\&\quad\times\exp\left[\sum_{\vartheta=1}^{36}\frac{L(IE_{\vartheta,t},IE_{\vartheta,t-1})}{L(IE_t,IE_{t-1})}\ln\left(\frac{I_{\vartheta,t}}{I_{\vartheta,t-1}}\right)\right]\end{aligned} \qquad (10.7)$$

其中，

$$L(x,y)=\begin{cases}(x-y)/(\ln x-\ln y), & x\neq y\\ x & x=y\end{cases} \qquad (10.8)$$

因此，中国工业行业的能源消费变化（D_{tot}）可以分解成如方程（10.9）所示：

$$D_{tot}=D_{act}\times D_{str}\times D_{int} \qquad (10.9)$$

其中，D_{act} 表示经济活动效应，反映工业产出增长对能源消费的影响；D_{str} 表示结构效应，即子行业经济产出结构变化对能源消费的影响；D_{int} 表示能源强度效应，即子行业强度变化对能源消费的影响。分解出的经济活动效应、能源强度效应、结构效应中，如果哪个部分的值大于 1，则表明它能够增加能源消费，相反，如果哪个部分的值小于 1，则表明它有助于减少能源消费。所以，第 t 年工业产出增长带来的能源消费可以表示为 $\left(D_{act}|_{t-1,t}-1\right)IE_{t-1}$。

2. 面板数据模型

测算出中国工业产出增长对工业能源消费的影响之后，应该进一步测算出工业产出增长中有多大程度来自能源技术进步，因此，本章采用面板数据模型定量测算中国工业行业能源技术进步对工业产出增长的贡献程度。

Wei 和 Liu（2019）介绍了有效资源投入的概念，即实际的资源投入乘相应的特定资源技术指标。本章也将有效使用的投入作为产出的基本投入要素，采用面板数据建立三因素的柯布–道格拉斯（CD）生产函数。

$$\mathrm{IY}_{\vartheta t}=a\Bigg(\underbrace{\tau_{\vartheta t}^{K}\times K_{\vartheta t}}_{\text{有效资本存量}}\Bigg)^{\alpha}\Bigg(\underbrace{\tau_{\vartheta t}^{L}\times L_{\vartheta t}}_{\text{有效从业人员数量}}\Bigg)^{\beta}\Bigg(\underbrace{\tau_{\vartheta t}^{\mathrm{IE}}\times \mathrm{IE}_{\vartheta t}}_{\text{有效能源消费量}}\Bigg)^{\gamma} \tag{10.10}$$

其中，$\mathrm{IY}_{\vartheta t}$、$K_{\vartheta t}$、$L_{\vartheta t}$ 和 $\mathrm{IE}_{\vartheta t}$ 分别表示工业子行业 ϑ 在第 t 年的工业增加值、资本存量、从业人员数量和能源消费量；$\tau_{\vartheta t}^{K}$、$\tau_{\vartheta t}^{L}$ 和 $\tau_{\vartheta t}^{\mathrm{IE}}$ 分别表示资源资本、劳动力和能源的技术指标。

假设 CD 生产函数规模报酬不变，也就是 $\alpha+\beta+\gamma=1$（Saunders，2000）。短期内，资本存量和从业人员数量基本保持不变，而能源技术指标会对能源消费产生影响，因此，能源消费应该是变化的，根据 Wei（2007），得到能源技术指标对于工业产出的弹性，如方程（10.11）所示：

$$\eta_{\tau^{\mathrm{IE}}}^{\mathrm{IY}}=\frac{\mathrm{dIY}}{\mathrm{d}\tau^{\mathrm{IE}}}\frac{\tau^{\mathrm{IE}}}{\mathrm{IY}}=\frac{\gamma}{1-\gamma} \tag{10.11}$$

本章采用方程（10.10）的对数形式估计有效投入的弹性，由于要探究各个年份有效投入对工业产出的弹性，构建了变系数面板数据模型，如方程（10.12）所示：

$$\ln \mathrm{IY}_{\vartheta t}=c+\alpha_{t}\ln(\tau_{\vartheta t}^{K}\times K_{\vartheta t})+\beta_{t}\ln(\tau_{\vartheta t}^{L}\times L_{\vartheta t})+\gamma_{t}\ln(\tau_{\vartheta t}^{\mathrm{IE}}\times \mathrm{IE}_{\vartheta t})+\varsigma_{\vartheta}+\upsilon_{\vartheta t} \tag{10.12}$$

然后，能源技术进步对工业产出增长的贡献如方程（10.13）所示：

$$\rho_{\tau^{\mathrm{IE}}}(t)=\frac{\gamma_{t}}{1-\gamma_{t}}\times\frac{\dot{\tau}_{t}/\tau_{t}}{\dot{\mathrm{IY}}_{t}/\mathrm{IY}_{t}} \tag{10.13}$$

其中，$\dot{\tau}_{t}$ 和 $\dot{\mathrm{IY}}_{t}$ 分别表示 $\mathrm{d}\tau_{t}/\mathrm{d}t$ 和 $\mathrm{dIY}_{t}/\mathrm{d}t$。

3. 特定资源技术指标估计

为了估计有效投入的产出弹性，需要估计出特定资源（资本存量、从业人员数量、能源消费量）的技术指标，也就是中国工业子行业的资本效率、劳动效率和能源效率。本章通过资源强度变化来计算特定资源的技术指标（资源效率）。根据 Wei 和 Liu（2019），假设规模报酬不变，且短期内有效资源投入按固定比例组合，则特定资源的技术变化率等于该资源的强度变化率的负值，而资源强度变化率可以通过投入和产出数据计算出来。而且，一般假设实际的技术变化随时间遵循指数形式变化，则一种特定资源的技术指标可以表示为

$$\tau_{\vartheta t}^{f}=\tau_{\vartheta 0}^{f}\times e^{\int_{0}^{t}\xi_{\vartheta s}^{f}\mathrm{d}s}=e^{\int_{0}^{t}\xi_{\vartheta s}^{f}\,\mathrm{d}s} \tag{10.14}$$

其中，$f=K,L$ 或者 IE，$\tau_{\vartheta 0}^{f}$ 表示初始时期已经标准化为 1 的特定资源的技术指标，$\xi_{\vartheta s}^{f}$ 表示在瞬间时间 $s\geqslant 0$ 下的特定资源技术变化率。

假设特定资源的技术变化率随时间保持不变。这个假设有合理性，因为技术

随时间变化是一个很平稳的过程，不会一夜之间突然发生，尤其是在像工业这种综合性部门的生产活动中，技术的提升需要时间来发展和应用到生产活动中去（Wei and Liu，2019）。之后，随时间保持不变的特定资源的技术变化率可以通过估计出某段时间内的平均技术变化率得到：

$$\hat{\xi}_{\vartheta}^{f}=\int_{0}^{T}\xi_{\vartheta t}^{f}\,\mathrm{d}t/T \tag{10.15}$$

在平均技术变化率被估计以后，可以用方程（10.13）算出特定资源的技术指标。然后，就可以估计有效投入的产出弹性（$\alpha_t,\beta_t,\gamma_t$），进一步估计出能源技术进步对工业产出增长的贡献（$\rho_{\tau^{\mathrm{IE}}}(t)$），则可以得到由能源技术变化导致的工业产出增长而额外增加的能源消费，即 $\rho_{\tau^{\mathrm{IE}}}(t)(D_{\mathrm{act}}|_{t-1,t}-1)\mathrm{IE}_{t-1}$。最后估计出中国工业行业的能源回弹效应为

$$\mathrm{RE}_t=\frac{\rho_{\tau^{\mathrm{IE}}}(t)(D_{\mathrm{act}}|_{t-1,t}-1)\mathrm{IE}_{t-1}}{\xi_t\mathrm{IE}_{t-1}}\times 100\%=\frac{\rho_{\tau^{\mathrm{IE}}}(t)(D_{\mathrm{act}}|_{t-1,t}-1)}{\hat{\xi}}\times 100\% \tag{10.16}$$

其中，$\hat{\xi}$ 是随时间保持不变的能源技术变化率。同样的方法可被用作估计制造业的能源回弹效应。最后，依据方程（10.3），由能源回弹效应可以得到碳排放回弹效应。

10.4　中国工业行业的碳排放回弹效应估计结果

10.4.1　工业部门能源消费影响因素分析

采用 10.3.2 节提到的指数分解方法，得到中国工业行业 1994~2016 年能源消费变动的分解情况，结果如表 10.1 所示，可以发现以下几点。

表 10.1　1994~2016 年中国工业行业能源消费分解结果

项目	D_{tot}	D_{act}	D_{str}	D_{int}
1994~1995 年	1.0949	0.8226	1.0190	1.1730
1995~1996 年	1.0068	1.3559	0.9880	0.9698
1996~1997 年	1.0056	1.2720	0.9944	0.9291
1997~1998 年	0.9999	1.1151	1.0146	0.6785
1998~1999 年	1.0294	1.3756	0.9877	0.8553
1999~2000 年	1.0352	1.2600	0.9847	0.9766
2000~2001 年	1.0324	1.2269	0.9926	0.9233

续表

项目	D_{tot}	D_{act}	D_{str}	D_{int}
2001~2002 年	1.0603	1.3777	0.9893	0.8499
2002~2003 年	1.1546	1.2865	0.9869	1.1570
2003~2004 年	1.0921	1.9620	0.9958	0.4285
2004~2005 年	1.1779	1.4444	0.9934	0.9738
2005~2006 年	1.0961	1.5084	0.9939	0.7383
2006~2007 年	1.0843	1.5065	1.0011	0.6563
2007~2008 年	1.0437	1.3269	0.9958	0.8249
2008~2009 年	1.0473	1.2835	0.9870	0.9569
2009~2010 年	1.0585	1.5113	0.9970	0.7113
2010~2011 年	1.0622	1.3213	1.0006	0.8047
2011~2012 年	1.0244	1.2172	0.9949	0.8597
2012~2013 年	1.0367	1.1031	0.9954	0.8159
2013~2014 年	1.0210	1.1000	0.9979	0.7908
2014~2015 年	1.0096	1.0976	0.9831	0.7927
2015~2016 年	1.0140	1.0749	0.9950	0.8792
1994~2016 年	3.1136	227.5588	0.8932	0.0192
几何均值	1.0530	1.2798	0.9949	0.8356

注：D_{tot} 表示中国工业行业的能源消费变化；D_{act} 表示经济活动效应；D_{str} 表示结构效应；D_{int} 表示能源强度效应

第一，工业产出增长是促进工业行业能源消费的主要因素。具体来看，1994~2016 年中国工业行业能源消费呈增加趋势，因为大部分年份总的工业能源消费变化（D_{tot}）值大于 1，且 2016 年工业能源消费是 1994 年的 3.1136 倍，1994~2016 年工业能源消费平均增长 5.3%。从分解结果看，产出增长是促进工业能源消费的主要因素，除 1994~1995 年外，其他年份的经济活动效应都大于 1，表明在除了 1994~1995 年的其他各年期间，工业产出增长都促进了工业能源消费增加，在其他因素不变的情况下，从 1994 年到 2016 年工业产出增长促使工业能源消费增加到原来的 227.5588 倍，平均每年增长 27.98%。

第二，能源强度的降低是抑制工业行业能源消费的主要因素。从表 10.1 分解的结果看，相比经济活动效应，工业能源强度的降低抑制了工业能源消费，因为大部分年份的能源强度效应（D_{int}）都小于 1，且 1994~2016 年，在其他条件不变的情况下，由于能源强度降低，节约了 98.08%的能源，平均每年节约 16.44%。

第三，工业子行业经济结构的变化抑制了工业能源消费增长。与经济活动效应和能源强度效应相比，工业子行业经济结构的变化对于能源消费的影响较小，1994~2016 年这 23 年间，工业子行业经济结构的变化降低了 10.68%的能源消费，平均每年降低 0.51%，这表明中国工业子行业结构的调整起到了一定的降低能源消费的作用。

本章的分解结果与前人很多研究结果基本一致但也有区别。例如，Ke 等（2012）采用企业数据分解了 1996~2010 年中国工业行业能源消费变化，结果表明，1996~2010 年，中国工业行业能源消费增长了 134%，而工业行业的能源强度降低了 46%。产出增长是增加能源消费最主要的因素，而能源效率提高是抑制能源消费的有效因素，行业结构变化对能源消费的作用相对较小，而本章发现工业子行业结构效应抑制工业能源消费。此外，Lin 和 Du（2015）采用多层级的指数分解模型研究中国能源消费的主要驱动因素，结果表明经济增长是中国能源消费的主要驱动因素，能源效率提高是抑制能源消费的主要因素，这些结果和本章结果基本一致。然而，他们发现经济结构变化对能源消费的作用很小，第一层级和第二层级的子行业的经济结构变化对能源消费有促进作用，最细子行业的经济结构变化对能源消费起抑制作用，而本章的结果表明工业子行业产出结构变化对工业能源消费存在抑制作用。

10.4.2 整个工业行业特定资源技术进步平均变化率

根据资源强度变化和方程（10.14），得到中国工业行业 1994~2016 年的特定资源技术平均变化率，结果如表 10.2 所示。特定资源技术变化代表资源效率的提升。如果一种资源的利用效率比其他资源更高，则表明这种资源被其他资源部分替代。从表 10.2 可以发现，在 1994~2016 年，大部分工业子行业的能源和劳动投入被资本投入部分替代了。

表 10.2 1994~2016 年中国工业行业特定资源技术平均变化率

工业子行业	资本	劳动	能源	工业子行业	资本	劳动	能源
煤炭开采和洗选业	3.25%	10.61%	4.10%	化学原料和化学制品制造业	3.32%	10.52%	6.58%
石油和天然气开采业	−2.17%	2.60%	0.27%	医药制造业	2.59%	10.01%	10.05%
黑色金属矿采选业	4.36%	10.82%	3.16%	化学纤维制造业	4.57%	10.21%	5.41%
有色金属矿采选业	3.94%	11.14%	3.57%	橡胶制品业	1.12%	3.29%	−1.48%
非金属矿采选业	3.09%	11.90%	2.34%	塑料制品业	−1.05%	5.91%	3.67%
农副食品加工业	0.19%	5.96%	4.28%	非金属矿物制品业	−2.83%	13.43%	4.86%
食品制造业	1.39%	9.82%	7.50%	黑色金属冶炼和压延加工业	2.76%	11.96%	2.91%

续表

工业子行业	资本	劳动	能源	工业子行业	资本	劳动	能源
酒、饮料和精制茶制造业	3.61%	9.90%	8.09%	有色金属冶炼和压延加工业	2.17%	7.65%	3.61%
烟草制造业	4.02%	10.64%	6.46%	金属制品业	−2.04%	9.66%	3.35%
纺织业	−2.82%	10.06%	3.73%	通用设备制造业	4.24%	11.18%	6.49%
纺织服装、服饰业	−6.66%	8.08%	3.24%	专用设备制造业	4.45%	9.93%	8.39%
皮革、毛皮、羽毛及其制品和制鞋业	−2.95%	7.22%	2.93%	交通运输设备制造业	2.75%	14.15%	7.83%
木材加工、竹、藤、棕草制品业	3.40%	12.34%	6.38%	电气机械和器材制造业	1.06%	10.03%	6.28%
家具制造业	−4.62%	8.35%	5.23%	计算机、通信和其他电子设备制造业	−3.32%	2.39%	−0.69%
造纸和纸制品业	1.46%	11.36%	5.82%	仪器仪表制造业	1.99%	9.73%	5.36%
印刷和记录媒介复制业	0.77%	9.07%	4.19%	电力、热力的生产和供应业	2.21%	9.73%	4.60%
文教、美工、体育和娱乐用品制造业	−1.81%	9.03%	4.02%	燃气的生产和供应业	3.39%	8.24%	8.89%
石油加工、炼焦和核燃料加工业	−3.55%	5.07%	−3.91%	水的生产和供应业	−4.06%	3.35%	−0.46%

10.4.3 能源技术变化对工业产出的贡献

得到特定资源平均变化率后，估计出中国 36 个工业子行业的特定能源技术指标，然后根据方程（10.9）对 CD 生产函数建立面板数据模型。

为了避免伪回归问题带来的错误结论，在建立面板数据模型之前需要对变量进行平稳性检验。面板单位根检验是检验面板数据平稳性最常用的方法，结果如表 10.3 所示，可见各变量水平序列的 LLC 检验、ADF 检验和 PP 检验结果在 10%显著性水平下均不能拒绝原假设，即各变量水平序列存在单位根，进而对各变量序列的一阶差分进行单位根检验，LLC 检验、ADF 检验和 PP 检验结果表明，在 1%显著性水平下各变量的一阶差分均不存在单位根，则各变量均为一阶单整序列，所以可以对这些变量进行协整检验。

表 10.3 中国工业 36 个子行业相关变量单位根检验结果

变量	LLC 检验统计量	ADF - Fisher 统计量	PP - Fisher 统计量
ln IY	9.71	0.99	0.99
Δ ln IY	-8.97^{***}	264.39^{***}	410.00^{***}
$\ln(\tau^K K)$	0.56	129.94^{***}	72.99
$\Delta\ln(\tau^K K)$	-9.28^{***}	252.03^{***}	550.26^{***}

续表

变量	LLC 检验统计量	ADF - Fisher 统计量	PP - Fisher 统计量
$\ln(\tau^L L)$	1.24	103.52	25.21
$\Delta\ln(\tau^L L)$	-12.29^{***}	282.12^{***}	381.82^{***}
$\ln(\tau^{IE}\mathrm{IE})$	−1.30	94.54^{**}	78.07
$\Delta\ln(\tau^{IE}\mathrm{IE})$	-14.59^{***}	319.20^{***}	638.54^{***}

注：**表示在 5%显著性水平下显著，***表示 1%显著性水平下显著；Δln IY 表示 ln IY 的一阶差分，其他变量含义类似

协整检验结果如表 10.4 所示。一般认为，Pedroni 检验的面板 ADF 检验值比其他组内或组间检验结果更具稳健性（Wang et al.，2015b），加上 Kao 检验结果在 5%显著性水平下拒绝不存在协整关系的假设，因此认为 1994~2016 年中国 36 个工业子行业的工业增加值、有效资本、有效劳动和有效能源投入之间存在长期均衡的协整关系。

表 10.4　中国工业 36 个子行业相关变量协整检验结果

检验	统计量	统计量值	p 值
Pedroni 协整检验	Panel v 统计量	1.0615	0.7219
	Panel rho 统计量	−0.9593	0.4437
	Panel PP 统计量	−8.4336	0.0000
	Panel ADF 统计量	−1.0818	0.0049
	Group rho 统计量	1.4720	0.4745
	Group PP 统计量	−9.2553	0.0000
	Group ADF 统计量	−2.5803	0.0049
Kao 协整检验	ADF 统计量	−7.3737	0.0000

鉴于中国 36 个工业部门各变量之间存在长期均衡的协整关系，对中国 36 个工业部门建立面板回归模型。本章关注每年的有效投入要素对于工业增加值的弹性，因此选择了固定效应变系数方程（10.12），并分别根据方程（10.11）和方程（10.13）计算能源技术进步对工业增加值的弹性（$\eta^{Y}_{\tau^{IE}}(t)$）和对工业产出增长的贡献（$\rho_{\tau^{IE}}(t)$），结果如表 10.5 所示。从 R^2 与 F 值的结果来看，模型的拟合程度非常好，而且，绝大多数的系数在 10%显著性水平下显著。表 10.5 表明，每年三种有效投入要素之和接近 1。此外，能源技术指标对工业增加值的弹性随时间呈减小的趋势，这可能是因为 2001 年中国加入世界贸易组织后，由于中国的原材料和劳动力价格相对低廉，越来越多的能源密集型产业和加工环节被转移到中国，

中国工业发展迅猛，注意力主要集中在谋求发展，而忽略了能源节约和环境保护，采取的主要是高投入高能耗高污染的增长方式。

表 10.5　中国工业行业有效投入的弹性和能源技术变化对产出的贡献

项目	α_t	β_t	γ_t	$\eta^{Y}_{\tau^{\mathrm{IE}}}(t)$	$\rho_{\tau^{\mathrm{IE}}}(t)$
1994 年	0.1447（0.0990）	0.5681（0.0000）	0.3147（0.0000）	0.4593	—
1995 年	0.1762（0.0565）	0.5572（0.0000）	0.2636（0.0000）	0.3580	−29.82%
1996 年	0.1766（0.0401）	0.5969（0.0000）	0.2546（0.0000）	0.3415	15.91%
1997 年	0.1944（0.0095）	0.6481（0.0000）	0.2090（0.0004）	0.2642	15.33%
1998 年	0.1297（0.1333）	0.6166（0.0000）	0.2929（0.0000）	0.4143	55.55%
1999 年	0.2542（0.0017）	0.5967（0.0000）	0.2054（0.0004）	0.2585	11.15%
2000 年	0.2694（0.0009）	0.6026（0.0000）	0.1905（0.0005）	0.2353	14.32%
2001 年	0.2895（0.0003）	0.6086（0.0000）	0.1697（0.0014）	0.2044	14.15%
2002 年	0.3156（0.0001）	0.5992（0.0000）	0.1571（0.0029）	0.1864	8.00%
2003 年	0.2606（0.0016）	0.5896（0.0000）	0.2155（0.0000）	0.2747	15.04%
2004 年	0.3784（0.0000）	0.5971（0.0000）	0.1211（0.0106）	0.1378	2.58%
2005 年	0.3962（0.0000）	0.5831（0.0000）	0.1135（0.0208）	0.1280	4.66%
2006 年	0.4247（0.0000）	0.5638（0.0000）	0.1075（0.0316）	0.1205	3.98%
2007 年	0.4437（0.0000）	0.5329（0.0000）	0.1229（0.0158）	0.1401	4.59%
2008 年	0.4677（0.0000）	0.5141（0.0000）	0.1094（0.0357）	0.1229	6.03%
2009 年	0.4532（0.0000）	0.5381（0.0000）	0.1025（0.0416）	0.1142	6.33%
2010 年	0.4463（0.0000）	0.5546（0.0000）	0.0978（0.0521）	0.1084	3.52%
2011 年	0.4487（0.0000）	0.5743（0.0000）	0.0852（0.0837）	0.0932	4.65%
2012 年	0.4214（0.0000）	0.5822（0.0000）	0.1026（0.0333）	0.1143	8.24%
2013 年	0.5993（0.0000）	0.3559（0.0000）	0.0480（0.4583）	0.0504	4.11%
2014 年	0.5619（0.0000）	0.3545（0.0000）	0.0730（0.2470）	0.0788	4.02%
2015 年	0.5401（0.0000）	0.3409（0.0000）	0.1034（0.0933）	0.1153	0.66%
2016 年	0.5246（0.0000）	0.3285（0.0000）	0.1256（0.0387）	0.1436	3.29%
R^2	0.9741	F 统计量	261.84（0.0000）	样本量	828

注：小括号内是统计量的 p 值

10.4.4　中国工业和制造业的碳排放回弹效应分析

根据方程（10.15），计算出 1995~2016 年能源技术进步对中国工业增加值的贡献率，求得 1995~2016 年整个中国工业行业能源回弹效应和碳排放回弹效应，结果如表 10.6 所示，并用相同的方法计算中国制造业能源回弹效应和碳排放回弹效应，结果如表 10.7 所示。可以发现以下几点。

表 10.6　1995~2016 年中国工业行业碳排放回弹效应

年份	$\rho_{\tau^{\mathrm{IE}}}(t)$	$D_{\mathrm{act}}\|_{t-1,t}-1$	$\hat{\xi}$	回弹效应
1995	−29.82%	−0.1774	0.0745	71.01%
1996	15.91%	0.3559	0.0745	76.00%
1997	15.33%	0.2720	0.0745	55.97%
1998	55.55%	0.1151	0.0745	85.82%
1999	11.15%	0.3756	0.0745	56.21%
2000	14.32%	0.2600	0.0745	49.98%
2001	14.15%	0.2269	0.0745	43.10%
2002	8.00%	0.3777	0.0745	40.56%
2003	15.04%	0.2865	0.0745	57.84%
2004	2.58%	0.9620	0.0745	33.31%
2005	4.66%	0.4444	0.0745	27.80%
2006	3.98%	0.5084	0.0745	27.16%
2007	4.59%	0.5065	0.0745	31.21%
2008	6.03%	0.3269	0.0745	26.46%
2009	6.33%	0.2835	0.0745	24.09%
2010	3.52%	0.5113	0.0745	24.16%
2011	4.65%	0.3213	0.0745	20.05%
2012	8.24%	0.2172	0.0745	24.02%
2013	4.11%	0.1031	0.0745	5.69%
2014	4.02%	0.1000	0.0745	5.40%
2015	0.66%	0.0976	0.0745	0.87%
2016	3.29%	0.0749	0.0745	3.30%

表 10.7　1995~2016 年中国制造业的碳排放回弹效应

年份	$\rho_{\tau^{\mathrm{IE}}}(t)$	$D_{\mathrm{act}}\vert_{t-1,t}-1$	$\hat{\xi}$	回弹效应
1995	−41.10%	−0.1147	0.0766	61.54%
1996	24.93%	0.1815	0.0766	59.07%
1997	23.20%	0.1325	0.0766	40.13%
1998	136.98%	0.0397	0.0766	70.99%
1999	17.74%	0.1894	0.0766	43.86%
2000	20.78%	0.1349	0.0766	36.60%
2001	21.92%	0.1127	0.0766	32.25%
2002	12.24%	0.1787	0.0766	28.55%
2003	21.26%	0.1394	0.0766	38.69%
2004	4.38%	0.3987	0.0766	22.80%
2005	7.78%	0.2045	0.0766	20.77%
2006	6.65%	0.2300	0.0766	19.97%
2007	7.11%	0.2247	0.0766	20.86%
2008	10.27%	0.1537	0.0766	20.61%
2009	11.37%	0.1394	0.0766	20.69%
2010	6.59%	0.2311	0.0766	19.88%
2011	9.34%	0.1492	0.0766	18.19%
2012	13.08%	0.1056	0.0766	18.03%
2013	1.35%	0.1026	0.0766	1.81%
2014	1.62%	0.0991	0.0766	2.09%
2015	1.90%	0.0967	0.0766	2.39%
2016	1.59%	0.0738	0.0766	1.53%

第一，中国工业部门存在碳排放回弹效应，在 1995~2016 年，中国工业行业 36 个部门的碳排放回弹效应平均为 35.91%，最小为 0.87%，最大达到 85.82%。也就是说，在 1994~2016 年由于存在碳排放回弹效应，能源效率提高预期的碳减排量中有 35.91%被由能源技术进步导致的工业产出增长而额外增加的碳排放给抵消掉，实际的碳减排量只有预期碳减排量的 64.09%。本章采用的方法与传统的将技术进步等价于能源效率提高，估计中国工业行业回弹效应的方法相比更为准确，因为传统方法会粗糙高估能源技术进步对工业产出增长贡献，最终估计出波动较大的回弹效应值。与 Li 等（2016）估计的中国工业和制造业的能源回弹效应，

进而估算的碳排放回弹效应相比（图 10.2），本章估计的碳排放回弹效应更小，主要因为 Li 等（2016）估计的是整个资源型技术进步对于工业产出增长的贡献，而本章估计的是能源技术进步对工业产出增长的贡献，因此他们可能会高估能源技术进步对工业产出增长的影响，从而高估碳排放回弹效应。

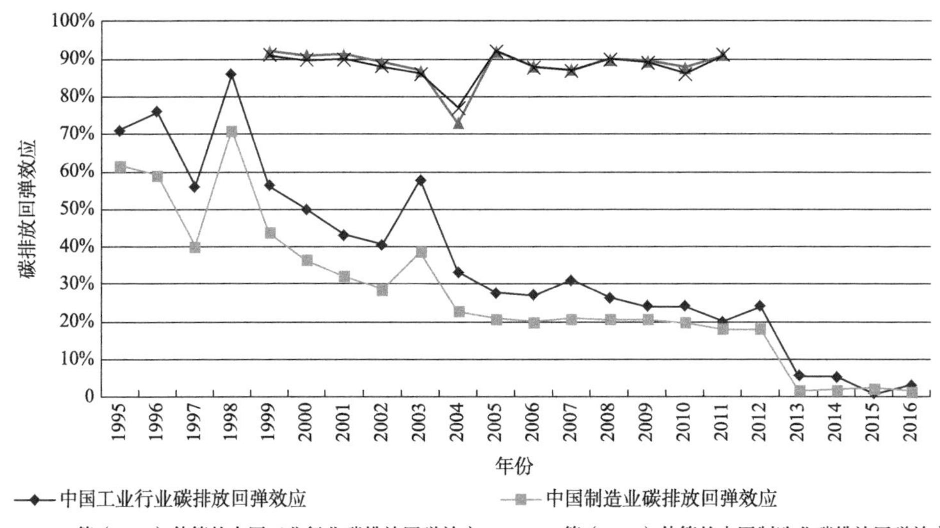

图 10.2　中国工业和制造业的碳排放回弹效应比较

第二，在样本区间内，中国制造业的碳排放回弹效应比工业行业稍小，但大体上制造业的碳排放回弹效应与工业行业比较接近。具体来讲，每一年制造业的碳排放回弹效应都比整个工业部门的碳排放回弹效应稍小，在 1995~2016 年制造业的平均碳排放回弹效应为 27.33%，这表明在 1995~2016 年，在制造业部门，由能源技术进步预期减少的碳排放中有 27.33% 会被由此引发的产出增长进而额外增加的碳排放抵消掉，而只能实际减少 72.67%的预期碳减排量。就工业增加值和能源消费来说，制造业是整个工业的主要部门，如图 10.2 所示，制造业的碳排放回弹效应与工业行业的碳排放回弹效应很接近，也表明整个工业行业碳排放回弹效应的主要贡献者是制造业。除此之外，本章估计的中国制造业的碳排放回弹效应与其他国家的制造业或者能源密集型行业的回弹效应比较接近。例如，Barker 等（2007）估计出 2005 年英国能源密集型行业的回弹效应是 27%，Dasgupta 和 Roy（2015）得出印度 1998~2012 年制造业、钢铁行业、水泥行业的回弹效应分别是 47%、70%和 50%。这些结果表明，中国制造业的能源技术进步或者能源效率提升，对于节能减排的效果相对较好，碳排放回弹的程度较低，近年来甚至低于发达国家。

第三，中国整个工业行业和制造业的碳排放回弹效应都随时间呈现下降的趋势。具体来讲，如表 10.6 和表 10.7 所示，样本区间内，中国整个工业行业的碳排放回弹效应从 71.07% 下降到 3.30%，而制造业的碳排放回弹效应从 61.54% 下降到 1.53%。特别地，2004 年后，碳排放回弹效应的下降速度较为缓和。2013 年后，工业和制造业的碳排放回弹效应骤减并趋于平稳。这种工业回弹效应的下降趋势可能与最近这些年中国越来越注重转变经济发展方式，并努力优化产业结构追求高质量发展密切相关，导致工业产出增长伴随的碳排放回弹量相对减少。

10.5　主要结论与启示

考虑到工业部门是中国最主要的能源消费部门，其能效的高低直接决定着整个宏观经济的能效水平，其回弹效应的强弱程度也直接决定着工业部门乃至整个宏观经济的节能减排效果，本章结合现有文献的研究情况，从宏观层面分析了中国工业和制造业能源消费与碳排放回弹效应的作用机制，并从能源技术进步而非整个资源技术进步对工业产出增长的贡献视角结合指数分解模型和面板数据模型测算能源技术进步带来的经济增长而额外增加的能源消费量，进而估计出工业行业的碳排放回弹效应。得到主要结论如下。

第一，工业产出增长是促进工业行业能源消费的主要因素，而能源强度的降低和工业子行业经济结构的变化是抑制能源消费的主要因素。第二，中国工业部门存在碳排放回弹效应，在样本区间内，中国 36 个工业部门的碳排放回弹效应平均为 35.91%，最小为 0.87%，最大为 85.82%。其中，制造业的碳排放回弹效应相对较小，平均为 27.33%。第三，中国工业和制造业的碳排放回弹效应大体上随时间呈现减小的趋势。

这些结论有明显的政策含义。第一，国家政策制定者在制定能源效率政策时不能只考虑科技进步带来的预期能源节约量和碳减排量，也要将回弹效应考虑在内，避免高估工业部门能源效率政策实现的能源节约量和碳减排量。第二，国家在工业部门和制造业继续加大促进能源技术进步的措施，虽然工业部门存在碳排放回弹效应，但是中国工业部门能源技术进步总体呈现节约能源、降低碳排放的特征，节能减排效果呈现越来越好的趋势。

第 11 章　我国金融发展对碳排放的动态影响实证研究

11.1　金融发展对碳排放的影响机制

自 2006 年起，中国超过美国成为全球最大的碳排放国，2020 年的二氧化碳排放量达到 98.99 亿吨，占全球总排放量的 30.7%。预计未来一段时间内，随着我国经济增长及城镇化进程加速，碳排放量仍将继续上升。为推动经济社会可持续发展，积极应对全球气候变化，2015 年 11 月，中国政府在巴黎气候变化大会上承诺，2030 年要比 2005 年的碳排放强度下降 60%~65%；2020 年 9 月，在第七十五届联合国大会一般性辩论上，习近平主席郑重宣布“中国将提高国家自主贡献力度，采取更加有力的政策和措施，二氧化碳排放力争于 2030 年前达到峰值，努力争取 2060 年前实现碳中和”[①]；同年 12 月，习近平主席在气候雄心峰会上进一步宣布，“到 2030 年，中国单位国内生产总值二氧化碳排放将比 2005 年下降 65% 以上”[②]。未来中国如何协调减排和发展的关系，将通过何种方式进一步实现既定减排目标，已引起社会各界的广泛关注。

自 2015 年巴黎气候大会发出绿色倡议，倡导为低碳基础设施和其他气候解决方案提供资金以来，有关金融和经济活动与气候变化之间联系的讨论明显升温，且已有学者指出，一国经济发展水平会显著影响其碳排放，金融发展也可能是影响其二氧化碳排放的一个关键因素（Zhang，2011a；Abid，2017；Acheampong，2019）。

在一个金融体系不断深化的经济体中，金融发展的作用不断增强。首先，金融机构的高效发展方便了个体消费者的借贷活动，致使个体消费者增加对高能耗

① http://www.gov.cn/xinwen/2020-09/22/content_5546169.htm[2021-01-31]。

② http://www.gov.cn/gongbao/content/2020/content_5570055.htm[2021-01-31]。

商品（如汽车、住房、空调等）的消费，进而推动了二氧化碳排放的上升（Sadorsky，2010；Shahbaz and Lean，2012；Kahouli，2017；Acheampong et al.，2020）。其次，股票等金融市场的繁荣有助于降低企业融资成本、增加企业融资渠道、分散企业经营风险、优化企业负债结构，从而推动企业扩大生产规模，购置新的高能耗设备、拓展新项目，导致企业能源消费和二氧化碳排放量增加（Dasgupta et al.，2001；Sadorsky，2010，2011）。

但是，Tamazian 等（2009）和 Zagorchev 等（2011）指出，金融发展有助于企业通过吸引外资、增加研发投入等途径进行技术创新、使用新技术，从而提高能效，推动低碳经济发展，降低二氧化碳排放强度。而且，银行会拒绝给环保资质差的公司发放贷款（Homanen，2018），股市也会对造成环境事故的公司进行一定的惩罚（Krüger，2015）。因此，金融发展可以通过推动企业进行技术创新，对高能耗、高污染行业和企业实行一定的资金约束，从而降低企业经营的能耗和碳排放。

由此可知，金融发展可以通过多种方式影响碳排放，但这种影响存在很大的不确定性，那么我国金融发展是否会显著影响碳排放的增长？哪种类型的金融发展有助于降低碳排放？我国现有的绿色金融政策对碳减排有何影响？上述问题的解答对我国作为碳排放大国的减排路径的设计具有重要意义。因此，本章基于现有相关研究，立足中国现实，梳理我国金融发展和碳排放的关系，以在实现既定减排目标的基础上，推动中国经济发展的绿色转型。

11.2　国内外研究现状

金融危机使大量学者在很早以前就开始关注金融发展的经济影响，如 Levine（1999）指出，交易成本与信息成本的存在产生了市场摩擦，金融中介的作用在于消除这些摩擦，起到融通储蓄、优化资本配置等作用。韩廷春（2001）认为，发育良好的金融市场和畅通无阻的传导机制有利于储蓄的增加及储蓄向投资的有效转化，进而推动资本积累、技术进步及长期经济增长。他们均证实了金融发展在调节经济和促进发展方面的积极作用。随着全球变暖问题的出现，越来越多的学者开始关注经济增长与二氧化碳排放之间的关系，但并未得出一致的结论，如比较经典的是对是否存在环境库兹涅茨曲线进行检验，Farhani 和 Ozturk（2015）对克罗地亚共和国的经济增长和二氧化碳进行了实证研究，并未发现库兹涅茨曲线，而 Ahmad 等（2017）对突尼斯的研究却证实了库兹涅茨曲线的存在。就中国而言，经济增长与二氧化碳之间的关系密切，且经济增长对二氧化碳排放的推动作用相当明显（Zhang and Cheng，2009）。

基于以往对金融发展与经济增长、经济增长与二氧化碳排放之间关系的研究，大量学者开始关注金融发展对二氧化碳排放的影响，但研究结果存在明显差异。Tamazian 等（2009）考察了经济增长、金融发展与环境质量之间的关系，发现金融发展是减少金砖四国碳排放的关键因素。Tamazian 和 Rao（2010）发现金融发展对转型国家的碳排放影响显著。Acheampong（2019）通过系统广义矩估计法研究了46个撒哈拉沙漠以南的非洲国家2000~2005年的金融发展对碳排放的直接和间接影响，结果发现不同的金融指标对碳排放的影响不一致。考虑不同国家的发展阶段差异，Acheampong 等（2020）利用工具变量和广义矩估计法讨论了 83 个国家 1980~2015 年的金融发展对碳排放强度的影响，指出发达和新兴经济体的金融发展有利于降低碳排放强度，而其他国家则结果相反或没有直接影响。Ehigiamusoe 和 Lean（2019）研究了 122 个国家的金融发展、经济增长及能源消费对碳排放的影响，结果发现高收入国家的金融发展有助于降低碳排放，而中低收入国家情况则相反。Salahuddin 等（2015）运用普通最小二乘法等方法研究发现 1980~2012 年海湾合作委员会国家的金融发展对二氧化碳排放具有显著的负向影响。Wang 和 Gong（2020）指出 1990~2017 年“新钻十一国”[①]的金融发展和碳排放之间存在正向关系。Boutabba（2014）研究发现 1971~2008 年印度的金融发展对其碳排放存在长期正向影响。Fang 等（2020）研究发现 1990~2016 年金融规模对中国碳排放强度有正向影响，而债券规模的影响则较小。Shahzad 等（2017）利用自回归分布滞后（autoregressive distributed lag，ARDL）边界检验方法研究指出 1971~2011 年巴基斯坦的金融发展会导致其碳排放增加。Acheampong 和 Boateng（2019）指出 1980~2015 年澳大利亚、巴西和中国的金融发展增加了碳排放，而印度和美国则相反。

此外，已有研究表明金融结构，即金融与股票市场的相对重要性可能会通过不同机制影响碳排放，如技术创新是降低碳排放的重要机制。但 Minetti（2011）指出银行由于缺乏对早阶段绿色技术进行评估的能力，会对绿色技术投资持保守态度，故其减少环境污染的效应不显著。相比较而言，Kim 和 Weisbach（2008）及 Brown 等（2017）的研究表明高风险、高收益的股票市场更适合进行绿色技术投资。此外，信贷市场与股票市场均具有一定的污染约束能力，如 Dasgaupta 等（2002）指出银行会拒绝贷款给环境风险较大的公司；Krüger（2015）和 Ferrelt 等（2016）证实了股票市场会惩罚环境表现差的公司，奖励表现好的公司；Ilhan 等（2021）发现高碳排放会增加 S&P 公司的下

① 新钻十一国包括巴基斯坦、埃及、印度尼西亚、伊朗、韩国、菲律宾、墨西哥、孟加拉国、尼日利亚、土耳其、越南。

行风险。

从上述研究可知，现有关于金融发展与碳排放的研究在研究对象、金融发展测度、研究结果等方面均存在很大差异。首先，在研究对象的选取上，多数研究考虑多个国家，仅有极少数研究聚焦单个国家。其次，多数研究选择私人部门信贷在 GDP 中的占比等单个指标测度金融发展，只有少数研究采用两个或多个指标测度金融发展。实际上，金融发展具有多面性，如不同的中介（即银行、股票、债券市场等）拥有不同的可及性、市场规模、市场效率等，每个方面均可以通过不同的机制影响碳排放。最后，不同研究的结果并不一致，单就中国而言，研究结果就有正有负，这可能与研究对象或样本区间选择有关，即不同国家、不同时期、不同发展阶段，金融发展和碳排放之间的关系自然不同，如英美等发达国家的金融市场由不发达到发达，其对碳排放的影响也不断变化，发展中国家与之相比影响也不一致。

因此，首先，本章基于对中国经济发展阶段的考虑，利用门限回归方法对中国金融发展与二氧化碳排放之间的关系变化进行实证检验。其次，利用 6 个对金融发展不同方面进行测度的指标，通过时变参数的状态空间模型进一步探究其对碳排放的影响机理。最后，对绿色金融中发展较快的绿色信贷的减排效应进行估计，梳理中国金融发展与碳排放之间的关系，以进一步通过金融改革助力中国经济发展的绿色低碳转型。

11.3　数据说明与研究方法

11.3.1　数据说明

本章使用的变量、含义及数据来源如表 11.1 所示，样本数据为 1983~2018 年的年度数据，其中国际货币基金组织（International Monetary Fund，IMF）的金融发展指数从国际视角综合测度了中国金融机构与金融市场的发展情况，英国石油公司（BP）的二氧化碳排放数据体现了二氧化碳的长期历史变化趋势。同时，为了减小样本序列的异方差性，对所有变量均取自然对数。

表 11.1　变量及说明

变量	含义	测度	数据来源
$LPCO_2$	二氧化碳排放	人均二氧化碳排放量	BP 和世界银行
LFD	金融发展水平	IMF 的金融发展指数	IMF

续表

变量	含义	测度	数据来源
LPGDP	经济发展水平	人均 GDP	世界银行和国家统计局
LOPEN	对外开放程度	实际使用外资 GDP 占比	国家统计局
LEE	能源消费强度	单位 GDP 一次能源消费量	BP 和世界银行
LINSTR	产业结构	二产增加值占比	国家统计局

作为经济发展的助力,金融发展也可能是影响碳排放的一个重要因素,图 11.1 展示了随着我国经济的不断发展，金融发展和碳排放的变化趋势，经济发展用 2010 年不变价的人均 GDP 衡量，金融发展采用 IMF 的金融发展指数，用人均二氧化碳排放衡量排放水平，由图 11.1 可知，总体上，人均二氧化碳排放与金融发展呈现出一致的增长趋势，当人均 GDP 低于 2054.5 美元时，金融发展波动较大，人均碳排放量增长比较平缓，而人均 GDP 高于 2054.5 美元时，两者均快速增长。因此，人均二氧化碳排放与金融发展很可能存在长期关系，而且在经济发展的不同阶段，这一关系可能存在变化，因此，需通过计量模型对这一判断进行验证。

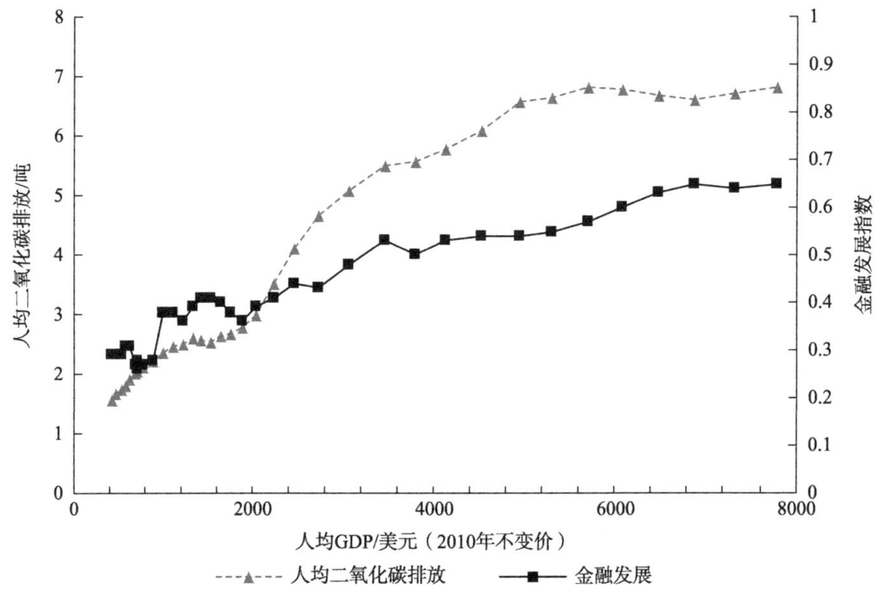

图 11.1 金融发展和碳排放变化趋势

此外，大多数研究仅通过单一指标，如私人部门信贷 GDP 占比（即金融机构的规模，一定程度上可以反映金融机构发展深度）或股票市值 GDP 占比（即金融市场的规模，一定程度上可以反映金融市场发展深度），来衡量金融发展（Arcand et al.，2015；Dabla-Norris and Srivisal，2013），但金融发展是一个多维度的过程，具有多面性，一方面，银行仍是主要的金融机构，但保险公司和风险投资公司等非银行机构的作用也逐步增加；另一方面，金融市场发展更加多样化，企业可以通过股票、债券等多种方式筹集资金，同时，金融机构和市场的可及性及市场效率也会限制金融系统作用的发挥（Aizenman et al.，2015），这些金融发展的不同方面对碳排放的影响机制是不同的，因此本章利用 IMF 测度金融发展的 6 个指标，即金融机构深度指标（financial institutions depth indicator，FIDI）、金融机构可及性指标（financial institutions access indicator，FIAI）和金融机构效率指标（financial institutions efficiency indicator，FIEI），以及金融市场深度指标（financial markets depth indicator，FMDI）、金融市场可及性指标（financial markets access indicator，FMAI）和金融市场效率指标（financial markets efficiency indicator，FMEI）来进一步探究金融发展对碳排放的影响机制，1983~2018 年各指标走势如图 11.2 所示。

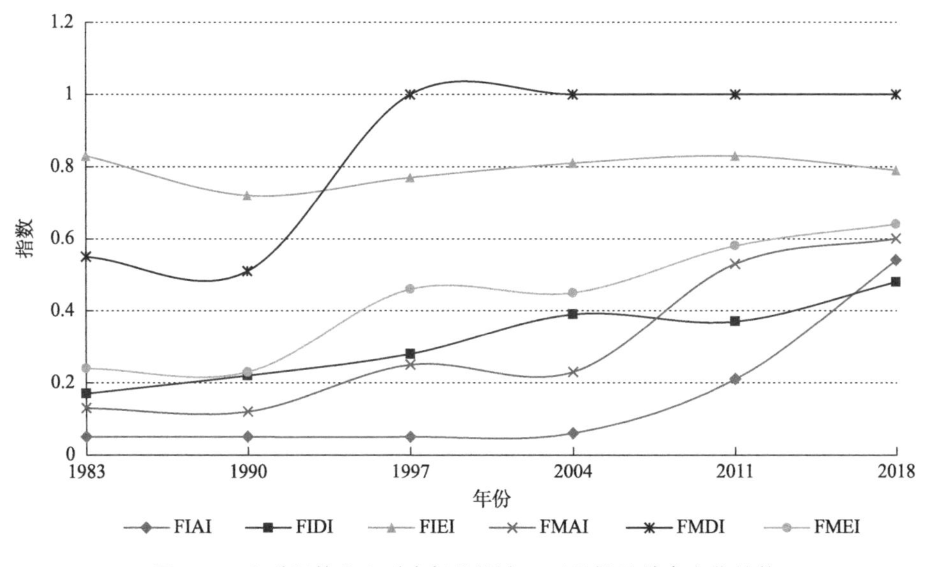

图 11.2 金融机构和金融市场的深度、可及性及效率变化趋势

最后，为进一步考察绿色信贷对碳排放的影响，一般用绿色信贷占比来衡量绿色信贷发展，但由于统计口径不一及相关统计数据缺失等，本章采用 1 减去化学原料及化学制品制造业等六大高能耗行业的利息费用在工业总利息费用中的占比来测度绿色信贷发展，取自然对数后记作 LIR，数据来源于国家统计局，样本区间为 2001~2017 年。

11.3.2 研究方法

为估计金融发展对碳排放的影响，本章首先以人均碳排放为被解释变量，金融发展为核心解释变量，同时参照 Wang 和 Gong（2020）及 Chen 等（2019a）的研究，以经济发展水平、能源消费强度、产业结构及对外开放程度为控制变量，利用协整检验考察是否存在长期线性关系。首先，对各个变量进行 ADF 单位根检验，检验结果如表 11.2 所示，由表可知，在 10%的显著性水平下，所有变量均为 1 阶单整变量，存在协整的可能，因此可以进行 Johansen 协整检验。

表 11.2　ADF 检验结果

变量	（c，t，k）	t 统计量	p 值	检验结果
$LPCO_2$	（0，0，0）	−1.74	0.08	I（1）
LFD	（0，0，0）	−5.16	0.00	I（1）
LPGDP	（1，0，0）	−3.07	0.04	I（1）
LOPEN	（0，0，0）	−3.9	0.00	I（1）
LEE	（0，0，0）	−1.83	0.07	I（1）
LINSTR	（0，0，0）	−3.83	0.00	I（1）

注：c 表示截距项；t 表示趋势项；k 表示滞后阶数；I（1）表示 1 阶单整

在线性趋势假设下，无约束的协整迹检验和最大特征根检验均在 5%的显著性水平下拒绝没有和至多有一个协整关系的原假设，表明碳排放与金融发展存在长期均衡关系。但 Acheampong 等（2020）指出，处于不同发展阶段的国家，其金融发展对碳排放的影响存在差异，因此，在我国经济发展的不同阶段，碳排放与金融发展的均衡关系也可能存在结构性变动，为此进一步对协整关系进行匡特似然比检验，结果发现最大似然比 F 统计量在 1%的显著性水平下拒绝了不存在断点的原假设，证实了碳排放与金融发展的长期关系存在结构变动。

考虑到由宏观经济环境的变化及经济发展的阶段性所引起的结构变动，接下来以人均 GDP 为阈值利用离散门限回归模型进一步考察在不同经济发展阶段金融发展与碳排放的关系变动，具体模型设定如下：

$$\mathrm{LPCO}_{2t} = X_t'\beta + Z_t'\delta_{\psi} + \varepsilon_t \tag{11.1}$$

方程（11.1）是一个标准的 t 期带有 Υ 个潜在门限（$\Upsilon+1$ 个机制）的多元线性回归模型，其中 $\psi = 0,1,\cdots,\Upsilon$；$X$ 表示参数不随机制变化的解释变量，即 LOPEN、LEE 和 LINSTR；Z 表示具有机制特定系数的解释变量，即 LFD；假定已观测门限变量为 LPGDP_t，门限值序列为 γ，则上述方程可改写为

$$LPCO_{2t} = X_t'\beta + \sum_{\psi=0}^{\Upsilon} I_\psi(\text{LPGDP}_t, \gamma) \times Z_t'\delta_\psi + \varepsilon_t \tag{11.2}$$

其中，将人均 GDP（LPGDP）设定为门限变量，如果满足门限条件，函数（11.2）中的(·)将取 1，不满足则取 0。如存在一个门限，则上述方程可简单表示为

$$LPCO_{2t} = X_t'\beta + Z_t'\delta_1 + \varepsilon_t，\quad -\infty < \text{LPGDP}_t < \gamma_1 \tag{11.3-1}$$

$$LPCO_{2t} = X_t'\beta + Z_t'\delta_2 + \varepsilon_t，\quad \gamma_1 \leqslant \text{LPGDP}_t < \infty \tag{11.3-2}$$

当门限变量小于γ_1时，选择模型（11.3-1），否则选择模型（11.3-2）。参照 Hansen（2001）和 Perron（2005）的估计设定，选用非线性最小二乘法对上述门限回归模型的参数进行估计。与 Acheampong 等（2020）的上述观点一致，我们在对图 11.1 的分析中也发现，随着经济的发展，我国碳排放与金融发展呈现出一定的阶段性差异，因此适合以经济发展为门限变量，利用门限回归模型识别门限并估计不同机制下金融发展对碳排放的影响。

鉴于金融发展和碳排放关系的变化，以及金融发展的不同维度对碳排放的不同影响机制，本节进一步借助状态空间模型探讨我国金融发展对碳排放的影响机制，模型设定如下：

$$\begin{aligned} LPCO_{2t} = {} & sv_{1t}\text{LFIAI}_t + sv_{2t}\text{LFIDI}_t + sv_{3t}\text{LFIEI}_t + sv_{4t}\text{LFMAI}_t \\ & + sv_{5t}\text{LFMDI}_t + sv_{6t}\text{LFMEI}_t + W_t'\alpha + u_t \end{aligned} \tag{11.4-1}$$

$$sv_{it} = \rho sv_{it-1} + \varepsilon_t，\quad i = 1,\cdots,6 \tag{11.4-2}$$

其中，模型（11.4-1）表示量测方程；LFIAI 表示变量 FIAI 的自然对数，其余变量含义类似；模型（11.4-2）表示状态方程；$sv_{it}(i=1,\cdots,6)$ 表示对应的状态变量，均设定为递归形式，分别表示各金融发展指标对人均碳排放的可变系数；W_t 表示有固定系数α的解释变量向量，与前文保持一致，相应的变量包括 LOPEN、LEE 和 LINSTR；u_t 和 ε_t 表示相互独立的随机扰动项。

此外，也通过状态空间模型，进一步考察绿色信贷对碳排放的影响。考虑不同政策实施阶段其对碳排放影响的差异性，此处依旧采用时变参数状态空间模型，具体模型设定如下：

$$LPCO_{2t} = sv_t \times \text{LIR}_t + u_t \tag{11.5-1}$$

$$sv_t = \rho sv_{t-1} + \varepsilon_t \tag{11.5-2}$$

其中，模型（11.5-1）表示量测方程；模型（11.5-2）表示状态方程；sv_t 表示对应的状态变量，设定为递归形式，表示绿色信贷对人均碳排放的可变系数；ε_t 表示随机扰动项。

11.4 实证结果分析

11.4.1 我国金融发展对碳排放的影响

基于 11.3.1 节建立门限回归模型，首先，利用 Bai-Perron 检验确定门限个数及相应的门限值，如表 11.3 所示，在 5%的显著性水平下存在一个阈值，且估计出具体的阈值为 16.8381，还原为原始数据为 2054.5 美元，与 2002 年的人均 GDP 相近，验证了图 11.1 中观察到的结果。

表 11.3 Bai-Perron 门限检验结果

门限个数检验	*F* 统计量	标准化的 *F* 统计量	Bai-Perron 标准值
0 vs. 1**	107.3786	214.7572	11.47
1 vs. 2	3.6506	7.3012	12.95

**表示在 5%的显著性水平下显著

同时，具体的门限回归估计结果如表 11.4 所示。可见，当人均 GDP 低于 2054.5 美元时，金融发展对碳排放有显著的负向影响，即金融发展指标每增加 1%，人均二氧化碳排放降低 0.726%；当人均 GDP 大于或等于 2054.5 美元时，金融发展对碳排放有显著的正向影响，即金融发展指标每增加 1%，人均二氧化碳排放增加 1.656%。总之，我国金融发展对碳排放的影响逐步由负转正，1983~2001 年，我国金融市场刚刚起步，1984 年开始发行股票，1985 年开始实行新信贷资金管理体制，1990 年之后逐步建立起证券交易所，1994 年基本建立政策性银行体系，1999 年 7 月正式实施《中华人民共和国证券法》，这期间我国金融体系正处在逐步完善的过程中，对经济的推动作用有限，所以表现为一定的降低碳排放作用。2001 年之后，我国金融市场不断规范，特别是，2001 年 12 月正式加入世界贸易组织，进一步加快了金融改革的步伐，进入全球化资本市场体系，资本吸纳能力及再分配效率不断提高，推动了经济增长，并进一步增加了碳排放。因此，在现阶段比较成熟的金融市场体系的基础上，应更进一步引导资本市场向绿色减排方向发展，通过建立绿色金融体系逐步实现减排与发展的双赢。此外，外商直接投资在 GDP 中的占比对我国碳排放有显著的正向影响，这可能与外商直接投资流入我国高碳行业的比例偏高密切相关。2018 年，制造业和房地产业实际利用外资占比在各行业中相对最高，分别为 30.5% 和 16.6%，而作为现代服务业的租赁和商务服务业、批发和零售业等行业的外资占比都较低。未来随着我国工业化、城镇化及资本全球化的进一步深入发展，我国实际利用外资规模可能会进一步扩大。鉴于此，我国政府和相关企业应高度重视外资质量，发挥其在低碳发展方面的积极作用，避免进一步增加碳排放。同时，第二产业占比每增加 1%，碳排放水平增加 2.051%；能源强度每降低 1%，碳排放水平提高 0.491%。因此，在通过优化产业结构，提升能源利用效率的同时，要注意预防能源消费反弹导致碳排放增加。

表 11.4　门限回归估计结果

变量	系数	t 统计量	p 值
	LPGDP < 16.8381		
LFD	−0.726	−4.183	0.000
C	−18.051	−5.129	0.000
	16.8381 ≤ LPGDP		
LFD	1.656	13.124	0.000
C	−15.522	−4.464	0.000
LOPEN	0.126	3.052	0.005
LINSTR	2.051	6.354	0.000
LEE	−0.491	−5.334	0.000

总之，在不同经济发展阶段，金融体系的发展状况不一，其对碳排放的影响也存在差异。随着我国金融发展体系不断完善，金融发展对经济的推动作用越来越强，碳排放也随之增长，故现阶段我国金融发展对碳排放呈现显著的正向影响。但随着我国金融改革发展的不断深化，不同的金融发展维度可能会对碳排放产生不同影响，因此，接下来需要利用更为具体的金融指标进一步探究不同金融发展维度对碳排放影响的异质性，为我国进一步通过金融手段降低碳排放提供一定参考。

11.4.2　不同金融发展指标对碳排放的影响

一个国家的金融发展结构很可能会通过不同机制对碳排放产生不同影响，因此，有必要细化对金融发展的度量，区别对待金融规模、金融深度和金融效率，利用动态模型深入探讨金融发展对碳排放的具体影响机制。

利用卡尔曼滤波递归算法对 11.3.2 节的方程（11.4-1）和方程（11.4-2）进行估计，并对模型残差序列进行单位根检验，结果显示为平稳的，所以上述时变参数状态空间模型设定合理。时变参数的具体估计结果见图 11.3，由图可知不同的金融发展维度对碳排放的影响存在明显差异。具体来看，金融机构可及性指数对人均碳排放的影响比较微弱，1990 年起影响由正变负，2005 年起又变为正向影响。金融机构深度指标具有增加人均碳排放的作用，且随着时间推移呈现减弱趋势，这验证了我国金融发展对经济增长和碳排放的作用主要来源于商业银行的资产数量扩张。金融机构效率指标对人均碳排放的影响也比较微弱，且 2008 年后影响由正变负，这可能与我国 2007 年起开始实行的绿色信贷政策有关。

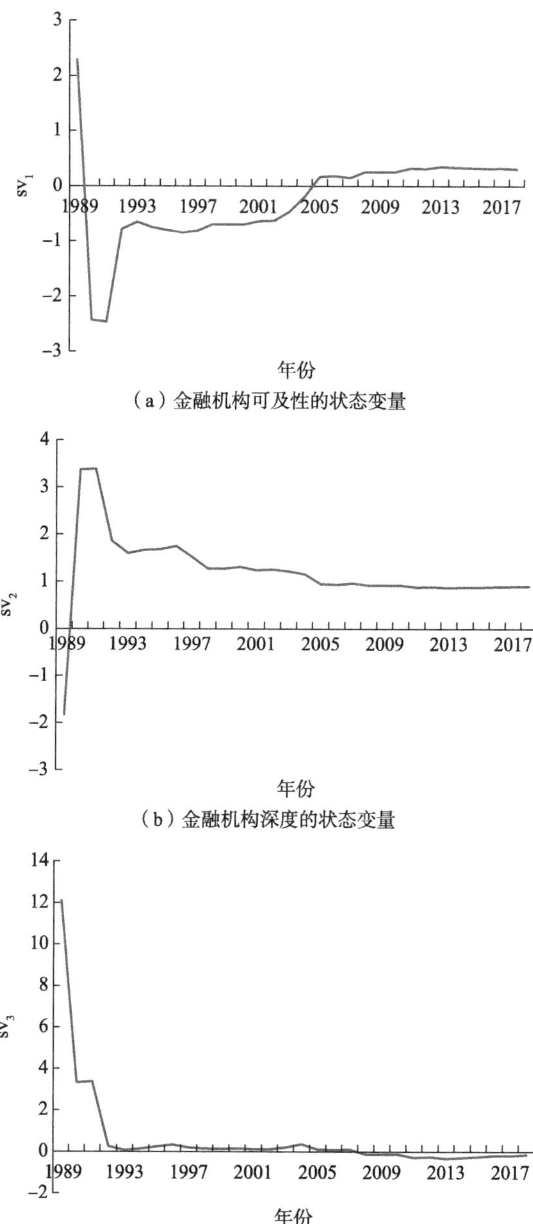

（a）金融机构可及性的状态变量

（b）金融机构深度的状态变量

（c）金融机构效率的状态变量

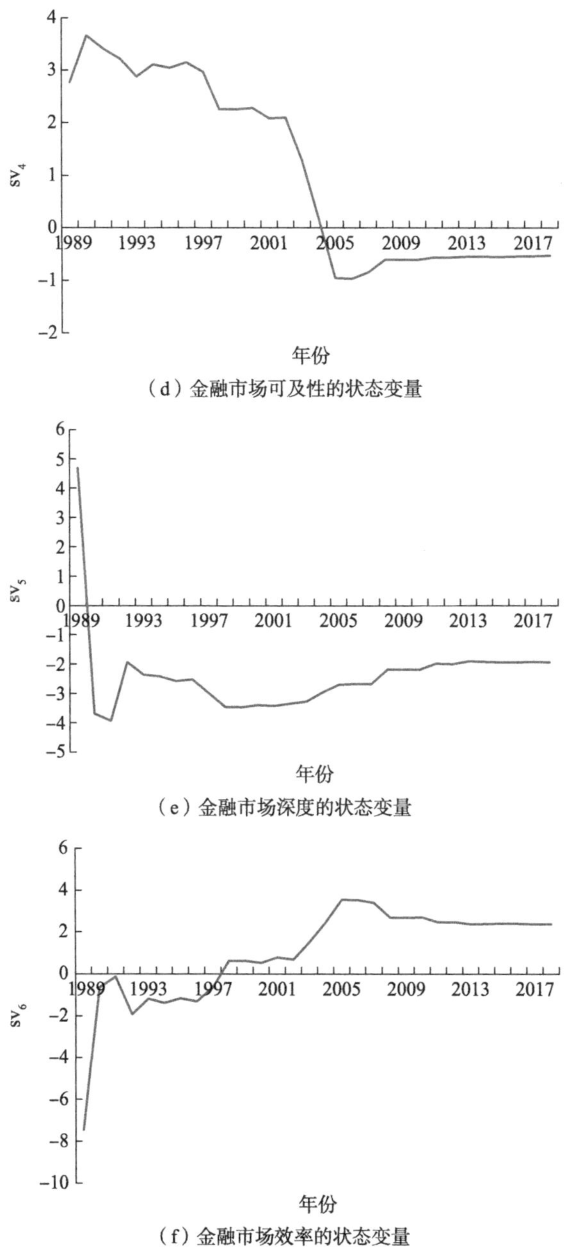

（d）金融市场可及性的状态变量

（e）金融市场深度的状态变量

（f）金融市场效率的状态变量

图 11.3　6 个状态变量的时变趋势

金融市场可及性指标对人均碳排放的影响刚开始比较明显，随后呈减弱趋势，2005 年起由正转负。与其他金融指标相比，金融市场深度指标从 1990 年起对碳排放有显著负向影响，但影响程度呈减弱趋势。这是因为 1990 年之后，我国股票证券市场发展加快，规模不断增加，通过资本再分配促进了技术创新，减少了碳排放，影响减小可能与市场规模增速放缓相关。1998 年起，金融市场效率指标对碳排放的影响由负变正，且正向效应逐步增加，2008 年后才呈现减小趋势。这是因为 1998 年后金融市场投资热情上涨，推动了中国高能耗行业的发展，而 2007 年绿色信贷实施后，金融市场投资者也开始关注企业在绿色环保方面的表现，约束并减少了碳排放。

总之，在金融发展早期，金融机构对碳排放的影响比较明显，而近阶段，金融市场对碳排放的影响更加显著。同时，金融机构和金融市场规模对我国碳排放的影响逐渐减弱，且可能在绿色信贷等绿色金融发展政策影响下，我国金融机构和金融市场的资本配置效率越来越高，逐渐发挥约束碳排放的作用，降低我国人均碳排放量。因此，未来应关注绿色金融发展，推动绿色金融改革与建设，从而助推碳减排。

11.4.3 绿色金融对碳排放的影响

11.4.2 节的估计结果表明，绿色金融发展可能对降低碳排放具有一定的推动作用，因此，本节在对中国绿色金融政策发展进行梳理的基础上，进一步估计绿色信贷对碳排放的影响。

随着我国经济发展不断深入，绿色低碳发展理念、生态文明建设成为主题，面对国家提出的绿色转型发展新要求，越来越多的地方政府与投资者自发发展绿色金融并践行责任投资。例如，深圳市积极推进绿色低碳出行，在更换纯电动公交车的过程中，国银金融租赁股份有限公司先后与深圳市东部公共交通有限公司、深圳巴士集团股份有限公司等多家公交企业开展新能源大巴租赁业务，为其提供融资支持，截至 2017 年底，已累计授信达 43.6 亿元。我国绿色金融发展包括绿色信贷、证券、保险、基金等市场的发展，据中国人民银行统计，2018 年末，全国银行业金融机构绿色信贷余额同比增长 16%，达到 8.23 万亿元，且 2018 年总共发行绿色债券超过 2800 亿元，存量接近 6000 亿元，绿色企业上市融资和再融资规模达到 224.2 亿元。总之，我国绿色金融市场规模不断扩大，其中银行业金融机构的绿色信贷规模最大，这种发展状况与绿色金融政策密切相关。绿色信贷是我国最早实施的绿色金融政策，2007 年，国家环境保护总局、中国人民银行和中国银行业监督管理委员会联合发布《关于落实环保政策法规防范信贷风险的意见》，绿色信贷政策开始实施；2012 年中国银行业监督管理委员会发布《绿色信贷指引》文件，规范并普及了绿色信贷发展。2016 年中国人民银行等多部门联合印发《关于构建绿色金融体系的指导意见》。2017 年 6 月国务院第 176 次常务会议审定，在浙江、江西、广东、贵州、新疆五省区建立 8 个绿色金融改革创新试验区，这不仅标志着我国系统性绿色金融政策框架的建立，也是我国绿色金融实践的进步。

绿色信贷参照赤道原则，即要求在贷款和项目资助中强调企业的环境和社会责任，更有助于把资金投给更绿色环保的企业（Huang et al., 2014；连莉莉，2015），由此增大了环保企业进行创新的可能性（Ayyagari et al., 2011），因此，可以推断，绿色金融发展尤其是绿色信贷发展应该有明显的减排作用，接下来通过对 11.3.2 节的方程（11.5-1）和方程（11.5-2）进行估计，检验绿色信贷的减排效应。

利用卡尔曼滤波递归算法对方程（11.5-1）和方程（11.5-2）进行估计，并对模型残差序列进行单位根检验，结果显示其为平稳序列，所以上述时变参数状态空间模型设定合理。sv_7 的估计结果如图 11.4 所示。由图 11.4 可知绿色信贷可以显著降低人均碳排放，并且随着绿色金融发展的不断深入，减排效应不断增加，由 2002 年的 1.3 增加到 2017 年的 2.27，但增速却放缓，这表明有必要采取措施进一步提升绿色信贷的利用效率。

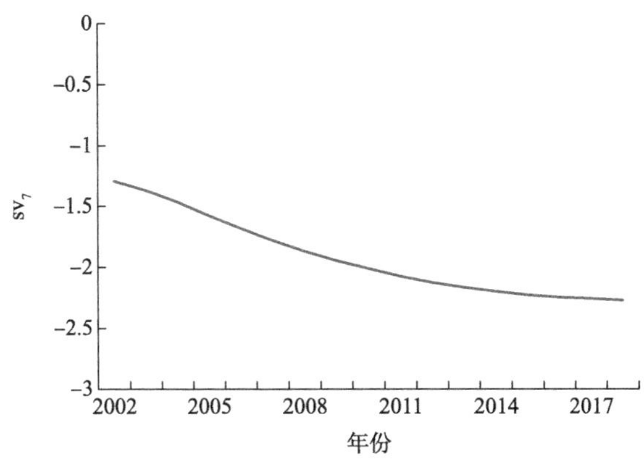

图 11.4　绿色信贷对碳排放的时变影响

总之，随着中国绿色金融体系的初步建立，绿色信贷有助于减少碳排放，但利用效率仍有待提升，且未来仍需立足于 8 个已有绿色金融试点实践，探究不同区域特色的绿色金融发展模式，以对相关政策的减排效应及作用机理进行透彻研究。

11.5　主要结论与启示

为探究中国金融发展对碳排放的影响机制，本章首先通过协整、门限回归等方法研究金融发展与碳排放的长期均衡关系，其次利用 6 个金融发展指标建立碳排放状态空间模型考察金融发展对碳排放的动态影响机制，最后进一步估计了绿色信贷对碳排放的影响，主要得到如下几点结论。

首先，我国金融发展与碳排放之间存在长期均衡关系，但随着经济发展阶段的不同，这一关系存在结构性变动，人均 GDP 低于 2054.5 美元时，由于我国金融发展处于逐步完善阶段，对经济的推动作用有限，对碳排放产生了一定的负向影响；2001 年加入世界贸易组织之后，我国金融改革步伐加快，资本吸纳及再分配效率不断提高，推动了经济尤其是工业的快速发展，所以明显增加了碳排放。

其次，现阶段，与金融机构相比，金融市场对碳排放的影响更加显著，且金融机构和金融市场规模对碳排放的影响逐渐减弱。同时，2008 年以来，我国金融机构和金融市场效率降低了人均碳排放量，这可能是受绿色信贷等绿色金融发展政策的影响。

最后，随着我国绿色金融政策框架逐步建立，绿色信贷发展最为突出，具有明显的碳减排作用，且这一作用逐渐增强，但增速有所放缓。

基于以上结果，我们得到几点重要政策启示：首先，在现阶段比较成熟的金融市场体系基础上，我国政府应进一步引导资本市场向绿色低碳方向发展，通过建立绿色金融体系逐步实现减排与发展的双赢。同时，政府和企业应加强把关，重视外商直接投资质量，发挥其在低碳发展方面的积极作用，避免进一步增加碳排放。

其次，我国今后金融改革的方向与目标应当放在提升金融市场效率上，通过提高金融机构和金融市场的资产配置效率，为我国经济的绿色发展和转型升级提供综合性金融服务。

最后，在推进我国绿色金融体系建设的过程中，除了丰富绿色金融产品，政府和企业更应不断提升绿色信贷等业务的利用效率，促使其更加有效地发挥节能减排的效果。

第 12 章　国外碳减排经验与我国碳减排出路

12.1　国际主要碳减排政策经验

目前国际碳减排政策主要集中在碳税、碳交易制度及低碳技术发展等领域，本章主要系统总结分析典型国家在这些领域的相关政策经验。

12.1.1　碳税政策

碳税是根据化石燃料的碳含量、热值或碳排放量，对化石燃料的生产及使用单位征收税款的一种调节税。碳税政策不但可以通过提高化石燃料的价格，直接抑制化石燃料的使用，也可以通过促进化石燃料替代能源的开发，间接减少二氧化碳排放。碳税开征由来已久，很多国家也承认碳税政策实施的必要性，但都非常谨慎。

根据各国开征碳税的时间，碳税政策的发展可以划分为三个阶段，如图 12.1 所示。第一阶段是 20 世纪 90 年代初，北欧国家率先推行税制改革，希望通过征收环境税和降低其他税费保护环境。第二阶段是 90 年代中后期，碳税制度风靡欧洲各国。拉脱维亚、德国等国家相继开始征收碳税。第三阶段是 21 世纪以来，碳税制度逐渐推向全世界。进入 21 世纪后，英国、日本、爱尔兰、冰岛、葡萄牙、加拿大、南非等国家相继征收碳税。一些国家部分地区实施碳税政策，如美国科罗拉多州大学城圆石市开征碳税；加拿大不列颠哥伦比亚省 2008 年开始征收碳税。当然，这一阶段还有一些国家或地区也曾征收碳税，但由于反对声太高，碳税政策或胎死腹中或中道而止。例如，为提高欧洲航空业竞争力，欧盟在 2012 年实施航空碳税，但遭到各国强烈抵制。澳大利亚、法国分别在 2012 年和 2014

年推出碳税政策，均因国内反对而中断实施。总之，碳税政策实施已久，碳税体系建立较为顺利且相对完善，并且在一些国家运行良好，值得我国借鉴与学习。

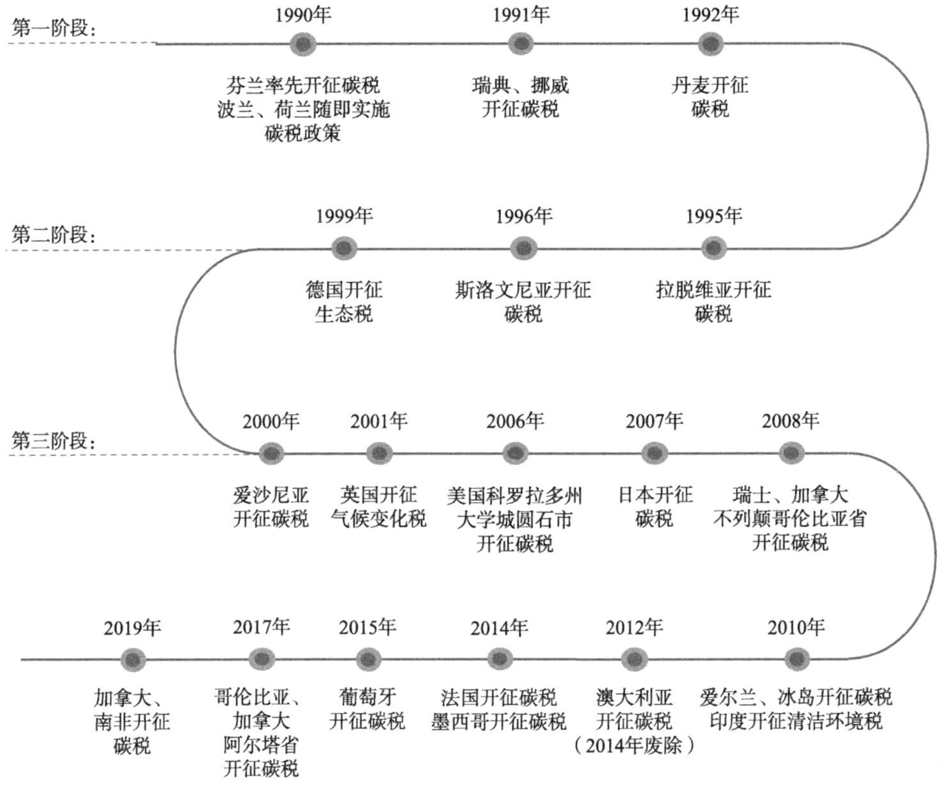

图 12.1　各国碳税政策发展阶段

1. 欧洲国家率先创新实行碳税政策，积累了丰富经验

1）芬兰

芬兰是世界上第一个开征碳税的国家。1990 年，为了实现二氧化碳排放零增长，芬兰实施了碳税政策。当时的碳税覆盖了所有化石燃料的消费者，但电力生产、商用航空和商用游艇燃料除外。之后，芬兰的碳税制度经历了多次改革。1994 年，芬兰对碳税制度作出重大调整，主要包括：①“能源税/碳税”混合税条款取代了原有的“能源税”和“碳税”条款，碳税计税依据由含碳量变为含碳量和碳排放量的综合比重（段茂盛和张芃，2015）；②大部分能源、电力部门被纳入征收范围。2011 年，芬兰把碳税、能源税与能源含量税设计成能源消费税的独立子目，碳税政策与其他税种的关系得到进一步明确，至此，芬兰的能源-碳混合税体系走向成熟。2019 年，芬兰改变了与供热燃料和工作机械燃料相关的二氧化碳排放系

数的确定方法，转而使用燃料全生命周期排放的排放因子，不仅仅是燃烧排放。这一举措意味着每单位燃料消耗量的碳税将增加。同时，为了限制这种变化造成的额外税收负担，芬兰将这些燃料的碳税税率从 70 美元/吨碳当量降低到 60 美元/吨碳当量。运输燃料的碳税由于已经考虑了整个生命周期的排放，依旧保持 70 美元/吨碳当量不变[①]。在进行一系列改革后，芬兰提高了碳税税率，同时降低了社会所得税和社会保障税。目前，芬兰正在优化其税收体系，以鼓励社会向低碳经济转型，并计划在 2030 年之前放弃煤炭。为此，政府逐步加强了能源税中的碳税组成部分，将税赋转移到高碳燃料上。

2）荷兰

早在 1988 年，荷兰就开设了与环境相关的税收，但由于部分原有环境税收较为混乱，1990 年，荷兰将碳税设立为环境税的一个独立税目。由于税收收入指定用途受到各种批评，1992 年，荷兰将税收收入纳入一般预算管理，同时将碳税调整为能源/碳税，比例各为 50%。碳税纳税范围覆盖所有能源，其中电力通过对燃料的征税而间接纳税。2018 年，荷兰政府推出了《国家气候协议》，拟对工业征收碳税。2019 年，荷兰政府完善了《国家气候协议》中工业碳税的细节，碳税将纳入所有受欧盟排放交易体系约束的排放设施，以及目前未被纳入欧盟排放交易体系的垃圾焚烧厂。碳税的水平有待确定，但根据初步估计，碳税将从 33 美元/吨碳当量开始，到 2030 年将升至 137~164 美元/吨碳当量[②]。

3）英国

英国碳税政策主要包括气候变化税和地板碳价。英国历史上煤炭资源丰富，为英国工业革命的蓬勃发展提供了重要支持。但煤炭的过量使用也使英国遭受了前所未有的环境污染，早在 1990 年英国就引入化石燃料税，后来该税税率降为零，虽然没有退出历史舞台，但是几乎不发挥作用。进入 21 世纪后，为了履行《京都议定书》的承诺，实现 2008~2012 年排放的温室气体比 1990 年降低 12.5%的目标，以及国内到 2012 年比 1990 年减少二氧化碳排放 20%的目标，英国在 2001 年颁布了气候变化税。气候变化税的纳税主体是使用燃料的工商业和公共部门，征税对象涵盖因加热、照明或提供动能而消耗的四类能源产品：电力、煤炭及焦炭、液化石油气、天然气。为了加速推进能源转型，英国于 2013 年实行地板碳价。地板碳价作用于电力行业，目标是在欧盟排放交易体系价格波动的情况下，提供一个稳定的碳价格信号。地板碳价由两部分组成，一部分是欧盟碳市场下的配额价格，另一部分是设定的地板碳价减去配额价格后的差额，称为碳支撑价格（carbon support price）。电力生产企业受到了欧盟排放交易体系和地板碳价的双

① https://openknowledge.worldbank.org/handle/10986/31755[2021-01-31]。

② https://openknowledge.worldbank.org/handle/10986/33809[2021-01-31]。

重约束，如果欧盟碳市场的碳价低于英国地板碳价，则电力公司须按差额另外缴纳碳支撑价格。自地板碳价实施以来，英国的煤电厂效益逐渐降低，许多煤电厂停止运营，燃煤发电量在总发电量中的占比已从 2013 年的 40%降至近来的 3%左右。

4）法国

法国碳税的开征可谓一波三折。2007 年，时任法国总统萨科齐首次提出增设“气候-能源”税（即碳税）的想法。2009 年 9 月，萨科齐总统宣布自 2010 年 1 月起在国内征收碳税，征税标准初步定为 17 欧元/吨碳当量；11 月，法国参议院投票通过了 2010 年起征收碳税的议案；但 12 月 29 日晚间，法国宪法委员会发表公报，以碳税法案涉及太多例外为由，宣布该法案无效。2013 年 3 月，法国环境税委员会发布了开征碳税效果等的讨论结果；10 月，时任法国总理艾罗提出，法国计划用一部分核电收益和碳税所得来补贴可再生能源，推动法国的能源转型；12 月，法国议会批准在生产与能源相关的领域（能源产品的国内消费税）引入碳税。2014 年，法国正式对天然气、重油和煤炭征收碳税。2015 年，法国正式通过《能源转型法》。该法律规定，到 2020 年和 2030 年，碳税将分别上升到 56 欧元/吨碳当量和 100 欧元/吨碳当量[①]。由于其他税种将会降低，碳税税率的提高对财政收入是中性的。2018 年，为了在《巴黎协定》框架下进一步减少碳排放，法国宣布加快提高税率，到 2022 年碳税税率将达到 86.2 欧元/吨碳当量[②]。2018 年 11 月，在燃料价格上涨之际，提高碳税引发了大规模抗议。2019 年，法国暂停提高碳税的计划。

2. 北美地区碳税政策实施阻力较大，前景堪忧

1）美国

不同于其他国家的碳税制度，美国实施碳关税政策。所谓“碳关税”，是指主权国家或地区对高能耗进口产品征收特别的二氧化碳排放关税。2009 年 6 月，美国众议院通过《美国清洁能源安全法案》。该法案除了设定了国内二氧化碳等温室气体的减排目标之外，还涉及一项以“边界调节税”命名的“碳关税”条款：除对“具有温室气体排放强度目标并且这一目标不低于美国的国家、最不发达国家、温室气体排放占全球份额低于 0.5%的国家，或者占美国该行业进口份额不超过 5%的国家”豁免征收碳关税外，将于 2020 年对其他国家进口产品征收碳关税。这种碳税的实质是美国向中国和印度等新兴发展中国家施加环境压力，实行贸易保护主义，遏制新兴发展中国家可持续发展的一种手段。“碳关税”不仅违反了世

---

① https://openknowledge.worldbank.org/handle/10986/22630[2021-01-31]。

② https://openknowledge.worldbank.org/handle/10986/29687[2021-01-31]。

界贸易组织的基本规则，也违背了《京都议定书》有关“共同而有区别的责任”原则，实施“碳关税”将会扰乱国际贸易秩序。美国的碳关税政策饱受争议，各国均明确表态坚决反对美国碳关税，致使美国碳关税政策前景堪忧。

2）加拿大

2019 年 4 月，加拿大正式实施联邦碳税计划。根据该计划，2019 年的税率为 20 加元/吨碳当量，到 2022 年上升到 50 加元/吨碳当量。也就是说，碳税每年增加 10 加元/吨碳当量。除非该法案得到重新修订和审查，否则税率将保持在 50 加元/吨碳当量的水平。碳税覆盖的化石燃料，包括各种液体、固体、气体燃料和可燃废物。加拿大政府将对化石燃料的生产商和批发商征收碳税，而民众不需要直接向联邦政府交税，但是这些公司将把这相应的成本转嫁给消费者。此前，加拿大十个省份中有六个省的政府早已开始实施自己的碳排放政策以帮助减排温室气体，但有四个省份（新不伦瑞克、安大略、曼尼托巴和萨斯喀彻温）仍然落在后面，新生效的碳税政策也主要以这四个省份为征收目标。碳税保持中性原则，各省会将大约 90%的收入返还给个体纳税人，预计退回的钱可以超过 70%加拿大家庭的能源成本。然而，由于碳税政策可能会抑制油气生产，对油气大省阿尔伯塔省等西部省份影响较大，导致这些省份出现较大的反对声音，加拿大碳税政策的前景面临较大的不确定性（王林，2019）。

3. 日本开征全球气候变化对策附加税，专款专用支持低碳发展

日本是典型的能源匮乏国家，经济发展受能源制约严重。而且，作为世界第五大二氧化碳排放国，日本也面临巨大的环境保护压力。早在 20 世纪 90 年代，日本环境省就成立了专项组研究碳税在日本实施的可行性。2007 年，日本碳税作为一个独立的税种——环境税开始正式征收，征税对象主要是化石燃料，具体包括煤炭、天然气、液化石油气、汽油、柴油、燃料油、煤油、城市煤气、电力、喷气燃料。计税依据是化石燃料的含碳量。由于该税种造成重复征税和加大征税成本，日本在 2011 年对碳税进行了改革，推出了全球气候变化对策附加税，并于 2012 年正式实施，覆盖除农业、交通、工业和电力生产部门的某些部分之外的所有化石燃料使用领域，约占日本温室气体排放总量的 70%。相关部门将利用现有的石油和煤炭税的征税系统，向原油、煤炭等燃料进口、生产和供应商以附加税的方式征收碳税，即在现有石油和煤炭税的基础上按照化石燃料二氧化碳的排放量附加征收碳税。日本碳税收入在 2016 年达 2600 亿日元，收入采用专款专用的方式用于低碳技术创新、中小企业节能设备推广、可再生能源推广等降低能源相关碳排放的措施。

4. 澳大利亚碳税政策遭企业反对，中道而止

2011 年 7 月，澳大利亚吉拉德政府在一片反对声中公布了碳排放税方案，决定自 2012 年 7 月 1 日起开征碳排放税，2015 年开始逐步建立完善的碳排放交易机制，与国际碳交易市挂钩。2012 年，澳大利亚对 500 家最大能源污染企业强制性征收碳税，覆盖了固定能源行业、运输业、轻工业、重工业、垃圾填埋场与逃逸气体处理行业，相当于澳大利亚温室气体排放总量的 60%。其 2012~2013 年征税标准是 23 澳元/吨碳当量；2013~2014 年为 24.15 澳元/吨碳当量；2014~2015 年为 24.50 澳元/吨碳当量。为了减轻碳税对居民家庭的影响，吉拉德政府表示将设立生活补贴，还将帮助退休人员和有子女的家庭获得额外的补贴。但是，由于企业的反对，2013 年，陆克文政府认为碳税增加了家庭开支，加重了企业负担，决定将原定于 2015 年实施的碳排放交易计划提前一年实施，并起草废除碳税的方案（王晓苏，2014）。2014 年，澳大利亚联邦议会最终通过了废除碳税系列法案，这也让澳大利亚成为世界上首个取消碳税的国家。

5. 南非批准碳税法案

南非早在 2010 年就已经提出征收碳税，但由于矿业巨头、钢铁制造商和国家电力公司等温室气体排放大户反对，该法案先后被推迟了 3 次。2019 年 2 月，南非国民议会批准了碳税法案。法案将分两阶段实施，第一阶段将对 95%的企业实行免税津贴政策，随后将对每吨二氧化碳排放征收 6~48 兰特的碳税；6 月份法案生效，南非正式开征碳税，成为首个实施碳税的非洲国家。

12.1.2　碳交易政策

碳排放交易体系（emission trading scheme，ETS）是一个基于市场的节能减排政策工具，用于减少温室气体的排放。碳排放交易体系遵循总量控制与交易（cap and trade）原则：政府对一个或多个行业的碳排放实施总量控制，设定各行业允许二氧化碳排放的最大总量值，以配额的形式免费分配或出售给控排企业，或以碳汇等项目的形式抵消或补偿企业的碳排放量。

目前，全球已有 21 个碳排放交易体系正在运行，覆盖 29 个司法管辖区，另外还有 24 个正在建设或探讨中。实施碳交易的司法管辖区的 GDP 占全球 GDP 的 42%，覆盖了全球约 9%的温室气体排放量和约 1/6 的人口[①]。主要运行较为成熟的碳市场体系如下。

① https://icapcarbonaction.com/zh/?option=com_attach&task=download&id=684[2021-01-30]。

1. 欧盟排放交易体系

欧盟排放交易体系是欧盟应对气候变化政策的基石，也是降低受监管部门温室气体排放的关键工具。自 2005 年实施以来，欧盟排放交易体系不断发展与完善，其实施过程大致可分为四个阶段，如表 12.1 所示。目前，第三阶段已接近尾声，体系框架的修订已于 2018 年完成，并于 2021 年 1 月启动第四阶段。2020 年 1 月，欧盟排放交易体系与瑞士排放交易体系连接，这是区域碳市场首次实现此类连接。

表 12.1　欧盟排放交易体系实施的四个阶段

<table>
<tr><th>项目</th><th>第一阶段</th><th>第二阶段</th><th>第三阶段</th><th>第四阶段</th></tr>
<tr><td>覆盖行业</td><td>以电力及供热为主的能源生产行业及能源密集型行业</td><td>新增航空业</td><td colspan="2">新增化工业、制氨行业和铝行业</td></tr>
<tr><td>覆盖地区</td><td>欧盟 25 国</td><td>欧盟 27 国，以及冰岛、列支敦士登和挪威</td><td>欧盟 28 国，以及冰岛、列支敦士登和挪威</td><td>欧盟 28 国，以及冰岛、列支敦士登和挪威</td></tr>
<tr><td>减排目标</td><td>《京都议定书》中承诺减排额度的 45%</td><td>在 2005 年的基础上减排 6.5%</td><td>2020 年较 1990 年排放量至少低 20%</td><td>2030 年较 1990 年排放量至少低 30%</td></tr>
<tr><td>管制气体</td><td colspan="2">CO_2</td><td colspan="2">CO_2、CH_4、N_2O、PFCs、HFCs、SF_6</td></tr>
<tr><td>国家间配额分配方式</td><td colspan="2">国家分配方案</td><td colspan="2">国家履行措施</td></tr>
<tr><td>整体配额数量</td><td>历史排放数据申报</td><td>小幅缩减</td><td>每年以 1.74%的速度下降</td><td>每年以 2.2%的速度下降</td></tr>
<tr><td>配额分配方式</td><td>免费配额 95%
拍卖配额 5%
免费分配采用历史法，电力行业采取基线法</td><td>免费配额 90%
拍卖配额 10%
免费分配使用历史法，电力行业、航空业使用基线法</td><td>拍卖配额比例逐年增加
免费配额采用基线法，电力行业需完全通过拍卖配额购买</td><td>继续免费配额</td></tr>
<tr><td>惩罚机制</td><td>超额每吨罚款 40 欧元</td><td colspan="3">超额每吨罚款 100 欧元</td></tr>
<tr><td>跨期使用规则</td><td>不可跨期存储与借贷</td><td>可以跨期存储不可借贷</td><td colspan="2">可以跨期存储与借贷</td></tr>
<tr><td>外部减排成果</td><td>仅 CDM</td><td>CDM/JI 使用不受限制，为主要供应源</td><td colspan="2">CDM/JI 使用受到限制，供应量受限</td></tr>
</table>

1）覆盖范围与配额分配机制

第一阶段（2005~2007 年）：本阶段是欧盟排放交易体系的试运行阶段。该阶段覆盖欧盟 25 个成员国，欧盟委员会负责对市场运作方式、交易体制机制、配额分配方式、法律监管等方面进行尝试性建构，主要覆盖了能源（包括电力和热力生产部门、供暖、蒸汽生产）、石化、钢铁、水泥、玻璃、陶瓷、造纸及部分其他具有高耗能生产设备的行业，设置了被纳入体系的企业门槛，并计划完成在《京都议定书》中承诺减排额度的 45%。根据《排放贸易指令（2003/87/EC）》附件中的相关规定，各个国家在欧盟内部统一整体减排目标的框架下，以国家为单位自行设定本国碳排放总量限额，并向欧盟委员会提交国家分配方案（national allowances plan，NAP），欧盟委员会审核通过后，以其为基准向各国分配碳排放配额。这种成员国减排总量目标分散决策模式属于自下而上的总量设定，在一定的限制框架内最大限度地给予各成员国自由，适应了欧盟排放交易体系实施初期各成员国经济状况和相关法制环境差异较大的现实。由于缺乏控排企业及行业的排放数据，该阶段碳排放配额分配方式以历史法为主。但在实际中，第一阶段配额发放总量远远超过企业真实的碳排放量，配额的供给严重大于需求，致使该阶段碳排放配额价格持续走低。

第二阶段（2008~2012 年）：本阶段要求在 2005 年的基础上减排 6.5%，以在 2012 年达到《京都议定书》减排规定的 8%。吸取第一阶段的不足，欧盟在第二阶段一方面扩大拍卖配额比例，从第一阶段的 5%上调至 10%；另一方面扩大覆盖范围，覆盖地区扩大到冰岛、列支敦士登和挪威，2012 年覆盖行业新增航空业。然而，由于第二阶段依旧采用国家分配方案，各成员国往往高估经济增长与产能扩张速度，提出过高的碳排放配额需求，配额依旧十分富余，加之 2008 年全球金融危机的影响，配额价格不断下跌，直至接近于零。尽管如此，碳配额的交易量骤增，并在本阶段末，欧盟排放交易体系在全球碳排放交易市场中的交易量占比达到了 80%，引领全球碳排放市场的走向，碳排放权交易的价格机制初具雏形，价格能够在一定程度上反映出市场信息，碳交易市场也在开发多元化的交易主体及新型碳衍生产品方面成绩显著，减排效果明显。

第三阶段（2013~2020 年）：在此阶段内，减排目标设定为排放总量每年以 1.74%的速度下降，以确保 2020 年温室气体排放比 1990 年低 20%以上。不同于前两个阶段，欧盟第三阶段进行了关键改革：①国家履行措施（national implementation measures，NIM）取代 NAP。NIM 是一种自上而下的分配方式，克服了各国 NAP 设计复杂不透明、公布信息及时间不统一，以及减排单位不同等问题。在 NIM 框架下，欧盟统一制定排放配额，并向各国分配，要求各成员国遵照执行。②大幅增加拍卖配额比例，修改免费配额计算方法。欧盟要求各国增加拍卖分配的配额比例，对电力部门的免费配额从 2013 年开始取消。对于免费发放的配额，也要求以符合基线法的方式来计算并分配。③排放上限线性递减。第二阶段中各成员国基本上都是将总许可数量平均相等地分配到各年，而第三阶段排放上限的设置参照第二阶段发放许可数量的平均值，然后每年线性递减 1.74%。④扩大覆盖气体范围。从第三阶段开始，欧盟排放交易体系除了覆盖 CO_2，还覆盖 CH_4、N_2O、SF_6 等多种气体。⑤对欧盟排放交易体系外部的减排信用抵消的使用限制将更加严格。欧盟排放交易体系允许减排企业通过 CDM 项目与 JI 项目以核证减排量或减排单位的形式抵消配额。欧盟委员会认为前两个阶段允许使用的低成本核证减排量或减排单位过多，因此第三阶段进行了限制，第二阶段所有成员国共同认可的减排项目产生的碳信用可继续使用，而新项目则只允许来自最不发达国家。

第四阶段（2021~2030 年）：此阶段将进一步缩减排放总量，以实现欧盟 2030 年减排目标。主要体现在基准值的两次调整。第一次基准调整将适用于 2021~2025 年，第二次则适用于 2026~2030 年。欧盟委员会根据成员国提交的现有设施清单和更新的碳排放数据设置第三阶段的基准值。同时，第四阶段的基准值将按技术进步情况每年调整，欧盟委员会将确定基准值的年降幅。对于面临高减排成本和泄漏风险的钢铁行业，基准年降幅最低 0.2%。

2）监测、报告与核查制度

监测、报告与核查（monitoring，reporting，verification，MRV）制度是构建碳市场体系的重要基础。良好的 MRV 制度体系既可以为碳交易主管部门制定相关政策与法规提供数据支撑，提高温室气体排放数据质量，为碳排放配额分配提供重要保障，又有效支撑企业的碳资产管理，是企业对内部碳排放水平和相关管理体系进行系统摸底盘查的重要依据。欧盟排放交易指令（2003/87/EC）明确要求，将温室气体排放的监测和报告制度纳入欧盟排放交易体系，并根据该指令制定了详细的温室气体排放的 MRV 制度。在前两个阶段，各国使用自建的注册平台记录国内碳排放的相关情况，并直接与记录各国国家交易平台中对欧盟排放配额（European Union allowance，EUA）的持有、交易、储存等信息的欧盟独立交易日志（the community independent transaction log，CITL）进行系统对接。欧盟通过 CITL 对各成员国注册内容及各国账户之间的交易往来情况进行核查，通过后方可开展后续交割。然而，这一制度缺乏规范，有待后续进一步完善。第三阶段后，欧盟改进了 MRV 制度，即《2009 修改指令》，明确指出从第三阶段开始直接由欧盟授权欧盟委员会制定统一的监测与报告条例，欧盟委员会规定核查者及核查事项。控排企业需每年向第三方机构递交碳排放报告，由第三方机构核查后方可在碳排放交易市场上进行交易。此外，欧盟委员会还设立了严格的处罚机制，尤其是第二阶段后处罚力度加大，从第一阶段的 40 欧元/吨增加至 100 欧元/吨，同时规定减排企业即使缴纳罚款，其超出且未能对冲的碳配额将会持续遗留到下一年度补交而不能豁免。

3）碳泄漏的风险控制

考虑到欧盟排放交易体系的实施可能会带来碳泄漏的风险，欧盟对此作出了相应控制。在第三阶段中，欧盟根据碳排放强度和贸易强度的综合指标评估各个行业，被认为有碳泄漏风险的行业按预定基准的 100%免费分配。2019 年，欧盟委员会汇总了第四阶段存在碳泄漏风险的行业清单，相对于第三阶段，被列为碳泄漏风险的行业数量有所减少。

2. 美国碳排放交易市场

美国地方政府建立了成熟的碳排放交易市场，在碳金融领域驾轻就熟。具有代表性的碳排放交易市场有以下三个，如表 12.2 所示。

表 12.2　美国的三个代表性碳交易体系

项目	芝加哥气候交易所	区域温室气体行动	西部气候倡议
覆盖地区	北美	美国东北部 9 个州	加拿大 4 个省和美国加利福尼亚州
覆盖行业	航空、汽车、电力、环境、交通等数十个不同行业	电力行业	初期包括发电行业和大工业企业，后期涵盖几乎所有经济部门
管制气体	CO_2、CH_4、N_2O、PFCs、HFCs、SF_6		
交易方式	限额交易与补偿交易	限额交易	限额交易
交易形式	自愿	强制	强制
减排目标	第一阶段比基准线降低 4%；第二阶段比基准线排放水平降低 6%以上	2018 年温室气体排放量比 2009 年减少 10%	2020 年比 2005 年排放降低 15%
配额分配方式	拍卖配额	拍卖配额	先以免费配额为主，后期再过渡到拍卖
跨期使用规则	—	可以跨期存储不可借贷	可以跨期存储不可借贷

1）芝加哥气候交易所

芝加哥气候交易所（Chicago Climate Exchange，CCX）是全球第一个自愿性参与温室气体减排的平台，2003 年以会员制开始运营。CCX 的交易模式主要分为限额交易和补偿交易。其中，限额交易经历了两个阶段：第一阶段要求所有会员在基准线排放水平（1998~2001 年平均排放量）上每年减排 1%，到 2006 年比基准线降低 4%。第二阶段（2007~2010 年）内对加入时间不同的注册会员有了阶梯式的差额规定，要求所有会员排放量比基准线排放水平（新会员为 2000 年的排放量）降低 6%以上。其中，第一阶段加入的注册会员每年减排 0.25%，但第二阶段加入的新注册会员每年减排 1.5%。补偿交易主要性质为政府福利性补贴，通过补偿交易的方式推进以上部门参与温室气体减排。

2）区域温室气体行动

区域温室气体行动（Regional Greenhouse Gas Initiative，RGGI）是美国首个强制性的二氧化碳总量控制与交易计划，主要针对电力行业进行减排。RGGI 的每个履约期为 3 年，前两个履约期为稳定期，也就是在这一时期各成员州的配额总量保持不变，从 2015 年开始，碳配额总量每年下降 2.5%，至 2018 年累计下降 10%。RGGI 覆盖了美国东北部的康涅狄格州、特拉华州、缅因州、马里兰州、马萨诸塞州、新罕布什尔州、纽约州、罗得岛州和佛蒙特州等 9 个州（新泽西州初期参与了 RGGI，但第一阶段结束后退出，2020 年再次加入）。到目前为止，RGGI 已经经历了两次变革，导致了模式与规则的更新，并对系统设计进行了更严格的限制和调整。2021~2030 年，RGGI 上限将比 2020 年降低 30%。RGGI 的配额存储不受限制，但不允许借贷。RGGI 还设置了严格的 MRV 机制，要求各州选定一个独立的市场监管机构，负责监督拍卖等市场活动。同时，电力部门需配备合规的碳排放监测装置，还需对监测装置进行年检，确保监测装置的正常监测活动。RGGI 也允许控排企业使用碳抵消项目履行碳减排义务，但在每个履约期不超过限额的 3.3%，抵消项目仅限于 9 个 RGGI 州的 5 类项目。此外，RGGI 还设置了包括清除储备配额（banked allowances）、成本储备金（cost containment reserve，CCR）、过度履约控制期（interim control period）等若干配套机制，2021 年还将增加碳排放控制底价（emissions containment reserve，ECR）。ECR 是一种自动调整机制，在成本低于预期的情况下，可以向下调整配额上限。

3）西部气候倡议

西部气候倡议（Western Climate Initiative，WCI）建立了包括多个行业的综合性碳市场，囊括了美国的加利福尼亚州和加拿大的 4 个省，计划到 2015 年进入全面运行并覆盖成员州（省）的 90%温室气体排放，以实现 2020 年比 2005 年排放降低 15%。该倡议 2013 年 1 月 1 日开始运行，每 3 年为一个履约期。初期的实施对象包括发电行业和大工业企业，2015 年开始纳入居民、商业和其他工业、交通燃料等。在 WCI 中，加利福尼亚州总量控制与交易体系的减排力度最大，它是加利福尼亚州《AB32 法案》中减排策略的关键内容。《AB32 法案》明确要求到 2020 年时，加利福尼亚州范围内的温室气体排放水平下降到 1990 年的水平。

3. 新西兰碳排放交易市场

在新西兰的碳排放结构中，超过 50%的排放来自农业甲烷及氮氧化物排放、森林减少。这一特点促使新西兰碳排放交易体系建设中形成了一些独特的机制。2008 年，新西兰排放交易体系（New Zealand Emissions Trading Scheme，NZ ETS）正式启动，其发展历程经历了四个阶段，如表 12.3 所示。

表 12.3　新西兰碳排放交易体系实施的四个阶段

项目	第一阶段	第二阶段	第三阶段	第四阶段
覆盖行业	仅林业	新增化石燃料、固定能源和工业加工行业	新增废弃物排放和合成气体行业	新增农业
配额分配方式	免费配额	拍卖	工业行业可获得部分免费配额	农业行业获得 90%免费配额

第一阶段（2008~2010 年）：林业部门成为首批进入新西兰碳排放交易体系的产业部门。第二阶段（2010~2012 年）：新西兰排放交易体系覆盖行业扩大至化石

燃料、固定能源和工业加工部门。第三阶段（2013~2014 年）：新西兰排放交易体系覆盖行业新增废弃物排放和合成气体行业。农业部门原定于 2013 年加入，后来受全球金融危机和欧债危机的影响，推迟到 2015 年。第四阶段（2015~2020 年）：农业部门正式纳入新西兰排放交易体系。

新西兰碳排放交易体系控制了包括二氧化碳在内的六种温室气体，按照“限量保价”的原则实施免费配额，政府通过历史排放法计算配额，企业可通过技术减排，或者购买配额或碳汇，对森林碳汇不设上限，也可以到国际碳市场购买碳配额。新西兰政府计划从 2021 年开始逐步减少工业行业免费碳配额。2021~2030 年，政府计划每年至少减少 1%的免费配额；2031~2040 年这一比率将上升到 2%，2041~ 2050 年上升到 3%。

4. 韩国碳排放交易市场

2012 年，韩国政府通过了排放权交易立法，规定碳市场建设将分为三个阶段，如表 12.4 所示。2015 年，韩国碳排放交易体系（Korean Emissions Trading System，KETS）正式实施，成为东亚地区第一个全国性的强制性碳排放交易体系，也是仅次于欧盟排放交易体系的第二大碳排放交易市场。KETS 覆盖了包括 CO_2、CH_4、N_2O 在内的 6 种温室气体的直接排放，以及电力消费的间接排放，占韩国温室气体排放量的 70%。

表 12.4　韩国碳市场体系的四个阶段

项目	第一阶段	第二阶段	第三阶段
覆盖行业	电力、工业、建筑、废物处理和运输 5 个行业的 23 个子行业	调整为电力和热力、工业、建筑、运输、废物处理部门和公共部门 6 个行业的 64 个子行业	
总量控制	总计 1686 亿吨二氧化碳当量 2015 年 540 亿吨二氧化碳当量 2016 年 560 亿吨二氧化碳当量 2017 年 567 亿吨二氧化碳当量	总计 1796MtCO_2e 2018 年 548MtCO_2e 2019 年 548MtCO_2e 2020 年 548MtCO_2e	预计会有更严格的年度上限
配额分配方式	免费配额 100%	免费配额 97% 拍卖配额 3%	免费配额最多 90% 拍卖配额最少 10%
存储规则	每个排放设施存储限额为每年配额的 10%和 20 000 韩国碳配额，超过部分在下一阶段将被扣除	存储限于第二阶段出售的年净配额，企业和排放设施的存储限额分别为 250 000 韩国碳配额和 5000 韩国碳配额	—
抵消机制	使用不超过 10%的国内减排量进行配额抵消	使用不超过 10%的减排量进行配额抵消（其中国际减排量不超过 5%）	—

1）覆盖范围、配额分配与抵消机制

第一阶段（2015~2017 年）：这一阶段覆盖了电力、工业、建筑、废物处理和运输（国内航空）5 个行业的 23 个子行业，共 525 家企业，门槛为年排放量高于

1.25 万吨，其中包括 84 家石化企业、40 家钢铁企业、38 家发电和能源企业、24 家汽车公司、20 家电子电器公司，以及 5 家航空公司等。配额分配方式完全采取免费配额。另外，企业可以使用不超过 10%的减排量进行配额抵消，但仅限于本国生产的减排量，主要包括国内 CDM 和国内认证项目（韩国抵消信贷）。至本阶段后期，交易量和交易额逐渐提升，第一阶段末累计分别达到 8620 万吨碳当量和 15.9 亿美元，平均碳价 18.4 美元/吨碳当量。

第二阶段（2018~2020 年）：覆盖范围调整为电力和热力、工业、建筑、运输、废物处理部门和公共部门 6 个行业的 64 个子行业。本阶段设置了 3%的强制拍卖配额，允许企业使用国际 CDM 项目进行抵消，但这些企业必须满足以下三个条件：①韩国企业的所有权、经营权或有具有表决权的股票至少占 20%；②韩国企业销售或分销占项目总成本的 20%；③必须是联合国指定的最不发达国家或被世界银行列为低收入经济体的国家或地区的 CDM 项目。同时，企业仅可以使用不超过 5%的国际减排量进行配额抵消。

第三阶段（2021~2026 年）：这一阶段将继续增大拍卖配额比例，碳配额抵消机制将继续以有限的方式进行。

2）监测、报告与核查制度

KETS 的履约期为 1 年。控排企业必须在履约期结束后的 3 个月内（3 月底前）提交年度排放报告，并交与第三方核查。同时，在履约期结束后的 5 个月内（5 月底前），环保部认证委员会对排放报告进行审核和认证。对于违约企业，将采取市场价格的 3 倍罚款，最高不超过 10 万韩元。

3）存储与借贷制度

KETS 允许存储碳排放配额，但每一阶段的限制有所区别。在第一阶段，每个排放设施存储限额为每年配额的 10%和 20 000 韩国碳配额，超过部分在下一阶段被扣除。第二阶段的存储规则更为严格，存储限于第二阶段出售的年净配额，同时企业和排放设施的存储限额分别为 250 000 韩国碳配额和 5000 韩国碳配额。KETS 不允许跨期借贷。2015 年，每个企业借贷额度不得超过企业减排义务的 10%，2016 年和 2017 年调整为 20%，2018 年借贷额度下调为 15%。从 2019 年起，借贷额度取决于过去的借贷量。

4）其他制度

为了确保碳市场稳定和可持续发展，KETS 还设置了配额委员会。当碳市场价格过高或过低时，配额委员会可以通过发放配额、调整借贷和抵消机制及设置价格上下限的方式稳定市场。

12.1.3 低碳技术政策

一般而言，低碳技术可以分为减碳技术、零碳技术和去碳技术三类。减碳技术是指提高能源效率、减少能源消耗的技术，主要应用于高能耗、高排放领域，如电力行业的超超临界燃煤发电技术和智能电网技术、钢铁行业的高炉炉顶煤气循环技术等。零碳技术即清洁能源技术，是通过发展太阳能、风能、核能、氢能等清洁能源逐步取代不可再生能源。去碳技术主要指碳捕集、利用与封存技术，即将二氧化碳从排放源中分离后或直接加以利用或封存，以实现二氧化碳减排的技术。

低碳技术是实现碳减排、缓解气候变化的有效途径，得到了很多国家的重视，各国纷纷出台相关政策鼓励低碳技术特别是零碳技术和去碳技术的发展，以可再生能源政策、氢能政策，以及碳捕集、利用与封存技术政策为主，美国、英国和日本等发达国家处于低碳技术前沿。

1. 欧盟

总体上看，欧盟能源对外依存度超过 50%，其中大部分能源进口来自俄罗斯。为了降低化石能源依赖与消费，降低碳排放，欧盟制定了全面的低碳技术政策。

欧盟的低碳技术政策一直是欧盟低碳发展战略之一。从 2008 年欧盟发布《气候变化与能源一揽子法案》至今，欧盟不断提高可再生能源比例，提升能源效率。欧盟低碳技术政策主要包括以下三个方面。

（1）欧盟研发框架计划。欧盟研发框架计划是欧盟综合性的科技研发政策，自 1984 年以来，欧盟实施了八个研发框架计划。2019 年，欧盟推出了“地平线欧洲”计划，即第九框架计划，在气候、能源和交通领域预算为 150 亿欧元，以促进低碳技术发展。

（2）欧盟战略能源技术计划。2015 年，欧盟将能源系统视为一个整体，发布新版战略能源技术计划（strategic energy technology plan，SET-Plan），开展了十大研究与创新优先行动，在低碳技术方面的主要行动如表 12.5 所示。

表 12.5　欧盟战略能源技术计划在低碳技术方面的主要行动

低碳技术	主要行动
减碳技术	①开发和应用低能耗建筑新材料与技术，加速近零能耗建筑的大规模应用；②降低工业能耗强度，通过热电联产、废热回收等手段提高资源和能源利用效率；③推动交通电气化，开发高性能、长寿命、低成本和大容量的电池技术
零碳技术	①开发高性能可再生能源技术及系统集成，继续支持海上风能、海洋能、生物质能、地热能、太阳能的研发创新；②降低可再生能源关键技术成本；③提高核能系统安全性和利用效率，关注并发展热核聚变实验堆；④开发可持续替代燃料，如可再生能源制氢、先进生物燃料等
去碳技术	加强碳捕集、利用与封存技术应用

（3）《欧盟氢能战略》和《欧盟能源系统一体化战略》。2020 年，欧盟确立了氢能在清洁能源中的领先地位，保证了可再生能源的发展，推出了《欧盟氢能战略》和《欧盟能源系统一体化战略》①。《欧盟能源系统一体化战略》指出，欧盟将构建以能效为核心的能源体系，大力推进终端领域电气化，打造百万级电动汽车充电桩网络，扩大太阳能和风能的比例，在难以实现电气化的行业推广清洁燃料。“氢能战略”作为“能源系统一体化战略”的关键，将为工业生产、交通运输等领域实现去碳化。目前，欧盟安装了 1 亿瓦的氢电解槽，氢气年产量虽高达 980 万吨，但其中只有不到 10%是绿氢。未来，欧盟将以“绿氢优先，蓝氢辅助”为方向，计划十年内向氢能产业投入 5750 亿欧元，分三个阶段发展氢能，如表 12.6 所示。此外，在去碳技术方面，欧盟要求捕集成本低于 15 欧元/吨碳当量；效率损失低于 5%，计划到 2050 年，碳捕集率达到 90%。

表 12.6　欧盟氢能战略实施的三个阶段

实施阶段	主要内容
第一阶段（2020~2024 年）	在境内建造一批单个功率达 1000 亿瓦的绿氢电解设备，在 2024 年前，建造至少 60 亿瓦的可再生氢电解槽，生产 100 万吨的可再生氢
第二阶段（2025~2030 年）	建设多个区域性制氢产业中心“氢谷”，至少 400 亿瓦的可再生氢电解槽，生产 1000 万吨的可再生氢，领域扩大到冶金、卡车、铁路和一些海上运输
第三阶段（2031~2050 年）	可再生氢技术达到成熟，氢能在能源密集产业实现大规模应用，典型代表是钢铁行业和物流运输行业

2. 美国

美国拥有充足的化石能源储量，但由于国内需求庞大和限制性开采，美国石油长期依靠进口，页岩油和页岩气技术取得的革命性突破，给美国能源独立提供了强大的支撑。尽管美国在整体低碳战略上有所欠缺，但为了实现能源独立、保持国家能源优势，美国对低碳技术一直十分重视。

在可再生能源方面，1983 年，艾奥瓦州率先实施可再生能源配额制（Renewable Portfolio Standard，RPS），即强制性规定电力系统所供电力中须有一定比例（即配额标准）为可再生能源供应，截至 2015 年，已有 34 个州实施 RPS。1992 年，美国颁布《1992 年能源政策法》，推出了若干鼓励太阳能、风能等可再生能源的政策。2005~2009 年，美国相继出台《2005 年能源政策法》《2007 年能源独立和安全法案》《2009 年美国复苏和再投资法案》，增强了对可再生能源的支持力度，同时将鼓励范围进一步扩大至清洁煤、清洁汽车燃料等领域。2014 年，美国对能源互联网进行了大规模投资，以支持电网的现代化智能化发展。2017 年，美国发

① https://ec.europa.eu/energy/topics/energy-system-integration/eu-strategy-energy-system-integration_en[2021-01-31]; https://ec.europa.eu/energy/topics/energy-system-integration/hydrogen_en[2021-01-31]。

布《2019 财年政府研发预算优先领域》备忘录，提出国内能源的发展应该基于化石能源、核能和可再生能源等清洁能源的组合，鼓励政府投资及与私营部门合作，加快低碳技术研发以有效利用能源资源。2018 年发布的《2020 财年政府研发预算优先领域》备忘录重申了该项原则。同时，美国能源部（Department of Energy，DOE）还开展了工业分布式能源活动，设立了“风电与水电项目”，以降低相应低碳技术的研发成本。

在氢能方面，1996 年，美国通过《未来氢能法案》（*Hydrogen Future Act*），批准 1.645 亿美元用于在 1996~2001 年开展氢能的生产、储存、运输和利用研究、开发与示范。2002~2004 年，美国先后发布《美国向氢经济过渡的国家观点》《国家氢能路线图》《氢立场计划》等一系列政策文件，对氢能技术及其发展的必要性作出了全面阐述，并对氢能发展作出了长远规划。2004 年至今，美国持续开展氢能与燃料电池项目计划。近年来，美国对氢能方面投资仍然在不断提高。2019 年和 2020 年，美国分别拨款 3960 万和 6400 万美元支持氢能规模化应用项目，拓展氢能的应用场景。

在去碳技术方面，早在 2000 年，美国能源部就开始主持正式开展二氧化碳封存研发项目，其中，将地质封存和海洋封存列为主要研究领域，同时研究陆地生态系统（森林、土壤、植被等）对二氧化碳的隔离作用，试图占领该领域的技术和产业化竞争的制高点。2020 年，美国国家石油委员会发布《迎接双重挑战：碳捕集、利用和封存规模化部署路线图》，为美国未来 25 年碳捕集、利用与封存大规模部署提供了参考。

3. 日本

日本能源资源贫乏，能源供给主要依赖进口，存在严重能源安全风险，所以日本非常重视低碳技术的研发。早期日本的低碳技术政策十分重视核能的利用，在第三次能源基本计划中，日本曾计划在 2030 年将核电份额从 30%提升至 50%。然而，在福岛事故和国际气候变化条约的压力之下，日本通过改变能源发展战略，调整低碳技术发展方向，近年来也取得了一定的成果和经验。

2014 年和 2018 年，日本经济产业省分别公布了“第四次基本能源计划”和“第五次基本能源计划”，均要求在安全的前提下，通过提高效率实现低成本能源供应，最大限度地追求环境适宜性。在这样的框架下，日本的低碳技术政策主要体现在以下几个方面。

一是在安全前提下重启安全核电。福岛核事故后，日本核电站一度全部停运，2016 年末重启了部分核电站。2017 年，日本原子能委员会首次制定《核能利用基本构想》，要求在责任制体系下采用全面风险管理方式，进一步提升核电安全使用技术水平，确保安全利用核能。之后，日本制定了《加快福岛核电站核灾难重建的基本政策》，修订了《核损害赔偿和退役便利公司法》，以建立稳定的核运行环境，加快福岛核电站的恢复重建。

二是促进化石能源高效稳定利用。福岛核事故后，日本能源自给率从 2010 年的 20%降至 2016 年的 8%左右。为此，日本重启大量火力发电站，以弥补电力供应不足。同时，日本通过大力开发流化床燃烧、煤气化联合循环发电等技术，提高煤炭高效清洁利用效率。此外，大力发展高效、新一代燃煤热电联产，将重点转向使用清洁天然气，逐步淘汰低效燃煤发电机组。

三是将可再生能源打造为主力电源。在太阳能方面，日本一直给予丰厚的资助，积极推进太阳能技术，提高光伏转换效率，其太阳能技术处于世界前列。2019 年，日本研发出全球最轻薄的太阳能电池，带动太阳能利用进一步发展，预计到 2050 年，日本约 30%的电力需求将由太阳能提供。在风能方面，日本政府大力扶持对海上风能产业发展，2019 年，日本实施《海上风能促进法》，促进海上风能技术发展。在生物质燃料方面，日本已经研发出以废弃纤维素为原料的第二代生物质燃料乙醇和以微藻类为原料的第三代生物质燃料碳化氢，成立了“下一代航空燃料研究会”，到 2020 年，航空油中生物燃料的比例增加到 10%左右，成本降低到每升 200 日元以下。在电价制度方面，日本也作出了调整。长期以来，日本一直采取固定电价制度（feed in tariff，FIT）推动可再生能源的发展。2020 年，日本修改《再生能源特别措施法》，推动建立根据市场价格调整的溢价制度（feed in premium，FIP）。

四是大力发展氢能，全面建设“氢社会”。2014 年和 2017 年，日本分别发布《氢能与燃料电池战略路线图》和《氢能基本战略》，推进氢能利用的关键技术研发。2019 年，日本修订了《氢能与燃料电池路线图》，详细描述了日本氢能技术使用三步走的战略。同时推出了《氢能与燃料电池技术开发战略》，确定了燃料电池、氢能供应链、电解水产氢 3 大技术领域 10 个重点研发项目的优先研发事项。

4. 英国

英国是欧洲第二大石油和第三大天然气资源国，而且风力资源丰富，但化石能源仍然占据能源消费主力的位置。为了实现能源转型，英国十分关注低碳技术的发展，其低碳技术政策主要包括以下几点。

第一，长期以来通过各种政策促进可再生能源发展。20 世纪 90 年代，英国《电力法》提出推动可再生能源发展的政策。进入 21 世纪后，英国对可再生能源给予极大的支持。在风能方面，由于地理环境的独特优势，英国具有丰富的风能资源。近年来，英国大力发展海上风能技术。2019 年，英国发布《海上风电产业战略规划》，提出拨付 2.5 亿英镑补贴英国本土海上风电企业，鼓励开拓抢占海上风电市场。同时，该规划提出在 2030 年前风电装机容量达到 3000 万千瓦，为英国提供 30%以上的电力。截至 2019 年，英国已建成海上风电 9.3 吉瓦，总装机量和发电量均居世界第一。在生物能源方面，2012 年，英国发布《生物能源战略》，通过国家立法和财政补贴积极鼓励生物能源的研发与应用。2019 年，英国推出《清洁空气战略 2019》，再次强调支持低碳制造和清洁技术发展。

第二，重视氢能开发与利用。2019 年，英国政府通过 1400 万英镑的资金支持项目，推动 5 家氢能技术和基础设施公司的发展。此外，英国还成立了“氢能专责小组”，推动对氢能技术的投资。2020 年，英国商业能源与产业战略部授予 5 个氢能项目 8000 万英镑的发展基金，氢能技术投资不断加大。

第三，加快去碳技术的研发。2007 年以前，英国二氧化碳捕集、利用与封存技术的发展主要是由原英国贸工部负责推进。2010 年，英国设立 CCUS 办公室，专门负责推进制订 CCUS 研发与应用战略。2019 年，英国建立价值 2000 万英镑的碳捕集和利用计划及价值 2400 万英镑的 CCUS 创新计划基金，以加速 CCUS 的发展与推广。

第四，积极利用金融手段支持低碳技术发展。2019 年，英国发布《英国绿色金融战略》，回顾了 2001 年以来绿色金融的发展，并规划了至 2022 年的计划，以指导金融部门协助企业进行环境信息披露、积极采取行动应对气候变化与环境退化。绿色金融战略将通过金融绿色化和投资绿色化，使更多的资本流向低碳技术项目。

12.2　我国碳减排的出路选择

我国碳减排的出路可概括为“一个战略、两种经济、三项措施”，如图 12.2 所示。一个战略，即要坚持生态文明在我国宏观政策中的战略布局；两种经济，即同时发展低碳经济和循环经济，通过向环境友好型、资源节约型社会转变实现碳减排；三项措施，即以技术手段为核心动力，辅助以碳定价政策、研究创新与国际合作，推动我国碳减排目标的实现。

12.2.1　全面推进生态文明，践行绿色发展导向

战略引导是我国实现碳减排的根本支撑。党的十八大报告提出了“建设美丽中国”的战略目标，将生态文明建设纳入中国特色社会主义“五位一体”总体布局和“四个全面”战略布局①。党的十九大报告进一步指出，加快生态文明体制改

① http://cpc.people.com.cn/n/2012/1118/c64094-19612151-8.html[2020-12-20]。

革，建设美丽中国[①]。保持生态文明建设的战略定力，是全面建成小康社会的必然要求，也是推进全社会节能减排的根本支撑。

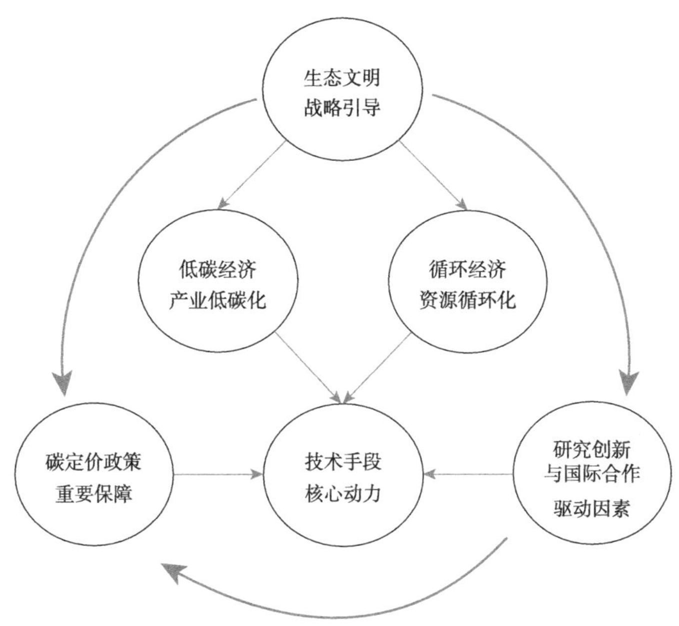

图 12.2　我国碳减排出路政策框架

在产业发展方面，加快壮大绿色环保产业规模，积极培育绿色龙头企业。根据《绿色产业指导目录》，加快推进原有存量绿色产业转型升级，大力培育绿色产业增量。全力支持企业技术创新能力建设，推进“产学研”深度融合，掌握重大关键核心技术，促进大气治理重点技术装备等产业化发展和推广应用，提升绿色产业竞争力。争取到 2025 年，绿色产业示范基地建设取得阶段性进展。

在区域发展方面，推进绿色新型城镇化，加强农村地区生态环保。统筹城乡绿色发展、因地制宜、对症施药。高度重视城镇服务业带来的间接碳排放问题，加强对服务业的管控力度。进一步提高新建建筑节能标准，大力发展零能耗建筑，改造升级既有建筑。加大财政转移支付力度，提高乡村生态环境基础设施建设的财政投入水平，支持城镇基础设施和公用服务设施资源向农村延伸，统筹治理城镇和乡村生活污染源，促进乡村产业绿色发展。

在观念教育方面，加强生态文明宣传教育，倡导绿色消费服务观念。结合《中国教育现代化 2035》，将生态文明理念融入大中小学的各个教育阶段。开展全民生态文明行动，以互联网为依托，以居民生活为内容，深入挖掘优秀传统生态文

① http://cpc.people.com.cn/19th/n1/2017/1018/c414305-29594512.html[2020-12-20]。

化思想和资源，利用新媒体、文化产品等手段宣传绿色节能生活方式。制定并完善绿色消费服务指南，倡导简约适度、绿色低碳的生活方式。

在制度方面，完善绿色发展体制机制，持续开展生态保护修复。建立健全环境督查、环境评价、环境考核、联防联控等体制机制，督促各级政府解决当地突出的生态环境问题。积极推进法律缺失，如国家公园、碳排放交易管理等领域的立法进程，以《全国重要生态系统保护和修复重大工程总体规划》为指导，巩固现有成果，推进新一轮生态工程。到 2035 年，全国森林覆盖率达 26%，草原植被综合盖度达 60%。

12.2.2　积极发展低碳经济，实施节能减排战略

产业低碳化是我国实现碳减排的重要基础。当前，我国经济已由高速增长阶段转向高质量发展阶段。低碳经济是当今世界经济发展的主要特征和趋势。将低碳经济作为高质量发展的重要动力，加快转变经济发展方式，推动产业结构转型升级。各级政府应采取全方位的行动，实现工业、交通、农业等各个行业的低碳化。

总体而言，产业低碳化要以供给侧改革为主线，以制造业高质量发展为重心，以构建现代产业体系为目标。依托《产业结构调整目录》，限制或禁止高排放、高污染产业的发展。落实国家战略性新兴产业发展规划，不断完善产业分类标准，利用高新技术和先进适用技术对传统产业改造升级。通过政府补贴与采购，推进低碳产业发展，引导推动低碳供应链的建设。

工业行业方面，深化重点行业碳排放治理，强化“散乱污”企业综合整治。建立完善工业企业低碳发展报告机制，加强低碳信息披露。开展钢铁、建材、有色金属、火电、焦化、铸造等重点行业及燃煤锅炉无组织排放排查，建立管理台账。全面开展整治“散乱污”企业及集群综合整治行动，明确整治重点，分类实施关停取缔、整合搬迁、整改提升等措施。建立动态有效的监管工作机制，厘清相关部门在“散乱污”企业整治中所承担的主要责任，确保整治措施落实到位。

交通行业方面，加快推广节能低碳技术，优化交通运输装备结构和组织结构。提高装备设备能效和碳排放标准，严格实施装备设备能源消耗量准入制度，鼓励使用清洁、高品质燃料。优化客运货运组织，科学组织调度，改善交通通达性和便捷性，引导交通运输向网络化、规模化和高效化发展，提高交通运输效率。

农业行业方面，加快低碳农业技术开发与推广，强化低碳农业资金支持。深入推进测土配方、有机肥资源利用、新肥料研发等工作，尽快实现所有农作物化肥使用量零增长。改革和完善农业技术推广体系、加强对农户的教育培训和行为

引导。健全低碳农业发展的支持政策，通过合理的补偿机制鼓励农民进行低碳农业生产，加强对农户低碳生产的金融支撑。

12.2.3　扎实推进循环经济，提高资源利用效率

资源循环化是我国实现碳减排的重要手段。循环经济主要通过减量化、再使用、资源化来达到资源利用最大化和碳排放最小化的目的。发展循环经济是转变增长方式、降低碳排放、实现可持续发展的必然选择。

以绿色转型为方向，构建循环产业体系。推进企业、园区循环式发展，推动产业循环式组合。将绿色循环理念贯彻落实到产品的全生命周期管理中，推行产品生态设计。优化布局结构，提高对新设园区的循环经济要求，加快搬迁改造高污染排放园区。开展制造业间的横向链接，实现原料互供，资源共享，形成行业间的循环经济链。推动农村三大产业融合发展，延伸产业链，增加附加值。

以协调共享为支撑，改进城市发展体系。强化城市资源处置利用能力，深化循环经济城市示范建设。推动生产系统和生活资源共享与废弃物协同处理。建立健全城市循环发展指数核算、发布和评价制度，做好 101 个循环经济示范城市建设地区的评估、验收与经验总结。

以制度建设为关键，完善相关法律法规。健全制度政策体系，明确企业主体责任，落实地方工作责任。出台并完善配套法律法规，支持各地结合当地实际制定循环经济促进条例或实施办法。灵活运用各种融资方式，引导社会资本向循环经济倾斜。依据《生产者责任延伸制度推行方案》，推动企业特别是电器电子产品、汽车、铅蓄电池等企业建立全生命周期管理制度，提高利用效率、减少废弃物排放，自觉履行企业社会责任。明确地方各级政府循环发展的目标、规划与任务，做好部门分工与责任落实。

以创新开放为驱动，激发循环发展动能。增大科研投入，创新服务机制。通过国家科技计划鼓励循环经济关键技术的研发，加快循环技术的发展与突破。建立并应用循环技术推广信息平台，积极推广循环经济技术、工艺和设备。充分发挥市场机制，积极推动资源循环利用第三方服务体系建设，培育和扶持一批为循环经济发展提供规划、设计、建设、改造、运营等服务的专业化公司。

12.2.4　大力降低能耗排放，推进清洁能源发展

积极推进低碳清洁能源技术持续创新是我国实现碳减排的核心动能。纵观全球，能源清洁低碳发展成为大势。我国能源消费持续增长，中短期内化石能源消

耗量依然会很庞大。技术手段对能源发展具有决定性作用，是缓解全球气候变暖和不可再生能源危机的有效途径，也是我国实现中短期和长期碳减排的核心动力。

降低化石能源使用。把能源消费总量、强度目标作为经济社会发展的重要约束性指标，并将指标分解到各地区，要求各地区制订专项方案，大力淘汰关停不合格设备。根据地理环境合理布局能源生产供应，总体上降低煤炭生产规模。尽量减少远距离大规模输送，降低能源损耗。拓宽电力使用领域，同步推进电气化和信息化建设。

促进能源效率提高。大力推进煤炭清洁利用，创新超高效火电技术和超清洁污染控制技术，不断提高煤电机组效率，对现役煤电机组进行升级改造，要求新建煤电机组采用国际先进技术，如超超临界燃煤发电技术。普及先进高效节能技术，深入推进流程工业系统节能改造。大力发展智慧能源技术，推动互联网与分布式能源技术、先进电网技术、储能技术深度融合。

加快清洁能源发展。安全发展核电，在采用国际最高安全标准、确保安全的前提下，适时在东部沿海地区启动新的核电项目建设，研究论证内陆核电建设。大力发展可再生能源。以西南地区为重点，有序推进大型水电站建设，因地制宜考虑中小型水电站建设。积极建立分散式风电，稳步推进海上风电发展。加快建设光伏基地，加强太阳能发电并网服务，鼓励分布式光伏发电发展。

积极发展地热能、生物质能和海洋能。积极发展氢能、可燃冰等新兴能源。积极创新氢能技术，加快商业化应用进程。尽快出台国家氢能发展战略，把氢能发展纳入国家“十四五”能源规划，明确氢能发展目标和路线；针对瓶颈问题开展科技攻关，加强标准的研究制定，组织开展制氢、储氢、运氢、加氢一体化布局建设；开展煤制氢、风制氢项目，积极推进氢燃料电池技术与体制机制创新，为商业化应用保障技术基础与政策模式。制定政策支持体系，提高政策支持的精准度，助力氢能产业发展。同时积极储备可燃冰技术，中国拥有丰富的可燃冰储备，应加大研究支持力度，为未来新兴能源开发与应用做好技术储备与商业探索。

推进碳捕集、利用与封存。积极推进示范项目，加快推动碳捕集、利用与封存的商业化。制定明晰、完善的碳捕集、利用与封存法律法规，加大对碳捕集、利用与封存的补贴力度，充分利用市场机制，完善碳捕集、利用与封存的投融资环境。建立跨部门跨区域联动协调机制，分阶段分重点逐步推进碳捕集、利用与封存的商业化进程。

12.2.5 加速构建全国碳市场，适时推行碳税制度

碳税制度和碳交易制度是我国实现碳减排的重要保障。碳排放权交易与碳税

是现阶段低成本控制和减少温室气体排放、推进产业结构调整、促进可再生能源与低碳技术发展的重要政策工具，其有效性已在全球得到广泛认可，也是我国实现碳减排的重要保障。

加强顶层设计。推动《碳排放权交易管理条例》尽早出台，按照“先易后难、循序渐进”的工作原则，推进全国碳市场分阶段逐步扩大覆盖的行业、降低控排企业门槛标准，特别是尽快扩大到石化、化工、建材、钢铁、有色金属、造纸、电力、民航行业，逐步将服务业、交通运输业纳入碳市场。

推动绿色金融发展。设计高效的配额分配方案，逐步缩减碳配额，配额免费发放与有偿发放相结合，逐渐引入拍卖机制并不断增加拍卖比例，强化碳市场的激励作用。逐步增多交易产品，积极发展绿色信贷和绿色保险，设立绿色发展基金。有序发展碳远期、碳掉期、碳期权、碳租赁、碳债券、碳资产证券化和碳基金等碳金融产品和衍生工具，探索碳排放权期货交易，丰富基于碳排放权的融资工具。

强化市场监管能力。出台全国统一明确的监测、报告与核查制度。培育发展独立的、与国际接轨的第三方核查机构，强化环境信息披露。重点组织面向生态环境系统、各相关部门、重点排放单位及第三方核查机构等各类市场参与主体的能力建设和培训活动，为碳市场的顺利运行提供人才保障和技术支撑。由生态环境主管部门负责，建立完善碳价格限制、涨跌幅限制、风险警示、异常交易处理、违规违约处理、交易争议处理等管理制度，加强碳排放权交易风险管理，确保市场稳定运行。

适时实施碳税制度。确定碳税的基本要素与参与主体。针对不同行业设定差别化税率，循序渐进。坚持税收中性，设定合理和建设性的方式将碳税收入返还给纳税对象。针对不同行业予以不同的税惠政策，逐步缩小优惠范围，倒逼企业减排。分阶段实施碳税政策，初步阶段允许纳入碳排放交易体系的企业免征碳税，并逐步提高要求。

12.2.6　全力支持技术创新，积极开展国际合作

研究创新与国际合作是我国实现碳减排的重要驱动要素。要实现长期有效的碳减排，我国一方面要加大对研究创新的支持力度，另一方面要积极参与国际交流与合作，学习国际先进技术，营造良好的减排国际环境。

强化应对气候变化基础研究。遵循“创新机制、夯实基础、超前部署、重点跨越”的原则，加强应对气候变化影响与风险、减缓与适应的基础研究，加强生产消费全过程碳排放计量、核算体系及控排政策研究，加强节能低碳关键技术的

研究，深度推进互联网技术与节能低碳的融合研究。编制国家应对气候变化科技发展专项规划，评估节能低碳技术研究进展。

积极开展国际交流与合作。加强履约工作，推动落实联合国《2030 年可持续发展议程》。按时编制和提交国家信息通报及两年更新报，加强对国家自主贡献的评估。积极参与国际气候和环境资金机构治理，利用相关国际机构优惠资金和先进技术支持国内应对气候变化工作。依托“一带一路”倡议，统筹利用国内国际两种资源、两个市场，促进低碳项目合作，推动海外投资项目低碳化。

12.3 保 障 措 施

12.3.1 强化立法保障，健全组织管理机制

一是加快碳减排相关制度的立法进程。特别是强制性的碳减排措施、碳税制度及全国碳市场建设，应立法先行，尽早出台《碳排放权交易管理条例》和《中华人民共和国气候变化应对法》，通过立法将短期、中长期的减排目标和措施由部门规章上升为法律，通过较高层级的立法明确碳减排措施、碳税及碳交易标的法律性质，明晰减排主体的权利、义务和法律责任，落实监管者的监管权限，授权对违法违规行为采取强有力的处罚手段，为全国碳减排政策运营营造一个稳定的法制环境，更稳定高效地推动我国碳减排制度的实施，更有力地保障我国中长期碳减排目标的实现。

二是强化碳减排政策、目标监督管理，做好机构改革后的职能衔接。新一轮政府机构改革后应对气候变化的相关职能由国家发展和改革委员会划至新组建的中华人民共和国生态环境部，职能划转后应延续强化碳减排政策力度，注重政策的多样性、互补性及市场属性。及时理顺地方相关政府职能，充分发挥生态环境部预防和保护生态环境职能，加强碳减排相关工作的制度管理创新，尝试碳减排制度的统筹整合。

三是加强管理协同与协作。碳减排作为一项系统工程，应充分发挥国务院总理牵头挂帅的国家应对气候变化及节能减排工作领导小组的部际工作议事协调机构的作用，部门通力协作。特别注重加强生态环境部与国家发展和改革委员会、工信部等市场、工业企业相关管理部门的协作，同时，加强中央与地方的政策协同，全国一盘棋，保证目标一致性、有效性、不走偏，提高推进工作效率，发挥整体效果。

12.3.2　行政市场并举，统筹推进相关政策

一是碳减排政策实施应坚持行政手段与市场手段综合运用。特别是在碳减排政策实施的初期，行政手段能够起到立竿见影的效果。应科学实施总量控制、减排目标考核，创新碳税制度。同时积极建设全国碳市场，运用市场化的减排手段实现持续有效的减排效果。

二是做好新能源、节能降耗与碳减排相关政策的综合运用。充分考虑关联政策机制的衔接与协同，避免相互矛盾制约、交叉补贴的现象。例如，解决风电、光伏等发电补贴、节能降耗的节能量奖励政策和碳交易可能存在多重补贴的问题，如有效解决不同渠道多重补贴和不同地区差别化补贴造成的碳交易价格紊乱，否则会导致不能真实反映不同控排主体的边际减排成本差异，不利于碳市场稳定发展问题。建议将碳减排政策与节能降耗、新能源发展、低碳能源政策等统筹推进。相关部门可统筹考虑将碳交易收益或初始碳配额拍卖收益作为企业节能降耗奖励或支付新能源电价补贴等。这样可以缓解企业节能降耗改造投资资金困难和近年来可再生能源发展基金出现的补贴不足等压力。碳减排政策应综合统筹各节能减排政策、综合运用推动低碳、新能源、节能降耗新技术、新工艺、新设备的创新与实践。

三是整合碳交易与用能权、绿证交易相关政策，发挥碳减排政策的组合效益。相关部门应充分考虑碳交易制度、用能权有偿使用和交易、绿证交易制度三者的内在作用机制，加强整合与统筹，有效规避各自为政、政策冲突或多次核算及加重企业负担的问题。

12.3.3　做好总量控制，强化目标责任考核

一是充分论证碳排放总量控制目标。充分论证评估碳减排总量控制目标对经济发展的影响，既要履行我国作出的降低碳强度减排的国际承诺，又要避免盲目追求高减排总量目标影响国家宏观经济发展目标的实现。科学分解国家碳减排的中长期目标年度目标，科学论证碳税、碳交易制度等对整个减排目标实现的期望贡献比重，研判分析碳减排政策对中长期经济增长的影响。考量各产业和控排企业的承受力和竞争力，总体上应遵循“适度从紧”和“循序渐进”的原则，确保碳减排政策预期效果。

二是碳减排总量控制目标设定应充分与地方沟通衔接。碳总量目标设定可采取类似于预算管理的“先下后上、再上到下”的总量目标确定模式，避免地方碳排放

总量目标与国家碳排放总量目标脱节。要以产业结构、经济发展、资源禀赋、历史数据、减排技术工艺潜力为基础，合理计算我国各省（市）的排放总量和减排目标。

三是实行碳排放总量目标和碳排放强度目标的双控机制。区分经济增速放缓等外部因素造成的碳排放总量下降部分，合理制定碳排放强度的下降目标。做好国家碳排放总量目标与碳排放强度目标的省份、行业等的分解，并纳入相应的政府责任目标考核体系，实行年度责任目标考核与问责。

12.3.4　加大科技投入，深挖技术减排潜能

一是加大各级财政碳减排投入。各级财政设立减排专项资金，用于重大减排项目和关键减排技术补贴、补助，推动重大节能减排项目建设。科技专项资金中明确一部分减排专项，用于支持重大、关键节能减排技术研发与攻关。加大国家级、省级重点节能减排创新中心建设，鼓励校企、政企联合，协同创新，合力引导社会资本，推动减排技术创新，深挖节能减排空间。

二是鼓励金融机构开展绿色金融。各级政府可以采取贴息补贴方式，鼓励扩大绿色金融、绿色信贷规模，推进减排项目的建设与发展、绿色低碳技术的创新与研发。创新减排项目投融资机制，充分运用政府和社会资本合作模式（public-private-partnership，PPP）鼓励引导社会减排资本广泛参与减排项目建设。积极推进绿色证券，鼓励节能减排企业上市，开辟绿色通道，扩大减排项目、企业融资渠道与规模。

三是强化节能减排技术创新。把技术创新作为原动力推进节能减排深入实施，创新体制机制，鼓励节能减排企业登录科创板，加大科技投融资力度，推动节能减排及绿色技术创新发展，开展节能减排技术对标管理，制定行业标杆、国内标杆及国际标杆，不断对标找差距，不断提升企业能效及减排效率，不断通过技术创新，深入挖掘减排潜力。

12.3.5　注重宣传培训，强化减排基础建设

一是加强全球气候变暖、温室气体排放危害、开展碳减排工作重要性的宣传教育，培育企业、个人自觉参与碳减排、碳交易，运用低碳技术的意愿、责任和积极性，提高强制减排履约率，鼓励自愿碳减排行为，增加碳减排机构数量。

二是加大国家碳减排、碳交易相关制度政策宣传，扩大全社会参与碳减排、碳交易范围，提升居民日常生活减排意识与行为自觉。做好碳交易人才的培养、培育、培训，建议高校开设相关碳交易专业及碳交易专业课程，做到高校教育与

社会接轨、与实践接轨，组织开展对政府管理部门、企业专业管理岗位人员、碳交易操盘人员、第三方核查机构等的培训教育，提高全行业参与的专业化水平，推动碳交易专业化、规范化实行。

三是加强企业碳排放、碳资产管理意识与水平。推动企业建立健全碳排放统计台账制度，设立相关专业岗位职责，规范专业化的碳数据管理，并将相关要求列入相关立法条款，强制企业建立实施推行，提升企业碳资产管理专业化水平。

四是完善第三方碳核查机构管理制度。建立行业协会，加强行业自律，实行第三方核查机构的动态管理，明确资质、准入、退出相关机制，加强第三方碳核查机构的专业化管理，提升第三方核查机构的工作业务水平。建立分行业碳核查指南。建议主管部门统一规范核查标准，确保第三方核查的碳减排量准确、公平、公正，具有权威性和规范性。

12.3.6　总结有益经验，加强政策评估与研究

一是借鉴学习国外先进碳减排经验，因地制宜制定我国碳减排政策。特别是在碳税及碳市场建设中，充分吸收国际先进及成熟经验，加强对欧盟、澳大利亚及美国加利福尼亚州等发达国家或地区的较为完善和成熟的碳交易市场制度机制的学习，重点总结其发展完善的历程，评估其碳市场的特点与问题。同时，考虑我国经济新常态、追求经济高质量发展、富煤少油气的能源结构等特殊国情，避免照搬，而应因地制宜建设新时代中国特色全国碳交易市场，制定适合我国发展阶段的碳税政策。

二是做好对阶段性碳减排制度的总结。例如，对各碳交易试点地区制度机制进行比较分析，总结其不足，研究分析碳交易试点对区域碳减排贡献率、区域经济发展、产业结构、低碳技术创新等的影响，为全国碳市场建设提供经验。

三是做好碳减排政策实施的影响研究与预判。针对当前国内外宏观经济环境的新情况、新形势，开展学术研究，科学研判碳税、总量控制及全国碳交易政策等减排实施对全国宏观经济、各地区经济发展的影响。特别是在总量、配额等碳交易政策关键制度设计上，充分做好情景分析、政策模拟及对经济和控排企业经营的冲击预判。

四是做好政策的动态评估和规划的动态管理，在全国重大碳减排政策制定过程中，做好动态跟踪评估，研究国家新的宏观经济政策，如生态文明、绿色发展、经济高质量发展与碳交易政策的内在逻辑，及时微调碳减排制度政策以契合新的政策需求，使其成为一项可持续推进并较好实现国家宏观经济社会发展政策目标的综合性政策工具。

参 考 文 献

陈凯，史红亮，闫波. 2011. 技术进步对能源消费回弹效应的影响——基于中国钢铁行业实证研究[J]. 工业技术经济，(4)：24-30.

陈诗一. 2011. 中国工业分行业统计数据估算：1980—2008[J]. 经济学(季刊)，10(3)：735-776.

陈锡康，杨翠红，等. 2011. 投入产出技术[M]. 北京：科学出版社.

陈勇，李小平. 2006. 中国工业行业的面板数据构造及资本深化评估：1985~2003[J]. 数量经济技术经济研究，23(10)：57-68.

陈真玲，赵伟刚，李金铠. 2019. 中国制造业能源拥挤效应研究：基于 RAM-DEA 模型的分析[J]. 系统工程理论与实践，39(7)：1831-1844.

丁斐，庄贵阳，刘东. 2020. 环境规制、工业集聚与城市碳排放强度——基于全国 282 个地级市面板数据的实证分析[J]. 中国地质大学学报（社会科学版），20(3)：90-104.

段宏波，张古鹏，范英，等. 2016. 基于内生能源效率改进的宏观减排结构分析[J]. 管理科学学报，19(7)：10-23.

段茂盛，张芃. 2015. 碳税政策的双重政策属性及其影响：以北欧国家为例[J]. 中国人口·资源与环境，25(10)：23-29.

范英，莫建雷，朱磊，等. 2016. 中国碳市场：政策设计与社会经济影响[M]. 北京：科学出版社.

傅志寰，孙永福，翁孟勇，等. 2019. 交通强国战略研究（第一卷）[M]. 北京：人民交通出版社.

高奥蕾，张华，倪昌城，等. 2020. 基于面板数据的部门能源强度与经济增长关系研究[J]. 煤炭经济研究，40(6)：4-12.

郭庆宾，骆康，杨婉蓉. 2020. 基于技术进步的长江经济带碳排放回弹效应测度[J]. 统计与决策，(19)：115-117.

国家统计局能源统计司. 2009. 2018 中国能源统计年鉴[M]. 北京：中国统计出版社.

国涓，凌煜，郭崇慧. 2010. 中国工业部门能源消费反弹效应的估算——基于技术进步视角的实证研究[J]. 资源科学，32(10)：1839-1845.

韩廷春. 2001. 金融发展与经济增长：基于中国的实证分析[J]. 经济科学，(3)：31-40.

胡李鹏，樊纲，徐建国. 2016. 中国基础设施存量的再测算[J]. 经济研究，51(8)：172-186.

计军平，马晓明. 2018. 碳排放与碳金融[M]. 北京：科学出版社.

柯淑芬，李真真. 2012. 应用秩和比法综合评价护理工作质量[J]. 中华护理杂志，47(1)：72-74.

李惠钰. 2019-12-16. "一带一路"能源合作迎来新机遇[N]. 中国科学报，(007).

连莉莉. 2015. 绿色信贷影响企业债务融资成本吗?——基于绿色企业与"两高"企业的对比研

究[J]. 金融经济学研究，（5）：83-93.
刘宇. 2011. 产业的关联性分析及其产业选择[J]. 中国经济问题，（3）：52-61.
邵帅，杨莉莉，黄涛. 2013. 能源回弹效应的理论模型与中国经验[J]. 经济研究，（2）：96-109.
宋马林，王舒鸿. 2013. 环境规制、技术进步与经济增长[J]. 经济研究，48（3）：122-134.
苏海河. 2020-08-11. 日本节能减排任重道远[N]. 经济日报，（010）.
孙振清，刘保留，李欢欢. 2020. 产业结构调整、技术创新与区域碳减排——基于地区面板数据的实证研究[J]. 经济体制改革，（3）：101-108.
田凤调. 1993. 秩和比法在疾病流行预报中的应用[J]. 中国公共卫生，9（1）：37-40.
田凤调. 1996. 谈谈 RSR 法中分档的双重标志[J]. 中国卫生统计，（2）：27-30.
田凤调. 2002. 秩和比法及其应用[J]. 中国医师杂志，（2）：115-119.
王琛，王兆华，卢密林. 2013. 能源直接回弹效应经济学分析：微观视角[J]. 北京理工大学学报（社会科学版），15（2）：28-33.
王丹舟，王心然，李俞广. 2018. 国外碳税征收经验与借鉴[J]. 中国人口·资源与环境，28（S1）：20-23.
王林. 2019-12-02. 加拿大强推碳税引发连锁反应[N]. 中国能源报，（006）.
王晓苏. 2014-11-17. 来也匆匆 去也匆匆[N]. 中国能源报，（009）.
王妍，石敏俊. 2009. 中国城镇居民生活消费诱发的完全能源消耗[J]. 资源科学，31（12）：2093-2100.
魏一鸣，刘兰翠，廖华，等. 2017. 中国碳排放与低碳发展[M]. 北京：科学出版社.
吴继贵，叶阿忠. 2015. 交通运输、经济增长和碳排放的动态关系研究——基于 1949-2012 年数据的实证分析[J]. 交通运输系统工程与信息，15（4）：10-17.
余东华，张鑫宇，孙婷. 2019. 资本深化、有偏技术进步与全要素生产率增长[J]. 世界经济，42（8）：50-71.
袁冬梅，魏后凯，于斌. 2012. 中国地区经济差距与产业布局的空间关联性——基于 Moran 指数的解释[J]. 中国软科学，（12）：90-102.
张慧，乔忠奎，许可，等. 2018. 资源型城市碳排放效率动态时空差异及影响机制——以中部 6 省地级资源型城市为例[J]. 工业技术经济，37（12）：86-93.
张芃，段茂盛. 2015. 英国控制温室气体排放的主要财税政策评述[J]. 中国人口·资源与环境，25（8）：100-106.
政府间气候变化专门委员会. 2006. 2006 年 IPCC 国家温室气体清单指南[M]. 日内瓦：日本全球环境战略研究所.
中国民生银行交通金融事业课题组. 2010. 中国交通运输业发展报告[M]. 北京：社会科学文献出版社.
中国气象局气候变化中心. 2019. 中国气候变化蓝皮书（2019）[R]. 北京.
中国气象局气候变化中心. 2020. 中国气候变化蓝皮书（2020）[R]. 北京.
朱诚，马春梅，陈刚，等. 2017. 全球变化科学导论[M]. 4 版. 北京：科学出版社.
Abid M. 2017. Does economic，financial and institutional developments matter for environmental quality? A comparative analysis of EU and MEA countries[J]. Journal of Environmental Management，188：183-194.

Acaravci A，Ozturk I. 2010. On the relationship between energy consumption，CO_2 emissions and economic growth in Europe[J]. Energy，35（12）：5412-5420.

Acheampong A O，Amponsah M，Boateng E. 2020. Does financial development mitigate carbon emissions? Evidence from heterogeneous financial economies[J]. Energy Economics，88：104768.

Acheampong A O，Boateng E B. 2019. Modelling carbon emission intensity：Application of artificial neural network[J]. Journal of Cleaner Production，225：833-856.

Acheampong A O. 2019. Modelling for insight：does financial development improve environmental quality?[J]. Energy Economics，83：156-179.

Ahmad N，Du L S，Lu J Y，et al. 2017. Modelling the CO_2 emissions and economic growth in Croatia：is there any environmental Kuznets curve?[J]. Energy，123：164-172.

Ahman M，Nilsson L J，Johansson B. 2017. Global climate policy and deep decarbonization of energy-intensive industries[J]. Climate Policy，17（5）：634-649.

Aizenman J，Jinjarak Y，Park D. 2015. Financial development and output growth in developing Asia and Latin America：A comparative sectoral analysis[R]. National Bureau of Economic Research.

Akbostancı E，Tunç G İ，Türüt-Aşık S. 2011. CO_2 emissions of Turkish manufacturing industry：a decomposition analysis[J]. Applied Energy，88（6）：2273-2278.

Al Mamun M，Sohag K，Hannan Mia M A，et al. 2014. Regional differences in the dynamic linkage between CO_2 emissions，sectoral output and economic growth[J]. Renewable and Sustainable Energy Reviews，38：1-11.

Alcántara V，Padilla E. 2003. "Key" sectors in final energy consumption：an input-output application to the Spanish case[J]. Energy Policy，31（15）：1673-1678.

Alejandro Cardenete M，Sancho F. 2006. Missing links in key sector analysis[J]. Economic Systems Research，18（3）：319-325.

Ali Y. 2015. Measuring CO_2 emission linkages with the hypothetical extraction method（HEM）[J]. Ecological indicators，54：171-183.

Andreosso-O'Callaghan B，Yue G. 2004. Intersectoral linkages and key sectors in China，1987-1997[J]. Asian Economic Journal，18（2）：165-183.

Ang B W. 2004. Decomposition analysis for policymaking in energy：which is the preferred method?[J]. Energy Policy，32（9）：1131-1139.

Ang B W，Liu F L，Chew E P. 2003. Perfect decomposition techniques in energy and environmental analysis[J]. Energy Policy，31（14）：1561-1566.

Ang B W，Mu A R，Zhou P. 2010. Accounting frameworks for tracking energy efficiency trends[J]. Energy Economics，32（5）：1209-1219.

Ang B W，Zhang F Q. 2000. A survey of index decomposition analysis in energy and environmental studies[J]. Energy，25（12）：1149-1176.

Ang B W，Zhou P，Tay L P. 2011. Potential for reducing global carbon emissions from electricity production—A benchmarking analysis[J]. Energy Policy，39（5）：2482-2489.

Ang B W，Choi K H. 1997. Decomposition of aggregate energy and gas emission intensities for industry：a refined Divisia index method[J]. The Energy Journal，18（3）：59-73.

Ang B W，Liu F L. 2001. A new energy decomposition method：perfect in decomposition and consistent in aggregation[J]. Energy，26（6）：537-548.

Ang B W，Zhang F Q，Choi K H. 1998. Factorizing changes in energy and environmental indicators through decomposition[J]. Energy，23（6）：489-495.

Anselin L. 1995. Local indicators of spatial association—LISA[J]. Geographical Analysis，27（2）：93-115.

Arcand J L，Berkes E，Panizza U. 2015. Too much finance?[J]. Journal of Economic Growth，20（2）：105-148.

Auffhammer M，Carson R T. 2008. Forecasting the path of China's CO_2 emissions using province-level information[J]. Journal of Environmental Economics and Management，55（3）：229-247.

Augustinovics M. 1970. Methods of international and intertemporal comparison of structure[C]//Carter A P，Brody A. 1970. Contributions to Input-Output Analysis，Amsterdam：North Holland：249-269.

Ayyagari M，Demirgüç-Kunt A，Maksimovic V. 2011. Firm innovation in emerging markets：the role of finance，governance，and competition[J]. Journal of Financial and Quantitative Analysis，46（6）：1545-1580.

Barker T，Ekins P，Foxon T. 2007. The macro-economic rebound effect and the UK economy[J]. Energy Policy，35（10）：4935-4946.

Bentzen J. 2004. Estimating the rebound effect in US manufacturing energy consumption[J]. Energy Economics，26（1）：123-134.

Berkhout P H G，Muskens J C，Velthuijsen J W. 2000. Defining the rebound effect[J]. Energy Policy，28：425-432.

Berry B J L，Marble D F. 1968. Spatial Analysis：A Reader in Statistical Geography[M]. Englewood Cliffs New Jersey：Prentice-Hall.

Beyers W B. 1976. Empirical identification of key sectors：some further evidence[J]. Environment and Planning A：Economy and Space，8（2）：231-236.

Bian Y，Lv K，Yu A. 2017. China's regional energy and carbon dioxide emissions efficiency evaluation with the presence of recovery energy：an interval slacks-based measure approach[J]. Annals of Operations Research，255：301-321.

Bin S，Dowlatabadi H. 2005. Consumer lifestyle approach to US energy use and the related CO_2 emissions[J]. Energy Policy，33（2）：197-208.

Boehmer-Christiansen S. 1997. Factor four：doubling wealth，halving resource use[J]. Energy & Environment，8（4）：323-326.

Boutabba M A. 2014. The impact of financial development，income，energy and trade on carbon emissions：evidence from the Indian economy[J]. Economic Modelling，40：33-41.

Brännlund R，Ghalwash T，Nordström J. 2007. Increased energy efficiency and the rebound effect：effects on consumption and emissions[J]. Energy Economics，29（1）：1-17.

Broberg T，Berg C，Samakovlis E. 2015. The economy-wide rebound effect from improved energy efficiency in Swedish industries-A general equilibrium analysis[J]. Energy Policy，83：26-37.

Brockett P L，Cooper W W，Deng H H，et al. 2004. Using DEA to identify and manage congestion[J]. Journal of Productivity Analysis，22（3）：207-226.

Brockett P L，Cooper W W，Wang Y Y，et al. 1998. Inefficiency and congestion in Chinese production before and after the 1978 economic reforms[J]. Socio-Economic Planning Sciences，32（1）：1-20.

Brookes L G. 1978. High energy consumption or low economic growth?[J]. Nature，273（5664）：587-587.

Brookes L. 1990. The greenhouse effect：the fallacies in the energy efficiency solution[J]. Energy Policy，18（2）：199-201.

Brown J R，Martinsson G，Petersen B C. 2017. Stock markets，credit markets，and technology-led growth[J]. Journal of Financial Intermediation，32：45-59.

Cai B F，Guo H X，Ma Z P，et al. 2019. Benchmarking carbon emissions efficiency in Chinese cities：a comparative study based on high-resolution gridded data[J]. Applied Energy，242：994-1009.

Cai J N，Leung P S，Pan M L，et al. 2005. Economic linkage impacts of Hawaii's longline fishing regulations[J]. Fisheries Research，74：232-242.

Cansino J M，Roman R，Ordonez M. 2016. Main drivers of changes in CO_2 emissions in the Spanish economy：a structural decomposition analysis[J]. Energy Policy，89：150-159.

Cao Q R，Kang W，Xu S C，et al. 2019. Estimation and decomposition analysis of carbon emissions from the entire production cycle for Chinese household consumption[J]. Journal of Environmental Management，247：525-537.

Cella G. 1984. The input-output measurement of interindustry linkages[J]. Oxford Bulletin of Economics and Statistics，46（1）：73-84.

Cellura M，Longo S，Mistretta M. 2012. Application of the structural decomposition analysis to assess the indirect energy consumption and air emission changes related to Italian households consumption[J]. Renewable and Sustainable Energy Reviews，16（2）：1135-1145.

Chang Y F，Lin S J. 1998. Structural decomposition of industrial CO_2 emission in Taiwan：an input-output approach[J]. Energy Policy，26（1）：5-12.

Charnes A，Cooper W W，Rhodes E. 1978. Measuring the efficiency of decision making units[J]. European Journal of Operational Research，2（6）：429-444.

Charnes A，Cooper W W. 1984. Preface to topics in data envelopment analysis[J]. Annals of Operations Research，2（1）：59-94.

Chen J，Gao M，Li D，et al. 2020. Analysis of the rebound effects of fossil and nonfossil energy in China based on sustainable development[J]. Sustainable Development，28（1）：235-246.

Chen J D，Song M L，Xu L. 2015. Evaluation of environmental efficiency in China using data envelopment analysis[J]. Ecological Indicators，52：577-583.

Chen L，Wang Y M，Wang L. 2016. Congestion measurement under different policy objectives：an analysis of Chinese industry[J]. Journal of Cleaner Production，112：2943-2952.

Chen S Y. 2011. Reconstruction of sub-industrial statistical data in China（1980—2008）[J]. China

Economic Quarterly，10（3）：735-776.

Chen Z F，Huang W J，Zheng X. 2019a. The decline in energy intensity：Does financial development matter?[J]. Energy Policy，134：110945.

Chen Z L，Wang W J，Li F，et al. 2020. Congestion assessment for the Belt and Road countries considering carbon emission reduction[J]. Journal of Cleaner Production，242：118405.

Chen Z N，Du H B，Li J L，et al. 2019b. Achieving low-carbon urban passenger transport in China：Insights from the heterogeneous rebound effect[J]. Energy Economics，81：1029-1041.

Chitnis M，Sorrell S. 2015. Living up to expectations：Estimating direct and indirect rebound effects for UK households[J]. Energy Economics，52：S100-S116.

Chiu C R，Liou J L，Wu P I，et al. 2012. Decomposition of the environmental inefficiency of the meta-frontier with undesirable output[J]. Energy Economics，34（5）：1392-1399.

Cho T Y，Wang T Y. 2018. Estimations of cost metafrontier Malmquist productivity index：using international tourism hotels in Taiwan as an example[J]. Empirical Economics，55（4）：1661-1694.

Choi Y，Oh D H，Zhang N. 2015. Environmentally sensitive productivity growth and its decompositions in China：a metafrontier Malmquist-Luenberger productivity index approach[J]. Empirical Economics，49（3）：1017-1043.

Choi Y，Zhang N，Zhou P. 2012. Efficiency and abatement costs of energy-related CO_2 emissions in China：a slacks-based efficiency measure[J]. Applied Energy，98：198-208.

Cooper W W，Deng H H，Huang Z M，et al. 2002. A one-model approach to congestion in data envelopment analysis[J]. Socio-Economic Planning Sciences，36（4）：231-238.

Cooper W W，Gu B S，Li S L. 2001a. Comparisons and evaluations of alternative approaches to the treatment of congestion in DEA[J]. European Journal of Operational Research，132（1）：62-74.

Cooper W W，Seiford L M，Zhu J. 2000. A unified additive model approach for evaluating inefficiency and congestion with associated measures in DEA[J]. Socio-Economic Planning Sciences，34（1）：1-25.

Cooper W W，Seiford L M，Zhu J. 2001b. Slacks and congestion：response to a comment by R. Färe and S. Grosskopf[J]. Socio-Economic Planning Sciences，35（3）：205-215.

Cooper W W，Thompson R G，Thrall R M. 1996. Chapter 1 Introduction：extensions and new developments in DEA[J]. Annals of Operations Research，66（1）：1-45.

Coulombel N，Boutueil V，Liu L，et al. 2019. Substantial rebound effects in urban ridesharing：Simulating travel decisions in Paris，France[J]. Transportation Research Part D：Transport and Environment，71：110-126.

Dabla-Norris E，Srivisal N，Org E N，et al. 2013. Revisiting the link between finance and macroeconomic volatility[J]. IMF Working Papers，13：1.

Das A，Paul S K. 2014. CO_2 emissions from household consumption in India between 1993-94 and 2006-07：A decomposition analysis[J]. Energy Economics，41：90-105.

Dasgupta S，Laplante B，Mamingi N. 2001. Pollution and capital markets in developing countries[J]. Journal of Environmental Economics and Management，42（3）：310-335.

Dasgupta S，Laplante B，Wang H，et al. 2002. Confronting the environmental kuznets curve[J]. Journal of Economic Perspectives，16（1）：147-168.

Dasgupta S，Roy J. 2015. Understanding technological progress and input price as drivers of energy demand in manufacturing industries in India[J]. Energy Policy，83：1-13.

de Freitas L C，Kaneko S. 2011. Decomposition of CO_2 emissions change from energy consumption in Brazil：challenges and policy implications[J]. Energy Policy，39（3）：1495-1504.

de Stefano M C，Montessancho M J，Busch T. 2016. A natural resource-based view of climate change：Innovation challenges in the automobile industry[J]. Journal of Cleaner Production，139：1436-1448.

Diakoulaki D，Mandaraka M. 2007. Decomposition analysis for assessing the progress in decoupling industrial growth from CO_2 emissions in the EU manufacturing sector[J]. Energy Economics，29（4）：636-664.

Dietzenbacher E. 2002. Interregional multipliers：looking backward，looking forward[J]. Regional Studies，36（2）：125-136.

Dong L，Liang H W. 2014. Spatial analysis on China's regional air pollutants and CO_2 emissions：emission pattern and regional disparity[J]. Atmospheric Environment，92：280-291.

Du G，Sun C W，Ouyang X L，et al. 2018. A decomposition analysis of energy-related CO_2 emissions in Chinese six high-energy intensive industries[J]. Journal of Cleaner Production，184：1102-1112.

Du K R，Lu H，Yu K. 2014. Sources of the potential CO_2 emission reduction in China：a nonparametric metafrontier approach[J]. Applied Energy，115：491-501.

Du K R，Xie C P，Ouyang X L. 2017. A comparison of carbon dioxide（CO_2）emission trends among provinces in China[J]. Renewable and Sustainable Energy Reviews，73：19-25.

Du L M，Hanley A，Wei C. 2015. Marginal abatement costs of carbon dioxide emissions in China：a parametric analysis[J]. Environmental and Resource Economics，61（2）：191-216.

Duarte R，Sánchez-Chóliz J，Bielsa J. 2002. Water use in the Spanish economy：an input-output approach[J]. Ecological Economics，43（1）：71-85.

Dufournaud C M，Quinn J T，Harrington J J. 1994. An applied general equilibrium（AGE）analysis of a policy designed to reduce household consumption of wood in the Sudan[J]. Resource and Energy，16（1）：67-90.

Ehigiamusoe K U，Lean H H. 2019. Effects of energy consumption，economic growth，and financial development on carbon emissions：evidence from heterogeneous income groups[J]. Environmental Science and Pollution Research International，26（22）：22611-22624.

Fais B，Sabio N，Strachan N. 2016. The critical role of the industrial sector in reaching long-term emission reduction，energy efficiency and renewable targets[J]. Applied Energy，162：699-712.

Fan J L，Liang Q M，Wang Q，et al. 2015. Will export rebate policy be effective for CO_2 emissions reduction in China? A CEEPA-based analysis[J]. Journal of Cleaner Production，103：120-129.

Fang L. 2015. Congestion measurement in nonparametric analysis under the weakly disposable technology[J]. European Journal of Operational Research，245（1）：203-208.

Fang Z, Gao X, Sun C W. 2020. Do financial development, urbanization and trade affect environmental quality? Evidence from China[J]. Journal of Cleaner Production, 259: 120892.

Färe R, Grosskopf S. 2003. Nonparametric productivity analysis with undesirable outputs: comment[J]. American Journal of Agricultural Economics, 85 (4): 1070-1074.

Färe R, Grosskopf S, Hernadez-Sancho F. 2004. Environmental performance: an index number approach[J]. Resource and Energy Economics, 26 (4): 343-352.

Färe R, Grosskopf S, Lovell C A K. 1985. The Measurement of Efficiency of Production[M]. Hingham: Kluwer-Nijhoff.

Färe R, Grosskopf S, Noh D W, et al. 2005. Characteristics of a polluting technology: Theory and practice[J]. Journal of Econometrics, 126 (2): 469-492.

Färe R, Grosskopf S. 1983. Measuring congestion in production[J]. Zeitschrift Für Nationalökonomie, 43 (3): 257-271.

Färe R, Grosskopf S. 2001. When can slacks be used to identify congestion? An answer to W.W. Cooper, L. Seiford and J. Zhu[J]. Socio-Economic Planning Sciences, 35 (3): 217-221.

Färe R, Grosskopf S, Tyteca D. 1996. An activity analysis model of the environmental performance of firms—application to fossil-fuel-fired electric utilities[J]. Ecological Economics, 18 (2): 161-175.

Farhani S, Ozturk I. 2015. Causal relationship between CO_2 emissions, real GDP, energy consumption, financial development, trade openness, and urbanization in Tunisia[J]. Environmental Science and Pollution Research, 22 (20): 15663-15676.

Farrell M J. 1957. The Measurement of productive efficiency[J]. Journal of the Royal Statistical Society. Series A (General), 120 (3): 253-281.

Feng C, Wang M. 2018. Analysis of energy efficiency in China's transportation sector[J]. Renewable and Sustainable Energy Reviews, 94: 565-575.

Feng Z H, Zou L L, Wei Y M. 2011. The impact of household consumption on energy use and CO_2 emissions in China[J]. Energy, 36 (1): 656-670.

Ferng J J. 2003. Allocating the responsibility of CO_2 over-emissions from the perspectives of benefit principle and ecological deficit[J]. Ecological Economics, 46 (1): 121-141.

Ferrell A, Liang H, Renneboog L. 2016. Socially responsible firms[J]. Journal of Financial Economics, 122 (3): 585-606.

Frondel M, Peters J, Vance C. 2008. Identifying the rebound: evidence from a German household panel[J]. The Energy Journal, 29 (4): 145-163.

Frondel M, Vance C. 2011. Re-identifying the rebound—what about asymmetry?[J]. SSRN Electronic Journal, 34 (4): 42-54.

Galvin R. 2020. Who co-opted our energy efficiency gains? A sociology of macro-level rebound effects and US car makers[J]. Energy Policy, 142: 111548.

Gao Y N, Li M, Xue J J, et al. 2020. Evaluation of effectiveness of China's carbon emissions trading scheme in carbon mitigation[J]. Energy Economics, 90: 104872.

Goldsmith R W.1951. A perpetual inventory of national wealth[M]//Epstein E L. Studies in Income and Wealth, 14: 5-73.

Golley J, Meagher D, Meng X. 2008. Chinese urban household energy requirements and CO_2 emissions[M]//Song L G, Woo W T. China's Dilemma Economic Growth, the Environment and Climate Change. Washington DC: Asia Pacific Press.

Goulder L H, Schneider S H. 1999. Induced technological change and the attractiveness of CO_2 abatement policies[J]. Resource and Energy Economics, 21: 211-253.

Grant D, Jorgenson A K, Longhoter W. 2016. How organizational and global factors condition the effects of energy efficiency on CO_2 emission rebounds among the world's power plants[J]. Energy Policy, 94: 89-93.

Greening L A, Greene D L, Difiglio C. 2000. Energy efficiency and consumption—the rebound effect — a survey[J]. Energy Policy, 28 (6): 389-401.

Grepperud S, Rasmussen I. 2004. A general equilibrium assessment of rebound effects[J]. Energy Economics, 26 (2): 261-282.

Grote M, Willianms I, Preston J, et al. 2016. Including congestion effects in urban road traffic CO_2 emissions modelling: do local government authorities have the right options?[J]. Transportation Research Part D: Transport and Environment, 43: 95-106.

Guerra A I, Sancho F. 2010a. Measuring energy linkages with the hypothetical extraction method: an application to Spain[J]. Energy Economics, 32 (4): 831-837.

Guerra A I, Sancho F. 2010b. Rethinking economy-wide rebound measures: an unbiased proposal[J]. Energy Policy, 38 (11): 6684-6694.

Guertin C, Kumbhakar S C, Duraiappah A K. 2003. Determining Demand for Energy Services: Investigating Income-Driven Behaviours[M]. New York: International Institute for Sustainable Development: 50.

Guo X D, Zhu L, Fan Y, et al. 2011. Evaluation of potential reductions in carbon emissions in Chinese provinces based on environmental DEA[J]. Energy Policy, 39 (5): 2352-2360.

Haas R, Biermayr P. 2000. The rebound effect for space heating: Empirical evidence from Austria[J]. Energy Policy, 28: 403-410.

Haji J A. 1987. Key sectors and the structure of production in Kuwait-an input-output approach[J]. Applied Economics, 19 (9): 1187-1200.

Halkos G E, Tzeremes N G. 2009. Exploring the existence of Kuznets curve in countries' environmental efficiency using DEA window analysis[J]. Ecological Economics, 68 (7): 2168-2176.

Hall R E, Jones C I. 1999. Why do some countries produce so much more output per worker than others?[J]. The Quarterly Journal of Economics, 114 (1): 83-116.

Hammond G P, Norman J B. 2012. Decomposition analysis of energy-related carbon emissions from UK manufacturing[J]. Energy, 41 (1): 220-227.

Hansen B E. 2001. The new econometrics of structural change: dating breaks in US labor productivity[J]. Journal of Economic Perspectives, 15 (4): 117-128.

Hewings G J D. 1982. The empirical identification of key sectors in an economy: a regional perspective[J]. The Developing Economies, 20 (2): 173-195.

Hewings G J D, Fonseca M, Guilhoto J, et al. 1989. Key sectors and structural change in the Brazilian economy: a comparison of alternative approaches and their policy implications[J]. Journal of Policy Modeling, 11 (1): 67-90.

Hoekstra R, van den Bergh J C J M. 2003. Comparing structural decomposition analysis and index[J]. Energy Economics, 25 (1): 39-64.

Hoen A R. 2002. Identifying linkages with a cluster-based methodology[J]. Economic Systems Research, 14 (2): 131-146.

Homanen M. 2018. Depositors disciplining banks: the impact of scandals[R]. Chicago Booth Research Paper, 28.

Hong S H, Oreszczyn T, Ridley I. 2006. The impact of energy efficient refurbishment on the space heating fuel consumption in English dwellings[J]. Energy and Buildings, 38 (10): 1171-1181.

Hu J L, Chang M C, Tsay H W. 2017. The congestion total-factor energy efficiency of regions in Taiwan[J]. Energy Policy, 110: 710-718.

Hu J L, Wang S C. 2006. Total-factor energy efficiency of regions in China[J]. Energy Policy, 34 (17): 3206-3217.

Huang G X, Ouyang X L, Yao X. 2015. Dynamics of China's regional carbon emissions under gradient economic development mode[J]. Ecological Indicators, 51: 197-204.

Huang J, Hailong L V, Wang L. 2014. Mechanism of financial development influencing regional green development: Based on eco-efficiency and spatial econometrics[J]. Geographical Research, 33 (3): 532-545.

Iftikhar Y, Wang Z H, Zhang B, et al. 2018. Energy and CO_2 emissions efficiency of major economies: a network DEA approach[J]. Energy, 147: 197-207.

Ilhan E, Sautner Z, Vilkov G. 2021. Carbon tail risk[J]. The Review of Financial Studies, 3 (3): 1540-1571.

Inglesi-Lotz R. 2018. Decomposing the South African CO_2 emissions within a BRICS countries context: Signalling potential energy rebound effects[J]. Energy, 147: 648-654.

Jahanshahloo G R, Khodabakhshi M. 2004. Determining assurance interval for non-Archimedean element in the improving outputs model in DEA[J]. Applied Mathematics and Computation, 151 (2): 501-506.

Jenkins J, Nordhaus T, Shellenberger M. 2011. Energy emergence: rebound and backfire as emergent phenomena[R]. Breakthrough Institute.

Jeong K, Kim S. 2013. LMDI decomposition analysis of greenhouse gas emissions in the Korean manufacturing sector[J]. Energy Policy, 62: 1245-1253.

Jevons W S. 1965. The coal question: Can Britain Survive?[M]. London: Republished by Macmillan.

Jiang J J, Ye B, Xie D J, et al. 2017. Provincial-level carbon emission drivers and emission reduction strategies in China: Combining multi-layer LMDI decomposition with hierarchical clustering[J]. Journal of Cleaner Production, 169: 178-190.

Jiao J L, Jiang G L, Yang R R. 2018. Impact of R&D technology spillovers on carbon emissions between China's regions[J]. Structural Change and Economic Dynamics，47：35-45.

Jin S H. 2007. The effectiveness of energy efficiency improvement in a developing country：Rebound effect of residential electricity use in South Korea[J]. Energy Policy，35（11）：5622-5629.

Jin T，Kim J. 2019. A new approach for assessing the macroeconomic growth energy rebound effect[J]. Applied Energy，239：192-200.

Jones L P. 1976. The measurement of hirschmanian linkages[J]. The Quarterly Journal of Economics，90（2）：323.

Jordaan S M，Romo-Rabago E，McLeary R，et al. 2017. The role of energy technology innovation in reducing greenhouse gas emissions：a case study of Canada[J]. Renewable and Sustainable Energy Reviews，78：1397-1409.

Jorgenson D W，Fraumeni B M. 1983. Relative prices on technical change[M]//Eichhorn W，Henn R，Neumann K，et al. Quantitative Studies on Production and Prices. Heidelberg：Physica-Verlag H D：241-269.

Juknys R. 2003. Transition period in Lithuania-do we move to sustainability[J]. Energy，4（26）：4-9.

Junior G B，Paiva A C，Silva A C，et al. 2009. Classification of breast tissues using Moran's index and Geary's coefficient as texture signatures and SVM[J]. Computers in Biology and Medicine，39（12）：1063-1072.

Kahouli B. 2017. The short and long run causality relationship among economic growth，energy consumption and financial development：Evidence from South Mediterranean Countries（SMCs）[J]. Energy Economics，68：19-30.

Kaivo-oja J，Luukkanen J. 2004. The European Union balancing between CO_2 reduction commitments and growth policies：decomposition analyses[J]. Energy Policy，32（13）：1511-1530.

Kang J D，Zhao T，Liu N，et al. 2014. A multi-sectoral decomposition analysis of city-level greenhouse gas emissions：Case study of Tianjin，China[J]. Energy，68：562-571.

Karali N，Xu T F，Sathaye J. 2014. Reducing energy consumption and CO_2 emissions by energy efficiency measures and international trading：a bottom-up modeling for the US iron and steel sector[J]. Applied Energy，120：133-146.

Ke J，Price L，Ohshita S，et al. 2012. China's industrial energy consumption trends and impacts of the top-1000 enterprises energy-saving program and the ten key energy-saving projects[J]. Energy Policy，50：562-569.

Khazzoom J D. 1980. Economic implications of mandated efficiency in standards for household appliances[J]. The Energy Journal，1（4）：21-40.

Kim W，Weisbach M S. 2008. Motivations for public equity offers：an international perspective[J]. Journal of Financial Economics，87（2）：281-307.

Kok R，Benders R M J，Moll H C. 2006. Measuring the environmental load of household consumption using some methods based on input-output energy analysis：a comparison of methods and a discussion of results[J]. Energy Policy，34（17）：2744-2761.

Krüger P. 2015. Corporate goodness and shareholder wealth[J]. Journal of Financial Economics，

115（2）：304-329.

Laumas P S. 1976. The weighting problem in testing the linkage hypothesis[J]. The Quarterly Journal of Economics，90（2）：308-312.

Lee K, Oh W. 2006. Analysis of CO_2 emissions in APEC countries：a time-series and a cross sectional decomposition using the log mean Divisia method[J]. Energy Policy，34（17）：2779-2787.

Leleu H. 2013. Shadow pricing of undesirable outputs in nonparametric analysis[J]. European Journal of Operational Research，231（2）：474-480.

Lenzen M. 2003. Environmentally important paths，linkages and key sectors in the Australian economy[J]. Structural Change and Economic Dynamics，14（1）：1-34.

LeSage J P. 2008. An introduction to spatial econometrics[J]. Revue d'économie Industrielle，（123）：19-44.

Leung P，Pooley S. 2001. Regional economic impacts of reductions in fisheries production：a supply-driven approach[J]. Marine Resource Economics，16（4）：251-262.

Levine R. 1999. Financial development and economic growth：views and agenda[M]. The World Bank.

Li A J，Zhang A Z，Zhou Y，et al. 2017. Decomposition analysis of factors affecting carbon dioxide emissions across provinces in China[J]. Journal of Cleaner Production，141：1428-1444.

Li C B, He L N, Cao Y J, et al. 2014. Carbon emission reduction potential of rural energy in China[J]. Renewable and Sustainable Energy Reviews，29：254-262.

Li J J, Zhang Y L, Tian Y J, et al. 2020. Reduction of carbon emissions from China's coal-fired power industry：insights from the province-level data[J]. Journal of Cleaner Production，242：118518.

Li K，Lin B Q. 2015a. Metafroniter energy efficiency with CO_2 emissions and its convergence analysis for China[J]. Energy Economics，48：230-241.

Li K，Lin B Q. 2015b. The efficiency improvement potential for coal，oil and electricity in China's manufacturing sectors[J]. Energy，86：403-413.s

Li K, Zhang N, Liu Y C. 2016. The energy rebound effects across China's industrial sectors：an output distance function approach[J]. Applied Energy，184：1165-1175.

Li Y, Ukkusuri S V, Fan J. 2018. Managing congestion and emissions in transportation networks with dynamic carbon credit charge scheme[J]. Computers & Operations Research，99：90-108.

Lin B Q，Chen Y F，Zhang G L. 2017. Technological progress and rebound effect in China's nonferrous metals industry：an empirical study[J]. Energy Policy，109：520- 529.

Lin B Q，Du K R. 2015. Measuring energy rebound effect in the Chinese economy：an economic accounting approach[J]. Energy Economics，50：96-104.

Lin B Q，Li J L. 2014. The rebound effect for heavy industry：empirical evidence from China[J]. Energy Policy，74：589-599.

Lin B Q，Liu X. 2012. Dilemma between economic development and energy conservation：Energy rebound effect in China[J]. Energy，45（1）：867-873.

Lin B Q，Liu X. 2013. Electricity tariff reform and rebound effect of residential electricity consumption in China[J]. Energy，59：240-247.

Lin B Q，Tian P. 2016. The energy rebound effect in China's light industry：a translog cost function approach[J]. Journal of Cleaner Production，112：2793-2801.

Lin B Q，Yang F，Liu X. 2013. A study of the rebound effect on China's current energy conservation and emissions reduction：Measures and policy choices[J]. Energy，58：330-339.

Lin B Q，Moubarak M. 2013. Decomposition analysis：change of carbon dioxide emissions in the Chinese textile industry[J]. Renewable and Sustainable Energy Reviews，26：389-396.

Lindmark M. 2004. Patterns of historical CO_2 intensity transitions among high and low-income countries[J]. Explorations in Economic History，41（4）：426-447.

Liou J L，Wu P I. 2011. Will economic development enhance the energy use efficiency and CO_2 emission control efficiency?[J]. Expert Systems with Applications，38（10）：12379-12387.

Liu B Q，Shi J X，Wang H，et al. 2019a. Driving factors of carbon emissions in China：A joint decomposition approach based on meta-frontier[J]. Applied Energy，256：113986.

Liu H W，Zhang Y，Zhu Q Y，et al. 2017. Environmental efficiency of land transportation in China：a parallel slack-based measure for regional and temporal analysis[J]. Journal of Cleaner Production，142：867-876.

Liu J，Liu H F，Yao X L，et al. 2016a. Evaluating the sustainability impact of consolidation policy in China's coal mining industry：a data envelopment analysis[J]. Journal of Cleaner Production，112：2969-2976.

Liu N，Ma Z J，Kang J D. 2015. Changes in carbon intensity in China's industrial sector：decomposition and attribution analysis[J]. Energy Policy，87：28-38.

Liu W L，Wang C，Mol A P J. 2012. Rural residential CO_2 emissions in China：where is the major mitigation potential? [J]. Energy Policy，51：223-232.

Liu Y Y，Yang Y，Wang Q，et al. 2019b. Evaluating the responses of net primary productivity and carbon use efficiency of global grassland to climate variability along an aridity gradient[J]. Science of The Total Environment，652：671-682.

Liu Z，Qin C X，Zhang Y J. 2016b. The energy-environment efficiency of road and railway sectors in China：Evidence from the provincial level[J]. Ecological Indicators，69：559-570.

Llorca M，Jamasb T. 2017. Energy efficiency and rebound effect in European road freight transport[J]. Transportation Research Part A：Policy and Practice，101：98-110.

Lodh B K，Lewis J S. 1976. Identification of industrial complexes from the Input-output tables of Canada and the USA：some empirical tests[J]. Empirical Economics，1（1）：53-80.

Lovins A B. 2004. Energy efficiency，taxonomic overview[J]. Encyclopedia of Energy，2：383-401.

Lu C C，Chiu Y H，Shyu M K，et al. 2013. Measuring CO_2 emission efficiency in OECD countries：application of the hybrid efficiency model[J]. Economic Modelling，32：130-135.

Lu I J，Lin S J，Lewis C. 2007. Decomposition and decoupling effects of carbon dioxide emission from highway transportation in Taiwan，Germany，Japan and South Korea[J]. Energy Policy，35（6）：3226-3235.

Ma D，Fei R L，Yu Y S. 2019. How government regulation impacts on energy and CO_2 emissions performance in China's mining industry[J]. Resources Policy，62：651-663.

Ma X W, Ye Y, Shi X Q, et al. 2016. Decoupling economic growth from CO_2 emissions: a decomposition analysis of China's household energy consumption[J]. Advances in Climate Change Research, 7 (3): 192-200.

Madlener R, Alcott B. 2009. Energy rebound and economic growth: a review of the main issues and research needs[J]. Energy, 34 (3): 370-376.

Magacho G R, Mccombie J S L, Guilhoto J J M. 2018. Impacts of trade liberalization on countries' sectoral structure of production and trade: a structural decomposition analysis[J]. Structural Change and Economic Dynamics, 46: 70-77.

Mattioli E, Ricciardo-Lamonica G. 2013. The ICT role in the world economy: an input-output analysis[J]. Journal of World Economic Research, 2 (2): 20-25.

Mattioli E, Ricciardo-Lamonica G. 2015. Research note: the impact of tourism industry on the world's largest economies: an input-output analysis[J]. Tourism Economics, 21 (2): 419-426.

McFadden D. 1978. Cost, Revenue, and Profit Functions in Production Economics: a Dual Approach to Theory and Application[M]. Amsterdam: North-Holland.

McLaren D, Markusson N. 2020. The co-evolution of technological promises, modelling, policies and climate change targets[J]. Nature Climate Change, 10: 392-397.

Meng F Y, Su B, Thomson E, et al. 2016. Measuring China's regional energy and carbon emission efficiency with DEA models: a survey[J]. Applied Energy, 183: 1-21.

Mi Z, Meng J, Guan D, et al. 2017. Chinese CO_2 emission flows have reversed since the global financial crisis[J]. Nature Communications, 8 (1): 1712.

Mi Z F, Zheng J L, Meng J, et al. 2019. Carbon emissions of cities from a consumption-based perspective[J]. Applied Energy, 235: 509-518.

Minetti R. 2011. Informed finance and technological conservatism[J]. Review of Finance, 15 (3): 633-692.

Mongelli I, Tassielli G, Notarnicola B. 2006. Global warming agreements, international trade and energy/carbon embodiments: an input-output approach to the Italian case[J]. Energy Policy, 34 (1): 88-100.

Montzka S A, Dlugokencky E J, Butler J H. 2011. Non-CO_2 greenhouse gases and climate change[J]. Nature, 476 (7358): 43-50.

Moon H, Min D. 2017. Assessing energy efficiency and the related policy implications for energy-intensive firms in Korea: DEA approach[J]. Energy, 133: 23-34.

Moran P A P. 1948. The interpretation of statistical maps[J]. Journal of the Royal Statistical Society: Series B (Methodological), 10 (2): 243-251.

Mousavi B, Lopez N S A, Biona J B M, et al. 2017. Driving forces of Iran's CO_2 emissions from energy consumption: an LMDI decomposition approach[J]. Applied Energy, 206: 804-814.

Narayan P K, Saboori B, Soleymani A. 2016. Economic growth and carbon emissions[J]. Economic Modelling, 53: 388-397.

Nesbakken R. 2001. Energy consumption for space heating: a discrete-continuous approach[J]. Scandinavian Journal of Economics, 103 (1): 165-184.

Nordhaus W D, J Boyer. 2003. Warming the World, Economic Models of Global Warming[M]. London: The MIT Press Cambridge.

OECD. 2002. Indicators to measure decoupling of environmental pressures from economic growth[R]. Paris.

Oh D H, Lee J D. 2010. A metafrontier approach for measuring Malmquist productivity index[J]. Empirical Economics, 38 (1): 47-64.

Oksanen E H, Williams J R. 1984. Industrial location and inter-industry linkages[J]. Empirical Economics, 9 (3): 139-150.

Özbuğday F C, Erbas B C. 2015. How effective are energy efficiency and renewable energy in curbing CO_2 emissions in the long run? A heterogeneous panel data analysis[J]. Energy, 82: 734-745.

Ozturk I, Acaravci A. 2010. CO_2 emissions, energy consumption and economic growth in Turkey[J]. Renewable and Sustainable Energy Reviews, 14 (9): 3220-3225.

Ozturk I, Acaravci A. 2013. The long-run and causal analysis of energy, growth, openness and financial development on carbon emissions in Turkey[J]. Energy Economics, 36: 262-267.

Ozturk I, Aslan A, Kalyoncu H. 2010. Energy consumption and economic growth relationship: Evidence from panel data for low and middle income countries[J]. Energy Policy, 38 (8): 4422-4428.

Park H C, Heo E. 2007. The direct and indirect household energy requirements in the Republic of Korea from 1980 to 2000—an input-output analysis[J]. Energy Policy, 35 (5): 2839-2851.

Park Y S, Lim S H, Egilmez G, et al. 2018. Environmental efficiency assessment of U.S. transport sector: A slack-based data envelopment analysis approach[J]. Transportation Research Part D: Transport and Environment, 61: 152-164.

Pastor J T, Lovell C A K. 2005. A global Malmquist productivity index[J]. Economics Letters, 88 (2): 266-271.

Patterson M G. 1996. What is energy efficiency? Concepts, indicators and methodological issues[J]. Energy Policy, 24 (5): 377-390.

Paul S, Bhattacharya R N. 2004. CO_2 emission from energy use in India: a decomposition analysis[J]. Energy Policy, 32 (5): 585-593.

Perron P. 2005. Dealing with structural breaks[J]. Boston University-Department of Economics-Working Papers Series, 1 (2): 278-352.

Rasmussen Arne P. 1956. Fail safe power boost system[P]. US, US2773660A.

Reinders A H M E, Vringer K, Blok K. 2003. The direct and indirect energy requirement of households in the European Union[J]. Energy Policy, 31 (2): 139-153.

Román-Collado R, Colinet M J. 2018. Is energy efficiency a driver or an inhibitor of energy consumption changes in Spain? Two decomposition approaches[J]. Energy Policy, 115: 409-417.

Sánchez-Chóliz J, Duarte R. 2003. Analysing pollution by way of vertically integrated coefficients with an application to the water sector in Aragon[J]. Cambridge Journal of Economics, 27 (3): 433-448.

Sadorsky P. 2010. The impact of financial development on energy consumption in emerging economies[J]. Energy Policy, 38（5）: 2528-2535.

Sadorsky P. 2011. Financial development and energy consumption in Central and Eastern European frontier economies[J]. Energy Policy, 39（2）: 999-1006.

Safarzynska K. 2012. Modeling the rebound effect in two manufacturing industries[J]. Technological Forecasting and Social Change, 79（6）: 1135-1154.

Salahuddin M, Gow J, Ozturk I. 2015. Is the long-run relationship between economic growth, electricity consumption, carbon dioxide emissions and financial development in Gulf Cooperation Council Countries robust?[J]. Renewable and Sustainable Energy Reviews, 51: 317-326.

Saunders H D. 2000. A view from the macro side: rebound, backfire, and Khazzoom-Brookes[J]. Energy Policy, 28: 439-449.

Schleich J, Mills B, Dütschke E. 2014. A brighter future? Quantifying the rebound effect in energy efficient lighting[J]. Energy Policy, 72: 35-42.

Schultz S. 1977. Approaches to identifying key sectors empirically by means of input-output analysis[J]. The Journal of Development Studies, 14（1）: 77-96.

Sethi M. 2015. Location of greenhouse gases（GHG）emissions from thermal power plants in India along the urban-rural continuum[J]. Journal of Cleaner Production, 103: 586-600.

Shahbaz M, Lean H H. 2012. Does financial development increase energy consumption? The role of industrialization and urbanization in Tunisia[J]. Energy Policy, 40: 473-479.

Shahbaz M, Sbia R, Hamdi H, et al. 2014. Economic growth, electricity consumption, urbanization and environmental degradation relationship in United Arab Emirates[J]. Ecological Indicators, 45: 622-631.

Shahzad S J H, Kumar R R, Zakaria M, et al. 2017. Carbon emission, energy consumption, trade openness and financial development in Pakistan: a revisit[J]. Renewable and Sustainable Energy Reviews, 70: 185-192.

Shimada T. 2002. Global Moran's I and small distance adjustment: spatial pattern of crime in Tokyo[M]. National Research Institute of Police Science, National Police Agency: Chiba.

Simões P, Marques R C. 2011. Performance and congestion analysis of the Portuguese hospital services[J]. Central European Journal of Operations Research, 19（1）: 39-63.

Small K A, van Dender K. 2007. Fuel efficiency and motor vehicle travel: the declining rebound effect[J]. The Energy Journal, 28（1）: 25-51.

Song M L, Zhang G J, Zeng W X, et al. 2016b. Railway transportation and environmental efficiency in China[J]. Transportation Research Part D: Transport and Environment, 48: 488-498.

Song M L, Zheng W P, Wang Z Y. 2016a. Environmental efficiency and energy consumption of highway transportation systems in China[J]. International Journal of Production Economics, 181: 441-449.

Song Q J, Qin M, Wang R C, et al. 2020. How does the nested structure affect policy innovation? Empirical research on China's low carbon pilot cities[J]. Energy Policy, 144: 111695.

Sorrell S. 2007. The Rebound Effect: an assessment of the evidence for economy-wide energy savings from improved energy efficiency[R]. UK Energy Research Centre.

Sorrell S, Dimitropoulos J. 2007. UKERC review of evidence for the rebound effect: technical Report 5: energy, productivity and economic growth studies[R]. UK Energy Research Centre.

Sorrell S, Dimitropoulos J. 2008. The rebound effect: Microeconomic definitions, limitations and extensions[J]. Ecological Economics, 65 (3): 636-649.

Sorrell S, Dimitropoulos J, Sommerville M. 2009. Empirical estimates of the direct rebound effect: a review[J]. Energy policy, 37 (4): 1356-1371.

Steren A, Rubin O D, Rosenzweig S. 2016. Assessing the rebound effect using a natural experiment setting: Evidence from the private transportation sector in Israel[J]. Energy Policy, 93: 41-49.

Su B, Ang B W. 2010. Input-output analysis of CO_2 emissions embodied in trade: the effects of spatial aggregation[J]. Ecological Economics, 70 (1): 10-18.

Su B, Ang B W. 2012. Structural decomposition analysis applied to energy and emissions: some methodological developments[J]. Energy Economics, 34 (1): 177-188.

Su B, Ang B W. 2014. Input-output analysis of CO_2 emissions embodied in trade: a multi-region model for China[J]. Applied Energy, 114: 377-384.

Su B, Huang H C, Ang B W, et al. 2010. Input-output analysis of CO_2 emissions embodied in trade: the effects of sector aggregation[J]. Energy Economics, 32 (1): 166-175.

Sueyoshi T. 2003. DEA implications of congestion[J]. Asia Pacific Management Review, 8 (1): 59-70.

Sueyoshi T, Goto M. 2012a. Data envelopment analysis for environmental assessment: comparison between public and private ownership in petroleum industry[J]. European Journal of Operational Research, 216 (3): 668-678.

Sueyoshi T, Goto M. 2012b. Weak and strong disposability vs. natural and managerial disposability in DEA environmental assessment: comparison between Japanese electric power industry and manufacturing industries[J]. Energy Economics, 34 (3): 686-699.

Sueyoshi T, Goto M. 2014a. DEA radial measurement for environmental assessment: a comparative study between Japanese chemical and pharmaceutical firms[J]. Applied Energy, 115: 502-513.

Sueyoshi T, Goto M. 2014b. Environmental assessment for corporate sustainability by resource utilization and technology innovation: DEA radial measurement on Japanese industrial sectors[J]. Energy Economics, 46: 295-307.

Sueyoshi T, Goto M. 2016. Undesirable congestion under natural disposability and desirable congestion under managerial disposability in US electric power industry measured by DEA environmental assessment[J]. Energy Economics, 55: 173-188.

Sueyoshi T, Goto M, Sugiyama M. 2013. DEA window analysis for environmental assessment in a dynamic time shift: performance assessment of US coal-fired power plants[J]. Energy Economics, 40: 845-857.

Sueyoshi T, Goto M, Wang D. 2017. Malmquist index measurement for sustainability enhancement in Chinese municipalities and provinces[J]. Energy Economics, 67: 554-571.

Sueyoshi T, Li A, Gao Y. 2018. Sector sustainability on fossil fuel power plants across Chinese provinces: methodological comparison among radial, non-radial and intermediate approaches under group heterogeneity[J]. Journal of Cleaner Production, 187: 819-829.

Sueyoshi T, Wang D. 2014a. Radial and non-radial approaches for environmental assessment by Data Envelopment Analysis: corporate sustainability and effective investment for technology innovation[J]. Energy Economics, 45: 537-551.

Sueyoshi T, Wang D. 2014b. Sustainability development for supply chain management in US petroleum industry by DEA environmental assessment[J]. Energy Economics, 46: 360-374.

Sueyoshi T, Wang D. 2018. DEA environmental assessment on US petroleum industry: non-radial approach with translation invariance in time horizon[J]. Energy Economics, 72: 276-289.

Sueyoshi T, Yuan Y. 2016. Returns to damage under undesirable congestion and damages to return under desirable congestion measured by DEA environmental assessment with multiplier restriction: economic and energy planning for social sustainability in China[J]. Energy Economics, 56: 288-309.

Sun J W. 1998. Changes in energy consumption and energy intensity: a complete decomposition model[J]. Energy Economics, 20 (1): 85-100.

Suzuki S, Nijkamp P. 2016. An evaluation of energy-environment-economic efficiency for EU, APEC and ASEAN countries: Design of a Target-Oriented DFM model with fixed factors in Data Envelopment Analysis[J]. Energy Policy, 88: 100-112.

Svensson L, Färe R. 1980. Congestion of production factors[J]. Econometrica, 48 (7): 1745-1753.

Tamazian A, Chousa J P, Vadlamannati K C. 2009. Does higher economic and financial development lead to environmental degradation: evidence from BRIC countries[J]. Energy Policy, 37 (1): 246-253.

Tamazian A, Rao B. 2010. Do economic, financial and institutional developments matter for environmental degradation? Evidence from transitional economies[J]. Energy Economics, 32 (1): 137-145.

Tapio P. 2005. Towards a theory of decoupling: degrees of decoupling in the EU and the case of road traffic in Finland between 1970 and 2001[J]. Transport Policy, 12 (2): 137-151.

Tarancón Morán M Á, del Río González P. 2007. A combined input-output and sensitivity analysis approach to analyse sector linkages and CO_2 emissions[J]. Energy Economics, 29 (3): 578-597.

Tarancon Morán M A, del Río González P. 2012. Assessing energy-related CO_2 emissions with sensitivity analysis and input-output techniques[J]. Energy, 37 (1): 161-170.

Thomas B A, Azevedo I L. 2013a. Estimating direct and indirect rebound effects for US households with input-output analysis Part 1: Theoretical framework[J]. Ecological Economics, 86: 199-210.

Thomas B A, Azevedo I L. 2013b. Estimating direct and indirect rebound effects for US households with input-output analysis Part 2: Simulation[J]. Ecological Economics, 86: 188-198.

Tone K, Sahoo B K. 2004. Degree of scale economies and congestion: a unified DEA approach[J]. European Journal of Operational Research, 158 (3): 755-772.

Tone K, Sahoo B K. 2005. Evaluating cost efficiency and returns to scale in the life insurance corporation of India using data envelopment analysis[J]. Socio-Economic Planning Sciences, 39（4）: 261-285.

Tunc G I, Türüt-Aşık S, Akbostanci E, et al. 2009. A decomposition analysis of CO_2 emissions from energy use: Turkish case[J]. Energy Policy, 37（11）: 4689-4699.

Turner K, Lenzen M, Wiedmann T, et al. 2007. Examining the global environmental impact of regional consumption activities — Part 1: a technical note on combining input-output and ecological footprint analysis[J]. Ecological Economics, 62: 37-44.

Wang C, Chen J N, Zou J. 2005. Decomposition of energy-related CO_2 emission in China: 1957—2000[J]. Energy, 30: 73-83.

Wang C, Yang Y, Zhang J J. 2015a. China's sectoral strategies in energy conservation and carbon mitigation[J]. Climate Policy, 15（sup1）: S60-S80.

Wang H, Li R P, Zhang N, et al. 2020a. Assessing the role of technology in global manufacturing energy intensity change: a production-theoretical decomposition analysis[J]. Technological Forecasting and Social Change, 160: 120245.

Wang H, Zhou D Q, Zhou P, et al. 2012a. Direct rebound effect for passenger transport: empirical evidence from Hong Kong[J]. Applied Energy, 92: 162-167.

Wang H, Zhou P. 2018. Multi-country comparisons of CO_2 emission intensity: The production-theoretical decomposition analysis approach[J]. Energy Economics, 74: 310-320.

Wang K, Wei Y M. 2014. China's regional industrial energy efficiency and carbon emissions abatement costs[J]. Applied Energy, 130: 617-631.

Wang K, Wei Y M, Huang Z M. 2018. Environmental efficiency and abatement efficiency measurements of China's thermal power industry: a data envelopment analysis based materials balance approach[J]. European Journal of Operational Research, 269（1）: 35-50.

Wang K, Yu S W, Zhang W. 2013a. China's regional energy and environmental efficiency: a DEA window analysis based dynamic evaluation[J]. Mathematical and Computer Modelling, 58: 1117-1127.

Wang Q, Jiang R. 2019. Is China's economic growth decoupled from carbon emissions?[J]. Journal of Cleaner Production, 225: 1194-1208.

Wang Q W, Zhao Z Y, Shen N, et al. 2015d. Have Chinese cities achieved the win-win between environmental protection and economic development? From the perspective of environmental efficiency[J]. Ecological Indicators, 51: 151-158.

Wang Q W, Zhou P, Shen N, et al. 2013b. Measuring carbon dioxide emission performance in Chinese provinces: a parametric approach[J]. Renewable and Sustainable Energy Reviews, 21: 324-330.

Wang Q W, Zhou P, Zhou D Q. 2012b. Efficiency measurement with carbon dioxide emissions: The case of China[J]. Applied Energy, 90（1）: 161-166.

Wang Q, Wang S S. 2019. A comparison of decomposition the decoupling carbon emissions from economic growth in transport sector of selected provinces in eastern, central and western China[J]. Journal of Cleaner Production, 229: 570-581.

Wang Q W, Wang Y Z, Hang Y, et al. 2019. An improved production-theoretical approach to decomposing carbon dioxide emissions[J]. Journal of Environmental Management, 252: 109577.

Wang R, Mirza N, Vasbieva D G, et al. 2020b. The nexus of carbon emissions, financial development, renewable energy consumption, and technological innovation: What should be the priorities in light of COP 21 agreements?[J]. Journal of Environmental Management, 271: 111027.

Wang S J, Fang C L, Wang Y, et al. 2015b. Quantifying the relationship between urban development intensity and carbon dioxide emissions using a panel data analysis[J]. Ecological Indicators, 49: 121-131.

Wang Y, Gong X. 2020. Does financial development have a non-linear impact on energy consumption? Evidence from 30 provinces in China[J]. Energy Economics, 90: 104845.

Wang Y, Wang W Q, Mao G Z, et al. 2013c. Industrial CO_2 emissions in China based on the hypothetical extraction method: linkage analysis[J]. Energy Policy, 62: 1238-1244.

Wang Y H, Xie T Y, Yang S L. 2017. Carbon emission and its decoupling research of transportation in Jiangsu Province[J]. Journal of Cleaner Production, 142: 907-914.

Wang Y F, Zhao H Y, Li L Y, et al. 2013d. Carbon dioxide emission drivers for a typical metropolis using input-output structural decomposition analysis[J]. Energy Policy, 58: 312-318.

Wang Y N, Zhao T. 2015. Impacts of energy-related CO_2 emissions: evidence from under developed, developing and highly developed regions in China[J]. Ecological Indicators, 50: 186-195.

Wang Z H, Han B, Lu M L. 2016. Measurement of energy rebound effect in households: evidence from residential electricity consumption in Beijing, China[J]. Renewable and Sustainable Energy Reviews, 58: 852-861.

Wang Z H, He W J. 2017. Regional energy intensity reduction potential in China: a non-parametric analysis approach[J]. Journal of Cleaner Production, 149: 426-435.

Wang Z H, Liu W, Yin J H. 2015c. Driving forces of indirect carbon emissions from household consumption in China: an input-output decomposition analysis[J]. Natural Hazards, 75 (2): 257-272.

Wang Z H, Lu M, Wang J C. 2014. Direct rebound effect on urban residential electricity use: an empirical study in China[J]. Renewable and Sustainable Energy Reviews, 30: 124-132.

Wang Z H, Yang L. 2015. Delinking indicators on regional industry development and carbon emissions: Beijing-Tianjin-Hebei economic band case[J]. Ecological Indicators, 48: 41-48.

Wei C, Löschel A, Liu B. 2015. Energy-saving and emission-abatement potential of Chinese coal-fired power enterprise: a non-parametric analysis[J]. Energy Economics, 49: 33-43.

Wei Q L, Yan H. 2004. Congestion and returns to scale in data envelopment analysis[J]. European Journal of Operational Research, 153 (3): 641-660.

Wei Q L, Yan H. 2011. Evaluating returns to scale and congestion by production possibility set in intersection form[J]. Science China Mathematics, 54 (4): 831-844.

Wei T Y. 2007. Impact of energy efficiency gains on output and energy use with Cobb-Douglas production function[J]. Energy Policy, 35 (4): 2023-2030.

Wei T Y, Liu Y. 2019. Estimation of resource-specific technological change[J]. Technological Forecasting and Social Change, 138: 29-33.

Woodruff S C, Stults M. 2016. Numerous strategies but limited implementation guidance in US local adaptation plans[J]. Nature Climate Change, 6(8): 796-802.

Wu F, Fan L W, Zhou P, et al. 2012. Industrial energy efficiency with CO_2 emissions in China: a nonparametric analysis[J]. Energy Policy, 49: 164-172.

Wu F, Zhou P, Zhou D Q. 2016a. Does there exist energy congestion? Empirical evidence from Chinese industrial sectors[J]. Energy Efficiency, 9(2): 371-384.

Wu J, An Q X, Xiong B B, et al. 2013. Congestion measurement for regional industries in China: a data envelopment analysis approach with undesirable outputs[J]. Energy Policy, 57: 7-13.

Wu J, Zhu Q Y, Chu J F, et al. 2016b. Measuring energy and environmental efficiency of transportation systems in China based on a parallel DEA approach[J]. Transportation Research Part D: Transport and Environment, 48: 460-472.

Wu K H, Chen Y Y, Ma J M, et al. 2017. Traffic and emissions impact of congestion charging in the central Beijing urban area: a simulation analysis[J]. Transportation Research Part D: Transport and Environment, 51: 203-215.

Wyckoff A W, Roop J M. 1994. The embodiment of carbon in imports of manufactured products: implications for international agreements on greenhouse gas emissions[J]. Energy Policy, 22(3): 187-194.

Xie C P, Bai M Q, Wang X L. 2018. Accessing provincial energy efficiencies in China's transport sector[J]. Energy Policy, 123: 525-532.

Xiong S Q, Ma X M, Ji J P. 2019. The impact of industrial structure efficiency on provincial industrial energy efficiency in China[J]. Journal of Cleaner Production, 215: 952-962.

Xu B, Lin B Q. 2015. How industrialization and urbanization process impacts on CO_2 emissions in China: evidence from nonparametric additive regression models[J]. Energy Economics, 48: 188-202.

Xu B, Lin B Q. 2019. Can expanding natural gas consumption reduce China's CO_2 emissions?[J]. Energy Economics, 81: 393-407.

Xuan D, Ma X W, Shang Y P. 2020. Can China's policy of carbon emission trading promote carbon emission reduction?[J]. Journal of Cleaner Production, 270: 122383.

Yang Q R, Zhang K, Yuan X X, et al. 2019. Evaluating the direct rebound effect of China's urban household energy demand[J]. Energy Procedia, 158: 4135-4140.

Yang X, Pavelsky T M, Allen G H. 2020a. The past and future of global river ice[J]. Nature, 577(7788): 69-73.

Yang X Y, Jiang P, Pan Y. 2020b. Does China's carbon emission trading policy have an employment double dividend and a Porter effect?[J]. Energy Policy, 142: 111492.

Yao C S, Chen C Y, Li M. 2012. Analysis of rural residential energy consumption and corresponding carbon emissions in China[J]. Energy Policy, 41: 445-450.

Yao X, Zhou H C, Zhang A Z, et al. 2015. Regional energy efficiency, carbon emission performance and technology gaps in China: a meta-frontier non-radial directional distance function analysis[J]. Energy Policy, 84: 142-154.

Yii K J, Geetha C. 2017. The nexus between technology innovation and CO_2 emissions in Malaysia: evidence from granger causality test[J]. Energy Procedia, 105: 3118-3124.

Yu A, Lin X R, Zhang Y T, et al. 2019. Analysis of driving factors and allocation of carbon emission allowance in China[J]. Science of the Total Environment, 673: 74-82.

Yu S W, Agbemabiese L, Zhang J J. 2016. Estimating the carbon abatement potential of economic sectors in China[J]. Applied Energy, 165: 107-118.

Yu S W, Zhang J J, Zheng S H, et al. 2015. Provincial carbon intensity abatement potential estimation in China: a PSO-GA-optimized multi-factor environmental learning curve method[J]. Energy Policy, 77: 46-55.

Zagorchev A, Vasconcellos G, Bae Y. 2011. Financial development, technology, growth and performance: Evidence from the accession to the EU[J]. Journal of International Financial Markets, Institutions and Money, 21 (5): 743-759.

Zeng L, Xu M, Liang S, et al. 2014. Revisiting drivers of energy intensity in China during 1997—2007: a structural decomposition analysis[J]. Energy Policy, 67: 640-647.

Zha D L, Zhou D Q, Zhou P. 2010. Driving forces of residential CO_2 emissions in urban and rural China: an index decomposition analysis[J]. Energy Policy, 38 (7): 3377-3383.

Zhang M, Liu X, Wang W W, et al. 2013a. Decomposition analysis of CO_2 emissions from electricity generation in China[J]. Energy Policy, 52: 159-165.

Zhang N, Zhou P, Choi Y. 2013b. Energy efficiency, CO_2 emission performance and technology gaps in fossil fuel electricity generation in Korea: a meta-frontier non-radial directional distance function analysis[J]. Energy Policy, 56: 653-662.

Zhang P Y. 2008. Revitalizing old industrial base of Northeast China: process, policy and challenge[J]. Chinese Geographical Science, 18 (2): 109-118.

Zhang T L, Lin G. 2007. A decomposition of Moran's I for clustering detection[J]. Computational Statistics & Data Analysis, 51 (12): 6123-6137.

Zhang X P, Cheng X M. 2009. Energy consumption, carbon emissions, and economic growth in China[J]. Ecological Economics, 68 (10): 2706-2712.

Zhang Y G. 2013. The responsibility for carbon emissions and carbon efficiency at the sectoral level: evidence from China[J]. Energy Economics, 40: 967-975.

Zhang Y J. 2011a. The impact of financial development on carbon emissions: an empirical analysis in China[J]. Energy Policy, 39 (4): 2197-2203.

Zhang Y J. 2011b. Interpreting the dynamic nexus between energy consumption and economic growth: Empirical evidence from Russia[J]. Energy Policy, 39 (5): 2265-2272.

Zhang Y J, Bian X J, Tan W P, et al. 2017a. The indirect energy consumption and CO_2 emission caused by household consumption in China: an analysis based on the input-output method[J]. Journal of Cleaner Production, 163: 69-83.

Zhang Y J, Chen M Y. 2018. Evaluating the dynamic performance of energy portfolios: empirical evidence from the DEA directional distance function[J]. European Journal of Operational Research，269（1）：64-78.

Zhang Y J，Da Y B. 2013. Decomposing the changes of energy-related carbon emissions in China：evidence from the PDA approach[J]. Natural Hazards，69（1）：1109-1122.

Zhang Y J，Da Y B. 2015. The decomposition of energy-related carbon emission and its decoupling with economic growth in China[J]. Renewable and Sustainable Energy Reviews，41：1255-1266.

Zhang Y J，Hao J F. 2017. Carbon emission quota allocation among China's industrial sectors based on the equity and efficiency principles[J]. Annals of Operations Research，255：117-140.

Zhang Y J，Liang T，Jin Y L，et al. 2020a. The impact of carbon trading on economic output and carbon emissions reduction in China's industrial sectors[J]. Applied Energy，260：114290.

Zhang Y J，Liu J Y. 2019. Does carbon emissions trading affect the financial performance of high energy-consuming firms in China?[J]. Natural Hazards，95：91-111.

Zhang Y J，Liu J Y，Su B. 2020b. Carbon congestion effects in China's industry：evidence from provincial and sectoral levels[J]. Energy Economics，86：104635.

Zhang Y J，Liu Z，Qin C X，et al. 2017b. The direct and indirect CO_2 rebound effect for private cars in China[J]. Energy Policy，100：149-161.

Zhang Y J，Liu Z，Zhang H，et al. 2014a. The impact of economic growth，industrial structure and urbanization on carbon emission intensity in China[J]. Natural Hazards，73（2）：579-595.

Zhang Y J，Peng H R，Liu Z，et al. 2015a. Direct energy rebound effect for road passenger transport in China：a dynamic panel quantile regression approach[J]. Energy Policy，87：303-313.

Zhang Y J，Peng H R. 2017. Exploring the direct rebound effect of residential electricity consumption：An empirical study in China[J]. Applied Energy，196（15）：132-141.

Zhang Y J，Shi W，Jiang L. 2020c. Does China's carbon emissions trading policy improve the technology innovation of relevant enterprises?[J]. Business Strategy and the Environment，29（3）：872-885.

Zhang Y J，Wang A D，Da Y B. 2014b. Regional allocation of carbon emission quotas in China：evidence from the Shapley value method[J]. Energy Policy，74：454-464.

Zhang Y J，Wang A D，Tan W P. 2015b. The impact of China's carbon allowance allocation rules on the product prices and emission reduction behaviors of ETS-covered enterprises[J]. Energy Policy，86：176-185.

Zhang Z X. 2000. Decoupling China's carbon emissions increase from economic growth：an economic analysis and policy implications[J]. World Development 28（4）：739-752.

Zhao H R，Guo S，Zhao H R. 2019. Provincial energy efficiency of China quantified by three-stage data envelopment analysis[J]. Energy，166：96-107.

Zhao X T，Burnett J W，Fletcher J J. 2014. Spatial analysis of China province-level CO_2 emission intensity[J]. Renewable and Sustainable Energy Reviews，33：1-10.

Zhao X L，Li N，Ma C B. 2012. Residential energy consumption in urban China：a decomposition analysis[J]. Energy Policy，41：644-653.

Zhao Y H，Zhang Z H，Wang S，et al. 2015. Linkage analysis of sectoral CO_2 emissions based on the hypothetical extraction method in South Africa[J]. Journal of Cleaner Production，103：916-924.

Zheng S Q，Wang R，Glaeser E L，et al. 2011. The greenness of China：household carbon dioxide emissions and urban development[J]. Journal of Economic Geography，11（5）：761-792.

Zhou B，Zhang C，Song H Y，et al. 2019. How does emission trading reduce China's carbon intensity? An exploration using a decomposition and difference-in-differences approach[J]. Science of the Total Environment，676：514-523.

Zhou D Q，Meng F Y，Bai Y，et al. 2017. Energy efficiency and congestion assessment with energy mix effect：The case of APEC countries[J]. Journal of Cleaner Production，142：819-828.

Zhou P，Ang B W. 2008. Decomposition of aggregate CO_2 emissions：a production-theoretical approach[J]. Energy Economics，30（3）：1054-1067.

Zhou P，Ang B W，Poh K L. 2008. A survey of data envelopment analysis in energy and environmental studies[J]. European Journal of Operational Research，189（1）：1-18.

Zhou P，Sun Z R，Zhou D Q. 2014. Optimal path for controlling CO_2 emissions in China：a perspective of efficiency analysis[J]. Energy Economics，45：99-110.

Zhu Q，Peng X Z，Wu K Y. 2012. Calculation and decomposition of indirect carbon emissions from residential consumption in China based on the input-output model[J]. Energy Policy，48：618-626.

Zhu Q，Peng X Z. 2012. The impacts of population change on carbon emissions in China during 1978—2008[J]. Environmental Impact Assessment Review，36：1-8.

附　　录

附录 A

表 A1　中国八大区域分布

区域	所属省份名称
东北地区	黑龙江、吉林、辽宁
京津地区	北京、天津
北部沿海地区	河北、山东
东部沿海地区	江苏、上海、浙江
南部沿海地区	福建、广东、海南
中部地区	山西、河南、安徽、湖北、湖南、江西
西北地区	内蒙古、陕西、宁夏、甘肃、青海、新疆
西南地区	四川、重庆、广西、云南、贵州

注：资料来自国家信息中心，由于数据可得性，未包含西藏及港澳台地区

附录B

表 B1　2005~2011 年中国 30 个省份工业的 UC、DC、RTD 和 DTR

区域	省份	2005年				2006年				2007年				2008年				2009年				2010年				2011年			
		UC	RTD	DC	DTR	UC	RTD	DC	DTR	UC	RTD	DC	DTR	UC	RTD	DC	DTR	UC	RTD	DC	DTR	UC	RTD	DC	DTR	UC	RTD	DC	DTR
东北地区	辽宁	No	D	S	N	No	D	S	N	No	D	No	D	No	D	S	N	No	D	S	N	No	D	S	N	No	D	No	D
	吉林	No	D	S	N	No	D	S	N	No	D	No	D	No	D	No	D	No	D	No	D	No	D	No	D	No	D	No	D
	黑龙江	S	N	No	D	S	N	No	D	S	N	No	D	S	N	No	D	No	D	No	D	S	N	No	D	S	N	No	D
东部地区	北京	No	D	S	N	No	I	S	N	No	D	S	N	No	I	S	N	No	D	S	N	No	D	S	N	S	N	S	N
	天津	No	D	No	D	No	D	No	D	No	D	No	D	S	N	No	D	S	N	No	D	No	D	No	D	No	D	No	D
	河北	S	N	S	N	S	N	S	N	S	N	No	D	S	N	S	N	S	N	S	N	S	N	S	N	S	N	S	N
	上海	No	D	S	N	No	D	S	N	S	N	S	N	No	D	S	N	No	D	S	N	No	D	S	N	No	D	S	N
	江苏	S	N	S	N	S	N	No	I	S	N	S	N	S	N	S	N	S	N	S	N	S	N	S	N	S	N	S	N
	浙江	No	D	No	D	S	N	No	D	No	D	No	D	S	N	No	D	S	N	No	D	S	N	No	D	S	N	No	I
	福建	No	D	S	N	No	D	S	N	No	D	S	N	No	D	No	D	S	N	No	D	No	D	S	N	S	N	No	D
	山东	S	N	S	N	S	N	S	N	S	N	S	N	S	N	S	N	S	N	S	N	S	N	S	N	S	N	S	N
	广东	S	N	S	N	S	N	S	N	S	N	S	N	S	N	S	N	S	N	S	N	S	N	S	N	S	N	S	N
	海南	S	N	S	N	S	N	S	N	S	N	S	N	S	N	S	N	S	N	S	N	S	N	S	N	S	N	S	N

续表

区域	省份	2005年				2006年				2007年				2008年				2009年				2010年				2011年			
		UC	RTD	DC	DTR	UC	RTD	DC	DTR	UC	RTD	DC	DTR	UC	RTD	DC	DTR	UC	RTD	DC	DTR	UC	RTD	DC	DTR	UC	RTD	DC	DTR
中部地区	山西	No	D	S	N	No	D	S	N	No	D	No	D	No	D	S	N	No	D	S	N	No	D	S	N	No	D	No	D
	安徽	No	D	No	D	No	D	No	D	No	D	No	D	No	D	No	D	S	N	No	D	No	D	No	D	No	D	No	D
	江西	S	N	No	D	S	N	No	D	S	N	No	D	No	D	No	D	S	N	No	D	S	N	No	D	S	N	No	D
	河南	S	N	No	D	S	N	No	D	S	N	S	N	S	N	No	D	S	N	No	D	S	N	No	D	S	N	No	D
	湖北	No	D	S	N	No	D	S	N	No	D	S	N	No	D	S	N	No	D	S	N	No	D	No	D	No	D	No	D
	湖南	No	D	S	N	No	D	S	N	No	D	S	N	No	D	S	N	No	D	S	N	No	D	No	D	No	D	No	D
西部地区	内蒙古	S	N	No	D	S	N	No	D	S	N	No	D	S	N	No	D	S	N	No	D	S	N	No	D	S	N	No	D
	广西	No	D	No	D	S	N	No	D	No	D	No	D	No	D	No	D	No	D	No	D	No	D	No	D	No	D	No	D
	重庆	No	D	S	N	No	D	S	N	No	D	No	D	S	N	S	N	S	N	S	N	S	N	S	N	S	N	No	D
	四川	No	D	No	D	No	D	No	D	No	D	No	D	No	D	S	N	No	D	No	D	No	D	S	N	No	D	S	N
	贵州	No	D	S	N	No	D	S	N	No	D	S	N	No	D	No	D	No	D	S	N	No	D	S	N	No	D	S	N
	云南	S	N	S	N	S	N	S	N	No	D	No	D	No	D	S	N	No	D	S	N	No	D	S	N	No	D	S	N
	陕西	No	D	No	D	S	N	No	D	No	D	No	D	S	N	No	D	S	N	No	D	S	N	No	D	S	N	No	D
	甘肃	No	D	S	N	No	D	S	N	No	D	No	D	No	D	S	N	No	D	S	N	No	D	S	N	No	D	No	D
	青海	S	N	S	N	No	D	S	N	No	D	S	N	No	D	S	N	No	D	S	N	No	D	S	N	S	N	S	N
	宁夏	S	N	S	N	S	N	S	N	S	N	No	D	S	N	S	N	No	D	S	N	No	D	S	N	No	D	S	N
	新疆	S	N	S	N	S	N	S	N	No	D	No	D	No	D	S	N	No	D	S	N	No	D	S	N	No	D	S	N

注：UC 表示非期望碳拥挤；DC 表示期望碳拥挤；RTD 表示损失性收益；DTR 表示收益性损失；S 表示强；No 表示无 UC 或无 DC；N 表示负；I 表示增长；D 表示下降

表 B2　2012~2016 年中国 30 个省份工业的 UC、DC、RTD 和 DTR

区域	省份	2012 年				2013 年				2014 年				2015 年				2016 年			
		UC	RTD	DC	DTR	UC	RTD	DC	DTR	UC	RTD	DC	DTR	UC	RTD	DC	DTR	UC	RTD	DC	DTR
东北地区	辽宁	No	D	S	N	No	D	No	D	No	D	No	D	No	D	No	D	No	D	S	N
	吉林	No	D	No	D	No	D	S	N	No	D	S	N	No	D	No	D	No	D	No	D
	黑龙江	No	D	No	D	S	N	S	N	No	D	S	N	No	D	No	D	No	D	No	D
东部地区	北京	S	N	S	N	S	N	S	N	S	N	S	N	S	N	S	N	S	N	S	N
	天津	No	D	No	D	No	D	No	D	No	D	No	D	No	D	No	D	No	D	No	D
	河北	S	N	S	N	S	N	S	N	S	N	S	N	S	N	S	N	S	N	S	N
	上海	No	D	S	N	No	D	S	N	No	D	S	N	No	D	S	N	No	D	S	N
	江苏	S	N	S	N	S	N	S	N	S	N	S	N	S	N	S	N	S	N	S	N
	浙江	S	N	No	I	S	N	No	D	S	N	No	D	S	N	No	D	S	N	No	D
	福建	S	N	No	D	S	N	No	D	S	N	No	D	S	N	No	D	S	N	No	D
	山东	S	N	S	N	S	N	S	N	S	N	S	N	S	N	No	I	S	N	S	N
	广东	S	N	S	N	S	N	S	N	S	N	S	N	S	N	S	N	S	N	S	N
	海南	S	N	S	N	S	N	S	N	S	N	S	N	S	N	S	N	S	N	S	N
中部地区	山西	No	D	No	D	No	D	S	N	No	D	S	N	No	D	S	N	No	D	S	N
	安徽	S	N	No	D	No	D	No	D	S	N	No	D	S	N	No	D	S	N	No	D
	江西	S	N	No	D	S	N	No	D	No	D	No	D	No	D	No	D	No	D	No	D
	河南	S	N	No	D	S	N	No	D	S	N	No	D	No	D	No	D	No	D	No	D
	湖北	No	D	S	N	No	D	S	N	No	D	No	D	No	D	No	D	No	D	No	D
	湖南	S	N	No	D	S	N	No	D	S	N	No	D	S	N	No	D	S	N	No	D

续表

区域	省份	2012 年				2013 年				2014 年				2015 年				2016 年			
		UC	RTD	DC	DTR	UC	RTD	DC	DTR	UC	RTD	DC	DTR	UC	RTD	DC	DTR	UC	RTD	DC	DTR
西部地区	内蒙古	S	N	No	D	S	N	No	D	S	N	No	D	S	N	No	D	S	N	No	D
	广西	No	D	No	D	S	N	S	N	S	N	S	N	S	N	S	N	S	N	No	D
	重庆	S	N	No	D	No	D	No	D	No	D	S	N	No	D	No	D	No	D	No	D
	四川	No	D	S	N	No	D	S	N	No	D	S	N	No	D	S	N	No	D	S	N
	贵州	No	D	S	N	S	N	No	D	S	N	No	D	S	N	No	D	S	N	No	D
	云南	No	D	S	N	No	D	S	N	No	D	S	N	No	D	S	N	No	D	No	D
	陕西	No	D	No	D	S	N	No	D	S	N	No	D	S	N	No	D	S	N	No	D
	甘肃	No	D	S	N	No	D	S	N	No	D	S	N	No	D	S	N	No	D	No	D
	青海	No	D	S	N	No	D	S	N	No	D	S	N	No	D	S	N	No	D	S	N
	宁夏	No	D	S	N	No	D	S	N	No	D	S	N	No	D	S	N	No	D	S	N
	新疆	No	D	S	N	No	D	S	N	No	D	S	N	No	D	S	N	No	D	S	N

注：UC 表示非期望碳拥挤；DC 表示期望碳拥挤；RTD 表示损失性收益；DTR 表示收益性损失；S 表示强；No 表示无 UC 或无 DC；N 表示负；I 表示增长；D 表示下降

表 B3　2005~2011 年中国工业部门的 UC、DC、RTD 和 DTR

部门		2005年				2006年				2007年				2008年				2009年				2010年				2011年			
		UC	RTD	DC	DTR	UC	RTD	DC	DTR	UC	RTD	DC	DTR	UC	RTD	DC	DTR	UC	RTD	DC	DTR	UC	RTD	DC	DTR	UC	RTD	DC	DTR
采矿业	1	S	N	No	I	S	N	No	I	S	N	No	I	No	D	No	I	S	N	No	I	S	N	No	I	S	N	No	I
	2	No	D	No	D	S	N	No	D	No	D	S	N	No	D	S	N	No	D	S	N	S	N	No	I	No	D	S	N
	3	S	N	No	D	S	N	No	D	No	I	No	D	No	I	No	D	No	I	No	D	No	I	No	D	No	I	No	D
	4	S	N	No	D	S	N	No	D	No	I	No	D	No	I	No	D	No	I	No	D	No	I	No	D	No	I	No	D
	5	S	N	S	N	S	N	No	D	S	N	No	D	S	N	No	D	S	N	No	D	S	N	No	D	S	N	No	D
制造业	6	S	N	No	I	S	N	No	I	S	N	No	I	S	N	No	I	S	N	No	I	S	N	No	I	S	N	No	I
	7	No	D	No	D	No	D	No	D	No	D	No	D	No	D	No	D	No	D	No	D	S	N	No	D	S	N	No	D
	8	No	I	No	D	No	D	No	D	No	D	No	D	No	D	No	D	No	D	No	D	No	D	No	D	No	D	No	D
	9	S	N	No	D	S	N	No	I	S	N	No	I	S	N	No	D	S	N	No	D	S	N	No	D	S	N	No	D
	10	No	D	S	N	No	D	S	N	No	D	S	N	No	D	S	N	S	N	No	D	S	N	No	D	S	N	No	D
	11	No	D	S	N	No	D	S	N	No	D	S	N	No	D	S	N	S	N	S	N	S	N	S	N	S	N	S	N
	12	No	D	S	N	No	D	S	N	No	I	S	N	No	I	S	N	No	I	S	N	No	I	S	N	No	I	S	N
	13	No	I	No	D	No	I	S	N	No	I	No	D	No	I	S	N	No	I	No	D	No	I	No	D	No	I	No	D
	14	S	N	No	D	S	N	S	N	No	I	S	N	No	I	S	N	No	I	S	N	No	I	S	N	No	I	No	D
	15	No	I	No	D	No	D	No	D	No	D	No	D	No	D	No	D	No	D	No	D	No	D	No	D	No	D	No	D
	16	No	I	S	N	No	I	S	N	No	I	S	N	No	I	S	N	No	I	S	N	No	I	S	N	No	I	S	N
	17	S	N	S	N	S	N	S	N	S	N	S	N	S	N	S	N	S	N	S	N	S	N	S	N	S	N	S	N
	18	S	N	S	N	S	N	No	D	S	N	No	D	S	N	S	N	S	N	S	N	No	D	No	D	No	D	No	D

续表

部门		2005年				2006年				2007年				2008年				2009年				2010年				2011年			
		UC	RTD	DC	DTR	UC	RTD	DC	DTR	UC	RTD	DC	DTR	UC	RTD	DC	DTR	UC	RTD	DC	DTR	UC	RTD	DC	DTR	UC	RTD	DC	DTR
	19	S	N	S	N	No	D	S	N	No	D	S	N	No	D	S	N	No	D	S	N	No	D	S	N	No	D	S	N
	20	No	I	No	D	No	D	No	D	No	D	No	D	No	D	No	D	No	D	No	D	No	D	No	D	No	D	No	D
	21	No	I	S	N	No	I	S	N	No	I	S	N	No	I	S	N	No	I	S	N	No	I	S	N	No	I	S	N
	22	No	D	S	N	No	D	S	N	No	D	S	N	No	D	S	N	No	D	S	N	No	D	No	D	No	D	No	D
	23	No	D	S	N	S	N	No	I	S	N	No	I	S	N	No	I	S	N	No	I	S	N	No	I	S	N	No	I
	24	S	N	S	N	S	N	S	N	S	N	S	N	S	N	S	N	S	N	S	N	S	N	S	N	S	N	S	N
	25	No	D	No	D	S	N	No	D	S	N	No	D	S	N	No	D	S	N	No	D	No	D	No	D	No	D	No	D
制造业	26	No	D	No	D	No	D	No	D	S	N	No	D	S	N	No	D	S	N	No	D	S	N	No	D	S	N	No	D
	27	S	N	No	I	No	D	No	D	S	N	No	I	S	N	No	I	S	N	No	I	S	N	No	I	S	N	No	I
	28	No	D	No	D	No	D	No	D	No	D	No	D	No	D	No	D	No	D	No	D	No	D	No	D	No	D	No	D
	29	No	D	No	I	No	D	No	I	S	N	No	I	S	N	No	I	No	D	S	N	No	D	No	I	No	D	S	N
	30	S	N	No	I	S	N	No	D	No	D	No	D	No	D	No	I	No	D	No	I	No	D	No	I	No	D	No	I
	31	No	D	S	N	No	D	S	N	S	N	S	N	S	N	S	N	No	D	No	D	No	D	No	D	No	D	No	I
	32	No	I	No	D	No	D	No	D	No	D	No	D	No	D	No	D	No	I	S	N	No	I	S	N	S	N	No	D
	33	No	D	S	N	No	D	S	N	No	I	No	D	No	I	S	N	No	I	S	N	No	I	No	D	No	I	No	D
电力–燃气–水业	34	S	N	S	N	S	N	S	N	S	N	S	N	S	N	S	N	S	N	S	N	S	N	S	N	S	N	S	N

注：UC 表示非期望碳拥挤；DC 表示期望碳拥挤；RTD 表示损失性收益；DTR 表示收益性损失；S 表示强；No 表示无 UC 或无 DC；N 表示负；I 表示增长；D 表示下降

表 B4　2012~2017 年中国工业部门的 UC、DC、RTD 和 DTR

部门		2012年				2013年				2014年				2015年				2016年				2017年			
		UC	RTD	DC	DTR	UC	RTD	DC	DTR	UC	RTD	DC	DTR	UC	RTD	DC	DTR	UC	RTD	DC	DTR	UC	RTD	DC	DTR
采矿业	1	No	D	No	I	No	D	No	I	S	N	No	I	No	D	No	I	S	N	No	I	S	N	No	D
	2	No	D	S	N	No	D	S	N	No	D	S	N	No	D	S	N	No	D	S	N	No	D	S	N
	3	No	I	No	D	No	D	No	D	No	D	No	D	No	D	No	D	No	D	No	D	No	D	No	D
	4	No	I	No	D	No	I	No	D	No	I	No	D	No	I	No	D	No	I	No	D	No	I	No	D
	5	No	I	No	D	No	I	No	D	No	I	No	D	No	I	No	D	No	I	No	D	No	I	S	N
制造业	6	S	N	No	I	S	N	No	I	S	N	No	I	S	N	No	I	S	N	No	I	No	D	No	I
	7	No	D	No	D	S	N	No	D	S	N	No	D	S	N	No	D	S	N	No	D	S	N	No	D
	8	No	D	No	D	S	N	No	D	S	N	No	D	S	N	No	D	S	N	No	D	No	D	No	D
	9	S	N	No	D	S	N	No	D	S	N	No	D	S	N	No	D	S	N	No	D	S	N	No	D
	10	No	D	No	D	S	N	No	D	S	N	No	D	S	N	No	D	S	N	No	D	S	N	No	D
	11	No	D	S	N	No	D	S	N	No	D	S	N	No	D	S	N	S	N	S	N	S	N	S	N
	12	No	I	S	N	No	I	S	N	No	I	S	N	No	I	S	N	No	D	S	N	No	D	S	N
	13	No	I	No	D	No	D	No	D	No	D	No	D	No	D	No	D	No	D	No	D	S	N	No	D
	14	No	I	S	N	No	I	S	N	No	I	S	N	No	I	S	N	No	I	S	N	No	I	S	N
	15	No	D	No	D	No	D	No	D	No	D	No	D	No	D	No	D	No	D	No	D	No	D	No	D
	16	No	I	S	N	No	I	S	N	No	I	S	N	No	I	S	N	No	I	S	N	No	I	S	N
	17	No	I	S	N	No	I	S	N	No	I	S	N	No	I	S	N	No	I	S	N	No	I	S	N
	18	No	D	No	D	No	D	No	D	No	D	No	D	No	D	S	N	No	D	S	N	No	D	S	N

续表

部门		2012年				2013年				2014年				2015年				2016年				2017年			
		UC	RTD	DC	DTR	UC	RTD	DC	DTR	UC	RTD	DC	DTR	UC	RTD	DC	DTR	UC	RTD	DC	DTR	UC	RTD	DC	DTR
制造业	19	No	D	S	N	No	D	S	N	No	D	S	N	No	D	S	N	No	D	S	N	No	D	S	N
	20	No	D	No	D	S	N	No	D	S	N	No	D	S	N	No	D	S	N	No	D	No	D	No	D
	21	No	I	S	N	No	I	S	N	No	I	S	N	No	I	S	N	No	I	S	N	No	I	S	N
	22	No	D	S	N	No	D	S	N	No	D	S	N	No	D	S	N	No	D	S	N	No	D	S	N
	23	S	N	No	I	S	N	No	I	S	N	No	I	S	N	No	I	S	N	No	I	S	N	No	I
	24	S	N	S	N	S	N	S	N	S	N	S	N	S	N	S	N	S	N	S	N	S	N	S	N
	25	No	D	No	D	No	D	No	D	No	D	No	D	No	D	No	D	No	D	No	D	S	N	No	D
	26	No	D	No	D	S	N	No	D	S	N	No	D	S	N	No	D	S	N	No	D	S	N	No	D
	27	S	N	No	I	S	N	No	I	S	N	No	I	S	N	No	I	S	N	No	I	S	N	No	I
	28	No	D	No	D	No	D	No	D	No	D	No	D	No	D	No	D	S	N	No	D	No	D	No	D
	29	No	D	S	N	No	D	S	N	No	D	S	N	No	D	S	N	No	D	S	N	No	D	S	N
	30	No	D	No	I	No	D	No	I	No	D	No	I	No	D	No	I	No	D	No	I	No	D	No	D
	31	No	D	No	I	No	D	No	I	No	D	No	I	No	D	No	I	No	D	No	I	No	D	No	I
	32	No	I	No	D	No	I	S	N	No	I	No	D	No	I	No	D	No	I	S	N	No	I	No	D
	33	S	N	No	D	S	N	No	D	S	N	No	D	S	N	No	D	S	N	S	N	S	N	S	N
电力-燃气-水业	34	S	N	S	N	S	N	S	N	S	N	S	N	S	N	S	N	S	N	S	N	S	N	S	N

注：UC 表示非期望碳拥挤；DC 表示期望碳拥挤；RTD 表示损失性收益；DTR 表示收益性损失；S 表示强；No 表示无 UC 或无 DC；N 表示负；I 表示增长；D 表示下降

附录 C

1. 单期（t 期）组内生产前沿下的效率评估模型

在单期（t 期）组内生产前沿下，t 时期群组 Λ 内第 J 个决策单元的综合效率（θ^S）可由模型（C.1）计算获得。

$$
\begin{aligned}
&\max \quad \xi_{1t}^{\Lambda} \\
&\text{s.t.} \quad \sum_{j=1}^{N_t^{\Lambda}} x_{ijt}^{\Lambda}\lambda_{jt}^{\Lambda} \leqslant x_{iJt}^{\Lambda}\left(J \in N_t^{\Lambda};\ i=1,2\right) \\
&\qquad \sum_{j=1}^{N_t^{\Lambda}} e_{jt}^{\Lambda}\lambda_{jt}^{\Lambda} + \xi_{1t}^{\Lambda} e_{Jt}^{\Lambda} \leqslant e_{Jt}^{\Lambda}\left(J \in N_t^{\Lambda}\right) \\
&\qquad \sum_{j=1}^{N_t^{\Lambda}} g_{rjt}^{\Lambda}\lambda_{jt}^{\Lambda} - \xi_{1t}^{\Lambda} g_{rJt}^{\Lambda} \geqslant g_{rJt}^{\Lambda}\left(J \in N_t^{\Lambda};\ r=1,2\right) \\
&\qquad \sum_{j=1}^{N_t^{\Lambda}} b_{jt}^{\Lambda}\lambda_{jt}^{\Lambda} + \xi_{1t}^{\Lambda} b_{Jt}^{\Lambda} \leqslant b_{Jt}^{\Lambda}\left(J \in N_t^{\Lambda}\right) \\
&\qquad \xi_{1t}^{\Lambda}:\text{free},\ \lambda_{jt}^{\Lambda} \geqslant 0\left(j=1,\cdots,N_t^{\Lambda};\ t=1,\cdots,T;\ \Lambda=1,\cdots,\Re\right)
\end{aligned}
\tag{C.1}
$$

模型（C.1）的最优解 $\xi_{1t}^{\Lambda*}$ 反映决策单元在第 t 期第 Λ 组生产前沿下的综合无效率程度。在第 t 期第 Λ 组生产前沿下，综合效率（θ^S）由方程（C.2）表示：

$$\theta^S = 1 - \xi_{1t}^{\Lambda*} \tag{C.2}$$

2. 全局组内生产前沿下的效率评估模型

在全局组内生产前沿下，t 时期群组 Λ 内第 J 个决策单元的综合效率（θ^G）可由模型（C.3）计算得到。

$$
\begin{aligned}
&\max \quad \xi_{2t}^{\Lambda} \\
&\text{s.t.} \quad \sum_{t=1}^{T}\sum_{j=1}^{N_t^{\Lambda}} x_{ijt}^{\Lambda}\lambda_{jt}^{\Lambda} \leqslant x_{iJt}^{\Lambda}\left(J \in N_t^{\Lambda};\ i=1,2\right) \\
&\sum_{t=1}^{T}\sum_{j=1}^{N_t^{\Lambda}} e_{jt}^{\Lambda}\lambda_{jt}^{\Lambda} + \xi_{2t}^{\Lambda} e_{Jt}^{\Lambda} \leqslant e_{Jt}^{\Lambda}\left(J \in N_t^{\Lambda}\right) \\
&\sum_{t=1}^{T}\sum_{j=1}^{N_t^{\Lambda}} g_{rjt}^{\Lambda}\lambda_{jt}^{\Lambda} - \xi_{2t}^{\Lambda} g_{rJt}^{\Lambda} \geqslant g_{rJt}^{\Lambda}\left(J \in N_t^{\Lambda};\ r=1,2\right) \\
&\sum_{t=1}^{T}\sum_{j=1}^{N_t^{\Lambda}} b_{jt}^{\Lambda}\lambda_{jt}^{\Lambda} + \xi_{2t}^{\Lambda} b_{Jt}^{\Lambda} \leqslant b_{Jt}^{\Lambda}\left(J \in N_t^{\Lambda}\right) \\
&\xi_{2t}^{\Lambda}:\text{free},\ \lambda_{jt}^{\Lambda} \geqslant 0\left(j=1,\cdots,N_t^{\Lambda};\ t=1,\cdots,T;\ \Lambda=1,\cdots,\Re\right)
\end{aligned}
\tag{C.3}
$$

模型（C.3）的最优解 $\xi_{2t}^{\Lambda*}$ 反映决策单元在第 Λ 组全局生产前沿下的综合无效率程度。在第 Λ 组全局生产前沿下，综合效率（ θ^{G} ）由方程（C.4）表示：

$$\theta^{G} = 1 - \xi_{2t}^{\Lambda*} \tag{C.4}$$

3. 元全局生产前沿下的效率评估模型

元全局生产前沿下，t 时期群组 Λ 内第 J 个决策单元的综合效率（ θ^{M} ）可由模型（C.5）计算得到。

$$
\begin{aligned}
&\max \quad \xi_{3t}^{\Lambda} \\
&\text{s.t.} \quad \sum_{\Lambda}^{\Re}\sum_{t=1}^{T}\sum_{j=1}^{N_t^{\Lambda}} x_{ijt}^{\Lambda}\lambda_{jt}^{\Lambda} \leqslant x_{iJt}^{\Lambda}\left(J \in N_t^{\Lambda};\ i=1,2\right) \\
&\sum_{\Lambda}^{\Re}\sum_{t=1}^{T}\sum_{j=1}^{N_t^{\Lambda}} e_{jt}^{\Lambda}\lambda_{jt}^{\Lambda} + \xi_{3t}^{\Lambda} e_{Jt}^{\Lambda} \leqslant e_{Jt}^{\Lambda}\left(J \in N_t^{\Lambda}\right) \\
&\sum_{\Lambda}^{\Re}\sum_{t=1}^{T}\sum_{j=1}^{N_t^{\Lambda}} g_{rjt}^{\Lambda}\lambda_{jt}^{\Lambda} - \xi_{3t}^{\Lambda} g_{rJt}^{\Lambda} \geqslant g_{rJt}^{\Lambda}\left(J \in N_t^{\Lambda};\ r=1,2\right) \\
&\sum_{\Lambda}^{\Re}\sum_{t=1}^{T}\sum_{j=1}^{N_t^{\Lambda}} b_{jt}^{\Lambda}\lambda_{jt}^{\Lambda} + \xi_{3t}^{\Lambda} b_{Jt}^{\Lambda} \leqslant b_{Jt}^{\Lambda}\left(J \in N_t^{\Lambda}\right) \\
&\xi_{3t}^{\Lambda}:\text{free},\ \lambda_{jt}^{\Lambda} \geqslant 0\left(j=1,\cdots,N_t^{\Lambda};\ t=1,\cdots,T;\ \Lambda=1,\cdots,\Re\right)
\end{aligned}
\tag{C.5}
$$

模型（C.5）的最优解 $\xi_{3t}^{\Lambda*}$ 反映决策单元在元全局生产前沿下的综合无效率程度。在元全局生产前沿下，综合效率（ θ^{M} ）由方程（C.6）表示：

$$\theta^{M} = 1 - \xi_{3t}^{\Lambda*} \tag{C.6}$$

附录 D

1. 能源效率评估模型

t 时期群组 Λ 内第 J 个决策单元的能源效率（E_1）可由模型（D.1）计算得到。

$$\begin{aligned}
&\max\ \xi_{4t}^{\Lambda}\\
&\text{s.t.}\ \sum_{\Lambda}^{\Re}\sum_{t=1}^{T}\sum_{j=1}^{N_t^{\Lambda}} x_{ijt}^{\Lambda}\lambda_{jt}^{\Lambda} \leqslant x_{iJt}^{\Lambda}\left(J\in N_t^{\Lambda};\ i=1,2\right)\\
&\sum_{\Lambda}^{\Re}\sum_{t=1}^{T}\sum_{j=1}^{N_t^{\Lambda}} e_{jt}^{\Lambda}\lambda_{jt}^{\Lambda} + \xi_{4t}^{\Lambda}e_{Jt}^{\Lambda} \leqslant e_{Jt}^{\Lambda}\left(J\in N_t^{\Lambda}\right)\\
&\sum_{\Lambda}^{\Re}\sum_{t=1}^{T}\sum_{j=1}^{N_t^{\Lambda}} g_{rjt}^{\Lambda}\lambda_{jt}^{\Lambda} - g_{rJt}^{\Lambda} \geqslant g_{rJt}^{\Lambda}\left(J\in N_t^{\Lambda};\ r=1,2\right)\\
&\sum_{\Lambda}^{\Re}\sum_{t=1}^{T}\sum_{j=1}^{N_t^{\Lambda}} b_{jt}^{\Lambda}\lambda_{jt}^{\Lambda} + b_{Jt}^{\Lambda} \leqslant b_{Jt}^{\Lambda}\left(J\in N_t^{\Lambda}\right)\\
&\xi_{4t}^{\Lambda}:\text{free},\ \lambda_{jt}^{\Lambda}\geqslant 0\left(j=1,\cdots,N_t^{\Lambda};\ t=1,\cdots,T;\ \Lambda=1,\cdots,\Re\right)
\end{aligned}\qquad\text{(D.1)}$$

模型（D.1）的最优解 $\xi_{4t}^{\Lambda*}$ 反映决策单元的能源无效率程度。决策单元的能源效率（E_1）由方程（D.2）表示：

$$E_1 = 1-\xi_{4t}^{\Lambda*}\qquad\text{(D.2)}$$

2. 排放效率评估模型

t 时期群组 Λ 内第 J 个决策单元的排放效率（E_2）可由模型（D.3）计算得到。

$$\begin{aligned}
&\max\ \xi_{5t}^{\Lambda}\\
&\text{s.t.}\ \sum_{\Lambda}^{\Re}\sum_{t=1}^{T}\sum_{j=1}^{N_t^{\Lambda}} x_{ijt}^{\Lambda}\lambda_{jt}^{\Lambda} \leqslant x_{iJt}^{\Lambda}\left(J\in N_t^{\Lambda};\ i=1,2\right)\\
&\sum_{\Lambda}^{\Re}\sum_{t=1}^{T}\sum_{j=1}^{N_t^{\Lambda}} e_{jt}^{\Lambda}\lambda_{jt}^{\Lambda} + e_{Jt}^{\Lambda} \leqslant e_{Jt}^{\Lambda}\left(J\in N_t^{\Lambda}\right)\\
&\sum_{\Lambda}^{\Re}\sum_{t=1}^{T}\sum_{j=1}^{N_t^{\Lambda}} g_{rjt}^{\Lambda}\lambda_{jt}^{\Lambda} - g_{rJt}^{\Lambda} \geqslant g_{rJt}^{\Lambda}\left(J\in N_t^{\Lambda};\ r=1,2\right)\\
&\sum_{\Lambda}^{\Re}\sum_{t=1}^{T}\sum_{j=1}^{N_t^{\Lambda}} b_{jt}^{\Lambda}\lambda_{jt}^{\Lambda} + \xi_{5t}^{\Lambda}b_{Jt}^{\Lambda} \leqslant b_{Jt}^{\Lambda}\left(J\in N_t^{\Lambda}\right)\\
&\xi_{5t}^{\Lambda}:\text{free},\ \lambda_{jt}^{\Lambda}\geqslant 0\left(j=1,\cdots,N_t^{\Lambda};\ t=1,\cdots,T;\ \Lambda=1,\cdots,\Re\right)
\end{aligned}\qquad\text{(D.3)}$$

模型（D.3）的最优解 $\xi_{5t}^{\Lambda*}$ 反映决策单元的排放无效率程度。决策单元的排放效率（E_2）由方程（D.4）表示：

$$E_2 = 1 - \xi_{5t}^{\Lambda*} \tag{D.4}$$

3. 能源排放效率评估模型

t 时期群组 j 内第 Λ 个决策单元的能源排放效率（E_3）可由模型（D.5）计算得到。

$$\begin{aligned}
&\max \ \xi_{6t}^{\Lambda} \\
&\text{s.t.} \ \sum_{\Lambda}^{\Re}\sum_{t=1}^{T}\sum_{j=1}^{N_t^{\Lambda}} x_{ijt}^{\Lambda}\lambda_{jt}^{\Lambda} \leqslant x_{iJt}^{\Lambda}\left(J \in N_t^{\Lambda};\ i=1,2\right) \\
&\sum_{\Lambda}^{\Re}\sum_{t=1}^{T}\sum_{j=1}^{N_t^{\Lambda}} e_{jt}^{\Lambda}\lambda_{jt}^{\Lambda} + \xi_{6t}^{\Lambda} e_{Jt}^{\Lambda} \leqslant e_{Jt}^{\Lambda}\left(J \in N_t^{\Lambda}\right) \\
&\sum_{\Lambda}^{\Re}\sum_{t=1}^{T}\sum_{j=1}^{N_t^{\Lambda}} g_{rjt}^{\Lambda}\lambda_{jt}^{\Lambda} - g_{rJt}^{\Lambda} \geqslant g_{rJt}^{\Lambda}\left(J \in N_t^{\Lambda};\ r=1,2\right) \\
&\sum_{\Lambda}^{\Re}\sum_{t=1}^{T}\sum_{j=1}^{N_t^{\Lambda}} b_{jt}^{\Lambda}\lambda_{jt}^{\Lambda} + \xi_{6t}^{\Lambda} b_{Jt}^{\Lambda} \leqslant b_{Jt}^{\Lambda}\left(J \in N_t^{\Lambda}\right) \\
&\xi_{6t}^{\Lambda} : \text{free}，\ \lambda_{jt}^{\Lambda} \geqslant 0\left(j=1,\cdots,N_t^{\Lambda};\ t=1,\cdots,T;\ \Lambda=1,\cdots,\Re\right)
\end{aligned} \tag{D.5}$$

模型（D.5）的最优解 $\xi_{6t}^{\Lambda*}$ 反映决策单元的能源排放无效率程度。决策单元的能源排放效率（E_3）由方程（D.6）表示：

$$E_3 = 1 - \xi_{6t}^{\Lambda*} \tag{D.6}$$

附录 E

表 E1　中国 28 个经济部门的编码

编码	经济部门
S1	农林牧渔产品和服务
S2	煤炭采选产品
S3	石油和天然气开采产品
S4	金属矿采选产品
S5	非金属矿和其他矿采选产品
S6	食品和烟草
S7	纺织品

续表

编码	经济部门
S8	纺织服装鞋帽皮革羽绒及其制品
S9	木材加工品和家具
S10	造纸印刷和文教体育用品
S11	石油、炼焦产品和核燃料加工品
S12	化学产品
S13	非金属矿物制品
S14	金属冶炼和压延加工品
S15	金属制品
S16	通用设备、专用设备
S17	交通运输设备
S18	电气机械和器材
S19	通信设备、计算机和其他电子设备
S20	仪器仪表
S21	工艺品及其他制造业（含废品废料）
S22	电力、热力的生产和供应
S23	燃气生产和供应
S24	水的生产和供应
S25	建筑
S26	交通运输、仓储和邮政
S27	批发、零售、住宿和餐饮
S28	其他服务

表 E2　2010 年和 2017 年居民对各部门产品消费引起的间接二氧化碳排放

经济部门	2010 年碳排放/亿吨	2017 年碳排放/亿吨	变化量/亿吨	变化率
S1	0.4883	0.7747	0.2864	58.66%
S2	0.3828	0.2256	−0.1572	−41.06%
S3	0.3065	0.3168	0.0104	3.38%
S4	0.0695	0.0287	−0.0408	−58.74%
S5	0.0372	0.0368	−0.0004	−1.08%
S6	0.7438	0.5772	−0.1666	−22.40%
S7	0.1341	0.0734	−0.0607	−45.30%
S8	0.1142	0.0420	−0.0721	−63.18%

续表

经济部门	2010 年碳排放/亿吨	2017 年碳排放/亿吨	变化量/亿吨	变化率
S9	0.0045	0.0017	−0.0028	−62.04%
S10	0.2043	0.1080	−0.0963	−47.13%
S11	0.4535	0.5159	0.0623	13.75%
S12	0.9670	1.0880	0.1210	12.51%
S13	1.0812	0.8105	−0.2708	−25.04%
S14	2.5185	2.6870	0.1685	6.69%
S15	0.0310	0.0156	−0.0154	−49.67%
S16	0.0784	0.0361	−0.0423	−53.97%
S17	0.0491	0.0389	−0.0102	−20.69%
S18	0.0248	0.0081	−0.0166	−67.16%
S19	0.0140	0.0112	−0.0028	−20.05%
S20	0.0050	0.0022	−0.0028	−56.30%
S21	0.0186	0.0080	−0.0106	−57.11%
S22	11.9821	14.7511	2.7689	23.11%
S23	0.0138	0.0049	−0.0089	−64.39%
S24	0.0054	0.0027	−0.0027	−49.96%
S25	0.0078	0.0027	−0.0052	−65.71%
S26	1.4844	3.0704	1.5859	106.84%
S27	0.2873	0.3782	0.0909	31.64%
S28	0.5199	0.6527	0.1327	25.52%

注：表中数据由原始数据计算得出